"十四五"普通高等教育力学基础课程新形态系列教材

理论力学

第三版

沈火明　高淑英◎主编
沈火明　刘　娟　徐淑娟　王　璟◎修订

中国铁道出版社有限公司
CHINA RAILWAY PUBLISHING HOUSE CO., LTD.

内 容 简 介

本书系根据教育部高等学校工科基础课程教学指导委员会制定的《高等学校工科基础课程教学基本要求》之“高等学校力学基础课程教学基本要求”，在 2007 年第二版同名教材基础上修订而成。本版保持了前两版的特点，有较强的工程背景，注重理论联系实践，注重工程建模，注重能力训练。全书共分十四章，分别论述了静力学、运动学、动力学的基本理论和基本方法，重点培养学生揭示问题、分析问题和解决问题的思路和方法。本书适用课时为 48~72 学时。

本书适合作为高等院校工科各专业理论力学课程的教材，也可作为继续教育相关专业的自学教材，还可供相关工程技术人员参考。

图书在版编目(CIP)数据

理论力学/沈火明，高淑英主编．—3 版．—北京：中国铁道出版社有限公司，2024.4

“十四五”普通高等教育力学基础课程新形态系列教材

ISBN 978-7-113-30830-8

Ⅰ.①理… Ⅱ.①沈… ②高… Ⅲ①. 理论力学-高等学校-教材 Ⅳ.①O31

中国国家版本馆 CIP 数据核字(2023)第 257623 号

书　　名：理论力学

作　　者： 沈火明　高淑英

策　　划： 曾露平　　**编辑部电话：**（010）63551926

责任编辑： 曾露平

封面设计： 高博越

责任校对： 苗　丹

责任印制： 樊启鹏

出版发行： 中国铁道出版社有限公司（100054，北京市西城区右安门西街 8 号）

网　　址： http://www.tdpress.com/51eds/

印　　刷： 中煤（北京）印务有限公司

版　　次： 2004 年 8 月第 1 版　2024 年 4 月第 3 版　2024 年 4 月第 1 次印刷

开　　本： 787 mm×1 092 mm 1/16　**印张：** 16　**字数：** 399 千

书　　号： ISBN 978-7-113-30830-8

定　　价： 48.00 元

“十四五”普通高等教育力学基础课程新形态系列教材

编审委员会

第三版前言

为适应高等教育改革发展趋势和新工科人才培养需要,根据教育部高等学校工科基础课程教学指导委员会制定的《高等学校工科基础课程教学基本要求》之“高等学校力学基础课程教学基本要求”,对第二版教材再次进行了改版。本版为新形态教材,仍保留了第二版的体系和特点,适用课时为48~72学时。本版修订主要体现在:

(1)加强数字化建设,开发了系列动画、数字人授课、内容摘要、课程思政案例等数字化教学资源,并以二维码形式示出,以便于更好地进行教学和学习。

(2)更换了部分习题和例题,继续强化工程建模和工程应用,加强学生理论应用能力培养。

(3)结合课程思政建设,增强教材育人功能。进一步突出教材和工程实际、学科前沿等紧密结合,开阔学生视野,激发学生使命担当。

(4)规范计算单位和公式符号,教材更加规范。

本书由西南交通大学、成都信息工程大学沈火明,西南交通大学高淑英主编,其中由沈火明负责绪论、第14章修订和部分数字化资源建设,由西南交通大学刘娟负责第1~6章修订,由浙江师范大学徐淑娟负责第7章修订和部分数字化资源建设,由西南石油大学王璟负责第8~13章修订,最后由沈火明进行统稿。西南科技大学赵明波制作了部分动画,特此致谢。感谢中国铁道出版社有限公司曾露平的精心策划和细致工作。修订工作同时得到了西南交通大学教务处、西南交通大学力学与航空航天学院和成都信息工程大学自动化学院的关心和支持,在此一并表示感谢。

限于作者水平,书中不足之处,敬请批评指正。

编　者

2023年11月

第二版前言

本书第一版于2004年8月出版，为适应当前的教学要求，根据3年来的教学实践和兄弟院校的意见，对第一版进行了适当的修订。修订后的第二版满足教育部“高等学校工科本科理论力学课程教学基本要求”和教育部工科力学课程教学指导委员会“面向21世纪工科力学课程教学改革的基本要求”，可作为高等院校机械类、材料类、地质类等专业《理论力学》中、少学时教材。本书适用课时数为60~80学时。

本次修订保留了原书的体系和特点。主要做了以下工作：

(1)根据本课程的基本要求，适当补充了一些思考题和有一定深度的习题，以弥补原有习题量的不足。

(2)在第六章和第十三章中，分别增加了“牵连运动为转动时点的加速度合成定理”一节和“动力学普遍方程”一节，以使该两章内容更加完整。

(3)为适应当前各校的教学要求和理论力学实验教学的需要，增加了“机械振动基础”一章，也可作为理论力学教学内容的专题部分。

(4)调整了部分例题，增加了部分典型的应用型例题。

本次修订由沈火明教授、高淑英教授负责，经教材修订小组讨论定稿。修订工作同时得到了西南交通大学国家工科基础课程力学教学基地、西南交通大学国家力学实验教学示范中心的支持，西南交通大学一般力学教研室的老师们也给予了多方面的帮助。在此一并表示感谢。

本修订版由邱秉权教授审阅，并对本书的修订提出了很多宝贵意见，特此致谢。

本书虽经修改，但限于我们的水平和条件，缺点和错误仍在所难免，衷心希望大家提出批评和指正，使本书不断提高和完善。

编　者

2007年5月

第一版前言

为了适应新世纪课程分级教学的需要和目前教学学时数的要求，我们在总结多年来教学实践的基础上，根据教育部“高等学校工科本科理论力学课程教学基本要求”和教育部工科力学教学指导委员会“面向21世纪工科力学课程教学改革的基本要求”，编写了这本《理论力学》中、少学时教材。本教材适用课时数为60~80学时。

在编写教材时编者力图在以下几个方面做一些改进：(1)提高起点，中学物理学中已讲述的内容，本书尽量不讲，以免重复；对基本概念的叙述力求简练和准确；(2)考虑到计算机应用的普及，注意使用矢量、矩阵等数学工具以适应计算机的使用要求；(3)针对工程中求解动力学问题的实际要求，重视对运动过程的分析，而不仅限于分析特定瞬时或特定位置的运动；(4)注重联系工程实际，从不同的角度提出问题，揭示矛盾，培养读者发现问题、分析问题和解决问题的能力；(5)适当增加一些加深和扩展内容，作为本课程与现代科技的接口。

本书适用于高等工科院校四年制土建、机械、材料、航空航天、水利、动力等专业，也可供其他专业选用，或作为自学、函授教材。

本书由高淑英、沈火明主编。全书共分三篇十三章，引言由高淑英编写，第一、二、三、四、五、六、七、十三章由沈火明编写，第八、九、十、十一章由刘菲编写，第十二章由葛玉梅编写。全书由高淑英和沈火明统稿、定稿。

在本书编写过程中，西南交通大学一般力学教研室的教师给予了多方面的帮助，邱秉权教授对本书的编写提出了不少建议，张明教授对本书的大部分内容进行了审阅，提出了宝贵的意见，在此一并表示衷心感谢。

限于编者的水平和条件，缺点和错误在所难免，诚恳希望读者提出批评指正。

编　者

2004年7月

主要符号表

$\boldsymbol{a}$	加速度
$\boldsymbol{a}_{\mathrm{n}}$	法向加速度
$\boldsymbol{a}_{\mathrm{t}}$	切向加速度
$\boldsymbol{a}_{\mathrm{a}}$	绝对加速度
$\boldsymbol{a}_{\mathrm{r}}$	相对加速度
$\boldsymbol{a}_{\mathrm{e}}$	牵连加速度
$\boldsymbol{a}_{\mathrm{c}}$	科氏加速度
A	面积
f	动摩擦因数
f_{s}	静摩擦因数
$\boldsymbol{F}$	力
$\boldsymbol{F}_{\mathrm{R}}$	合力
$\boldsymbol{F}_{\mathrm{R}}'$	主矢
$\boldsymbol{F}_{\mathrm{s}}$	静滑动摩擦力
$\boldsymbol{F}_{\mathrm{N}}$	法向约束力
$\boldsymbol{F}_{\mathrm{Ie}}$	牵连惯性力
$\boldsymbol{F}_{\mathrm{Ic}}$	科氏惯性力
$\boldsymbol{F}_{\mathrm{I}}$	惯性力
$\boldsymbol{g}$	重力加速度
h	高度
$\boldsymbol{i}$	x 轴的单位矢量
$\boldsymbol{I}$	冲量
$\boldsymbol{j}$	y 轴的单位矢量
J_z	刚体对 z 轴的转动惯量
J_{xy}	刚体对 x,y 轴的惯性积
J_C	刚体对质心的转动惯量
k	弹簧刚度系数
$\boldsymbol{k}$	z 轴的单位矢量
l	长度
$\boldsymbol{L}_O$	刚体对点 O 的动量矩
$\boldsymbol{L}_C$	刚体对质心的动量矩
m	质量
$\boldsymbol{M}_z$	对 z 轴的矩
$\boldsymbol{M},\boldsymbol{M}_O$	力偶矩,主矩
$\boldsymbol{M}_O(\boldsymbol{F})$	力 $\boldsymbol{F}$ 对点 O 的矩
$\boldsymbol{M}_{\mathrm{I}}$	惯性力的主矩
n	质点数目
O	参考坐标系的原点
$\boldsymbol{p}$	动量
P	重量,功率
q	载荷集度,广义坐标
r	半径
$\boldsymbol{r}$	矢径
$\boldsymbol{r}_O$	点 O 的矢径
$\boldsymbol{r}_C$	质心的矢径
R	半径
s	弧坐标
t	时间
T	动能,周期
$\boldsymbol{v}$	速度
$\boldsymbol{v}_{\mathrm{a}}$	绝对速度
$\boldsymbol{v}_{\mathrm{r}}$	相对速度
$\boldsymbol{v}_{\mathrm{e}}$	牵连速度
$\boldsymbol{v}_C$	质心速度
V	势能,体积
W	力的功
x,y,z	直角坐标
α	角加速度
β	角度坐标
δ	滚阻系数
$\mathrm{\delta}$	变分符号
ζ	阻尼比

η	减缩因数	ω_0	固有角频率
ρ	密度,曲率半径	ω	角速度
φ	角度坐标	ω_a	绝对角速度
φ_f	摩擦角	ω_r	相对角速度
ψ	角度坐标	ω_e	牵连角速度

目　录

第二篇　运　动　学

第三篇　动　力　学

绪　　论

1. 理论力学的研究内容

力学是研究物体机械运动规律的一门学科，机械运动是指物体空间位形（固体的位移、转动、变形，气体和流体的流动等）随时间的变化。机械运动是物质运动中最简单的一种运动，但在物质的复杂运动或高级运动形式中，如物理变化、化学变化，甚至人类的思维活动等，皆包含着机械运动的有关内容。

理论力学主要研究机械运动最一般的、最基本的规律。平衡是机械运动的特殊形式，因此理论力学也研究物体的平衡规律。本书一般不涉及机械运动中所指的固体的变形、气体和流体流动的形态，这些问题将在材料力学、弹性力学、流体力学等课程中进行研讨。

我们知道，在铁路、公路、桥梁、隧道、水利、房屋等工程结构的设计建造中，以及在运载火箭、人造卫星、宇宙飞船的研究和发射中，就要掌握专业所需的基础理论和基本技能，用来解决许多实际问题。这些问题的解决，有的可以直接应用理论力学的基本理论，而有的则需要用到理论力学和以它为基础的相关学科的专门知识。

本书分三篇进行叙述，即静力学、运动学和动力学。

在静力学中，主要研究力的基本性质、物体的受力分析及物体的平衡规律。

在结构的设计与建造中，常要用到静力学的知识。例如，在设计房屋时，就要先分析屋架、柱、基础等构件受到哪些力的作用，需对它们进行受力分析。这些力中的某些力可能是未知的，但这些构件是在所有这些力的作用下处于平衡的，应用力系的平衡条件，就可求出这一部分未知力。而要知道力系的平衡条件，就要研究力的基本性质，研究力系的合成规律。只有应用静力学原理对构件进行受力分析并算出这些力，才能进一步设计这些构件的断面尺寸及钢筋配置情况等。

无论什么事物的运动都可以有两种状态：相对静止的状态或显著变动的状态。在力学中，通常把物体运动状态不变的情况称为平衡。例如图 0-1 中，桥梁相对于地面静止不动，火车在直线轨道上匀速行驶，都属于平衡状态。

图 0-1

运动或不平衡是绝对的,而静止或平衡是相对的、有条件的。例如,桥梁只是相对于地球处于静止状态,即处于平衡。而实际上,桥梁随着地球自转,并同时以约 30 km/s 的速度绕太阳公转,而整个太阳系相对于附近的恒星又以大约 20 km/s 的速度向某一方向疾驶。宇宙间不存在绝对静止的物体。故,教材中所指的“平衡”或“静止”是相对于地球而言的。

在运动学中,主要研究物体运动的几何性质,而不涉及引起物体运动的物理原因,如力和质量等。

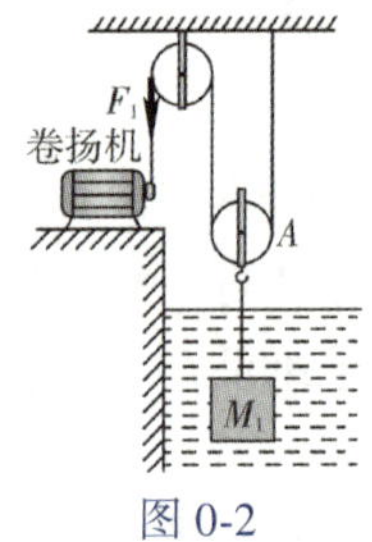

图 0-2

在设计传动机构或操作机器时,要分析各部分之间运动的传递与转变,研究某些点的轨迹、速度和加速度,看能否符合要求。例如,在卷扬机作业时(图 0-2),电机启动后,通过传动机构使滑轮转动,钢丝绳便将重物提升;已知电机的转速,求重物的提升速度,这就是属于运动学的问题。

运动学和静力学是研究动力学的基础。另一方面,应用运动学原理对物体进行运动分析,在工程中还有其独特的意义。

在动力学中,主要研究物体的运动变化与其所受的力及它的质量等因素之间的关系。

工程实际中有很多动力学问题,例如,当起重机开始起吊或重物下降时突然刹车所发生的超载现象,海洋工程受海水冲击的力学问题(图 0-3),混凝土振动捣固器及振动打桩机的工作原理,建筑物的抗震问题,高速转动的转子偏心时所引起的剧烈振动和轴承磨损现象,机车车辆的振动问题(图 0-4)等。

图 0-3

图 0-4

2. 古典力学的发展及我国的成就

理论力学以伽利略(Galileo Galilei,1564—1642)和牛顿(Isaac Newton,1643—1727)所总结的关于机械运动的基本定律为基础,称为古典力学。它的科学体系主要是在十五至十七世纪中逐步形成的,后来又不断得到完善并有所发展。

我们知道,古典力学原理是社会生产和科学实践长期发展的产物。远古时代的人类已应用了尖劈的原理。随着古代建筑技术的发展,斜面和杠杆也被应用了。在实践的基础上,我国的墨子(约前 468—前 376)初步提出了力矩的概念;在欧洲,古希腊的阿基米德(Archimedes,前 287—前 212)提出了杠杆平衡的条件。但最完善的提出力矩概念及有关的计算公式,则是在十七世纪,那时生产力得到了较充分的发展。静力学就是从一些最简单的起重运输机械的应用而发展完善起来的。

在古代，受生产力水平的限制和力学研究条件的缺乏，人类对于运动学和动力学的知识较为贫乏，且有很多错误的认识。例如，亚里士多德（Aristotle，古希腊人，公元前 384—前 322）认为落体速度与其重量成正比，他又以存在一个不变的向前推动力来解释物体的自由运动。直到十七世纪，意大利人伽利略通过实践才推翻了这些错误的认识。又如，地球中心学说曾经在很长时间内被认为是正确的。随着商业和航海事业的发达，时间量度和天文观测仪器设备条件也已经具备，到十六世纪波兰人哥白尼（Nicolaus Kopernicus，1473—1543）的太阳中心说才得到确认。后来德国人开普勒（Johannes Kepler，1571—1630）经过长期观测研究，又进一步修正了哥白尼认为行星轨道是圆形而且运行速度为均匀的学说。

扫一扫

牛顿简介

扫一扫

阿基米德简介

伽利略在前人研究基础上创立了惯性定律，首先提出了加速度的概念。牛顿全面总结并发展了前人研究成果，在《自然哲学之数学原理》（1687 年）一书中，明确地总结出了机械运动的基本定律，奠定了古典力学的基础。并从这些规律出发，研究了刻卜勒的行星运动三定律，得出了普遍的万有引力定律，对行星运动作出了定量的、动力学的解释。

古典力学在十七世纪奠定基础后，由于数学分析工具的不断完善，十八世纪末又产生了分析力学。从十九世纪直到二十世纪，工程技术问题日趋复杂，以理论力学为基础的一些力学也随之诞生，并且生长出介于两门不同学科之间的更新的边缘学科，如多刚体系统动力学、陀螺系统动力学、飞行力学、电磁流体力学、生物力学、爆炸力学等。

扫一扫

中国古代典籍

我国历史悠久，很早就发明了杠杆、斜面和滑轮等简单机械。春秋战国时期（前 770—前 221），墨家的著作《墨经》中关于力学的论述有：力的定义，重心和力矩的概念，柔索不能抵抗弯曲等。这些都是世界上最早的资料记载。公元前 250 年，在秦国蜀郡守李冰领导下建成了至今仍闻名中外的都江堰（图 0-5），这一巨大的工程，以及之后修建的宏伟壮观的万里长城，都说明那时我国的力学水平已经相当高。公元前 104 年；西汉的落下闳（约前 156—前 87）等编造了《太初历》，落下闳比古希腊的托勒玫（Claudius Ptolemaeus，约 90—168）早 200 多年制定出了精密完整的天文历法系统，并创立了浑天说。公元 31 年，东汉时的杜诗创造了水排，这是世界上最早的水力机械。公元 132 年，东汉的张衡（78—139）发明了精密度很高的候风地动仪（图 0-6），这是世界上最早的地震仪。如图 0-7 所示，当某一方向地动时，仪器内的都柱将倾倒，带动八道、牙机等机构，使龙头口中含的铜丸落入下面蟾蜍口中，这是符合相对运动的动力学原理的。公元 138 年，在洛阳曾用它测到了陇西（今甘肃南部）的地震。此外，在汉代已利用齿轮传动系统制造了记里鼓车和指南车。在建筑方面，隋代工匠李春建造的赵州桥（在河北赵县，图 0-8），拱券净跨度达 37. 4 m，券高只有 7 m，拱极平缓。桥两端还做了小券拱，既节省材料，减轻自重，增加美观，还可宣泄洪水，增加桥的安全。桥宽从两端向中间逐渐减小，使两旁各券拱向内倾斜，大大加强了桥的稳定性，证明赵州桥的设计完全符合力学原理。我国早期建筑技术方面的重要著作有北宋初年木工喻皓的《木经》（已失传）以及李诫于 1091 年编写成的《营造法式》，《营造法式》是世界上最早、最完备的建筑学专著，它总结了结构的力学分析和计算，统一了建筑规范。有些古代木结构一直保存到现在，如山西应县的木塔（图 0-9），高 67 m，建于 1056 年，塔中有五十多种形式的斗拱。图 0-10 所示即为斗拱，它是我国木工创造的，它可以增大支点接触面积，减小木梁的跨度。

图 0-5

图 0-6

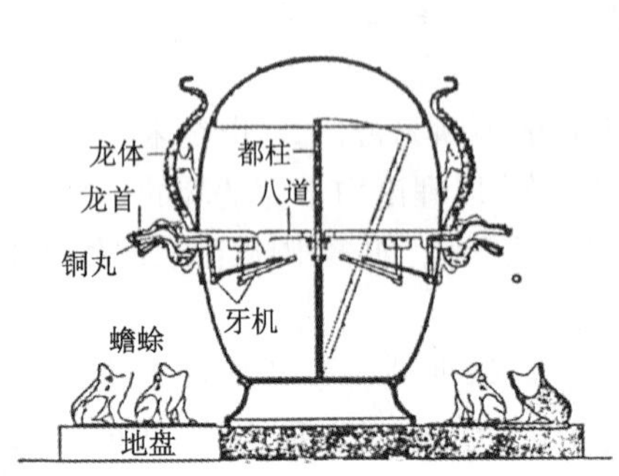

图 0-7

图 0-8

图 0-9

图 0-10

十四世纪以前,我国的力学水平一直属于世界前列。但由于封建制度的长期统治以及近百年来帝国主义的侵略压迫,我国科学技术,包括力学的发展,遭到了严重阻碍。中华人民共和国成立以后,特别是改革开放以来,各项建设与力学相互促进。复兴号电力动车组(图 0-11)的研制以及京沪高铁(图0-12)、西成高铁、武广高铁等高速铁路的建造等,说明我国铁路工程技术已达到相当高的水平,“中国高铁”已成了一张亮丽的名片。在公路建设方面,建成了川藏、青藏、雅西等公路,特别是一些公路桥梁创造了世界纪录,如港珠澳大桥(图0-13),它是世界最长跨海大桥,全长55 km;如平塘特大桥,它拥有世界最高混凝土桥塔(图0-14);再如干海子特大桥(图0-15),它是世界第一座全钢管混凝土桁架梁桥,其桁架梁长度和钢管格构墩高度均为世界第一。我国高层建筑的建造水平不断得到提升,建筑层高屡创新高,目前中国超高层建筑数量已居世界第一。图0-16为上海中心大厦,其为中国第一高楼、世界第二高楼,总高度632 m;图0-17为深圳平安金融中心,其为中国第二高楼,高599 m,也是深圳的地标建筑。在水利水电工程建设方面,有荆江分洪工程以及遍布在新安江、大渡河及黄河、长江等大小河流上的水电站,例如长江葛洲坝水电站(图0-18)、长江三峡水电站、白鹤滩水电站(0-19)等。此外,我国的现代机械机电工业、汽车工业、造船工业、航空工业等也都从无到有地逐步建立起来,且成绩巨大,如航空母舰辽宁号的建造(图0-20)、919大飞机的研制(图0-21)等。力学的发展也推动了我国航天事业的大发展,1970年4月成功地发射了第一颗人造地球卫星;2003年10月15日,第一次成功发射了神舟五号载人飞船;2007年10月24日,首颗绕月人造卫星嫦娥一号卫星在西昌卫星发射中心升空;2016年9月15日天宫二号空间实验室在酒泉卫星发射中心发射成功,10月19日神舟十一号飞船与天宫二号自动交会对接成功(图0-22);2021年5月15日,我国首次火星探测任务“天问一号”探测器成功着陆火星,搭载的“祝融号”火星车成功驶上火星表面进行探测工作(图0-23)。

扫一扫

力学与高速铁路

扫一扫

力学与桥梁工程

图0-11

图0-12

图0-13

图0-14

图 0-15

图 0-16

图 0-17

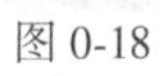

图 0-18

图 0-19

图 0-20

图 0-21

图 0-22

图 0-23

以上建设成就凝聚着我国力学工作者的艰辛努力，也表明我国力学科学水平不断得到提高。在实现现代化进程中，还会有更多的力学课题期待我们去解决。同时，应看到，同世界上先进水平相比我们还有不小的差距，我们还应该坚持不懈，促进我国力学的更大发展。

3. 理论力学的研究方法和学习方法

理论力学的研究方法是从实际出发，经过抽象化、综合、归纳，建立公理，再应用数学演绎和逻辑推理而得到定理和结论，形成理论体系，然后再通过实践来证实理论的正确性。这也是自然科学研究的一般方法。

理论力学课程系统性、理论性强，内容间联系紧密，学习时需循序渐进，通过听讲、练习、巩固和答疑等及时掌握知识、解决问题，为后续专业学习打下扎实基础。

学习中，要善于思考，及时发现问题和解决问题。要注意课程各章节的主要内容和重点（每章附有摘要，以二维码形式示出），注意概念的来源、含义，注意公式推导的依据及其物理意义、应用条件。同时，也要注意章节之间在内容和分析方法上的特点。

学习中，要注意例题和习题的训练，运用课程基本理论解决实际问题。要掌握好例题的分析方法和解题步骤，举一反三，训练逻辑，启迪智慧。要学好理论力学课程，必须完成一定数量的习题，才能更好地深入理解和掌握基本概念和基本理论。

学习中，要注意培养分析问题和解决问题的能力。要学会从一般实际问题中抽象出力学模型和力学问题，同时分析中要善于进行定性分析和定量计算。

第一篇　静　力　学

第1章　静力学基本概念与物体的受力分析

静力学的基本概念、公理及物体的受力分析是研究静力学的基础。本章将阐述静力学中的一些基本概念和静力学公理，并介绍工程中常见的约束和约束反力的分析，最后介绍物体的受力分析及画受力图的方法。

1.1　静力学基本概念

力是物体间相互的机械作用，这种作用使物体的运动状态发生变化（外效应）和使物体发生变形（内效应）。

力的作用效果取决于**力的三要素**，即大小、方向和作用点，一般用矢量 $\boldsymbol{F}$ 表示，如图1-1所示。在国际单位制中，力的单位为N或kN。

静力学是研究物体在力系作用下的平衡规律的科学。力系的简化和力系的平衡条件及其应用是静力学中将要解决的两个基本问题。这里的物体是指抽象化的刚体，**力系**是指作用在物体上的一组力，如图1-2所示，一般情况下力系记为（$\boldsymbol{F}_1,\boldsymbol{F}_2,\cdots,\boldsymbol{F}_n$）。静力学中物体的**平衡**是指运动的一种特殊状态，通常理解为物体相对惯性参考系保持静止或做匀速直线运动状态。作用于物体上正好使之保持平衡的力系称为**平衡力系**。

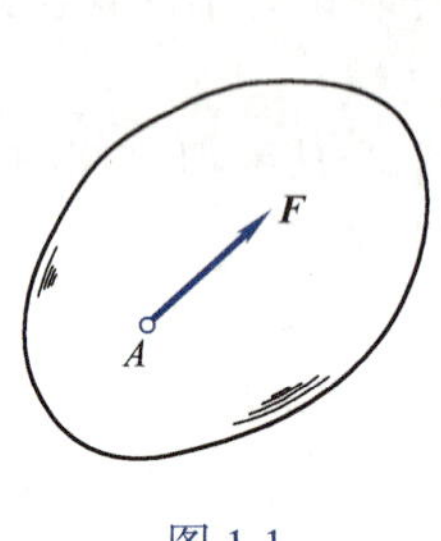

图1-1

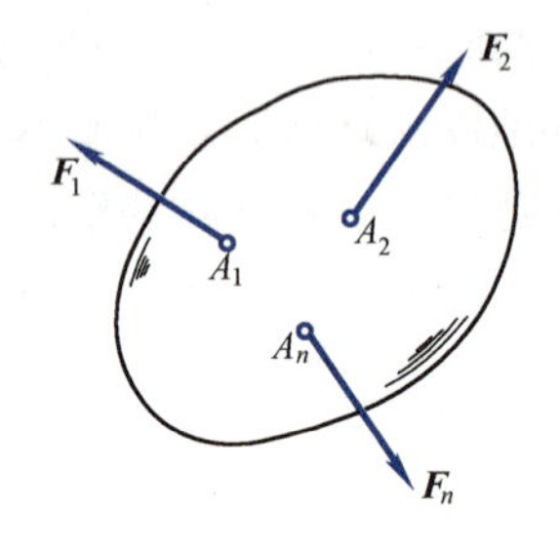

图1-2

物体受力一般是通过物体直接或间接进行的。多数情况下接触处不是一个点，而是具有一定尺寸的面积，故无论是施力体还是受力体，其接触处所受的力都是作用在接触面积上的分布力（或称为分布载荷）。分布力有线分布力、面分布力和体分布力三种，它们的集度 q 的单位分别为N/m、N/m^2 和N/m^3。集度为常数的分布力称为**匀布载荷**，如图1-3(a)所示。集度不为常数的分布力称为**非匀布荷载**，如图1-3(b)所示。当分布力作用面积很小时，可以将分布力简化为作用于一点的合力，称为**集中力**。如图1-1所示为作用于 A 点的一个集中力 $\boldsymbol{F}$。又例如，在桥上静止的汽车，轮胎与桥面接触面积较小时，其轮胎作用在桥面上的力，即可视为集中力；而桥面施加在桥梁上的力则为分布力。

当所研究物体的运动范围远远超过它本身的几何尺度时，它的形状对运动的影响极其微小，可以将物体简化为只有质量，而没有体积的几何点，称为**质点**。一般情况下任何物体都可以看作由许多质点组成的系统，称为**质点系**。对于那些在运动中变形极小，或虽有变形但不影响其整体运动的物体，可以不考虑其变形而认为组成物体的各个质点之间的距离不变，这种不变形的特殊质点系称为**刚体**。由许多刚体组成的系统称为**刚体系**。理论力学的研究对象仅限于离散的质点、质点系、刚体和刚体系。实际物体是多种多样的，还可以抽象成其他物理模型，如弹性体、液体、气体和变质量系统等，但静力学的研究对象主要是刚体。

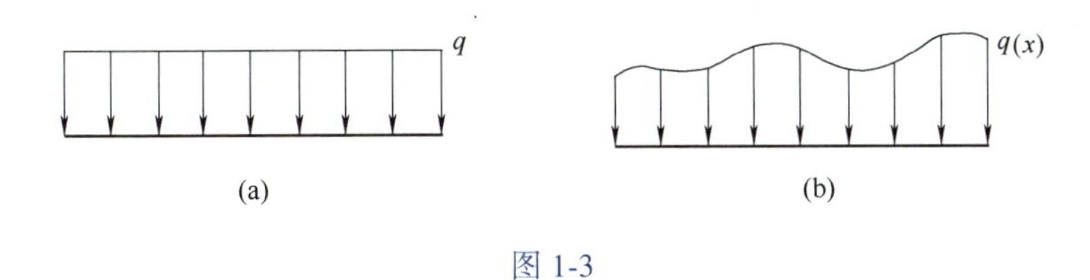

图 1-3

1.2　静力学的公理体系

公理是人们在生活和生产实践中长期积累的经验总结，又经过实践反复检验，被确认是符合客观实际的最普遍、最一般的规律。静力学公理是人们关于力的基本性质的概括和总结，是静力学全部理论的基础。

公理 1　二力平衡公理

作用于刚体上的两个力，使刚体处于平衡状态的充分与必要条件是：这两个力大小相等，方向相反，且作用在同一直线上。如图 1-4 所示，图中 $\boldsymbol{F}_1$ 和 $\boldsymbol{F}_2$ 有

$$\boldsymbol{F}_1 = -\boldsymbol{F}_2 \qquad (1\text{-}1)$$

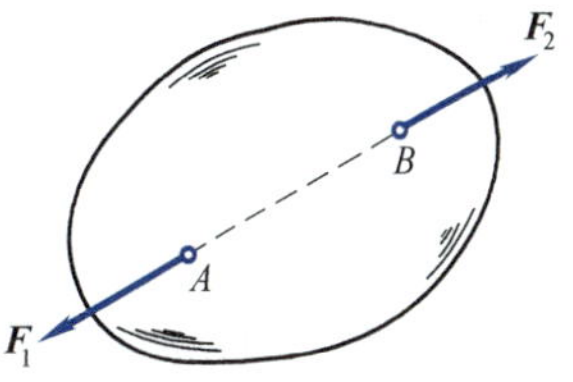

图 1-4

只受两个力作用而处于平衡的物体称为**二力体**。机械及建筑结构中的二力体又常称为二力构件。其受力特点是：两个力的方向必在二力作用点的连线上。如图 1-5 所示三铰拱中的 BCD 部分，当车辆不在 BCD 上且不计自重时，它只可能通过 B、C 两点受力，是一个二力构件。

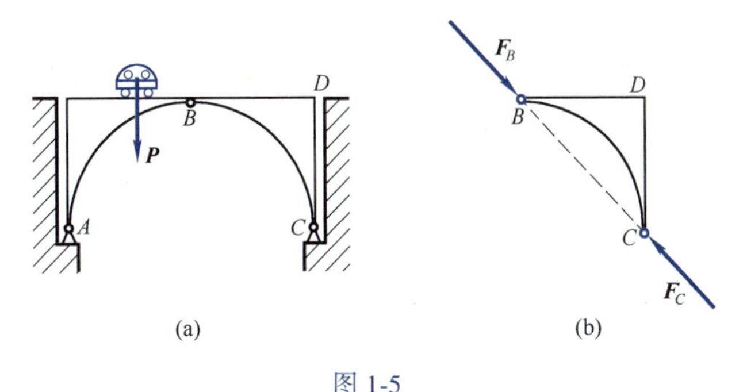

图 1-5

公理 2　加减平衡力系公理

在作用于刚体上的已知力系中，加上或减去任意的平衡力系，并不改变原力系对刚体的作用效应。

公理 3　力的平行四边形法则

作用于物体上同一点的两个力,可以合成一个合力,合力仍作用在该点上,合力的大小和方向以这两个力为邻边所构成的平行四边形的对角线来表示。而该两个力称为合力的分力。如图 1-6 所示,用矢量可以表示为

$$\boldsymbol{F}_R = \boldsymbol{F}_1 + \boldsymbol{F}_2 \tag{1-2}$$

公理 4　作用与反作用定律

两物体间相互作用的力总是等值、反向、共线且分别作用在这两个物体上。如图 1-7 所示,$\boldsymbol{F}_T$ 和 $\boldsymbol{F}'_T$ 是作用力与反作用力,且 $\boldsymbol{F}_T = -\boldsymbol{F}'_T$。

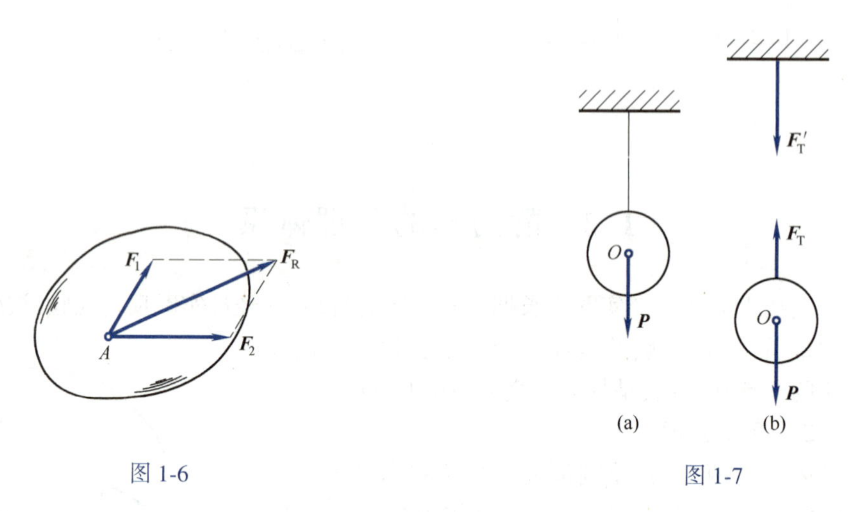

图 1-6　　图 1-7

公理 5　刚化原理

变形体在某一力系作用下处于平衡,如将此变形体置换为刚体,则平衡状态仍保持不变。

该原理提供了把变形体抽象为刚体模型的条件。例如,变形体绳索在等值、反向、共线的两个拉力作用下处于平衡时,可将绳索刚化为刚体,其平衡状态仍保持不变,如图 1-8 所示。

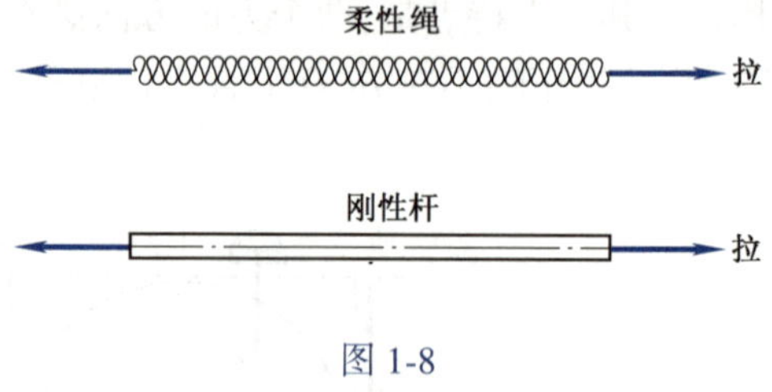

图 1-8

要注意的是:刚体上力系的平衡条件是变形体的必要条件,而非充分条件。

上述公理反映了静力学中最基本的规律,如公理 1 是最简单的力系平衡条件,公理 2 是力系简化的重要理论依据,公理 3 是二力合成的方法,也是最简单力系的简化方法。从这些公理出发,通过数学演绎的方法,可以推导出许多新的结论。

推理 1　力的可传性

作用于刚体上的力,其作用点可以沿作用线移动而不改变它对该刚体的作用效应。

证明　如图 1-9(a) 所示,设力 $\boldsymbol{F}$ 作用在 A 点,由公理 2 可在此力的作用线上任取一点 B,并加上一个平衡力系($\boldsymbol{F}_1$,$\boldsymbol{F}_2$),且使 $\boldsymbol{F} = -\boldsymbol{F}_1 = \boldsymbol{F}_2$,如图 1-9(b) 所示。由于力 $\boldsymbol{F}$ 和 $\boldsymbol{F}_1$ 也是一个平衡力系,由公理 2 也可除去该力系,现剩下一个力 $\boldsymbol{F}_2$,如图 1-9(c) 所示,于是原来的力 $\boldsymbol{F}$ 可视为沿其作用线移至 B 点。

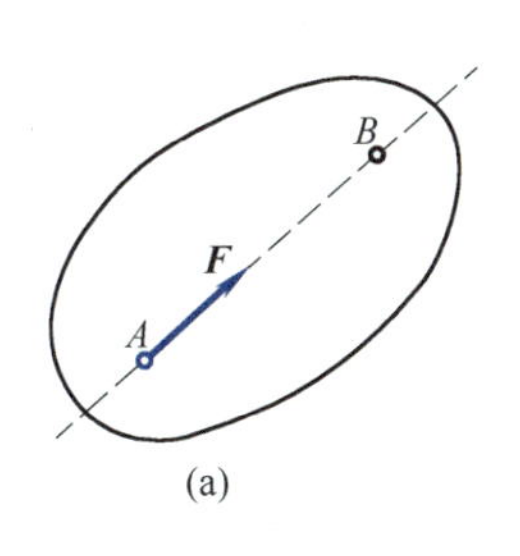

(a)

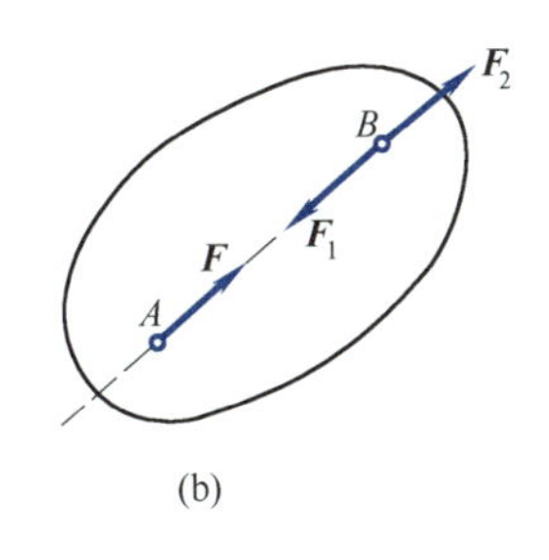

(b)

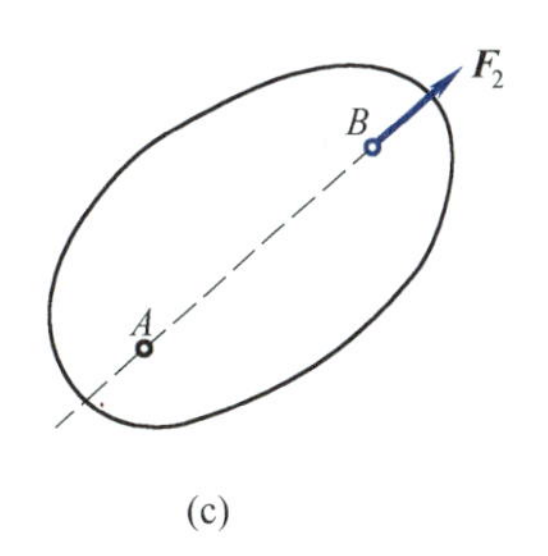

(c)

图 1-9

这个推论表明：作用于刚体上的力的三要素可改为大小、方向、作用线。沿作用线可任意滑动的矢量称为滑动矢量。因此，作用于刚体上的力是滑动矢量。

推理 2　三力平衡汇交定理

若刚体受三个力作用而处于平衡，且其中两个力的作用线汇交于一点，则第三个力的作用线也必定汇交于同一点，且三力作用线共面。

证明　如图 1-10 所示，在刚体的 A、B、C 三点上分别作用三个相互平衡的力 $\boldsymbol{F}_1$、$\boldsymbol{F}_2$、$\boldsymbol{F}_3$。由力的可传性，将力 $\boldsymbol{F}_1$ 和 $\boldsymbol{F}_2$ 移到汇交点 O，并有 $\boldsymbol{F}_1'=\boldsymbol{F}_1$，$\boldsymbol{F}_2'=\boldsymbol{F}_2$。再根据力的平行四边形法则，求得合力 $\boldsymbol{F}_{12}$。则力 $\boldsymbol{F}_3$ 应与 $\boldsymbol{F}_{12}$ 平衡。由于两个力平衡必须共线，故力 $\boldsymbol{F}_3$ 必定与力 $\boldsymbol{F}_1$ 和 $\boldsymbol{F}_2$ 共面，且通过力 $\boldsymbol{F}_1'$ 与 $\boldsymbol{F}_2'$ 的交点 O。用式子可以表示为

$$(\boldsymbol{F}_1,\boldsymbol{F}_2,\boldsymbol{F}_3)=(\boldsymbol{F}_1',\boldsymbol{F}_2',\boldsymbol{F}_3)=(\boldsymbol{F}_{12},\boldsymbol{F}_3)=(0) \tag{1-3}$$

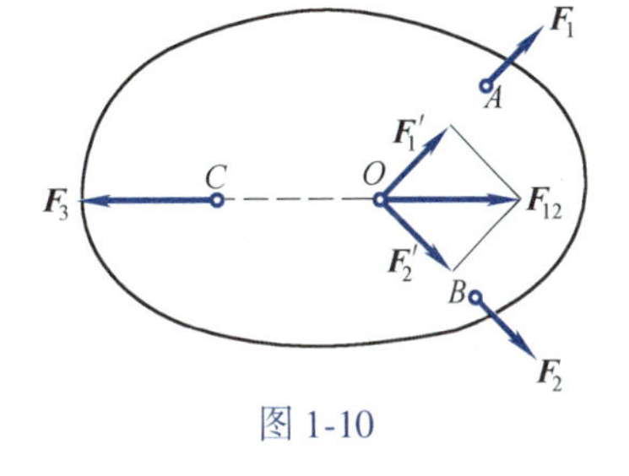

图 1-10

式中，(0) 表示力系平衡。

当刚体受不平行的三力作用处于平衡时，常利用这个关系来确定未知力的作用线方位。

1.3　约束和约束反力

可以在空间作任意运动的物体，也即位移不受限制的物体，称为**自由体**。例如，飞行的飞机、火箭、航天飞机等都是自由体。但工程中的大多数物体，往往受到一定限制而使其某些运动不能实现，这样的物体称为**非自由体**。例如，在钢轨上行驶的火车、安装在轴承中的转轴等都是非自由体。凡是限制某一物体运动的周围物体被称为**约束**。例如钢轨对火车，轴承对转轴等，都是约束。

约束施加于被约束物体上的力称为**约束反力**，简称**约束力**或**反力**。约束反力的方向总是与约束所能阻止的物体运动的方向相反。约束反力以外的力均称为**主动力**，例如重力、风力、水压力、电磁力等均属于主动力。在一般情况下，约束反力是由主动力引起的，所以它是一种被动力。

工程中的约束类型很多，现介绍几种常见的约束类型，并分析其约束反力的特点。

1. 柔索

工程上常用的绳索、胶带和链条等所形成的约束，称为**柔索**。这类约束的特点是只能承受

拉力,而不能抵抗压力和弯曲。当物体受到柔索时,柔索只能限制物体沿柔索伸长方向的运动。因此,柔索的约束反力的方向一定沿着柔索,且只能是拉力。图 1-11 所示为两根绳索悬吊一重物。根据柔索反力的特点,可知绳索作用于重物的力是沿绳索的拉力 $\boldsymbol{F}_A$、$\boldsymbol{F}_B$。同理,可以确定在机械的带传动中胶带绕过轮子并拉紧时,其直线段作用于带轮的力只能沿轮缘的切线方向且背离切点,如图 1-12 所示。

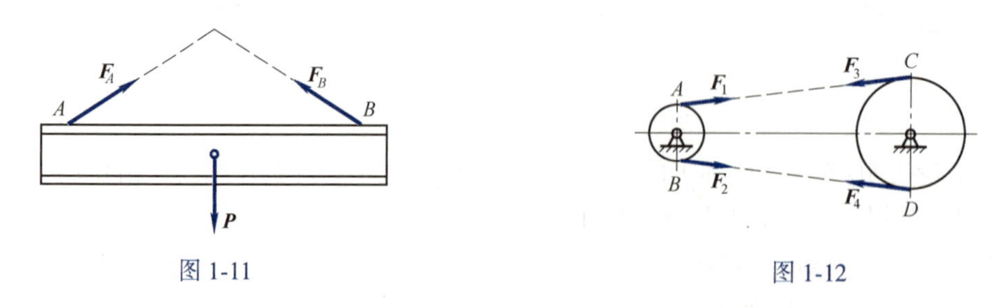

图 1-11　　图 1-12

2. 光滑面约束

如图 1-13、图 1-14 所示为光滑面约束的几个例子。图 1-13 为支持物体的固定面,图 1-14 为啮合齿轮的齿面。它们均不考虑摩擦。

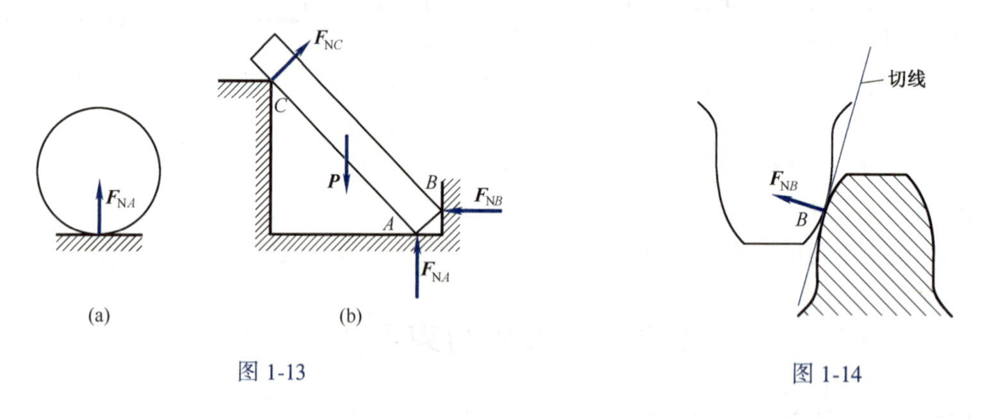

图 1-13　　图 1-14

这类约束对被约束物体在接触点切面内任一方向的运动不加阻碍,接触面也不限制物体沿接触点的公法线方向脱离接触,但不允许物体沿该方向进入接触面。因而,光滑面的约束反力必通过接触点,方向沿着接触面在该点的公法线,指向被约束物体。在工程实践中,物体接触面之间总存在着或大或小的摩擦力。但若摩擦力远小于物体所受其他各力而可以略去时,就可以将接触面简化为光滑面,故这是一种理想模型。这种约束反力通常用 $\boldsymbol{F}_{\mathrm{N}}$ 来表示,如图 1-13 中的 $\boldsymbol{F}_{\mathrm{N}A}$、$\boldsymbol{F}_{\mathrm{N}B}$、$\boldsymbol{F}_{\mathrm{N}C}$ 和图 1-14 中的 $\boldsymbol{F}_{\mathrm{N}B}$ 等。

3. 光滑的圆柱形铰链

如图 1-15(a) 所示,物体 A 上的圆柱形孔套在属于另一物体 B 的圆柱形销子 C 上,物体 A 的运动受到了销子的限制,就构成了圆柱形铰链约束。若略去摩擦力,则物体 A 与销子 C 实际上是两光滑圆柱面相接触。按照光滑面约束的特点,销子 C 作用于物体 A 的反力 $\boldsymbol{F}_{\mathrm{N}}$ 应沿圆柱面在接触点的公法线,即反力 $\boldsymbol{F}_{\mathrm{N}}$ 在垂直于销子轴线的横截面内,沿着通过 K 点的半径方向。但单从约束的构造无法预先确定接触点 K 的位置,因而反力 $\boldsymbol{F}_{\mathrm{N}}$ 的方向也不能预先确定。因此，在受力分析时，圆柱形铰链的反力通常表示为两个正交分力 $\boldsymbol{F}_x$、$\boldsymbol{F}_y$，如图 1-15(b) 所示。

扫一扫
固定铰链支座

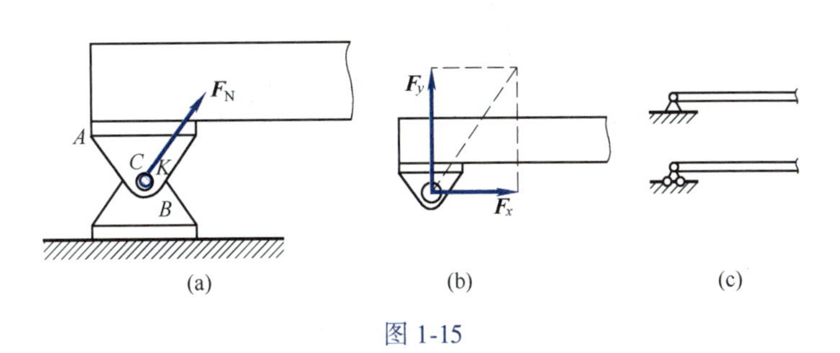

图 1-15

如果利用铰链将物体与另一固定部分(如梁与桥墩)相连接，如图 1-15 所示，则构成固定铰链支座，图 1-15(c) 为其简图的两种形式。曲柄滑块机构的曲柄 OA 用圆柱销钉 O 与机座相连接，O 处成为固定铰链支座，如图 1-16 所示。如果用铰链将两个物体连接起来，通常称为铰链连接，这种铰链称为中间铰链。图 1-16 中 A 和 B 处都是铰链连接。

机械中常见的向心轴承实际上也构成圆柱形铰链约束，如图 1-17 所示。可以断定轴承作用于轴颈的反力 $\boldsymbol{F}_N$ 在垂直于轴线的横截面内，但不能预先确定其方向，可以用正交分力 $\boldsymbol{F}_x$、$\boldsymbol{F}_y$ 来表示轴承反力。

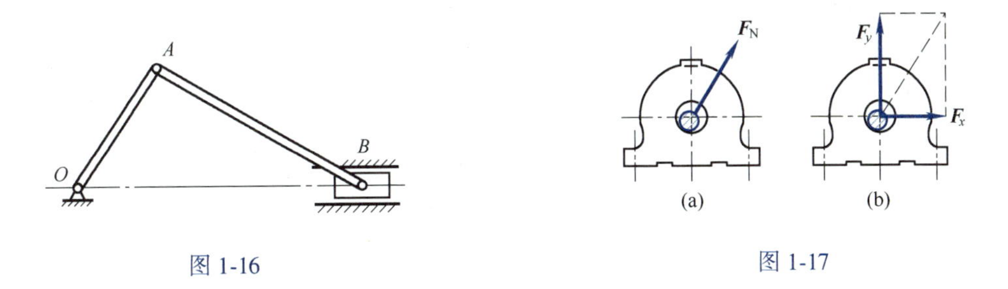

图 1-16　　　　图 1-17

4. 光滑的球形铰链

物体 A 的球形部分嵌入物体 B 的球形窝内，就构成了球形铰链约束，如图 1-18(a) 所示。汽车变速箱的操纵杆就是用球形铰链支承的。若略去摩擦，按照光滑面约束反力的特点，物体 A 受到的约束反力 $\boldsymbol{F}_N$ 必通过球心，但它在空间的方位不能预先确定。通常，球形铰链的反力可表示为正交的三个分力 $\boldsymbol{F}_x$、$\boldsymbol{F}_y$、$\boldsymbol{F}_z$，如图 1-18(b) 所示。

从上述可见，这类约束只限制物体在受约束处的移动，而不限制物体绕铰链的转动。

5. 辊轴铰链支座

在铰链支座与支承面之间装上辊轴，就成为辊轴铰链支座(或称滑动铰链支座、可动铰链支座，简称滑动支座)，如图 1-19(a) 所示。如略去摩擦，这种支座不限制物体沿支承面的运动，而只阻止垂直于支承面方向的运动。因此，辊轴铰链支座的反力 $\boldsymbol{F}_N$ 必垂直于支承面。图 1-19(b) 和(c) 是这种支座的简化表示法和支座反力 $\boldsymbol{F}_N$ 的表示。

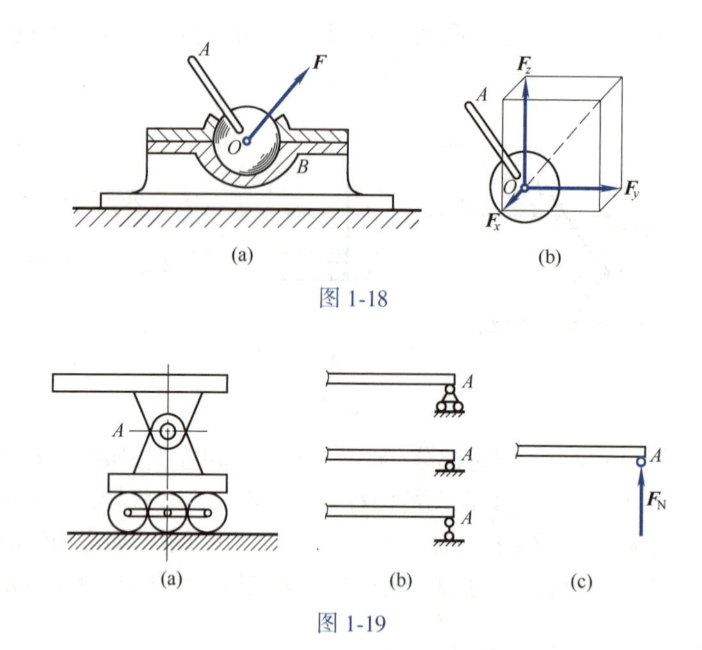

图 1-18

图 1-19

扫一扫
活动铰链支座

6. 固定端约束

工程中还有一种常见的基本类型的约束,称为固定端(或插入端)约束。如阳台的挑梁、房屋的雨篷和管道的支架等,其端部的约束便是固定端约束。固定端约束的简图如图 1-20(a)所示。

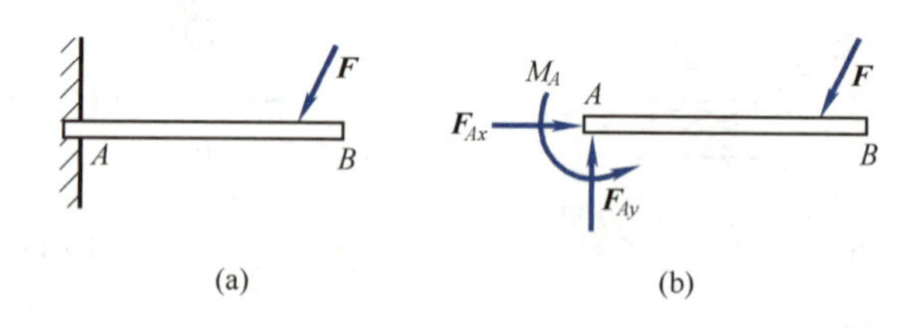

图 1-20

固定端约束对物体的作用,是在接触面上作用了一群约束力。这类约束的特点是连接处有很大的刚性,不允许构件发生任何移动和转动。一般将一端固定、另一端悬空的梁称为**悬臂梁**。当梁上作用载荷时固定端约束就既阻止梁端沿任何方向移动,也阻止梁绕该端转动。因而它的约束反力,在平面问题中包括三部分,即阻止梁端 A 沿任何方向移动的水平反力 $\boldsymbol{F}_{Ax}$ 和竖向反力 $\boldsymbol{F}_{Ay}$,以及阻止梁绕 A 点转动的反力偶 M_A,如图 1-20(b)所示。

扫一扫
数字人授课

1.4 物体的受力分析和受力图

在求解力学问题时,往往必须首先根据问题的已知条件和待求各量,从有关物体中选择某一物体(或几个物体组成的系统)作为研究对象,并分析研究对象的受力情况,即进行受力分析。这时,可设想将所研究物体从与周围物体的接触中分离出来,即解除其所受约束而代之以相应的约束反力。解除约束后的物体，称为**分离体**，画有分离体及其所受全部的力(包括主动力和约束反力)的简图，称为**受力图**(分离体图、隔离体图、自由体图)。

正确地画出受力图是求解静力学问题的一个重要步骤，下面举例说明。

【例 1-1】 重量为 $\boldsymbol{P}$ 的梯子 AB，搁置在光滑水平地面和铅直墙壁上。在 D 点用水平绳索 DE 与墙相连，如图 1-21(a) 所示。试画出梯子 AB 的受力图。

【解】 取梯子为分离体，即将梯子在 A、B、D 三处分别解除地面、墙壁、绳索造成的约束中分离出来，故须在这三处加上相应的约束反力来代替。根据光滑面约束的特点，墙壁和地面作用于梯子的反力 $\boldsymbol{F}_{NB}$ 和 $\boldsymbol{F}_{NA}$ 应分别垂直于墙壁和地面。又绳索是柔体约束，绳索作用于梯子的反力 $\boldsymbol{F}_D$ 是沿着 DE 方向的拉力。梯子受到的主动力为重力 $\boldsymbol{P}$，作用于其重心，方向铅直向下。这样就得到了梯子的受力图，如图1-21(b) 所示。

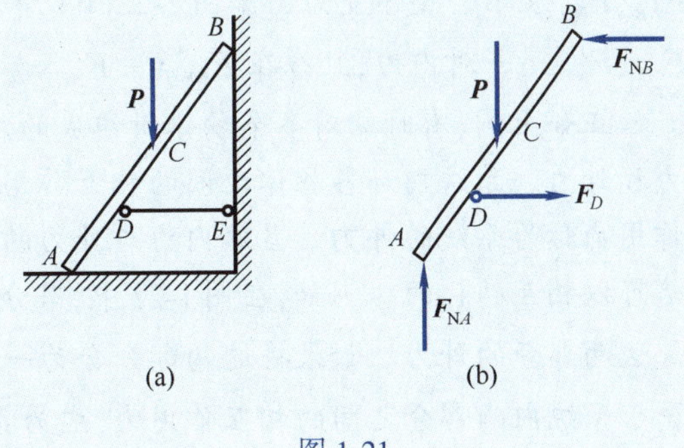

图 1-21

【例 1-2】 如图 1-22(*a*) 所示结构，AB 杆重为 $\boldsymbol{P}_1$，圆柱体 C 重为 $\boldsymbol{P}_2$，各接触面均为光滑。试画出圆柱体 C、杆 AB 及整体受力图。

【解】 (1)先画圆柱体 C 的受力图。取圆柱体为分离体，圆柱体受到的主动力为 $\boldsymbol{P}_2$，作用在 C 处；现在 D、E 两处解除其约束，而分别代之以光滑面接触的约束反力 $\boldsymbol{F}_{ND}$ 和 $\boldsymbol{F}_{NE}$，其受力图如图 1-22(b) 所示。

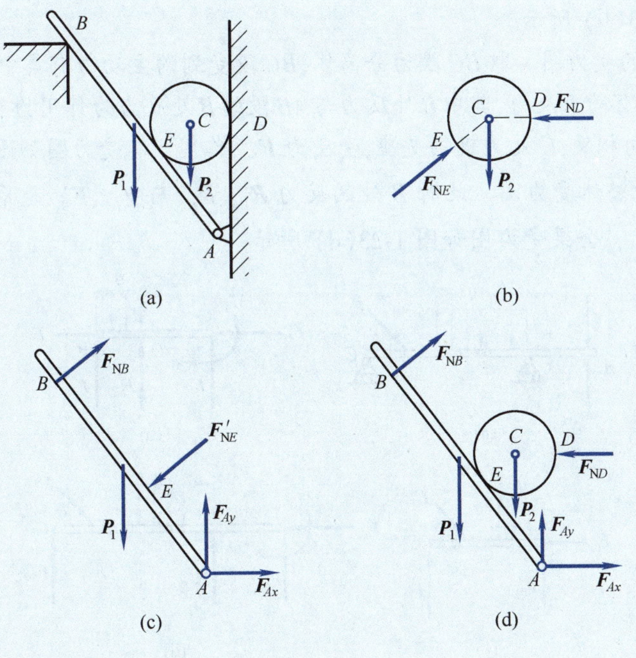

图 1-22

(2) 取杆 AB 为分离体,杆 AB 受到的主动力为 $\boldsymbol{P}_1$,另 B、E 处为光滑面约束,E 处由公理4确定 $\boldsymbol{F}'_{NE}$ 的方向,其与 $\boldsymbol{F}_{NE}$ 是作用力和反作用力的关系。A 处为固定铰链支座,约束反力为 $\boldsymbol{F}_{Ax}$、$\boldsymbol{F}_{Ay}$,其受力图如图 1-22(c) 所示。

(3) 画整体受力图。取整体为研究对象,系统受到的主动力为 $\boldsymbol{P}_1$ 和 $\boldsymbol{P}_2$。现解除 A、B、D 处约束,其中 A 为固定铰链支座,反力用 $\boldsymbol{F}_{Ax}$、$\boldsymbol{F}_{Ay}$ 表示,B、D 处为光滑面约束,反力分别用 $\boldsymbol{F}_{NB}$、$\boldsymbol{F}_{ND}$ 表示。整体受力图如图 1-22(d) 所示。图中 $\boldsymbol{F}_{NE}$、$\boldsymbol{F}'_{NE}$ 没有出现,是因为对整体而言 $\boldsymbol{F}_{NE}$、$\boldsymbol{F}'_{NE}$ 是一对内力,且存在 $\boldsymbol{F}_{NE}=-\boldsymbol{F}'_{NE}$。

正如上例,有时需对多个物体所组成的物体系统进行受力分析。这时必须注意区分内力和外力。系统内部各物体之间的相互作用力称为系统的**内力**;外部物体对系统内物体的作用力称为系统的**外力**。当然内力与外力的区分不是绝对的,在一定的条件下,内力与外力是可以相互转化的。例如,在图 1-22 中,若分别以杆 AB、圆柱体 C 为对象,则力 $\boldsymbol{F}'_{NE}$、$\boldsymbol{F}_{NE}$ 分别是这两部分的外力。如果将这两部分合为一个系统来研究,即以整体为对象,则力 $\boldsymbol{F}'_{NE}$、$\boldsymbol{F}_{NE}$ 属于系统内两部分之间的相互作用力,成为系统的内力。从牛顿第三定律可知,内力总是成对出现的,且彼此等值、反向、共线。对整个系统来说,内力的合力为零,对系统的平衡没有影响。因此,在作系统整体的受力图时,只需画出全部外力,不必画出内力。

【例 1-3】 如图 1-23(a)所示,水平梁由 AB 和 BC 两部分组成,A 端插入墙内,C 端和 D 处搁在辊轴支座上,B 处用铰链连接。试分别画出 AB 段、BC 段和全梁的受力图。

【解】 (1) 作 AB 段的受力图。取 AB 为分离体,受到的主动力为集度为 q 的分布载荷。约束反力存在于 A、D、B 三处,其中 A 端为固定端约束,有三个约束反力和一个反力偶,即 $\boldsymbol{F}_{Ax}$、$\boldsymbol{F}_{Ay}$ 和 M_A;D 处为辊轴支座,受反力 $\boldsymbol{F}_{ND}$ 作用;B 处为铰链连接,受反力 $\boldsymbol{F}_{Bx}$、$\boldsymbol{F}_{By}$ 作用。其受力图如图 1-23(b) 所示。

(2) 作 BC 段的受力图。取 BC 段为分离体,BC 段受到的主动力有集中力 $\boldsymbol{F}$ 和集度为 q 的分布载荷。B、C 处有约束反力,其中 B 处反力与 AB 段的 B 处反力为作用力和反作用力的关系,它们大小相等、方向相反;C 处为辊轴支座,受反力 $\boldsymbol{F}_{NC}$ 作用。其受力图如图 1-23(c) 所示。

(3) 作全梁的整体受力图。此时 B 处的反力 $\boldsymbol{F}_{Bx}$、$\boldsymbol{F}_{By}$ 与 $\boldsymbol{F}'_{Bx}$、$\boldsymbol{F}'_{By}$ 是系统的内力,故在整体受力图中不出现。全梁受力图如图 1-23(d) 所示。

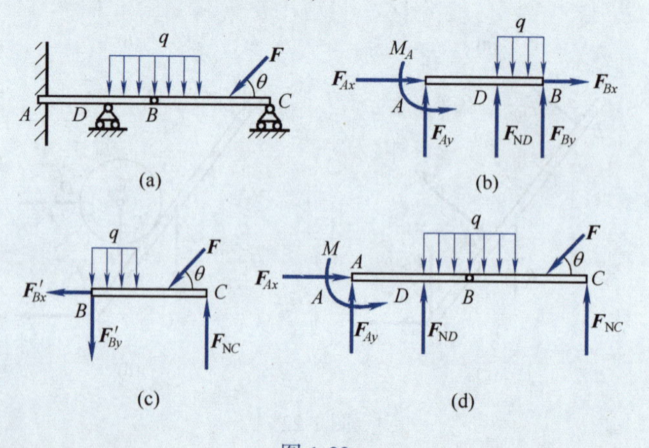

图 1-23

正确地画出物体的受力图,是分析和解决力学问题的基础。画受力图时需注意以下几点:

1. 明确研究对象。应根据求解的需要,取单个物体或取由几个物体组成的系统为研究对象。不同的研究对象,其受力图是不同的。

2. 正确地画出约束反力的方向。约束反力的方向只能根据约束的性质来判断,切忌凭直观任意猜度。

在分析两物体间的相互作用力时,应遵守作用与反作用定律。作用力的方向一经设定,反作用力的方向就应与之相反,而且两力的大小相等。

3. 受力图上必须画出全部的主动力和约束反力,并用习惯使用的字母加以标记。为了避免漏画某些约束反力,可以检查分离体在哪几处被解除约束,是否已画上相应的约束反力。

4. 不要臆想一些实际上并不存在的力加在分离体上。为此应注意:对于实有的力,都应能指出它是哪个物体施加的。另外当画某个系统的受力图时,由于内力成对出现,内力的合力为零,故在受力图上不必画出内力。

思　考　题

1-1　说明下列式子与文字的意义和区别:(1)$\boldsymbol{F}_1 : \boldsymbol{F}_2$;(2)$\boldsymbol{F}_1 = \boldsymbol{F}_2$;(3) 力 $\boldsymbol{F}_1$ 等效于力 $\boldsymbol{F}_2$。

1-2　如果物体在某个平衡力系作用下处于平衡,那么再加上一个平衡力系,该物体是否一定仍处于平衡状态?需要什么条件?

1-3　图 1-24 中所有构件自重不计,试指出图中哪些杆件是二力构件。

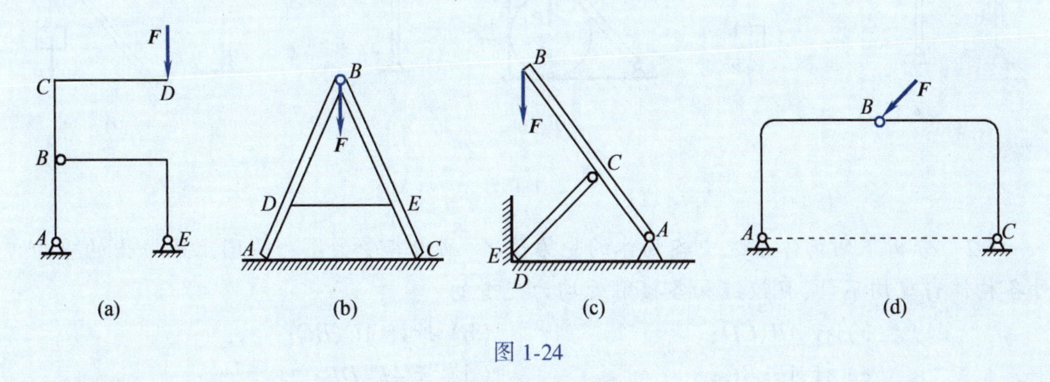

图 1-24

1-4　如图 1-25 所示对称结构,力 $\boldsymbol{F}$ 作用于销钉 C 上,杆 AC 和 BC 自重不计。试问销钉 C 对杆 AC 和杆 BC 的作用力是否等值、反向、共线?

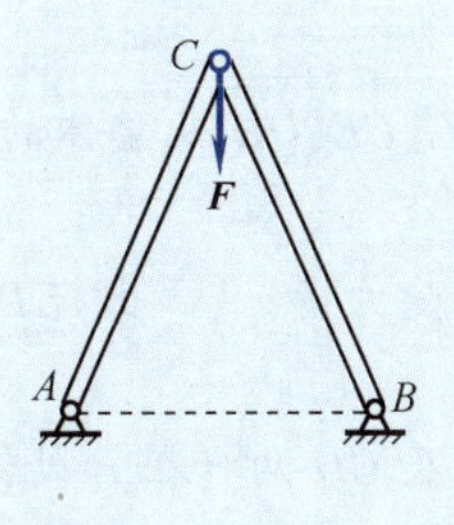

图 1-25

习 题

1-1 画出下列各指定物体的受力图,除图上已给出的重力以外,物体的自重均不计。设铰链及各接触处都是光滑的。

(a) 管道 O; (b) 杆 AB;
(c) 梁 AC; (d) 折杆 AB;
(e) 杆 BD; (f) 棘轮 O;
(g) 杆 AB; (h) 折杆 AB;
(i) 铰 A。

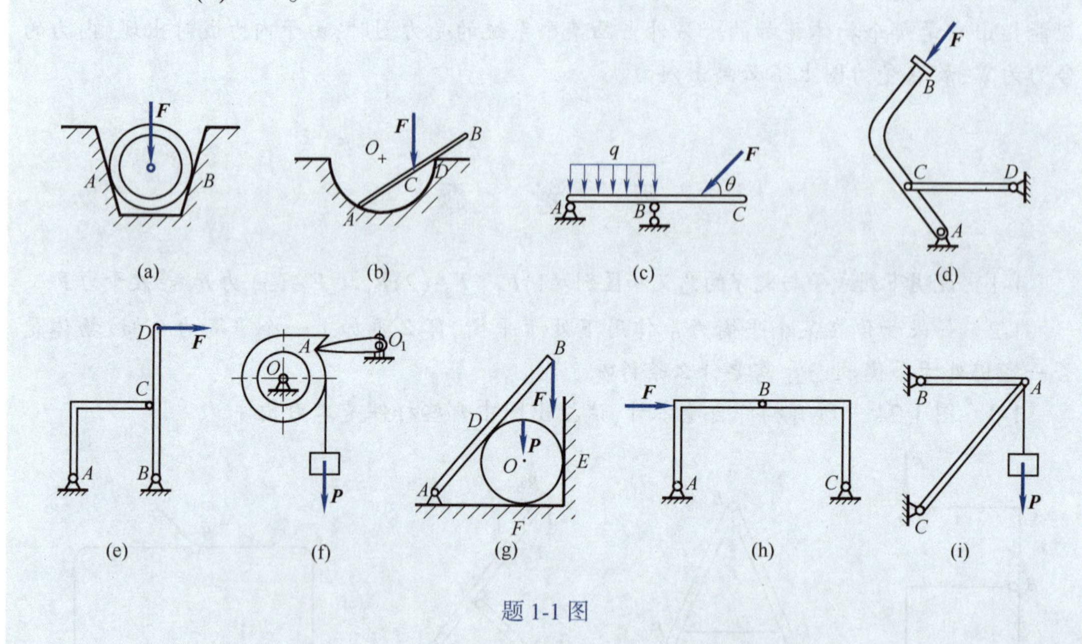

题 1-1 图

1-2 分析下列物体系统中各物体的受力情况,画出其受力图。除图上已给出的重力以外各构件自重均不计,且铰链和各接触处均为光滑的。

(a) 杆 AB、CD; (b) 折杆 AC、BC;
(c) 杆 AB、BC; (d) 杆 AE、DB;
(e) 杆 AB、圆柱 O; (f) 杆 AC、DE、BC;
(g) 杆 AC、BC; (h) 杆 BC、AD;
(i) 梁 AC、CD。

1-3 画出图示结构中杆 AC、OC、CE、OD 及整体的受力图。各构件自重及铰链处的摩擦不计。

1-4 分析图示结构中各构件的受力情况,画出杆 DB、AB、CK 及整体的受力图。各构件自重及铰链处的摩擦不计。

1-5 推土机刀架如图所示,AB 及 CD 两杆在 B 处铰接,A、C、D 处均为铰链。设地面是光滑的,铲刀重 $\boldsymbol{P}$,所受土壤阻力为 $\boldsymbol{F}$。试分别作出杆 AB、CD 和铲刀 ACE 的受力图。

1-6　图示构架中，AB 及 DF 两杆在 E 处铰接，A、B、F 处均为铰链。试作出滑轮 A、C 和杆 AB、DF 的受力图。

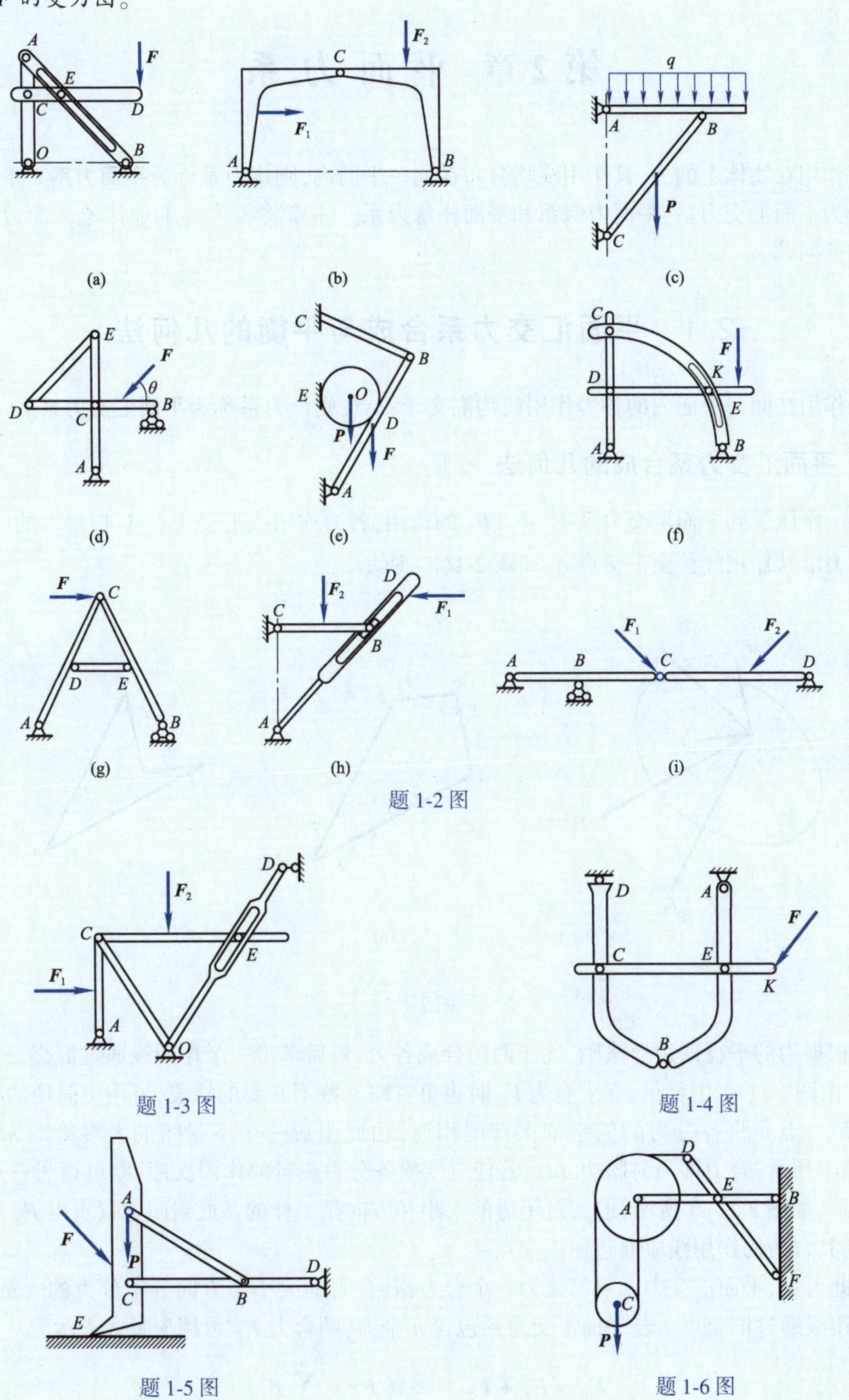

题 1-2 图

题 1-3 图

题 1-4 图

题 1-5 图

题 1-6 图

第 2 章　平 面 力 系

若作用在物体上的力，其作用线均分布在同一平面内，则该力系称为**平面力系**。平面力系一般分为平面汇交力系、平面力偶系和平面任意力系。本章将较为详细地讨论平面力系的简化和平衡问题。

2.1　平面汇交力系合成与平衡的几何法

若作用在同一平面内的各力作用线均汇交于一点，则该力系称为**平面汇交力系**。

1. 平面汇交力系合成的几何法

设一刚体受到平面汇交力系 $\boldsymbol{F}_1$、$\boldsymbol{F}_2$、$\boldsymbol{F}_3$ 的作用，各力作用线汇交于点 A，根据力的可传性，可将各力沿其作用线移至汇交点 A，如图 2-1(a) 所示。

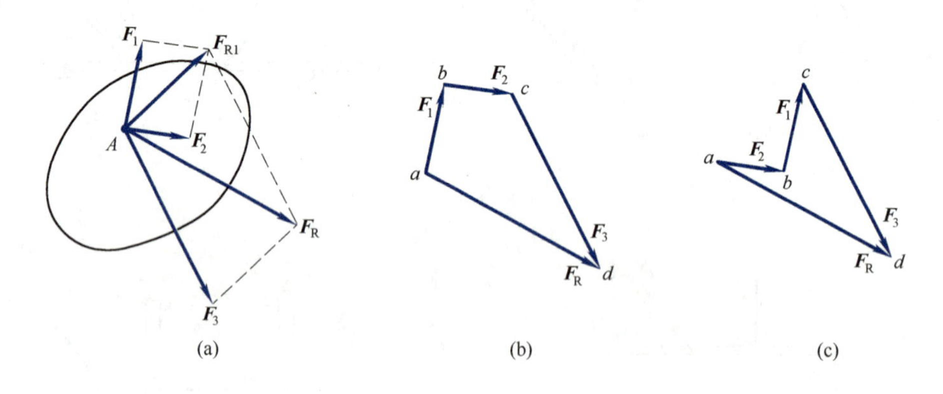

图 2-1

再根据力的平行四边形法则，逐步两两合成各力，最后求得一个作用线通过汇交点 A 的合力 $\boldsymbol{F}_R$。由图 2-1(a) 中可见，在求合力 $\boldsymbol{F}_R$ 时也可省略一些不必要的线段，可用更简便的方法求之。任取一点 a 将各分力的矢量依次首尾相连，由此组成一个不封闭的力多边形 $abcd$，如图 2-1(b) 所示，合力即为封闭边 ad。若任意变换各分力矢量的作图次序，则可得另一形状的力多边形，如图 2-1(c) 所示，但其封闭边的大小和方向是一样的。此封闭边仅求得 $\boldsymbol{F}_R$ 的大小和方向，其合力的作用线应通过原汇交点 A。

由此可见，平面汇交力系可简化为一个合力，其合力的大小与方向等于分力的矢量和，合力的作用线通过汇交点。若平面汇交力系包含 n 个力，则合力 $\boldsymbol{F}_R$ 可用矢量式表示为

$$\boldsymbol{F}_R = \boldsymbol{F}_1 + \boldsymbol{F}_2 + \cdots + \boldsymbol{F}_n = \sum_{i=1}^{n} \boldsymbol{F}_i \tag{2-1}$$

2. 平面汇交力系平衡的几何条件

由于平面汇交力系可合成为一合力,故平面汇交力系平衡的必要和充分条件是:该力系的合力等于零。用矢量表示为

$$\sum_{i=1}^{n} \boldsymbol{F}_i = \boldsymbol{0} \tag{2-2}$$

在这种情况下,力多边形的第一个力的起点与最后一个力的终点重合,即力多边形自行封闭,如图 2-2(b)所示。因此,平面汇交力系平衡的必要和充分条件是该力系的力多边形自行封闭,这是平面汇交力系平衡的几何条件。

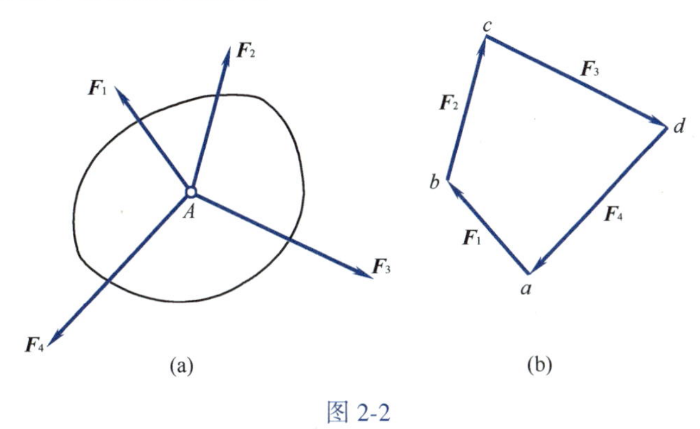

图 2-2

应注意:画力多边形时要取适当的比例尺,各力的方向角要用量角器绘制。

用上述作图来求平面汇交力系的合力和解决力系平衡问题的方法称为几何法。该方法在力系的力较多时,应用很不方便,通常用解析法来进行求解。

2.2　平面汇交力系合成与平衡的解析法

解析法是利用力的投影计算合力的大小和方向,根据力系的平衡条件来建立平面汇交力系平衡方程的一种方法。

1. 力在坐标轴上的投影及平面汇交力系合成的解析法

如图 2-3 所示,F_{x1}、F_{y1} 分别为力 $\boldsymbol{F}_1$ 在 x、y 轴上的投影,则有

$$\boldsymbol{F}_1 = F_{x1}\boldsymbol{i} + F_{y1}\boldsymbol{j} \tag{2-3}$$

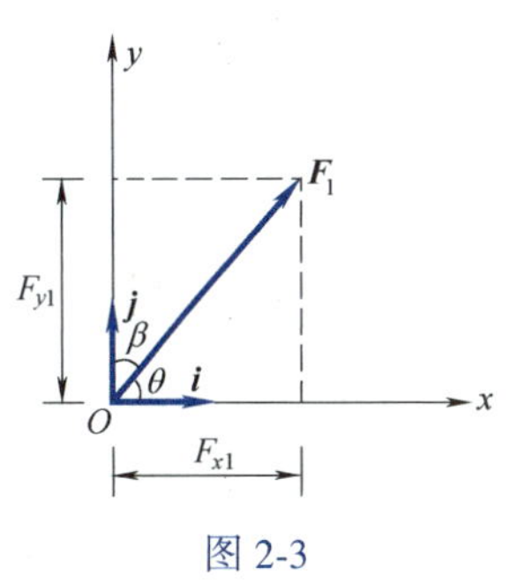

图 2-3

若力 $\boldsymbol{F}_R$ 是 $\boldsymbol{F}_1$ 和 $\boldsymbol{F}_2$ 两个力的合力,即

$$\boldsymbol{F}_R = \boldsymbol{F}_1 + \boldsymbol{F}_2$$

则由图 2-4 可知,合力 $\boldsymbol{F}_R$ 在两个互相垂直的 x、y 坐标轴上的投影 F_{Rx}、F_{Ry} 分别为

$$F_{Rx} = F_{x1} + F_{x2}, \quad F_{Ry} = F_{y1} + F_{y2}$$

相应地,当 $\boldsymbol{F}_R$ 是包含有 n 个作用在 O 点的力的合力,则

$$F_{Rx} = F_{x1} + F_{x2} + \cdots + F_{xn} = \sum_{i=1}^{n} F_{xi}, \quad F_{Ry} = F_{y1} + F_{y2} + \cdots + F_{yn} = \sum_{i=1}^{n} F_{yi} \tag{2-4}$$

或 $$F_{Rx} = \sum F_x, \quad F_{Ry} = \sum F_y$$

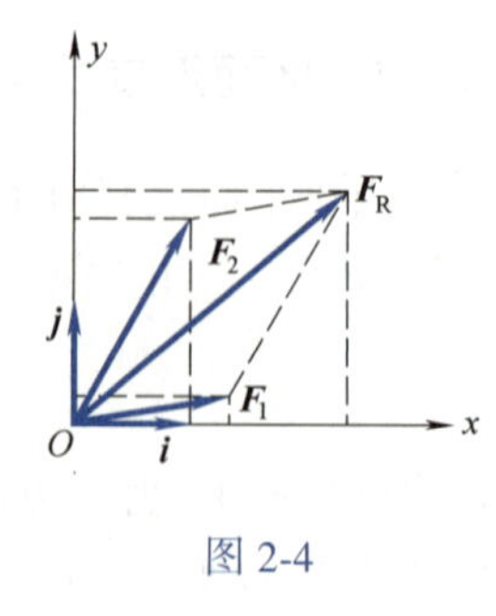

图 2-4

上式表明:合力在某一轴上的投影等于所有各分力在同一轴上投影的代数和,这即为平面汇交力系的**合力投影定理**。

这样,合力的大小和方向为

$$\left.\begin{aligned} F_R &= \sqrt{F_{Rx}^2 + F_{Ry}^2} = \sqrt{\left(\sum_{i=1}^{n} F_{xi}\right)^2 + \left(\sum_{i=1}^{n} F_{yi}\right)^2} \\ \cos\theta &= \cos(\boldsymbol{F}_R, \boldsymbol{i}) = \frac{\sum_{i=1}^{n} F_{xi}}{F_R}, \quad \cos\beta = \cos(\boldsymbol{F}_R, \boldsymbol{j}) = \frac{\sum_{i=1}^{n} F_{yi}}{F_R} \end{aligned}\right\} \tag{2-5}$$

式中,θ、β 分别为合力 $\boldsymbol{F}_R$ 和 x、y 轴正向的夹角。

2. 平面汇交力系平衡的解析法

由平面汇交力系平衡的几何法知,平衡时存在

$$\boldsymbol{F}_R = \sum_{i=1}^{n} \boldsymbol{F}_i = \boldsymbol{0}$$

则由式(2-5)得

$$\sum_{i=1}^{n} F_{xi} = 0, \quad \sum_{i=1}^{n} F_{yi} = 0 \tag{2-6}$$

或

$$\sum F_x = 0, \quad \sum F_y = 0 \tag{2-7}$$

上两式表明,力系中所有各力分别在两个坐标轴上投影的代数和均等于零,这是平面汇交力系的平衡方程。

式(2-6)是两个相独立的平衡方程,可求解两个未知数。

【例 2-1】 平面汇交力系如图 2-5 所示。已知 $F_1 = 600$ N,$F_2 = 300$ N,$F_3 = 400$ N,求力系的合力。

【解】 由式(2-4),有

$$F_{Rx} = \sum F_x = -F_1\sin 30° + F_2\cos 45° + F_3 = 312(\text{N})$$

$$F_{Ry} = \sum F_y = F_1\cos 30° + F_2\sin 45° = 731(\text{N})$$

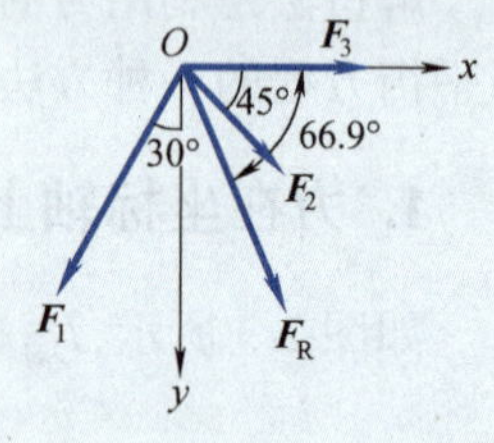

图 2-5

将 F_x,F_y 代入式(2-5),得

$$F_R = \sqrt{F_{Rx}^2 + F_{Ry}^2} = 794.8(\text{N}), \quad \theta = \arccos\left(\frac{F_x}{F_R}\right) = 66.9°$$

θ 为合力 $\boldsymbol{F}_R$ 与 x 轴之间的夹角,如图 2-5 所示。

【例 2-2】 如图 2-6(a)所示结构,已知 $F = 1$ kN。试求 CD 杆所受的力及支座 B 的约束反力。

【解】 取 AB 杆为研究对象。CD 杆为二力杆,铰链约束反力的方向可用三力平衡汇交定理确定,故 AB 杆的受力图如图 2-6(b) 所示,且建立图示坐标系 Oxy。

由平面汇交力系平衡方程得

$$\sum F_x = 0, \quad F_{CD}\sin\theta - F_B\sin\beta = 0 \tag{1}$$

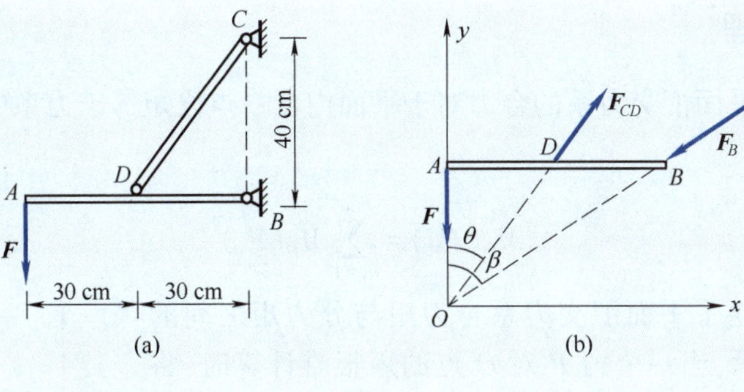

图 2-6

$$\sum F_y = 0,\quad F_{CD}\cos\theta - F_B\cos\beta - F = 0 \tag{2}$$

(1)、(2)两式联立求解得

$$F_{CD} = \frac{F}{\cos\theta - \sin\theta \times \cot\beta},\quad F_B = \frac{F}{\sin\beta \times \cot\theta - \cos\beta} \tag{3}$$

又有 $\sin\theta = \frac{3}{5}, \cos\theta = \frac{4}{5}, \sin\beta = \frac{6}{\sqrt{52}}, \cos\beta = \frac{4}{\sqrt{52}}, \cot\beta = \frac{2}{3}, \cot\theta = \frac{4}{3}$,代入式(3) 得

$$F_{CD} = 2.5(\mathrm{kN}),\quad F_B = 1.8(\mathrm{kN})$$

所求结果中,F_{CD} 为正值,表示这力的假设方向与实际方向相同,即杆 CD 受拉。

2.3　力对点之矩的概念及计算

力对刚体的作用效应使刚体发生移动或转动,其中力对刚体的移动效应用力矢来度量,而力对刚体的转动效应则用力对点之矩来度量。

扫一扫

力对点之矩

1. 力对点之矩

平面上**力对点之矩**可以定义为:力 $\boldsymbol{F}$ 对任意点 O 之矩,等于力的大小与从 O 点到力 $\boldsymbol{F}$ 作用线的垂直距离的乘积,并冠以适当的符号。若采用右手制,则规定使物体绕逆时针转动为正,顺时针为负。其中,O 点称为**矩心**,O 到力 $\boldsymbol{F}$ 作用线的垂直距离 h 称为**力臂**,如图 2-7 所示。

若用 $M_O(\boldsymbol{F})$ 表示平面上力 $\boldsymbol{F}$ 对 O 点的力矩,则

$$M_O(\boldsymbol{F}) = \pm Fh = \pm 2A_{\triangle OAB} \tag{2-8}$$

式中,$A_{\triangle OAB}$ 为三角形 OAB 的面积。

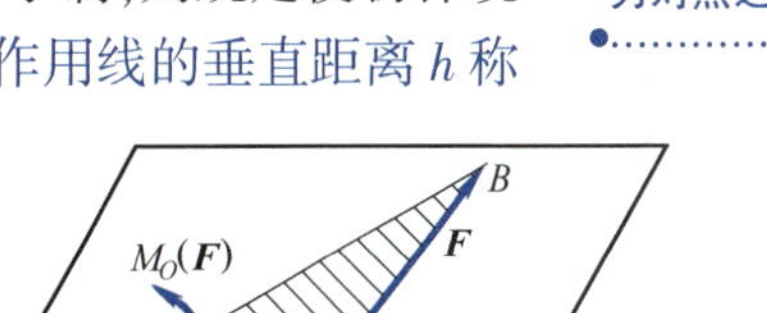

图 2-7

力矩的单位为 N · m 或 kN · m。

由上述知,力矩具有如下性质:

(1) 若力沿力的作用线移动时,不改变它对某点之矩;

(2) 等值、反向、共线的两个力,对任意点之矩的代数和等于零;

(3) 当力的作用线通过矩心或力等于零时,力矩为零。

2. 合力矩定理

合力矩定理 平面汇交力系的合力对于平面内任一点之矩等于力系中所有分力对同一点之矩的代数和,即

$$M_O(\boldsymbol{F}_R) = \sum_{i=1}^{n} M_O(\boldsymbol{F}_i) \tag{2-9}$$

合力矩定理建立了平面汇交力系合力矩与分力矩之间的关系。如图 2-8 所示,当一个力 $\boldsymbol{F}$ 对 O 点的矩很难计算时,将力沿着过 O 点的直角坐标轴方向分解为 $\boldsymbol{F}_x$ 和 $\boldsymbol{F}_y$ 两个分力,并设力作用点 A 的坐标为 $A(x,y)$,则用合力矩定理计算力 $\boldsymbol{F}$ 对 O 点的矩,有

$$M_O(\boldsymbol{F}) = M_O(\boldsymbol{F}_x) + M_O(\boldsymbol{F}_y) = xF_y - yF_x \tag{2-10}$$

上式即为平面内力对点之矩的解析表达式。

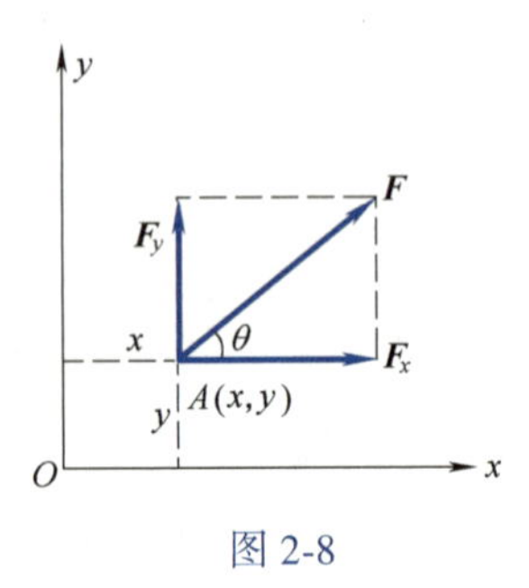

图 2-8

2.4 力偶及平面力偶系

1. 力偶及其性质

力和力偶是静力学的两个基本要素。力偶是指两个大小相等,方向相反,且不共线的平行力 $\boldsymbol{F}$ 与 $\boldsymbol{F}'$,如图 2-9 所示。两个作用线所组成的平面称为**力偶作用面**。两力作用线间的距离 d 称为**力偶臂**,通常用($\boldsymbol{F}$,$\boldsymbol{F}'$)表示力偶。例如钳工用丝锥攻螺纹,汽车司机用双手转动方向盘以及人们用手指拧水龙头等,都作用了成对的等值、反向且不共线的平行力。

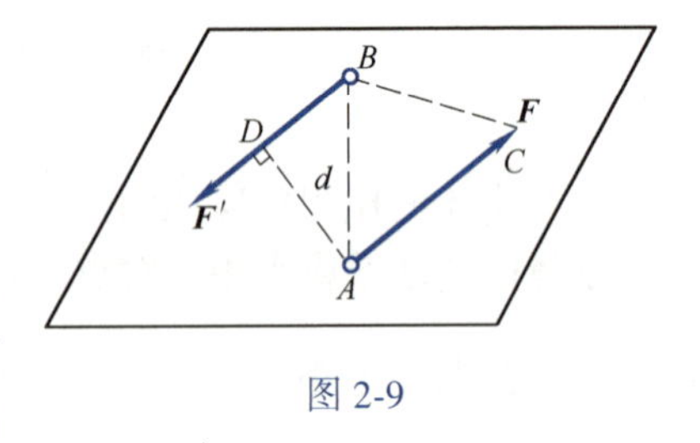

图 2-9

力偶使物体转动,其转动效应可用力偶矩来度量。力偶矩有大小和转向,力偶矩的大小为力偶中一个力 $\boldsymbol{F}$ 与力偶臂的乘积,即 Fd,转向采用右手制,规定以逆时针转为正,顺时针转为负。故平面力偶矩为代数量,通常用 M 或 $M(\boldsymbol{F},\boldsymbol{F}')$ 表示,即

$$M = \pm Fd = \pm 2A_{\triangle ABC}$$

力偶矩的单位为 N · m 或 kN · m。

力偶的性质可以概括为:

(1)组成力偶的两个力在任何坐标轴上的投影等于零;

(2)力偶不能合成为一个力,或者说力偶没有合力,即它不能与一个力等效,因而也不能被一个力平衡;

(3)力偶对物体不产生移动效应,只产生转动效应。

2. 平面力偶等效定理

在同一平面内的两个力偶,如它们的力偶矩大小相等,转向相同,则此两力偶等效。这称为**平面力偶等效定理**。

由平面力偶等效定理，可以得出下面两个重要的推论：

推论 1　力偶可以在其作用面内任意移转而不改变它对物体的转动效应。

推论 2　在保持力偶矩的大小和转向不变的条件下，可以任意改变力偶中力和力偶臂大小而不改变力偶对物体的转动效应。

应当指出，上述结论只适用于刚体，而不适用于变形效应的研究。

3. 平面力偶的合成与平衡

同一平面内作用有几个力偶，这群力偶称为**平面力偶系**。利用力偶的性质可以解决力偶系的合成和平衡问题。

(1) 平面力偶系的合成

设平面上作用有两个力偶($\boldsymbol{F}_1,\boldsymbol{F}_1'$)和($\boldsymbol{F}_2,\boldsymbol{F}_2'$)，它们的力偶臂分别为 d_1、d_2，力偶矩为 M_1 和 M_2，如图 2-10 所示。

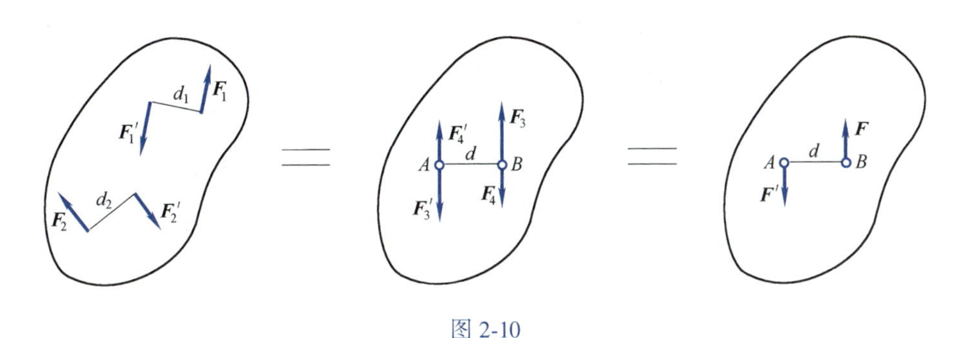

图 2-10

由力偶的性质，将这两个力偶分别转化为力偶臂为任意线段 $AB=d$ 的两个等效力偶($\boldsymbol{F}_3,\boldsymbol{F}_3'$)和($\boldsymbol{F}_4,\boldsymbol{F}_4'$)，原力偶与等效力偶分别为

$$M_1 = F_1d_1 = F_3d,\quad M_2 = -F_2d_2 = -F_4d$$

将作用在 A、B 两点的力合成，得

$$\boldsymbol{F} = \boldsymbol{F}_3 - \boldsymbol{F}_4,\quad \boldsymbol{F}' = \boldsymbol{F}_3' - \boldsymbol{F}_4'$$

这样 $\boldsymbol{F}=-\boldsymbol{F}'$，且作用线平行，构成合力偶($\boldsymbol{F},\boldsymbol{F}'$)，以 M 代表合力偶矩，得

$$M = Fd = (F_3 - F_4)d = F_3d - F_4d = M_1 + M_2$$

若力偶系中有 n 个力偶，则合力偶矩 M 有

$$M = M_1 + M_2 + \cdots + M_n$$

简写为

$$M = \sum_{i=1}^{n} M_i \tag{2-11}$$

即平面力偶系合成的结果仍是一个力偶，合力偶矩等于各个力偶矩的代数和。

(2) 平面力偶系的平衡

由合成结果知，力偶系平衡时，其合力偶的矩等于零。因此，平面力偶系平衡的必要和充分条件是各力偶矩的代数和为零，即

$$\sum_{i=1}^{n} M_i = 0 \tag{2-12}$$

用此方程可求解一个未知量。

【例 2-3】 T 形板上受三个力偶作用，如图 2-11 所示。已知 $F_1=50\ \mathrm{N}, F_2=40\ \mathrm{N}, F_3=30\ \mathrm{N}$，尺寸如图。试求该力偶系的合力偶矩。

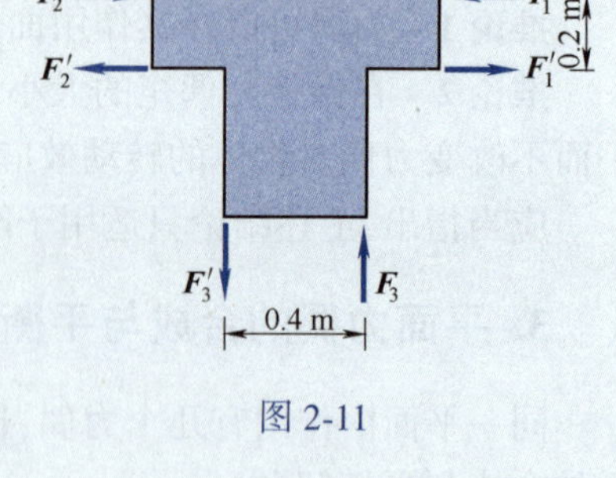

图 2-11

【解】 由计算合力偶矩的公式(2-11)，得

$$M=\sum_{i=1}^{3}M_i=M_1+M_2+M_3$$

$$=F_1d_1-F_2d_2+F_3d_3=14(\mathrm{N\cdot m})$$

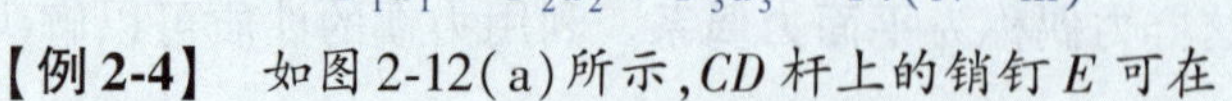

【例 2-4】 如图 2-12(a)所示，CD 杆上的销钉 E 可在 AB 杆的导槽内滑动。在两杆上各作用一力偶，且已知 $M_1=1\ 000\ \mathrm{N\cdot m}$。若不计杆重及各处摩擦，求系统在图示位置保持平衡时 M_2 的大小。

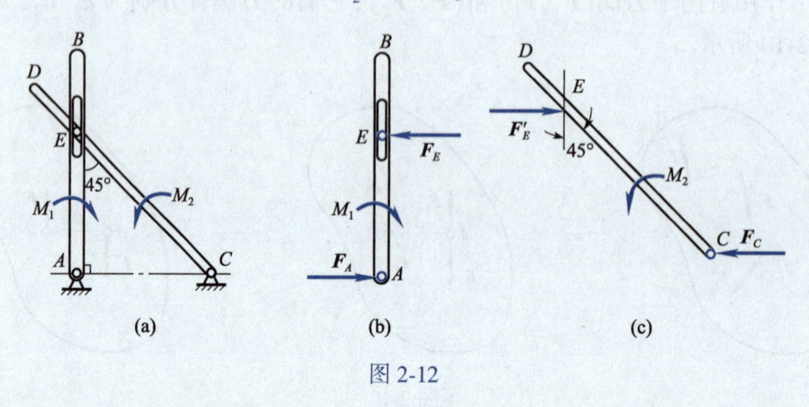

图 2-12

【解】 (1)取 AB 杆为研究对象。E 处为光滑接触，故约束反力 $\boldsymbol{F}_E$ 应垂直于杆 AB；A 处为铰链约束，其约束反力的方向由 AB 杆的平衡条件来确定，即力 $\boldsymbol{F}_A$ 的方向应与力 $\boldsymbol{F}_E$ 的方向相反，大小相等，构成一力偶与 M_1 平衡，其受力图如图 2-12(b)所示。由平面力偶系的平衡条件

$$\sum M=0,\quad F_E\times AE-M_1=0$$

得

$$F_E=\frac{M_1}{AE}\tag{1}$$

(2)取 CD 杆为研究对象。同理可确定 C 处约束反力方向，其受力图如图 2-12(c)所示。根据平面力偶的平衡条件

$$\sum M=0,\quad M_2-F_E'\times CE\times\cos 45^\circ=0\tag{2}$$

又

$$F_E'=F_E,\quad CE\times\cos 45^\circ=AE$$

结合式(1)、式(2)得

$$M_2=M_1=1\ 000(\mathrm{N\cdot m})$$

2.5 平面任意力系向一点简化

作用在同一平面内的 n 个力，若它们既不互相平行也不汇交于一点，则该力系称为平面任

意力系。在工程实际中经常遇到平面任意力系的问题。

研究平面任意力系时,通常采用将力系向平面内任一点简化的方法,这种方法的理论基础是力的平移定理。

1. 力的平移定理

定理　作用在刚体上 A 点的力 $\boldsymbol{F}$,可以平行移动到刚体内任一点 B,但必须同时附加一个力偶才能保持力 $\boldsymbol{F}$ 对刚体的原有作用效果,其力偶矩等于原力对 B 点之矩。

证明　设有一力 $\boldsymbol{F}$ 作用于刚体上的 A 点,如图 2-13(a) 所示。在刚体上任取一点 B,在该点上加上等值、反向且与力 $\boldsymbol{F}$ 平行的力 $\boldsymbol{F}'$ 和 $\boldsymbol{F}''$,并使 $\boldsymbol{F}'=-\boldsymbol{F}''=\boldsymbol{F}$,如图 2-13(b) 所示。显然力系($\boldsymbol{F},\boldsymbol{F}',\boldsymbol{F}''$) 与力 $\boldsymbol{F}$ 是等效的。但力系($\boldsymbol{F},\boldsymbol{F}',\boldsymbol{F}''$) 可看作一个作用在 B 点的力 $\boldsymbol{F}'$ 和一个力偶($\boldsymbol{F},\boldsymbol{F}''$)。于是原来作用在 A 点的力 $\boldsymbol{F}$,现在被一个作用在 B 点的力 $\boldsymbol{F}'$ 和一个力偶($\boldsymbol{F},\boldsymbol{F}''$) 等效替换,如图 2-13(c) 所示。这就是说,可以把作用于 A 点力 $\boldsymbol{F}$ 平移到另一点 B,但必须附加一个力偶,其矩为

$$M=Fd=M_B(\boldsymbol{F})$$

于是定理得证。

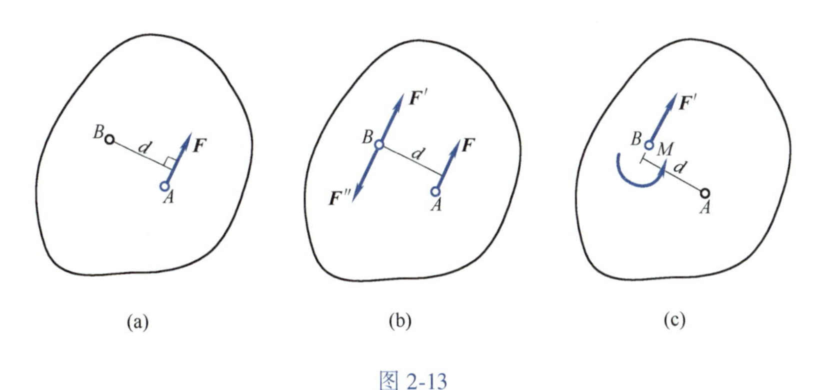

(a)　(b)　(c)

图 2-13

2. 平面任意力系向一点简化

设刚体上有力 $\boldsymbol{F}_1,\boldsymbol{F}_2,\cdots,\boldsymbol{F}_n$ 作用,这 n 个力组成平面任意力系,如图 2-14 所示。

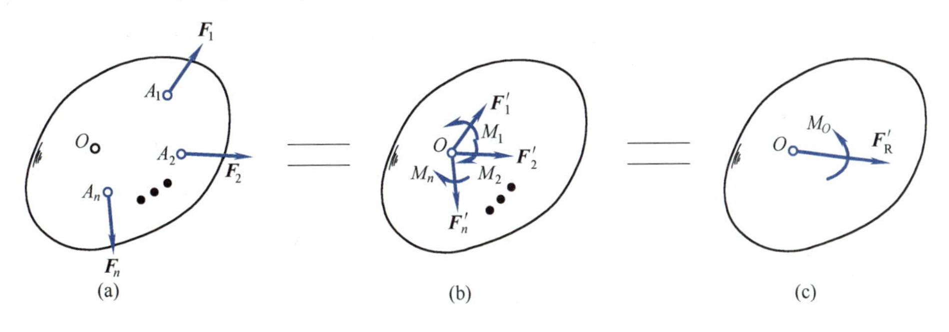

(a)　(b)　(c)

图 2-14

在平面上任选一点 O,称为**简化中心**。按力的平移定理将各力平行移至 O 点,同时加上相应的附加力偶,力偶矩等于力对 O 点的矩。于是原来的平面任意力系变成作用在简化中心 O

点的$\boldsymbol{F}_1',\boldsymbol{F}_2',\cdots,\boldsymbol{F}_n'$所组成的平面汇交力系和一个由附加力偶$M_1,M_2,\cdots,M_n$所组成的平面力偶系，如图 2-14(b) 所示，且有

$$M_i = M_O(\boldsymbol{F}_i) \quad (i=1,2,\cdots,n)$$

由此，用图2-14(b) 所示的平面汇交系可合成为作用线通过点O的一个力$\boldsymbol{F}_R'$，平面力偶系可合成为一个力偶，其力偶矩为M_O。$\boldsymbol{F}_R$、M_O 分别为

$$\boldsymbol{F}_R' = \boldsymbol{F}_1' + \boldsymbol{F}_2' + \cdots + \boldsymbol{F}_n' = \sum_{i=1}^{n}\boldsymbol{F}_i \tag{2-13}$$

$$M_O = M_1 + M_2 + \cdots + M_n = M_O(\boldsymbol{F}_1) + M_O(\boldsymbol{F}_2) + \cdots + M_O(\boldsymbol{F}_n) = \sum_{i=1}^{n}M_O(\boldsymbol{F}_i) \tag{2-14}$$

上两式中 $\boldsymbol{F}_R'$称为力系的**主矢**，它为所有各力的矢量和；M_O 称为该力系对于简化中心的**主矩**，它等于这些力对于简化中心 O 之矩的代数和。显然主矢与简化中心无关，主矩与简化中心有关。

综上所述，平面任意力系可以简化为一个力和一个力偶。该力作用于简化中心，等于力系的主矢；该力偶的矩等于力系中各力对简化中心的主矩。主矢的大小和方向与简化中心的位置无关，而主矩的大小和转向与简化中心的位置有关。

3. 平面任意力系的简化结果

平面任意力系向平面内任一点 O 简化，可能出现以下四种情况。

(1) $\boldsymbol{F}_R' = \boldsymbol{0}, M_O \neq 0$

此时力系简化为一个力偶，力偶矩等于力系中各力对简化中心的主矩 $M_O = \sum_{i=1}^{n}M_O(\boldsymbol{F}_i)$。由力偶的性质可知，此种情况下，力系向其他任意点简化时，得到的结果都相同，故原力系合成为合力偶，其与简化中心的位置无关。

(2) $\boldsymbol{F}_R' \neq \boldsymbol{0}, M_O = 0$

此时力系简化为一个力 $\boldsymbol{F}_R'$，$\boldsymbol{F}_R'$与原力系等效，即 $\boldsymbol{F}_R'$就是这个力系的合力，其作用线通过简化中心。

(3) $\boldsymbol{F}_R' \neq \boldsymbol{0}, M_O \neq 0$

这种情况可进一步简化。根据力的平移定理可知，$\boldsymbol{F}_R'$和 M_O 可以由一个 $\boldsymbol{F}_R$ 来等效替换，且 $\boldsymbol{F}_R = \boldsymbol{F}_R'$，但其作用线不过简化中心 O。上述简化过程可用图 2-15 来说明，合力 $\boldsymbol{F}_R$ 的作用线过 O'点。合力作用线的位置可由主矢和主矩的方向确定，其到简化中心的距离 d 为

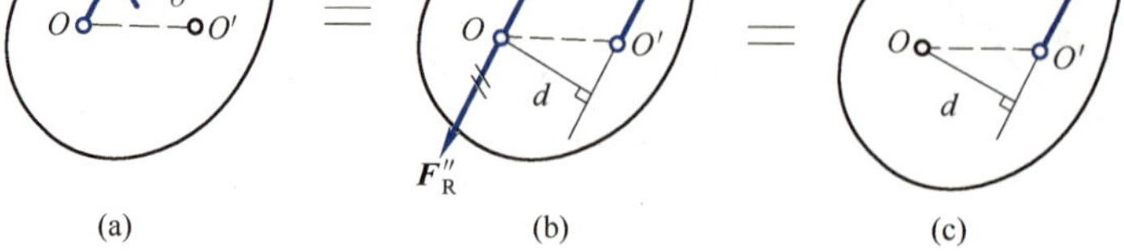

(a) (b) (c)

图 2-15

$$d = \left|\frac{M_O}{F_R'}\right|$$

由图 2-15(b)、(c)显而易见,有

$$M_O(\boldsymbol{F}_R)=F_R d=M_O=\sum_{i=1}^{n}M_O(\boldsymbol{F}_i) \tag{2-15}$$

上式表明:平面任意力系合成为合力时,合力对作用面内任一点的矩等于力系中各力对同一点之矩的代数和。这即为平面任意力系的**合力矩定理**。

(4) $\boldsymbol{F}'_R=0, M_O=0$

此种情况表明平面任意力系对刚体总的作用效果为零,故该力系为平衡力系。关于平衡问题将在下节详细讨论。

2.6　平面任意力系的平衡条件和平衡方程

从上节分析可知,要使平面任意力系平衡,则必须 $\boldsymbol{F}'_R=0, M_O=0$。反之,若 $\boldsymbol{F}'_R=0, M_O=0$,则说明力系必然是平衡的。所以平面任意力系平衡的充分和必要条件是力系的主矢和力系对任意点的主矩都等于零,即

$$\boldsymbol{F}'_R=0,\quad M_O=0 \tag{2-16}$$

由解析表达式

$$\boldsymbol{F}'_R=\sum F_x\boldsymbol{i}+\sum F_y\boldsymbol{j}$$

$$M_O=\sum_{i=1}^{n}M_i=\sum_{i=1}^{n}M_O(\boldsymbol{F}_i)$$

将上述两式代入式(2-16),有

$$\sum_{i=1}^{n}F_x=0,\quad \sum_{i=1}^{n}F_y=0,\quad \sum_{i=1}^{n}M_O(\boldsymbol{F}_i)=0 \tag{2-17}$$

方程(2-17)就是平面任意力系平衡方程的基本形式,也可简写为

$$\sum F_x=0,\quad \sum F_y=0,\quad \sum M_O(\boldsymbol{F})=0 \tag{2-18}$$

这种形式的平衡方程称为一般式。

在某些问题的解决中,用力矩方程常比用投影方程简便。平面一般力系平衡方程还有以下的形式:

(1)二矩式

选取两个简化中心,可列出两个力矩方程和一个投影方程,即

$$\sum M_A(\boldsymbol{F})=0,\quad \sum M_B(\boldsymbol{F})=0,\quad \sum F_x=0 \tag{2-19}$$

其中 A、B 两点的连线不得垂直于 x 轴。平衡方程式(2-19)称为二矩式。

(2)三矩式

选取三个简化中心,可列出三个力矩方程,即

$$\sum M_A(\boldsymbol{F})=0,\quad \sum M_B(\boldsymbol{F})=0,\quad \sum M_C(\boldsymbol{F})=0 \tag{2-20}$$

其中 A、B、C 三点不得在同一直线上。平衡方程式(2-20)称为三矩式。

上述三组方程(2-18)、(2-19)、(2-20)都可用来解决平面任意力系的平衡问题。究竟选用哪一组式子需根据题目的具体情况确定,但无论采用哪一组式子,都只能写出三个独立的平衡方程且求得三个未知量。解题时,通常应力求所写出的每一个平衡方程中只含有一个未知量。

【例 2-5】 如图 2-16(a)所示,在 AB 杆上受一分布载荷作用,最大集度为 q_0。求分布荷载对 A 点的力矩。

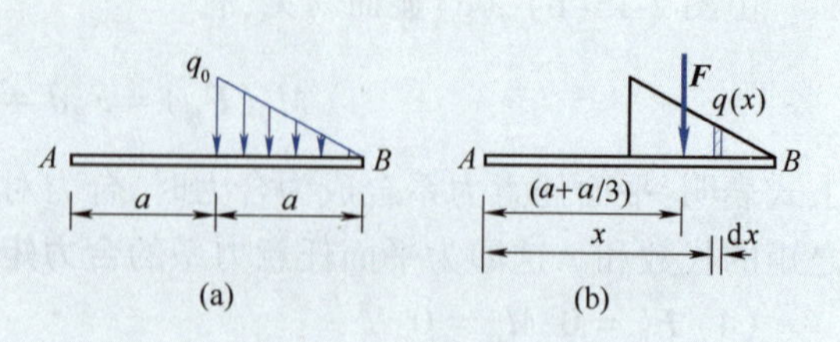

图 2-16

【解】 根据合力矩定理,可确定合力矩,由图 2-16(b),有

$$M_A(\boldsymbol{F}) = \int_a^{2a} - xq(x)\,\mathrm{d}x \qquad (1)$$

其中

$$q(x) = q_0\left(2 - \frac{x}{a}\right) \quad (a \leqslant x \leqslant 2a)$$

将 $q(x)$ 代入式(1),并求积分,有

$$M_A(\boldsymbol{F}) = \int_a^{2a} - xq_0\left(2 - \frac{x}{a}\right)\mathrm{d}x = -\frac{2}{3}q_0a^2 \qquad (2)$$

或由分布载荷的合力大小为 $F = \frac{1}{2}q_0a$ 及合力到 A 点之距离的乘积计算出 $M_A(\boldsymbol{F}) = -F \times \frac{4}{3}a = -\frac{2}{3}q_0a^2$,求得的答案同式(2)。

【例 2-6】 图 2-17(a)所示一起重机,A、B、C 处均为光滑铰链,水平梁 AB 的重量 P =4 kN,载荷 F = 10 kN,BC 杆自重不计。求 BC 杆所受的拉力和铰链 A 给梁的反力。

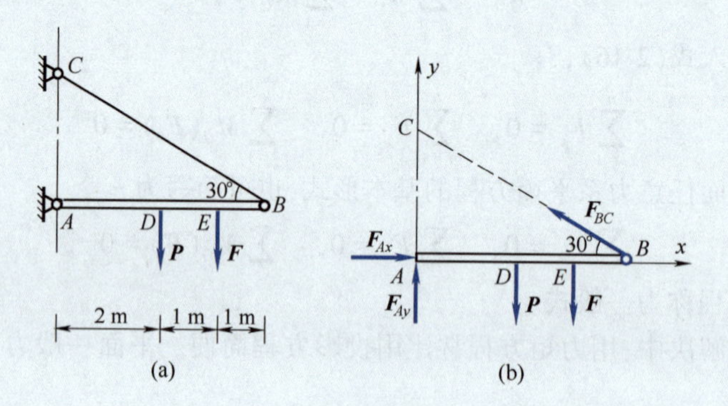

图 2-17

【解】 以梁 AB 为研究对象,它受主动力 $\boldsymbol{P}$ 和 $\boldsymbol{F}$ 作用。杆 BC 为二力杆,约束反力为 $\boldsymbol{F}_{BC}$,铰链 A 处有两个约束反力 $\boldsymbol{F}_{Ax}$、$\boldsymbol{F}_{Ay}$,可见问题中有 3 个未知量,故画出受力图和坐标系如图 2-17(b)所示。

列平面任意力系平衡方程,有

$$\sum F_x = 0, \quad F_{Ax} - F_{BC}\cos 30° = 0 \qquad (1)$$

$$\sum F_y = 0, \quad F_{Ay} + F_{BC}\sin 30° - P - F = 0 \qquad (2)$$

$$\sum M_A(\boldsymbol{F}) = 0, \quad F_{BC} \times AB \times \sin 30° - P \times AD - F \times AE = 0 \qquad (3)$$

由式(3)解得

$$F_{BC} = 19(\mathrm{kN})$$

将 F_{BC} 代入式(1)、式(2)，可得

$$F_{Ax} = 16.5(\mathrm{kN}),\quad F_{Ay} = 4.5(\mathrm{kN})$$

该问题也可用二矩式、三矩式方程来求解。用二矩式求解可列的方程有：$\sum M_A(\boldsymbol{F}) = 0, \sum M_B(\boldsymbol{F}) = 0, \sum F_x = 0$。若用三矩式求解可列出的方程有：$\sum M_A(\boldsymbol{F}) = 0$，$\sum M_B(\boldsymbol{F}) = 0, \sum M_C(\boldsymbol{F}) = 0$。读者可结合图 2-17(b) 进行演算。

【例 2-7】 如图 2-18(a) 所示刚架，受水平力 $\boldsymbol{F}$ 作用。求支座 A、B 的约束反力。

【解】 选整体为研究对象。A 为固定铰链支座，BC 杆为二力杆，故画出受力图如图 2-18(b) 所示。

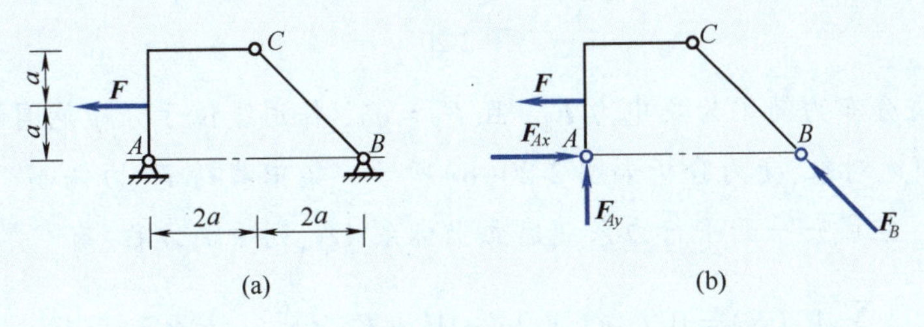

图 2-18

列平衡方程有

$$\sum M_A(\boldsymbol{F}) = 0,\quad F \times a + 2\sqrt{2}a \times F_B = 0$$

解得

$$F_B = -\frac{\sqrt{2}}{4}F$$

$$\sum M_B(\boldsymbol{F}) = 0,\quad F \times a - 4a \times F_{Ay} = 0$$

解得

$$F_{Ay} = \frac{F}{4}$$

$$\sum M_C(\boldsymbol{F}) = 0,\quad 2a \times F_{Ax} - 2a \times F_{Ay} - F \times a = 0$$

解得

$$F_{Ax} = \frac{3}{4}F$$

F_B 为负值，说明它的方向与假设力方向相反。

平面平行力系是平面任意力系的一种特殊情形。若力系中各力的作用线在同一平面内且互相平行，则该力系称为**平面平行力系**。

设物体受平面平行力系 $\boldsymbol{F}_1, \boldsymbol{F}_2, \cdots, \boldsymbol{F}_n$ 作用，如图 2-19 所示。如选取 x 轴与各力作用线垂直，则不论该力系是否平衡，各力在 x 轴上的投影之和显然恒等于零，即 $\sum F_x \equiv 0$。这样，平面平行力系的独立平衡方程的数目变成两个，即

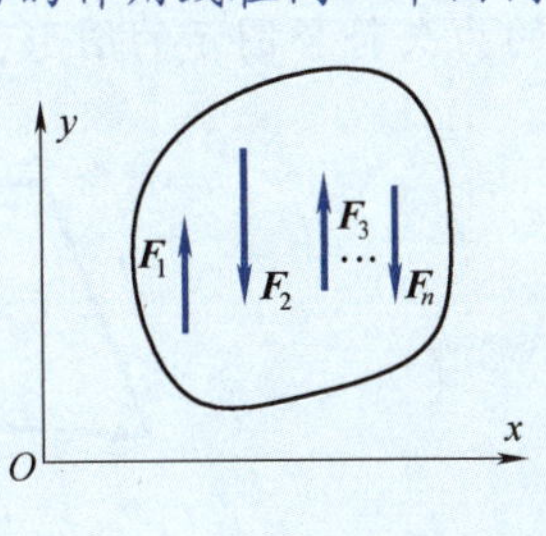

$$\sum F_y = 0,\quad \sum M_O(\boldsymbol{F}) = 0 \tag{2-21}$$

图 2-19

当然平面平行力系的平衡方程，也可用两个力矩方程的形式，即

$$\sum M_A(\boldsymbol{F}) = 0,\quad \sum M_B(\boldsymbol{F}) = 0 \tag{2-22}$$

但 A、B 两点的连线不能与各力的作用线平行。

【例 2-8】 如图 2-20(a)所示,在双伸臂简支梁上作用着一个力偶 M,左端作用有均布载荷 q,右端点 D 上作用着铅垂载荷 $\boldsymbol{F}$。已知:$F = 20\ \text{kN}, M = 8\ \text{kN} \cdot \text{m}, q = 20\ \text{kN/m}, a = 0.8\ \text{m}$。求支座 A 和 B 的约束反力。

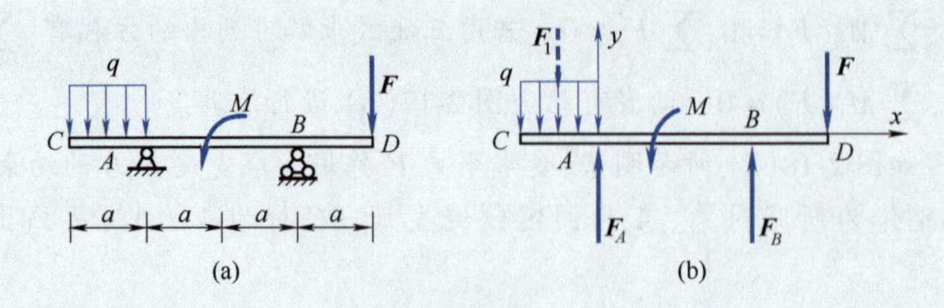

图 2-20

【解】 先将分布力简化为集中力 $\boldsymbol{F}_1$,且 $F_1 = qa$,作用线位于分布范围的中间,以虚线表示。取梁为研究对象,受力分析如图 2-20(b)所示。集中载荷 $\boldsymbol{F}$、力偶 M、分布力合力 $\boldsymbol{F}_1$ 和支座力 $\boldsymbol{F}_A$、$\boldsymbol{F}_B$ 组成一平面平行力系。建立坐标系 Axy,列平衡方程,有

$$\sum M_A(\boldsymbol{F}) = 0,\quad F_B \times 2a + M + F_1 \times \frac{a}{2} - F \times 3a = 0 \tag{1}$$

$$\sum F_y = 0,\quad F_A + F_B - F_1 - F = 0 \tag{2}$$

由式(1)解得 $F_B = 21(\text{kN})$

将 F_B 代入式(2),解得 $F_A = 15(\text{kN})$

上述问题也可用平面平行力系平衡方程的二矩式来求解。

思考题

2-1 若两个力在同一轴上的投影相等,则这两个力是否一定相等?若两个力的大小相等,则它们在同一轴上的投影是否一定相等?

2-2 平面汇交力系合成与平衡时所画出的两种力多边形有何不同?若汇交的四个力的力矢符合图示的图形,问图 2-21 所示四个力的关系如何?

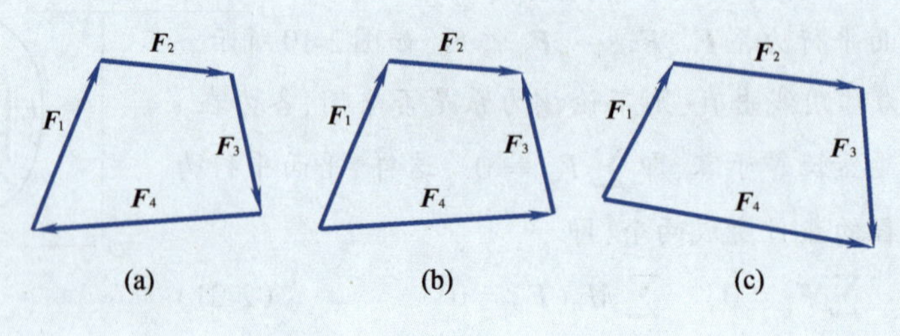

图 2-21

2-3 如图 2-22 所示,各物块自重及摩擦不计,物块受力偶作用,其力偶矩的大小皆为 M,方向如图。试确定 A、B 两点的约束力方向。

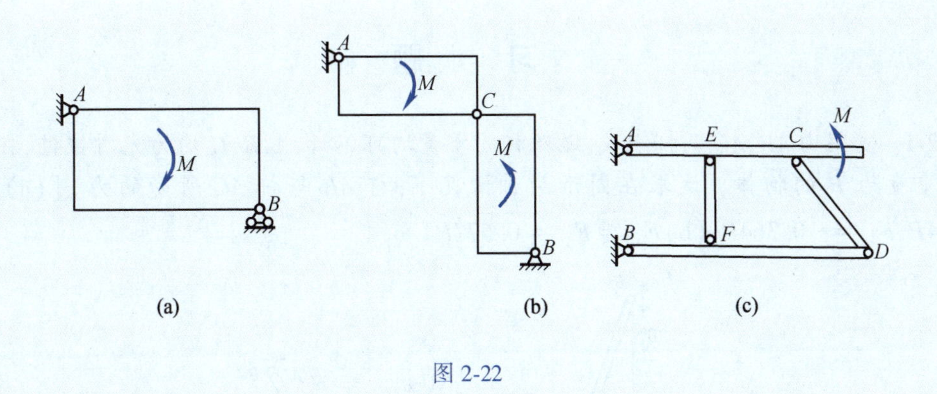

图 2-22

2-4　如图 2-23 所示，各物体间均不存在摩擦，已知 O_2B 上作用力偶 M，问能否在 A 点加一适当大小的力使系统在此位置平衡。图(a)中 $O_2C=BC$，O_2C 水平，BC 铅直。

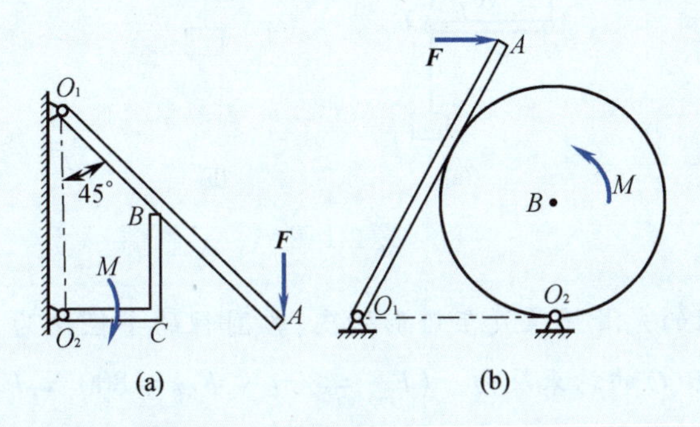

图 2-23

2-5　图 2-24 所示两种情况，各构件自重不计，已知作用于构件上的力偶矩为 M 或力 $\boldsymbol{F}$、$\boldsymbol{F}'$。试确定 A、B 两点约束力的方向。

2-6　如图 2-25 所示，在正方形 $ABCD$ 四个顶点上各作用一个大小均为 F 的力，试确定最终的简化结果。

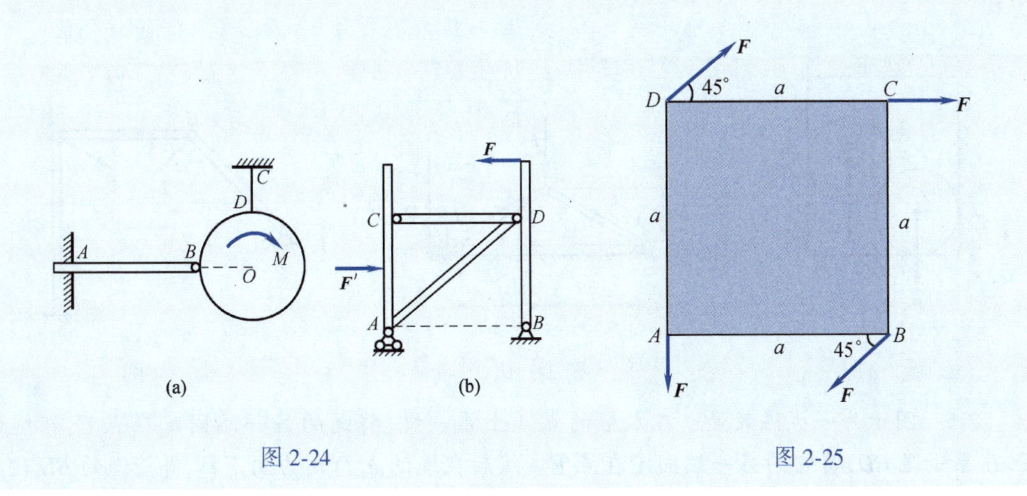

图 2-24　　　图 2-25

习　题

2-1　支架由 AB、AC 两杆组成,绳及杆的重量均可不计,A、B、C 均为光滑铰链,在 A 点悬挂重量为 P 的物体。试求在图示两种情况下,杆 AB 与杆 AC 所受的力。[(a)$F_{AB}=1.064P$,$F_{AC}=-0.364P$;(b)$F_{AB}=F_{AC}=0.577P$]

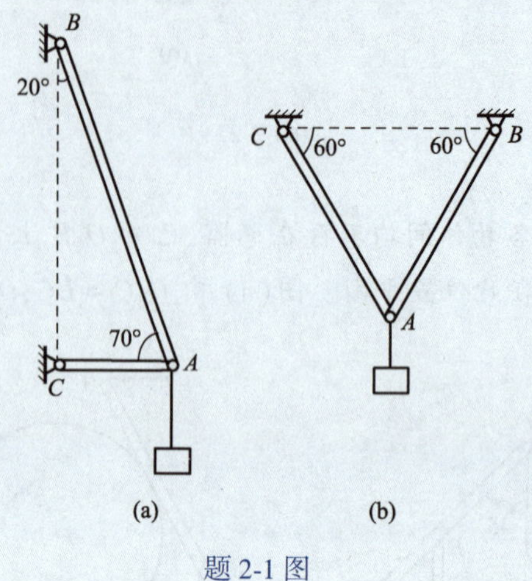

题 2-1 图

2-2　将两个相同的光滑圆柱放在矩形槽内,各圆柱的半径均为 $r=200$ mm,$P_1=P_2=600$ N。求接触点 A、B、C 的约束反力。($F_{NA}=800$ N,$F_{NB}=800$ N,$F_{NC}=1\ 200$ N)

2-3　图示压榨机,在铰 A 处作用垂直力 $\boldsymbol{F}$,B 处为固定铰链。由于铅垂力 $\boldsymbol{F}$ 的作用使 C 块压紧物体 D。如 C 块与地面间为光滑接触,压榨机的尺寸如图示,BC 线与地面平行,杆、滑块自重不计,求物体 D 所受的压力。($F_D=Fl/2h$)

2-4　铰接的连杆机构 $ACDB$ 的 A、B 铰固定。在铰 C 上作用一力 $\boldsymbol{F}_2$,在铰链 D 上作用一力 $\boldsymbol{F}_1$,四边形 $ACDB$ 在图示位置处于平衡,力 $\boldsymbol{F}_1$ 与 $\boldsymbol{F}_2$ 的方向如图示。求 $\boldsymbol{F}_1$ 与 $\boldsymbol{F}_2$ 的关系,杆重略去不计。($F_2=0.612F_1$)

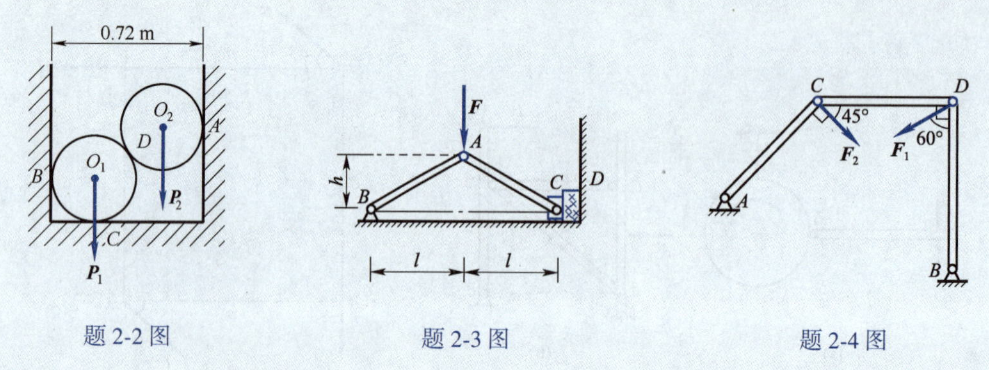

题 2-2 图　　题 2-3 图　　题 2-4 图

2-5　图示为一拔桩装置。在木桩的点 A 上系一绳,将绳的另一端固定在点 C,在绳的点 B 系一绳 BD,将它的另一端固定在点 E。然后在绳的点 D 用力向下拉,并使绳的 BD 段水平，AB 段铅垂。已知 θ =0. 1 rad，F = 800 N。求绳 AB 作用于桩上的拉力。(F = 80 kN)

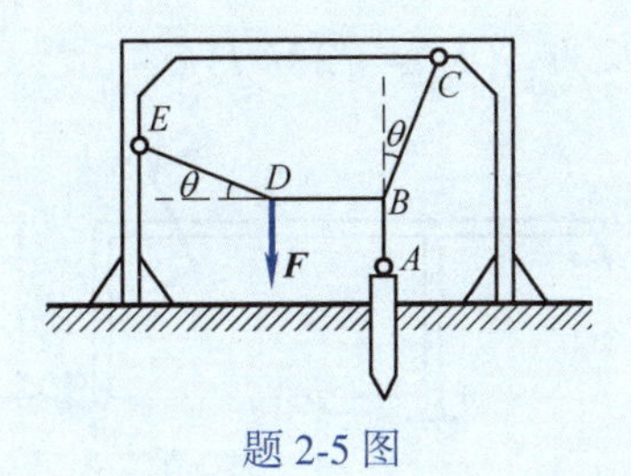

题 2-5 图

2-6　已知 AB 梁上作用两个力偶，力偶矩为 M_1、M_2，梁长为 l，梁重忽略不计试求在(a)、(b)两种情况下支座 A、B 的约束反力。[(a)$F_A = F_B = (M_1+M_2)/l$，(b)$F_A = F_B = \sqrt{2}(M_1+M_2)/l$]

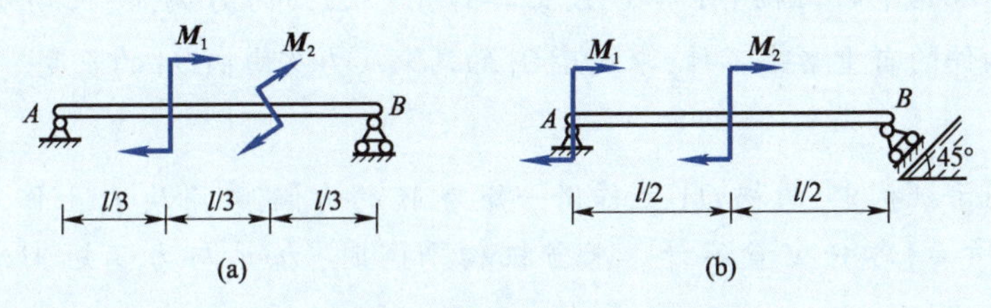

题 2-6 图

2-7　试求图示两种结构 A、C 处的约束力。各构件自重不计。[(a)$F_A = F_C = \sqrt{2}M/d$，(b)$F_A = F_C = M/d$]

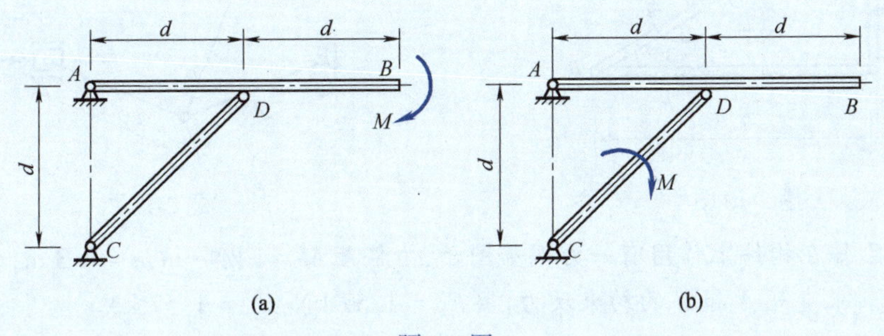

题 2-7 图

2-8　在图示结构中，各构件的自重略去不计。在构件 AB 上作用一力偶矩为 M 的力偶，求支座 A 和 C 的约束反力。$\left(F_A = F_C = \dfrac{M}{2\sqrt{2}a}\right)$

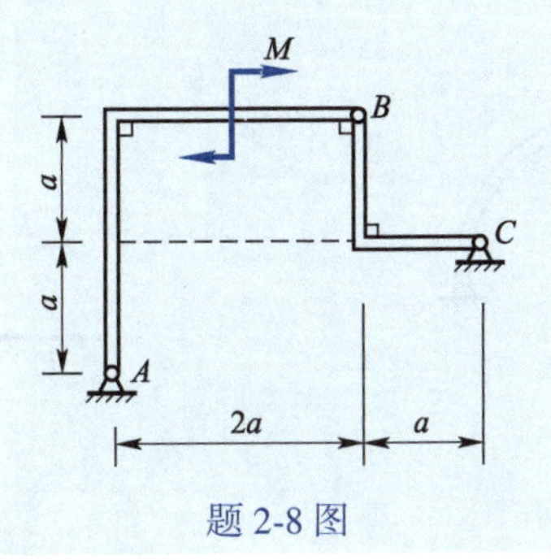

题 2-8 图

2-9　在图示结构中,各构件的自重略去不计,在构件 BC 上作用一力偶矩为 M 的力偶,各尺寸如图。求支座 A 的约束反力。($F_A=\sqrt{2}M/l$)

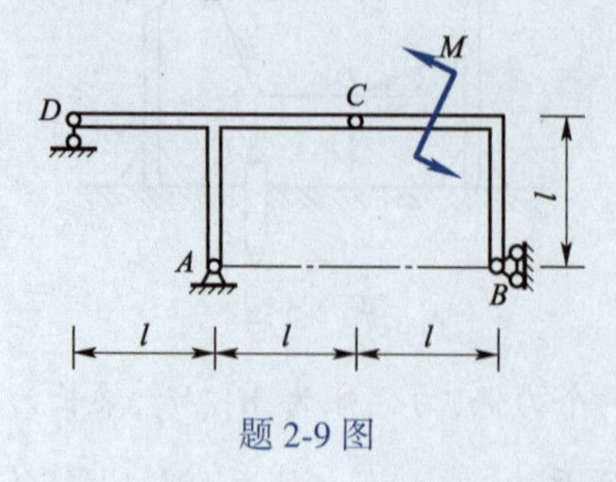

题 2-9 图

2-10　图示机构中的曲柄 OA 和 O_1B 上各作用一已知的力偶,使机构处于平衡状态。设 $O_1B=r$,各构件的自重略去不计,求支座 O_1 的约束反力及曲柄 OA 的长度。($F_{O_1}=2M_1/r$, $OA=rM_2/2M_1$)

2-11　在图示机构中,曲柄 OA 上作用一矩为 M 的力偶,在滑块 D 上作用一水平力 F。机构尺寸如图所示,各杆重量不计。求当机构平衡时,力 F 与力偶矩 M 的关系。($F=M\cot 2\theta/a$)

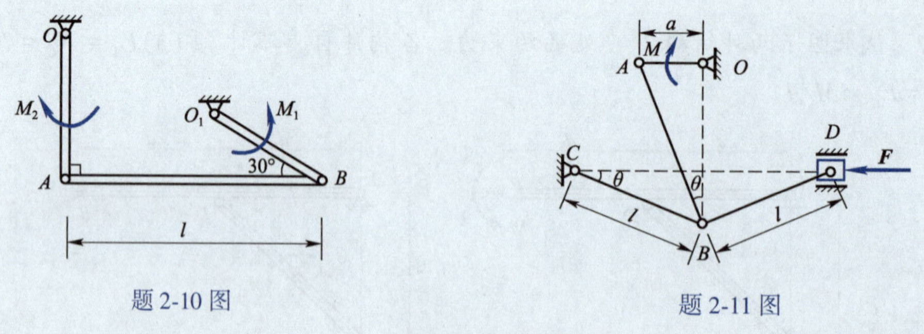

题 2-10 图　　题 2-11 图

2-12　已知在构件上作用有一力偶如图示,力偶矩 $M=1\ \text{kN}\cdot\text{m}$,$a=0.3\ \text{m}$,构件本身重量略去不计。求支座 A 和 C 的约束反力。($F_A=1.57\ \text{kN}$,$F_C=1.57\ \text{kN}$)

2-13　图示等边三角形板 ABC 边长为 a,板的重量不计,今沿其各边缘作用大小均为 F 的力,方向如图示。试将该力系(a)向 A 点简化,(b)向 B 点简化,由这两个简化结果可说明什么问题?

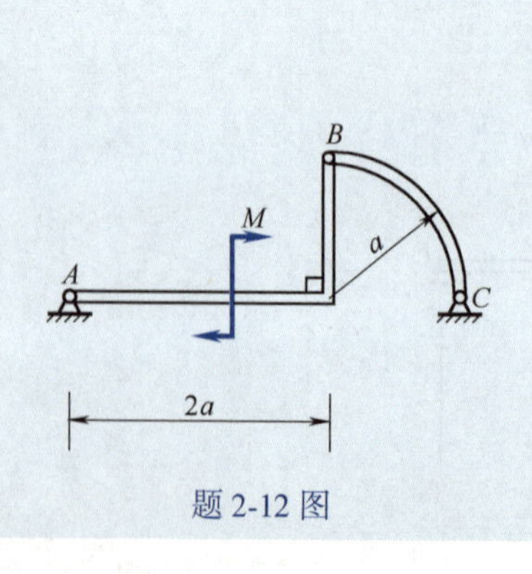

题 2-12 图

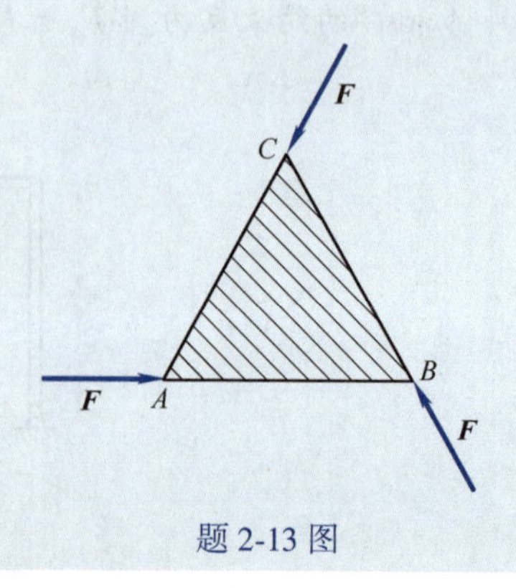

题 2-13 图

2-14　试求图示两外伸梁 A、B 处的约束反力。其中，(a) $M = 60$ kN·m，$F = 20$ kN；(b) $F_1 = 10$ kN，$F_2 = 20$ kN，$q = 20$ kN/m，$d = 0.8$ m。梁自重不计。[(a) $F_A = -20$ kN，$F_B = 40$ kN；(b) $F_A = 15$ kN，$F_B = 21$ kN)

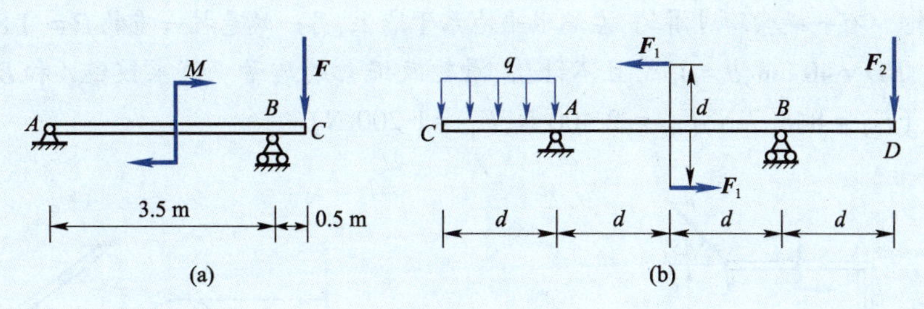

题 2-14 图

2-15　已知：(a) $F = 2$ kN，$M = 1.5$ kN·m；(b) $F = 2$ kN，$q = 1$ kN/m。梁的自重不计，求下列各梁的支座反力。[(a) $F_{Ax} = -1.41$ kN，$F_{Ay} = -1.09$ kN，$F_B = 2.50$ kN；(b) $F_A = 3.75$ kN，$F_B = -0.25$ kN]

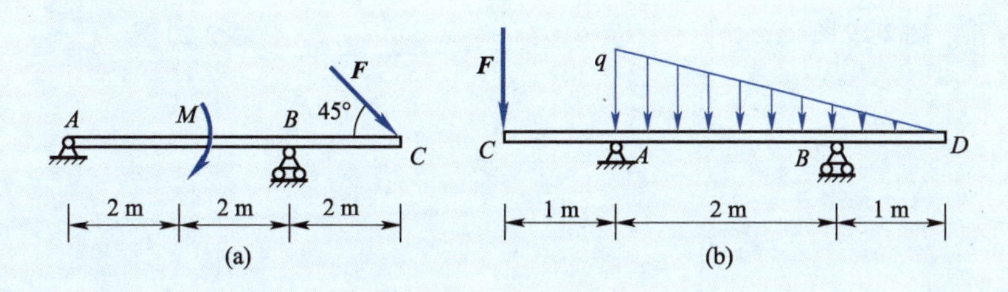

题 2-15 图

2-16　直角折杆所受载荷、约束及尺寸如图示，杆的自重不计。试求 A 处全部约束反力。($F_{Ax} = 0$，$F_{Ay} = F$，$M_A = Fd - M$)

2-17　如图所示刚架，已知 $F = 5$ kN，$M = 2.5$ kN·m，不计刚架自重。求支座 A、B 的反力。($F_{Ax} = 3$ kN，$F_{Ay} = 5$ kN，$F_B = -1$ kN)

2-18　如图所示，已知拖车重 $P = 20$ kN，汽车对它的牵引力 $F = 10$ kN。试求拖车匀速直线行驶时，车轮 A、B 对地面的正压力。($F_{NA} = 6.43$ kN，$F_{NB} = 13.57$ kN)

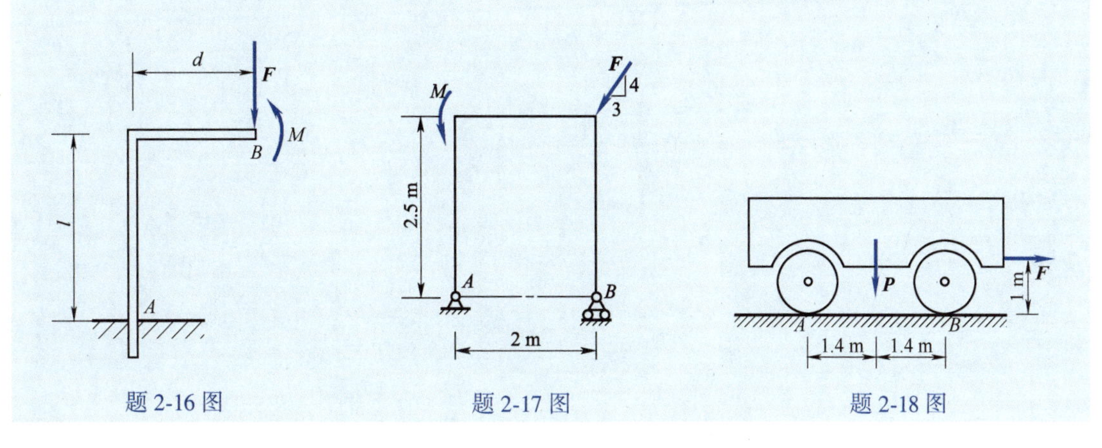

题 2-16 图　　题 2-17 图　　题 2-18 图

2-19　在图示刚架中,已知 $q=3\ \text{kN/m}$, $F=6\sqrt{2}\ \text{kN}$, $M=10\ \text{kN}\cdot\text{m}$,不计刚架自重。试求固定端 A 处的约束反力。($F_{Ax}=0$, $F_{Ay}=6\ \text{kN}$, $M_A=12\ \text{kN}\cdot\text{m}$)

2-20　如图所示,水平梁 AB 由铰链 A 和杆 BC 所支持。在梁上 D 处用销钉安放一半径 $r=10\ \text{cm}$ 的滑轮。有一绳索跨过滑轮,左端水平地系于墙上,另一端悬挂一重物 $P=1\ 800\ \text{N}$。已知 $AD=20\ \text{cm}$, $BD=40\ \text{cm}$, $\theta=45°$,且不计梁、滑轮及绳索的质量。试求铰链 A 和 BC 杆对梁的约束反力。($F_B=848.7\ \text{N}$, $F_{Ax}=2\ 400\ \text{N}$, $F_{Ay}=1\ 200\ \text{N}$)

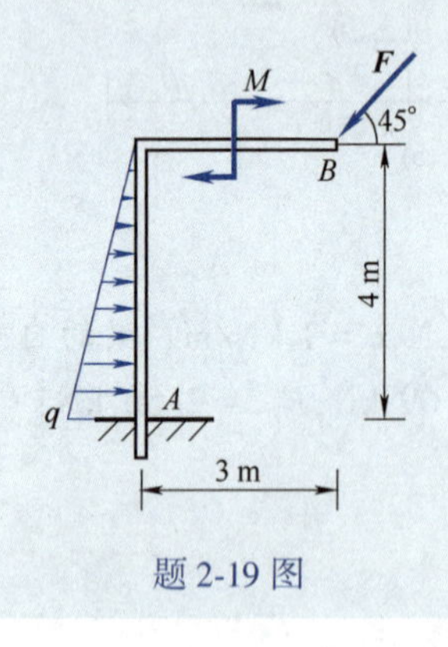

题 2-19 图

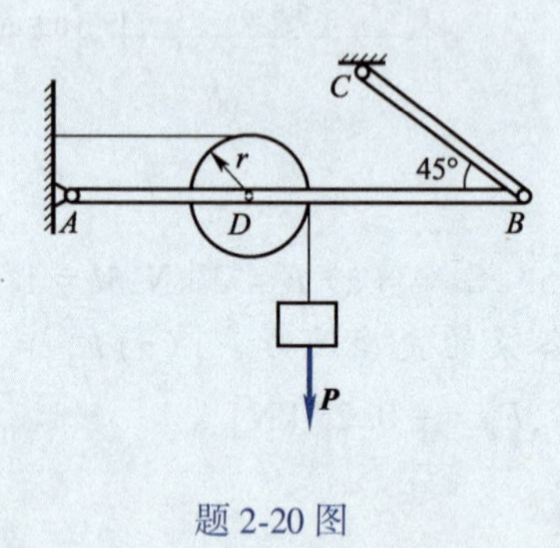

题 2-20 图

扫一扫

教学要点

第 3 章 平面力系平衡方程的应用

在上一章里已讨论了平面力系的几种情况，给出了平面汇交力系、平面力偶系和平面任意力系的平衡方程，并对单一物体应用了这些平衡方程。本章将在 3.1 节中应用平面力系的平衡方程来求解物体系统的平衡问题，在 3.2 节中讨论平面简单桁架内力的计算方法，在 3.3 节中讨论具有摩擦时物体或物体系统的平衡问题。

3.1 物体系统的平衡问题

在工程实际中物体往往由多个单一物体组成。这时，不仅需要确定系统所受外部约束反力，而且还要求出系统内各物体间的相互作用力。前者属于系统的外力，后者就是系统的内力。在考察整个系统的平衡时，不应计及系统的内力。

整个物体系统处于平衡状态意味着组成系统的每一物体都处于平衡状态。因此，解决物体系统平衡问题的基本方法是：分别考察每一物体的受力情况，建立相应的平衡方程，然后联立求解。在某些情况下，也可以考察整个系统或其中某个分系统的平衡条件，同样求出某些未知量。

设系统由 n 个刚体组成，每个刚体都受到平面任意力系的作用，则分别考察每一刚体的平衡条件后，总共可列出 $3n$ 个独立的平衡方程。如果系统中某些刚体受到的是平面汇交力系或平面平行力系，则独立平衡方程的数目将相应减少。

若未知约束反力的数目超过独立平衡方程的数目，则这类问题是静不定的，相应的系统称为**静不定系统或超静定系统**，此类问题仅用平衡方程无法完全求解；若没有超过，则是静定的，可以仅用平衡方程来求解。本书讨论的问题均为静定问题。在一般情况下，在对问题进行受力分析并作出受力图后，就应进行检验，加以区别。

下面结合工程中常见的几种物体系统来说明物体系统平衡问题的一般解法。

1. 构　架

构架由若干直杆和曲杆组成，通常其一部分是二力构件。研究构架的平面问题时，必须注意哪些是二力构件，哪些不是二力构件，并能正确地画出各杆的受力图。

【例 3-1】 一平面构架由 AB、BC、CD 三杆用铰链 B、C 连接组成，力 $\boldsymbol{F}$ 作用在 CD 杆的中点 E，在 BC 杆上作用有均布载荷，构架 A 端的支承为固定端、D 端的支承为固定铰支座，如图 3-1(a) 所示。已知 $F=8\ \text{kN}$，$q=4\ \text{kN/m}$，$a=1\ \text{m}$，各杆自重不计。试求支座 A 处的约束反力。

【解】 (1) 取 BC 杆为研究对象，受力分析如图 3-1(b) 所示。列平衡方程

$$\sum M_B(\boldsymbol{F})=0,\quad -2a\times qa-F_{Cy}\times 2a=0$$

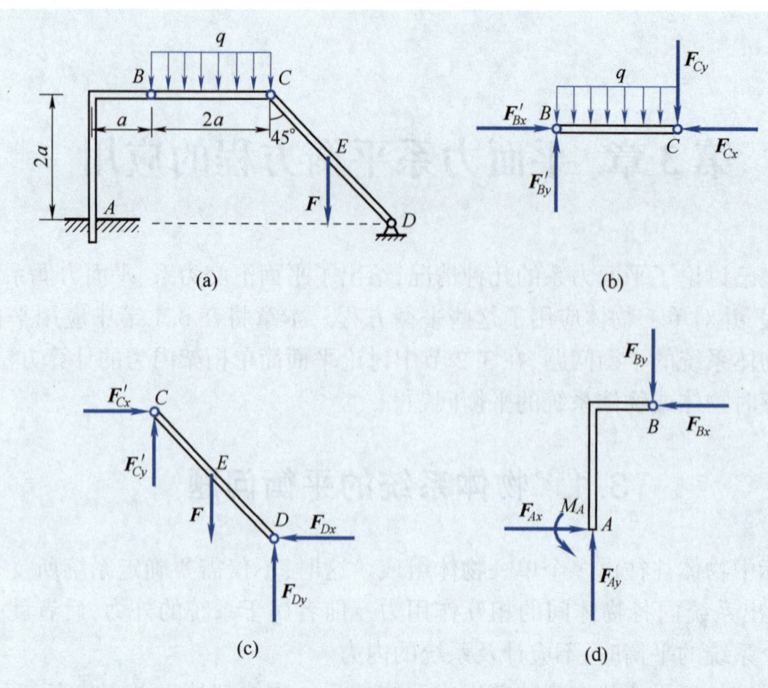

图 3-1

$$\sum F_y = 0,\quad F'_{By} - F_{Cy} - 2aq = 0$$

解方程得

$$F_{Cy} = -4(\text{kN}),\quad F'_{By} = 4(\text{kN})$$

(2)取 CED 为研究对象,受力分析如图 3-1(c)所示。列方程有

$$\sum M_D(\boldsymbol{F}) = 0,\quad F \times a - F'_{Cx} \times 2a - F'_{Cy} \times 2a = 0$$

解方程得

$$F'_{Cx} = \frac{1}{2}F - F'_{Cy} = 8(\text{kN})$$

由 BC 杆的平衡可知

$$F_{Cx} = F_{Bx} = 8(\text{kN})$$

(3) 以 AB 杆为研究对象,受力分析如图 3-1(d) 所示,列平衡方程有

$$\sum F_x = 0,\quad F_{Ax} - F_{Bx} = 0$$

$$\sum F_y = 0,\quad F_{Ay} - F_{By} = 0$$

$$\sum M_A(\boldsymbol{F}) = 0,\quad M_A + F_{Bx} \times 2a - F_{By} \times a = 0$$

由上述方程解得

$$F_{Ax} = 8(\text{kN}),\quad F_{Ay} = 4(\text{kN}),\quad M_A = -12(\text{kN}\cdot\text{m})$$

【例 3-2】 在图 3-2 所示构架中,A、C、D、E 处为铰链连接,BD 杆上的销钉 B 置于 AC 杆的光滑槽内,铅垂力 $F = 200$ N,力偶矩 $M = 100$ N·m,不计各构件重量,其支座类型及尺寸如图。求 A、B、C 处所受力。

【解】 (1) 取整体为研究对象,受力图如图 3-2(b) 所示。列平衡方程有

$$\sum M_E(\boldsymbol{F}) = 0,\quad -F_{Ay} \times 1.6 - M - F(0.6 - 0.8 \times \cos 60^\circ) = 0$$

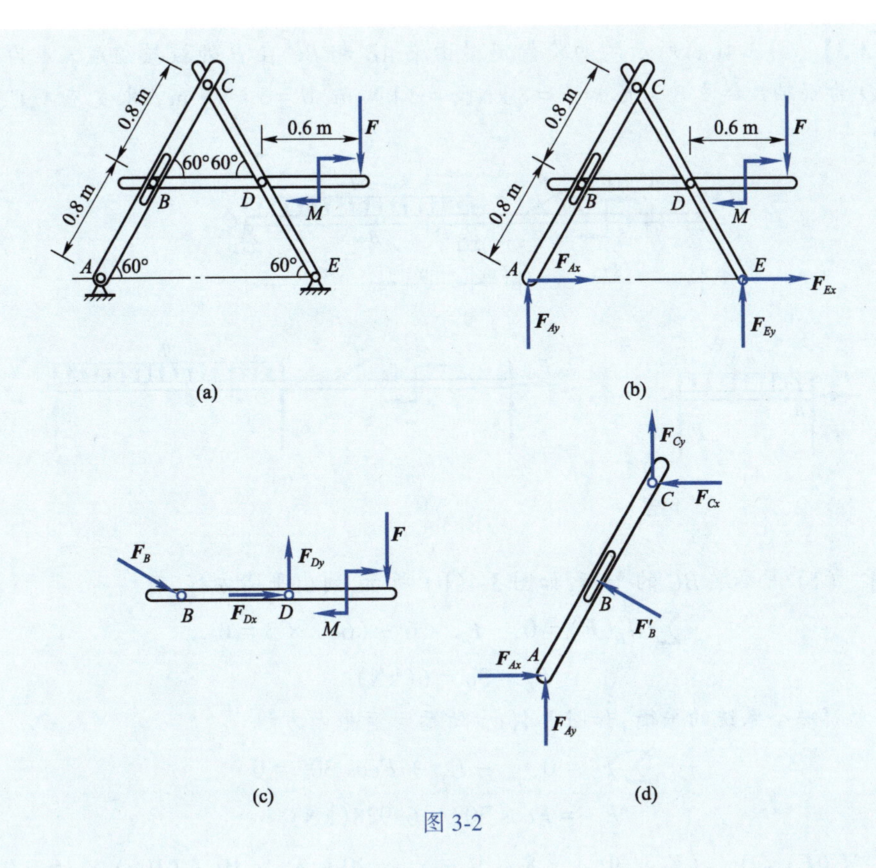

图 3-2

解得

$$F_{Ay}=-87.5(\mathrm{N})$$

(2)取 BD 为研究对象,受力分析如图 3-2(c)所示,列平衡方程为

$$\sum M_D(\boldsymbol{F})=0,\quad (F_B\cos 60°)\times 0.8-M-F\times 0.6=0$$

解得

$$F_B=550(\mathrm{N})$$

(3) 取 AC 为研究对象,受力分析如图 3-2(d) 所示,列平衡方程有

$$\sum M_C(\boldsymbol{F})=0,\quad -F_{Ay}\times 0.8+F_{Ax}\times 1.6\sin 60°-F'_B\times 0.8=0$$

$$\sum F_x=0,\quad F_{Ax}-F'_B\times\cos 30°-F_{Cx}=0$$

$$\sum F_y=0,\quad F_{Ay}+F_{Cy}+F'_B\times\cos 60°=0$$

求解上述方程得

$$F_{Ax}=267(\mathrm{N}),\quad F_{Cx}=-209(\mathrm{N}),\quad F_{Cy}=-187.5(\mathrm{N})$$

2. 多跨静定梁

多跨静定梁是由若干跨梁用铰连接而成的梁系,它的未知力利用平衡方程可全部求得。图 3-3 所示的便是这种多跨静定梁。

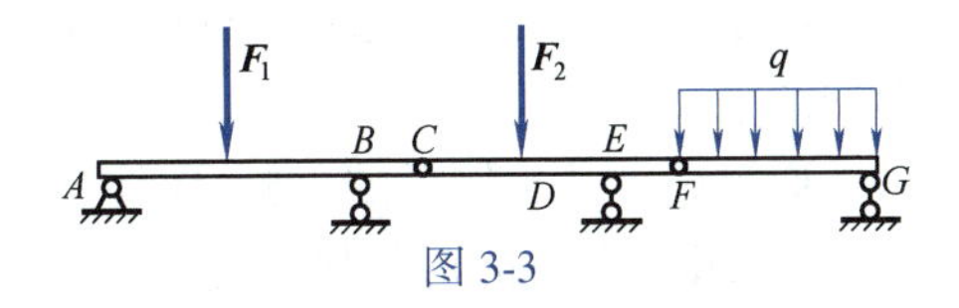

图 3-3

【例 3-3】 图 3-4(a)所示的两跨静定梁由梁 AB 和 BC 在 B 处铰接组成。A 为固定铰支座,C、D 为辊轴铰链支座。已知 $F=8\ \text{kN}$,$q=2\ \text{kN/m}$,$M=5\ \text{kN}\cdot\text{m}$。求支座 A、C、D 处的约束反力。

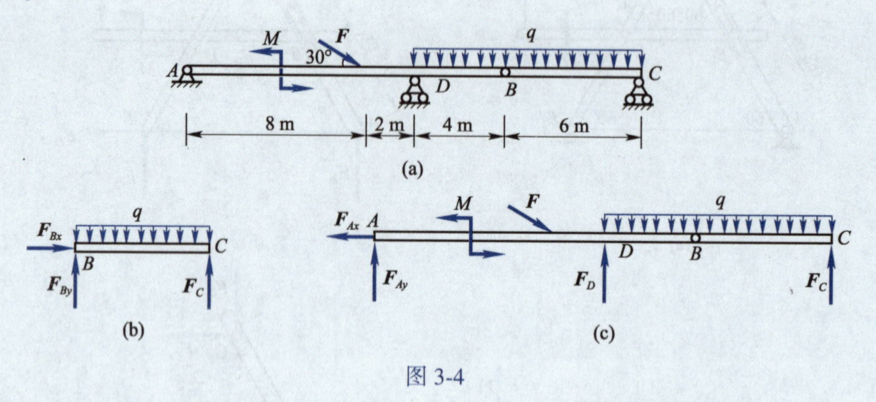

图 3-4

【解】 (1) 考察梁 BC 的平衡,如图 3-4(b) 所示,列出平衡方程,有

$$\sum M_B(\boldsymbol{F})=0,\quad F_C\times 6-(6q)\times 3=0$$

解得

$$F_C=3q=6(\text{kN}) \tag{1}$$

(2) 考察整个系统的平衡,如图 3-4(c) 所示。有平衡方程

$$\sum F_x=0,\quad -F_{Ax}+F\cos 30^\circ=0$$

即

$$F_{Ax}=F\cos 30^\circ=6.928(\text{kN}) \tag{2}$$

$$\sum M_A(\boldsymbol{F})=0,\quad (F\sin 30^\circ)\times 8-M-F_C\times 20-F_D\times 10+(10q)\times 15=0$$

将式(1) 代入上式,解得

$$F_D=20.7(\text{kN}) \tag{3}$$

$$\sum F_y=0,\quad F_{Ay}+F_C+F_D-F\sin 30^\circ-10q=0$$

将式(1)、式(3) 代入上式,解得

$$F_{Ay}=-2.7(\text{kN}) \tag{4}$$

负号说明 F_{Ay} 的方向实际向下。

讨论:(1)试分别以 AB 梁和 BC 梁为研究对象对问题进行求解;(2)若将作用于梁 AB 的力偶移到梁 BC 上,各支座反力是否发生变化?这同“力偶可在作用面内任意移转”的结论是否矛盾?

3. 三 铰 拱

具有两个固定铰支座和一个中间铰的拱式结构,称为**三铰拱**。三铰拱是桥梁和厂房中经常采用的一种结构。

讨论:对图 3-5 所示的三铰拱,A、B 两处的支座不在同一水平线上,则如何求解支座 A、B 处的约束反力。

通过以上几个例子的分析,应注意以下几点:

(1)开始解题时应先研究确定一个简洁的解题方案。

(2)选择恰当的研究对象。对于物体系统的平衡问题，如整个系统或其中某一单个刚体所受外约束力的未知量不超过 3 个，应首先选择它们作为研究对象。或虽超过 3 个而仍能由整个系统平衡条件求得部分未知量时，可先选择整个系统作为研究对象。否则就直接从考察组成系统的单个刚体(或某个分系统)的平衡开始。

(3)取分离体作受力图时，要注意正确判断哪些物体是二力构件，同时注意两个物体间相互作用的力之间的关系。

(4)建立平衡方程时，适当选择投影轴方位和矩心位置使其相应方程中只包含一个未知量，则可立即解出该未知量。

(5)解题结束时，需对问题进行校核。

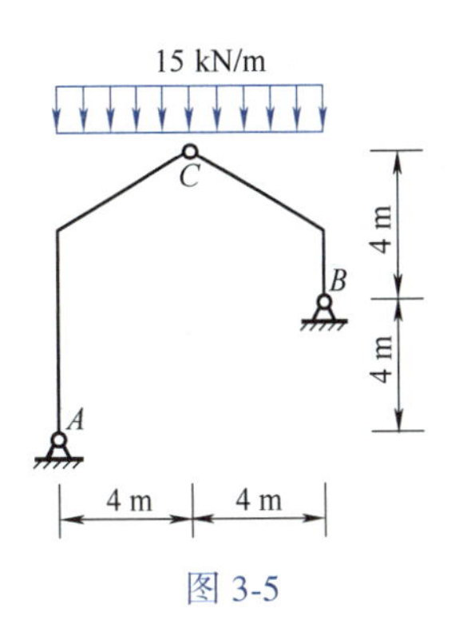

图 3-5

3.2 平面简单桁架的内力计算

在工程中，桥梁、房屋建筑、电视塔、起重机等结构物常用桁架结构。**桁架**是由细长直杆彼此在两端用铰链连接而成的一种几何形状不变的结构。若组成桁架的所有杆件的轴线都在同一平面内，则这种桁架称为**平面桁架**。桁架中各杆件的交汇点称为**节点**。

实际桁架的构造和受力情况一般都较为复杂，为简化桁架的计算，在工程中常采用以下假设：(1)桁架的杆件都是直杆，且不计自重；(2)各杆件之间的连接为光滑铰链；(3)外力均作用在节点上，且在桁架的平面内。根据以上假定可知，桁架中的各杆都是二力杆。这样的桁架称为理想桁架。

这里讨论的是平面简单桁架，如图 3-6 所示。平面简单桁架以三角形框架为基础，每增加一个节点需增加两根杆件而构成。平面简单桁架是静定结构。

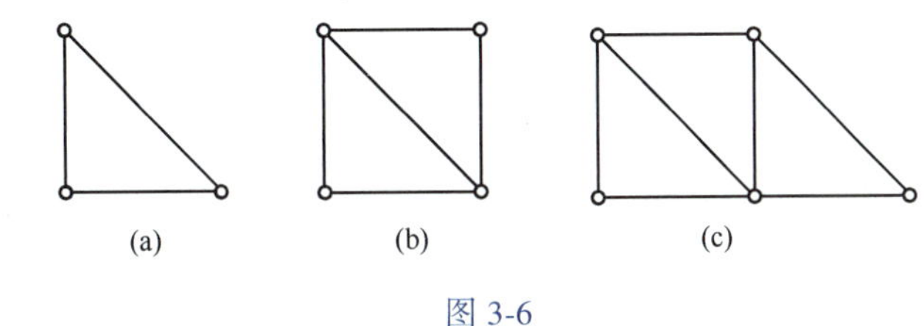

图 3-6

桁架杆件内力的计算方法有两种，即节点法和截面法。

1. 节点法

桁架的每个节点都受到一个平面汇交力系的作用，每个节点能列出两个平衡方程可求解两个未知量。为此欲求出每个杆件的内力，需逐个地选取节点为研究对象，根据已知量求出全部未知杆件内力，这种方法称为**节点法**。

【例 3-4】 平面桁架的尺寸和支座如图 3-7(a)所示。在节点 C 处受一集中载荷 $F=20$ kN 的作用。试求该桁架杆件所受的内力。

【解】 (1)取整体为研究对象，画受力图如图 3-7(b)所示。列方程有

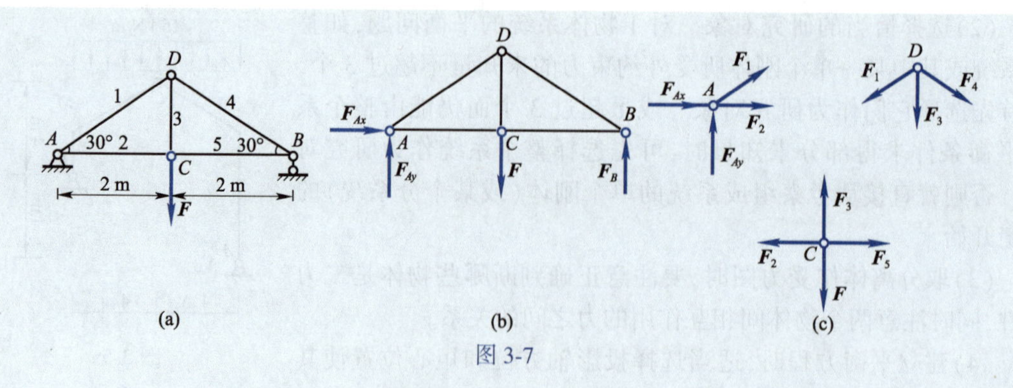

图 3-7

$$\sum F_x = 0,\quad F_{Ax} = 0$$

$$\sum M_B(\boldsymbol{F}) = 0,\quad F \times 2 - F_{Ay} \times 4 = 0,\quad F_{Ay} = 10(\mathrm{kN})$$

$$\sum F_y = 0,\quad F_{Ay} + F_B - F = 0,\quad F_B = 10(\mathrm{kN})$$

(2) 由节点法求各杆内力。分别取每个节点为研究对象,设各杆内力均为拉力,如图 3-7(c) 所示。

对节点 A,有

$$\sum F_y = 0,\quad F_{Ay} + F_1 \sin 30° = 0,\quad F_1 = -20(\mathrm{kN})(\text{受压})$$

$$\sum F_x = 0,\quad F_{Ax} + F_2 + F_1 \cos 30° = 0,\quad F_2 = 17.32(\mathrm{kN})(\text{拉})$$

对节点 D,有

$$\sum F_x = 0,\quad F_4 \cos 30° - F_1 \cos 30° = 0,\quad F_4 = -20(\mathrm{kN})(\text{受压})$$

$$\sum F_y = 0,\quad -F_3 - F_4 \sin 30° - F_1 \sin 30° = 0,\quad F_3 = 20(\mathrm{kN})(\text{拉})$$

对节点 C,则有

$$\sum F_x = 0,\quad F_5 - F_2 = 0,\quad F_5 = 17.32(\mathrm{kN})(\text{拉})$$

2. 截 面 法

如需要计算桁架内某几根杆件的内力,则可以适当地选取一截面,假想地将桁架截开分成两部分,考虑其中任一部分的平衡条件,求出被截开杆件的内力,这种方法称为**截面法**。

【例 3-5】 如图 3-8(a)所示为一简单桁架。作用在节点 D 上的力 $F_D = 20$ kN,作用在节点 H 上的力 $F_H = 40$ kN,$a = 1$ m。试求桁架中杆 AG 和杆 GC 的内力。

【解】 用截面法求解桁架杆件的内力。

(1)取Ⅰ—Ⅰ截面,将桁架截成上、下两部分,取上部分作为研究对象,受力情况如图 3-8(b)所示,则有

$$\sum M_K(\boldsymbol{F}) = 0,\quad F_D \times \frac{a}{2} + F_H \times a + F_1 \times a = 0$$

解得

$$F_1 = -50(\mathrm{kN})$$

(2)作Ⅱ—Ⅱ截面,将桁架截为上、下两部分,取上部分为研究对象,受力情况如图 3-8(c)所示,则有

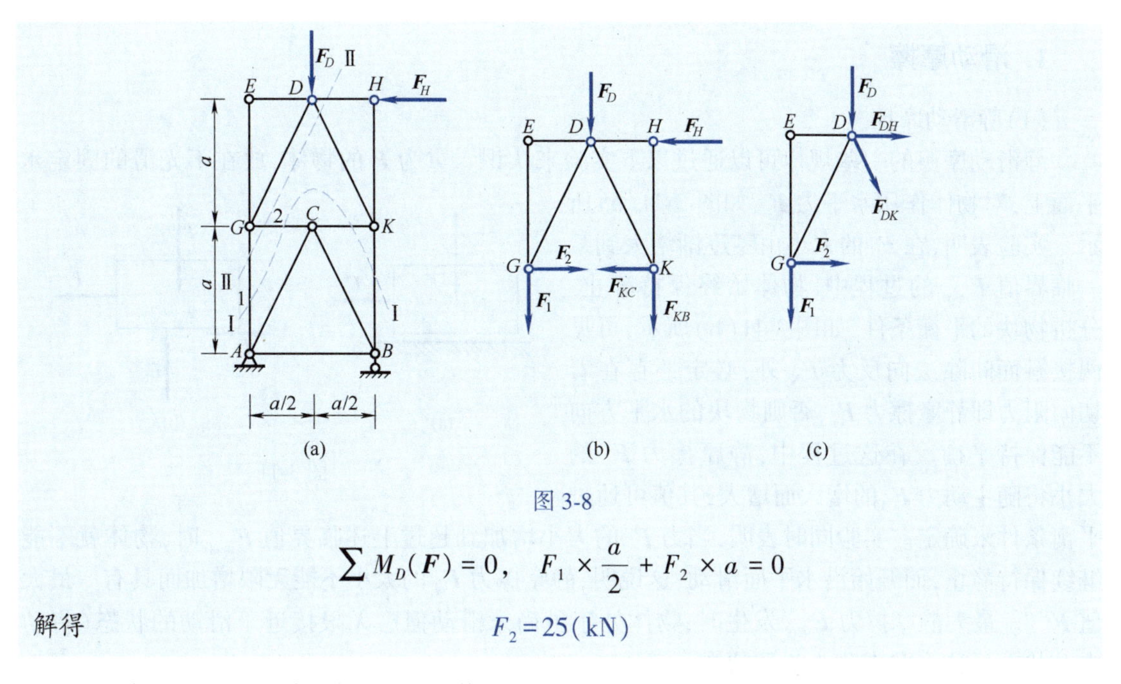

图 3-8

$$\sum M_D(\boldsymbol{F}) = 0,\quad F_1 \times \frac{a}{2} + F_2 \times a = 0$$

解得 $$F_2 = 25(\text{kN})$$

由上例可以看出，采用截面法时，若选择的截面和力矩方程适当，常可以很快地求出某些指定杆件的内力。

桁架中杆件内力为零的杆常称为**零杆**，如图 3-8 中的 HK、ED、EG 等杆皆为零杆。

讨论：试求出图 3-9 中杆 AC、BC 的内力和图 3-10 中杆 AB、BC、CD 的内力，并总结其规律。

图 3-9　　图 3-10

3.3　摩擦与考虑摩擦时的平衡问题

两个表面粗糙的物体沿着它们的接触面相对滑动或者有滑动的趋势时，在接触面上彼此作用着阻碍相对滑动的力，这种力称为**滑动摩擦力**，简称**摩擦力**。在仅有相对滑动趋势而尚未滑动时产生的摩擦力称为**静滑动摩擦力**，在相对滑动时产生的摩擦力称为**动滑动摩擦力**。

在前面的讨论和求解问题中，都没有考虑摩擦力的作用而假定物体接触面是绝对光滑的，所以接触物体间的约束反力沿着接触面的公法线，这是一种理想情况。当问题中的摩擦力很小时，它对物体的运动不起重要作用，允许忽略摩擦力。但在某些情况下，摩擦力对物体的运动有明显影响，有时甚至起到决定性的作用，这时若不考虑摩擦力，其结果就不正确。

本节所研究的是古典摩擦理论，其初步规律是由实验得来的。

1. 滑动摩擦

(1)静滑动摩擦

静滑动摩擦的一些规律可以通过以下实验来认识。重为 $\boldsymbol{P}$ 的物体,放在不光滑的固定水平面上,对物体作用水平力 $\boldsymbol{F}$,如图 3-11(a)所示。实验表明,在 $\boldsymbol{F}$ 的大小由零逐渐增大到某一临界值 $\boldsymbol{F}_{max}$ 的过程中,物体始终保持静止。分析物块的平衡条件,如图 3-11(b)所示,可见两接触面间除法向反力 $\boldsymbol{F}_N$ 外,必定还存在着切向阻力即静摩擦力 $\boldsymbol{F}_s$,否则物块的水平方向不能保持平衡。在这过程中,静摩擦力 $\boldsymbol{F}_s$ 的大小将随主动力 $\boldsymbol{F}$ 的增大而增大,其值可通过平衡条件来确定。实验同时表明,当力 $\boldsymbol{F}$ 的大小增加到超过上述临界值 $\boldsymbol{F}_{max}$ 时,物体就不能继续保持静止,而开始沿水平面滑动,这说明,静摩擦力 $\boldsymbol{F}_s$ 的大小不能无限增加而具有一最大值 $\boldsymbol{F}_{max}$。最大静摩擦力 $\boldsymbol{F}_{max}$ 发生时,物体处于虽尚未滑动但已无限接近于滑动的状态(将动未动状态),这个状态称为**临界状态**。

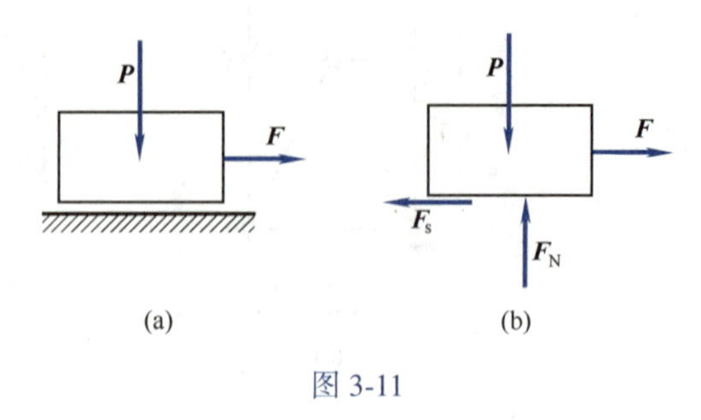

图 3-11

由此可见,静滑动摩擦力作用于两物体的接触点的公切面内,方向与两接触面相对滑动的趋势相反,在未达到临界状态时,其大小可在一定范围内变化,即

$$0 \leqslant F_s < F_{max} \tag{3-1}$$

$\boldsymbol{F}_s$ 的大小是通过平衡条件来确定的。当达到临界状态时,静摩擦力达到其最大值 F_{max}。通过大量的实验总结,得到滑动摩擦力的基本规律,静滑动摩擦力的最大值 F_{max} 与两接触面间的法向压力 $\boldsymbol{F}_N$ 成正比,即

$$F_{max} = f_s F_N \tag{3-2}$$

这就是**静滑动摩擦定律**,又称**库仑定律**。式中 f_s 是无量纲的比例常数,称为**静摩擦因数**。静摩擦因数由实验测定,其与两接触物体的材料和接触表面的状态有关,一般与接触面积的大小无关。静摩擦因数 f_s 的数值在工程手册中均可查得。

(2) 摩擦角与自锁现象

如考虑摩擦,则支承面的反力包括有法向反力 $\boldsymbol{F}_N$ 和静摩擦力 $\boldsymbol{F}_s$。它们的合力 $\boldsymbol{F}_R$ 称为支承面的全反力,如图 3-12(a) 所示。全反力 $\boldsymbol{F}_R$ 与接触面的法线成一偏角 φ,在临界状态下,有

$$\boldsymbol{F}_R = \boldsymbol{F}_N + \boldsymbol{F}_{max} \tag{3-3}$$

则上述偏角达到最大值 φ_f,φ_f 称为**摩擦角**,如图 3-12(b) 所示。显然有

$$\tan\varphi_f = \frac{F_{max}}{F_N} = \frac{f_s F_N}{F_N} = f_s \tag{3-4}$$

即摩擦角的正切等于静摩擦系数。摩擦角表示出全反力偏离接触面法线的界限。

全反力的作用线将形成一个称为**摩擦锥**的锥面,若各方向的摩擦因数相同,则此摩擦锥的顶角为 $2\varphi_f$,如图 3-12(c) 所示。物体上主动力的合力的作用线在摩擦锥内,无论其大小如何,只要其作用线与接触面法线间的夹角 φ 小于摩擦角 φ_f,即主动力的合力作用线在摩擦锥内,物体便处于平衡,这种现象称为**自锁**。工程实际中常利用自锁条件设计一些机构或夹具,如千斤顶、压榨机等。

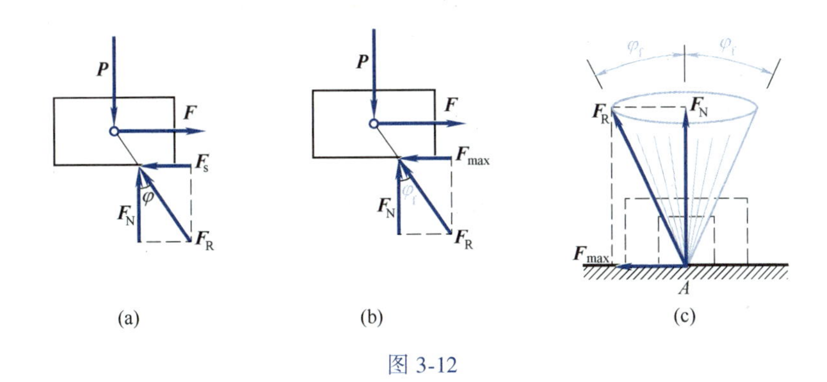

图 3-12

(3) 动滑动摩擦

两接触面产生相对滑动时,两者之间产生的摩擦力称为**动滑动摩擦力**,记为 $\boldsymbol{F}'$。动滑动摩擦力的方向与两接触面相对滑动的方向相反。通过实验知道,动滑动摩擦力的大小 F' 与两接触面间的法向压力 $\boldsymbol{F}_N$ 也成正比,即

$$F'=fF_N \tag{3-5}$$

上式中的比例常数 f 称为**动摩擦因数**。实验表明,动摩擦因数与接触面材料、表面状态以及相对滑动速度有关,其值一般小于静摩擦因数。

2. 滚动摩阻(滚阻)

由实践可知,使滚子滚动比使它滑动省力。所以在工程中,为了提高效率,常利用物体的滚动代替物体的滑动。如图 3-13 所示,在粗糙水平面上有一滚子,重力为 $\boldsymbol{P}$,半径为 r,滚子中心 O 上作用一水平力 $\boldsymbol{F}$。在图示受力情况下,只要 $\boldsymbol{F}$ 不为零,则滚子不可能保持平衡。因为静滑动摩擦力 $\boldsymbol{F}_s$ 与力 $\boldsymbol{F}$ 组成一力偶,将使滚子发生滚动。而实际上当 $\boldsymbol{F}$ 不大时,滚子是可以平衡的。这是因为滚子和平面都会发生变形,两者有一个接触面,面上的分布力向 A 点简化后,得到一个力 $\boldsymbol{F}_R$ 和一个力偶 M_f,如图 3-14 所示。这个矩为 M_f 的力偶称为**滚动摩阻力偶矩**,简称**滚阻力偶矩**。它与力偶($\boldsymbol{F}$,$\boldsymbol{F}_s$) 平衡,它的转向与滚动的趋向相反。为此,物体滚动时,在其接触面受到的全部约束反力为静滑动摩擦力 $\boldsymbol{F}_s$,法向反力 $\boldsymbol{F}_N$ 和滚阻力偶矩 M_f,如图 3-14(c) 所示。

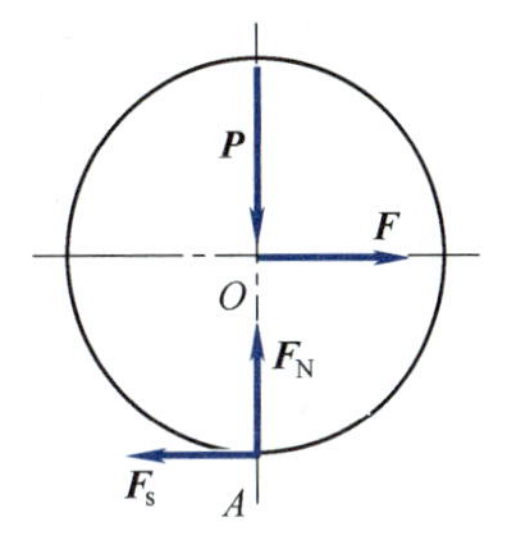

图 3-13

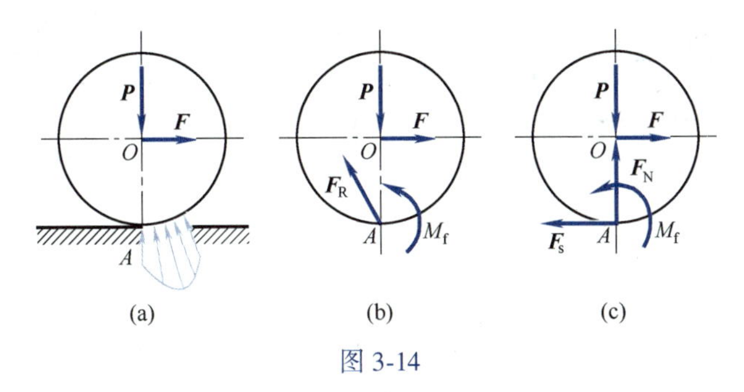

图 3-14

滚阻力偶矩 M_f 与静滑动摩擦力相似,会随着主动力的增加而增加,当 $\boldsymbol{F}$ 增加到某个值时,

滚子将处于将滚未滚的临界平衡状态,这时滚阻力偶矩达到最大值,这个最大值称为**最大滚阻力偶矩**,用 M_{max} 表示。

因此,滚阻力偶矩 M_f 的大小满足如下关系:

$$0 \leqslant M_f \leqslant M_{max}$$

实验表明,滚阻力偶矩的最大值与两物体间的法向正压力 $\boldsymbol{F}_N$ 成正比,即

$$M_{max} = \delta F_N \tag{3-6}$$

式中,δ 称为**滚阻系数**,具有长度的量纲,其值可由实验的方法测定。

3. 考虑摩擦时的平衡问题

求解具有摩擦的物体或物体系平衡问题时,其基本方法和步骤与不计摩擦时的平衡问题类似,只是在受力分析和建立平衡方程时需将摩擦力考虑在内,即由静力平衡方程和摩擦的物理方程联合求解。

求解具有摩擦的平衡问题一般有以下 3 种类型。

(1)判断物体所处的状态

即判别物体是处于静止、临界或是滑动情况中的哪一种。当它们处于静止或临界平衡状态时,还必须分析其运动趋势,滑动摩擦力和滚阻力偶必须与相对滑动或相对滚动的趋势方向相反。

(2)求具有摩擦时物体能保持静止的条件

由于静滑动摩擦力的大小可以在一定范围内变化,所以物体有一平衡范围,这个平衡范围有时是用几何位置、几何尺寸来表示的,有时是用力来表示的。

(3)求解物体处于临界状态时的平衡问题

摩擦力由摩擦的物理方程确定,结合静力平衡方程式,可得到唯一解答。在求解方法上,一般有解析法和几何法两种,或者两种方法的混合使用。

【例 3-6】 如图 3-15(a)所示,两物块 A、B 叠放在水平面上,已知物块 A 重 $P_1 = 0.5$ kN,物块 B 重 $P_2 = 0.2$ kN,A 与 B 之间摩擦因数 $f_1 = 0.25$,B 与水平面间的摩擦因数 $f_2 = 0.20$。求拉动 B 所需的最小力 $\boldsymbol{F}$ 的值。

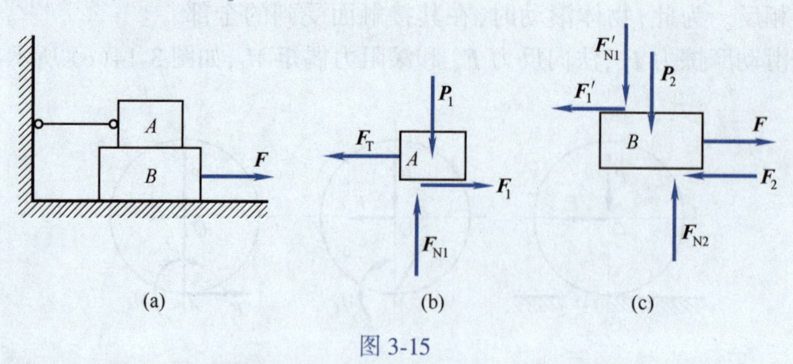

图 3-15

【解】 (1)取物块 A 为研究对象,画受力图如图 3-15(b)所示。列平衡方程,有

$$\sum F_y = 0, \quad F_{N1} - P_1 = 0, \quad F_{N1} = P_1 = 0.5(\text{kN})$$

因处于临界平衡状态，故

$$F_1 = F_{1\max} = f_1 \times F_{N1} = 0.25 \times 0.5 = 0.125(\text{kN})$$

（2）分析物块B，其受力图如图3-15(c)所示。列平衡方程，有

$$\sum F_y = 0,\quad F_{N2} - F'_{N1} - P_2 = 0,\quad F_{N2} = 0.7(\text{kN})$$

因处于临界平衡状态，则　$F_2 = F_{2\max} = f_2 \times F_{N2} = 0.2 \times 0.7 = 0.14(\text{kN})$

又

$$\sum F_x = 0,\quad F - F_2 - F'_1 = 0$$

即

$$F = F'_1 + F_2 = 0.125 + 0.14 = 0.265(\text{kN})$$

故拉动物块B所需的最小力F为0.265 kN。

【例3-7】　半径为R、重为P的车轮，放置在倾斜的铁轨上，如图3-16(a)所示。已知铁轨与水平面的倾角为θ，车轮与铁轨间的滚动摩阻系数为δ_0。试求车轮的平衡条件。

【解】　取车轮为研究对象，画受力图如图3-16(b)所示。由平衡条件，有

$$\sum M_A(\boldsymbol{F}) = 0,\quad -M_f + PR\sin\theta = 0 \quad (1)$$

$$\sum F_y = 0,\quad F_N - P\cos\theta = 0 \quad (2)$$

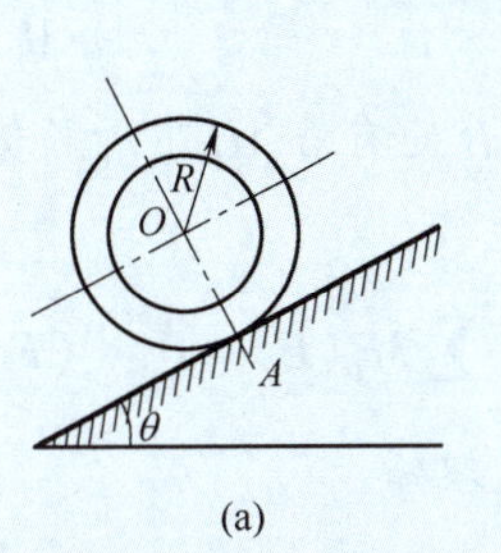

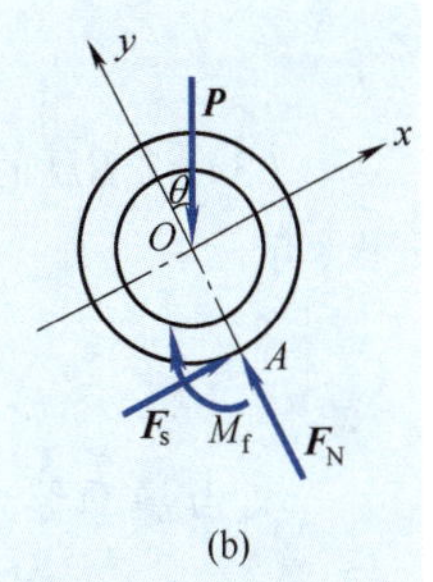

图3-16

由(1)、(2)两式解得

$$M_f = PR\sin\theta,\quad F_N = P\cos\theta$$

由于静摩阻力偶矩不能超过它的最大值$M_{\max} = \delta \cdot F_N$，故得

$$PR\sin\theta \leqslant \delta P\cos\theta$$

即

$$\tan\theta \leqslant \frac{\delta}{R}$$

上式即为使车轮平衡所需满足的条件。

讨论：能否根据例3-8，用一简单的实验求出滚动摩阻系数。

【例3-8】　如图3-17(a)所示的结构自重不计。已知$F = 500$ N，B处的静摩擦因数$f_s = 0.25$，$l_1 = 40$ cm，$l_2 = 30$ cm。试求图示位置平衡时的力偶矩M。

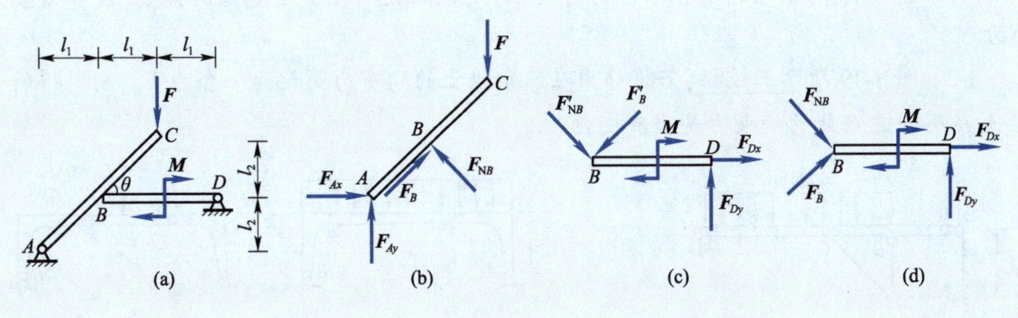

图3-17

【解】　(1)以AB为研究对象，画受力图如图3-17(b)所示。列平衡方程，有

$$\sum M_A(\boldsymbol{F}) = 0,\quad F_{NB} \times \sqrt{l_1^2 + l_2} - F \times 2l_1 = 0$$

解得

$$F_{NB} = \frac{8}{5}F$$

(2) 设BD的B处有沿AC上滑趋势,则BD构件的受力图如3-17(c)所示。列平衡方程,有

$$\sum M_D(\boldsymbol{F}) = 0,\quad (F'_{NB}\cos\theta + F_B\sin\theta) \times 2l_1 - M = 0 \tag{1}$$

又由静摩擦定理知

$$F_B \leqslant f_s \times F_{NB} \tag{2}$$

式(1)、式(2) 两式联立得

$$M \leqslant F'_{NB}(f_s + \cot\theta) \times 2l_1 \times \sin\theta$$

即

$$M \leqslant 608(\mathrm{N \cdot m})$$

(3) 设BD的B处有沿AC下滑趋势,画BD构件的受力图如图3-17(d) 所示,列平衡方程,有

$$\sum M_D(\boldsymbol{F}) = 0,\quad (F_{NB}\cos\theta - F_B\sin\theta) \times 2l_1 - M = 0 \tag{3}$$

又由静摩擦定理知

$$F_B \leqslant f_s \cdot F_{NB} \tag{4}$$

联立式(3)、式(4) 两式,得

$$M \geqslant F_{NB}(\cot\theta - f_s) \cdot 2l_1\sin\theta$$

即

$$M \geqslant 416(\mathrm{N \cdot m})$$

综合以上两种情况,得图示位置平衡时的力偶矩M应满足

$$416(\mathrm{N \cdot m}) \leqslant M \leqslant 608(\mathrm{N \cdot m})$$

思　考　题

3-1　图3-18所示结构中各杆件的自重不计,欲求链杆CD所受力的大小,最多需要几个方程?

3-2　图3-19所示三铰拱,若将作用在三角拱上的均布力简化为一合力$\boldsymbol{F}_R$,则所得的支座A、B及铰链C处的约束力是否有变化?

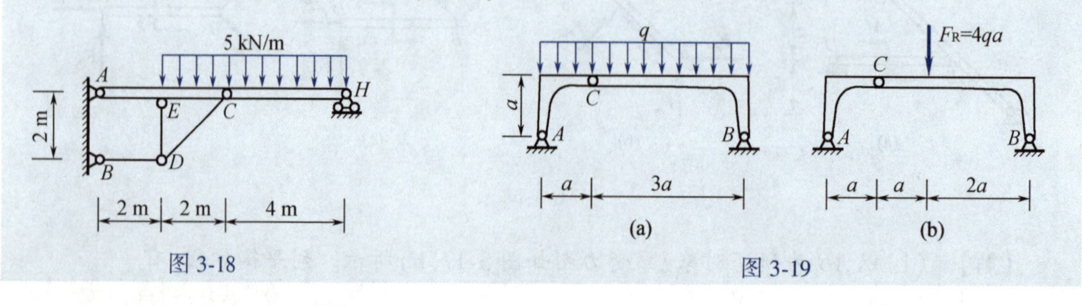

图3-18　　　图3-19

3-3　如图3-20所示，两种结构受相同的载荷作用，若不计各杆自重，试比较两种结构支座A、B的约束力及杆AC、BC的内力是否相同？

3-4　如图3-21所示结构，不计各杆自重，受载荷$\boldsymbol{F}$作用，试以最简便方法求支座E处约束力的大小。

3-5　如图3-22所示，已知：$P=100$ kN，$F=80$ kN，摩擦因数$f_s=0.2$，物块将(　　)。

(1) 向上运动；

(2) 向下运动；

(3) 静止不动。

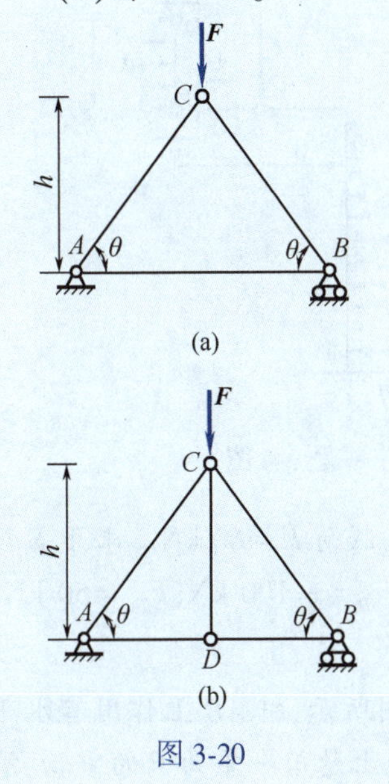

图3-20

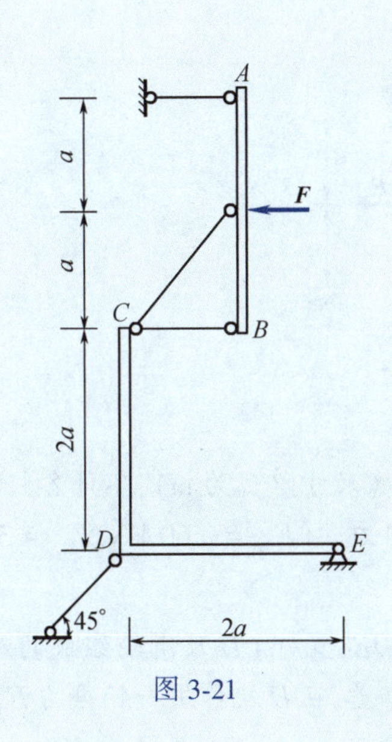

图3-21

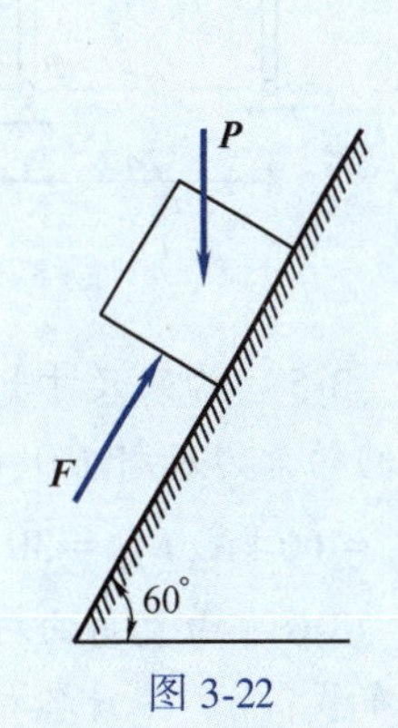

图3-22

习　题

3-1　如图所示构架，各构件自重不计，在E处作用有力偶矩M。试求A、D处的约束反力。($F_{Ax}=0.834M$，$F_{Ay}=0.833M$，$F_D=1.925M$)

3-2　如图所示结构，一端插入墙内的杆AD，借助光滑的套筒C与杆CB铰接，CB杆的B端为固定铰支座。已知$q_0=100$ N/m，$l=3$ m，各杆的自重不计。试求A、B处的约束反力。($F_{Ax}=86.6$ N，$F_{Ay}=50$ N，$M_A=600$ N·m，$F_{Bx}=86.6$ N，$F_{By}=100$ N)

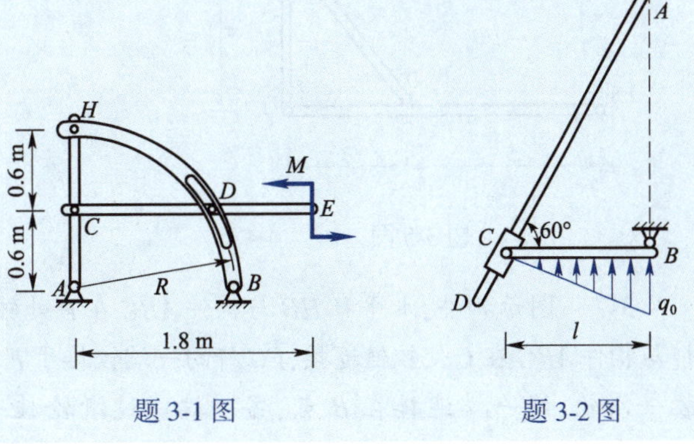

题3-1图　　题3-2图

3-3　图示刚架,已知:$F = 50\ \text{kN}$,$q = 10\ \text{kN/m}$,$a = 3\ \text{m}$,各构件自重不计。求刚架的支座反力。($F_{Ax} = 50\ \text{kN}$,$F_{Ay} = 25\ \text{kN}$,$F_B = -10\ \text{kN}$,$F_D = 15\ \text{kN}$)

3-4　图示构架,由直杆 BC、CD 及直角弯杆 AB 组成,各杆自重不计,载荷分布及尺寸如图。销钉 B 穿透 AB 及 BC 两构件,在销钉 B 上作用一铅垂力 F。已知 q、a、M,且 $M = qa^2$。求固定端 A 的约束反力及销钉 B 对杆 BC、直角弯杆 AB 的作用力。[$F_{Ax} = -qa$,$F_{Ay} = F + qa$,$M_A = (F + qa)a$,$F_{BCx} = \dfrac{1}{2}qa$,$F_{BCy} = qa$,$F_{BAx} = -\dfrac{1}{2}qa$,$F_{BAy} = -(F + qa)$]

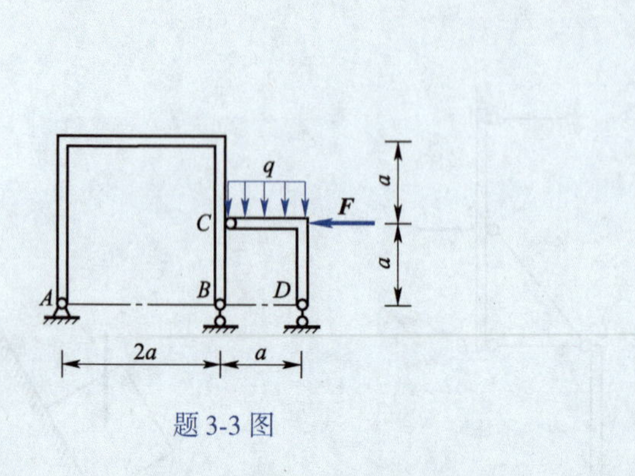

题 3-3 图

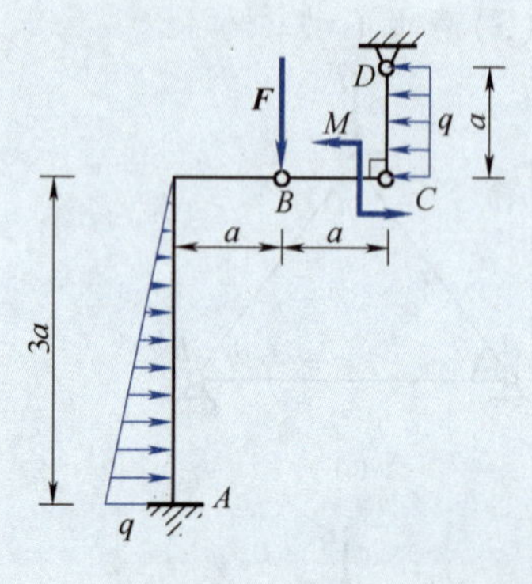

题 3-4 图

3-5　构架尺寸如图所示(尺寸单位为 m),不计各杆件自重,载荷 $F = 60\ \text{kN}$。求 A、E 铰链的约束力及杆 BD、BC 的内力。($F_{Ax} = -60\ \text{kN}$,$F_{Ay} = 30\ \text{kN}$,$F_{BD} = -100\ \text{kN}$,$F_{BC} = 50\ \text{kN}$,$F_{Ex} = 60\ \text{kN}$,$F_{Ey} = 30\ \text{kN}$)

3-6　由直角曲杆 ABC、DE,直杆 CD 及滑轮组成的结构如图所示,杆 AB 上作用有水平均布载荷 q。不计各构件的重量,在 D 处作用一铅垂力 $\boldsymbol{F}$,在滑轮上悬吊一重为 $\boldsymbol{P}$ 的重物,滑轮的半径 $r = a$,且 $P = 2F$,$CO = OD$。求支座 E 及固定端 A 的约束反力。($F_E = \sqrt{2}F$,$F_{Ax} = F - 6qa$,$F_{Ay} = 2F$,$M_A = 5Fa + 18qa^2$)

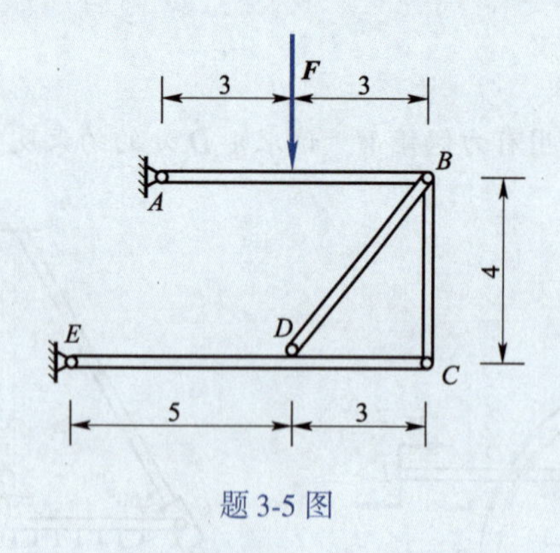

题 3-5 图

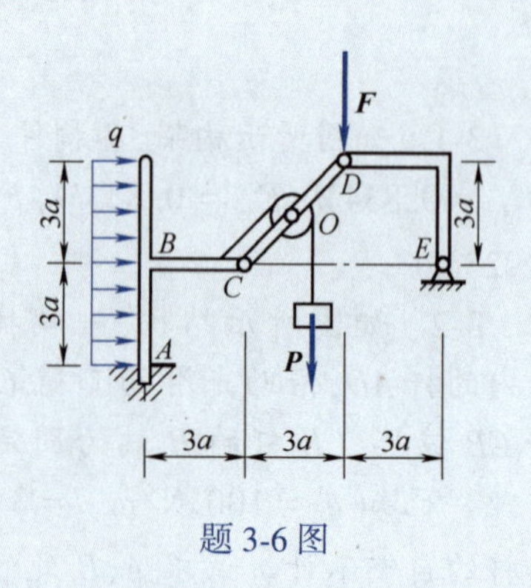

题 3-6 图

3-7　图示构件,水平秆 HB 与构件 ABC 在 B 处铰链连接,中间作用一力偶,其矩为 M。CE 杆与构件 ABC 在 C 处铰链连接,FG 杆的一端铰接于 F 点,并支于 CE 杆上的光滑销钉 D 上,G 端装一滑轮,绳一端连接在 B 点,另一端跨过滑轮挂一重物 P,KCD 段作用均布荷重 q,尺寸如图。全部杆重忽略不计，摩擦不计。求铰链 A 的约束反力。$\left(F_{Ax}=\dfrac{M}{2a}+P+\dfrac{5}{4}qa, F_{Ay}=\dfrac{7}{4}qa-\dfrac{M}{2a}\right)$

3-8　求图示组合式屋架中拉杆 AB 的内力及铰接点 C 的约束反力。不计各杆的自重。($F_{Cx}=0.75ql, F_{Cy}=0, F_{AB}=0.75ql$)

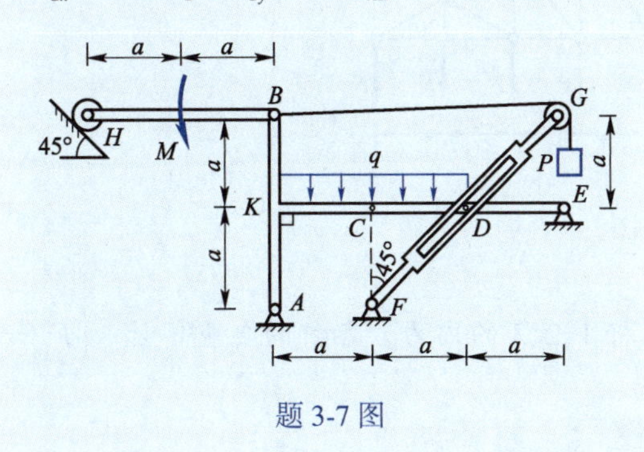

题 3-7 图

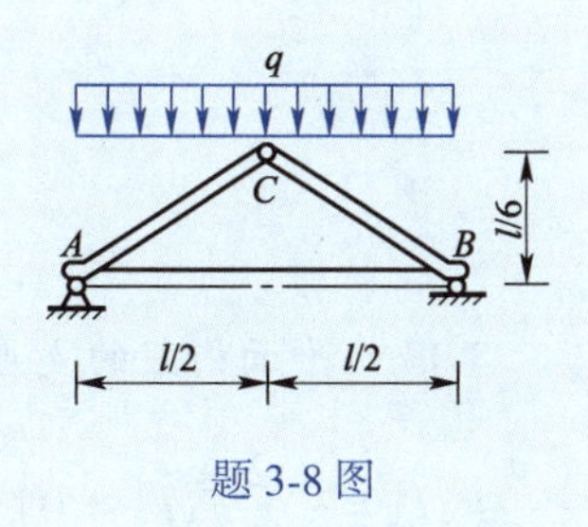

题 3-8 图

3-9　结构由 AC、CBD、DE 等构件铰接而成，尺寸如图所示，C、D 为光滑铰链，各构件自重不计。已知：$F=2$ kN，$M=4$ kN·m，$q=4$ kN/m。求支座 A、B、E 的反力。($F_{Ax}=-8.88$ N，$F_{Ay}=4.32$ kN，$F_{Bx}=-2.12$ kN，$F_{By}=8.72$ kN，$F_E=-2.67$ kN)

3-10　用节点法求图示桁架中各杆的内力。各杆自重不计。($F_1=F, F_2=0, F_3=-F, F_4=F, F_5=-\sqrt{2}F$)

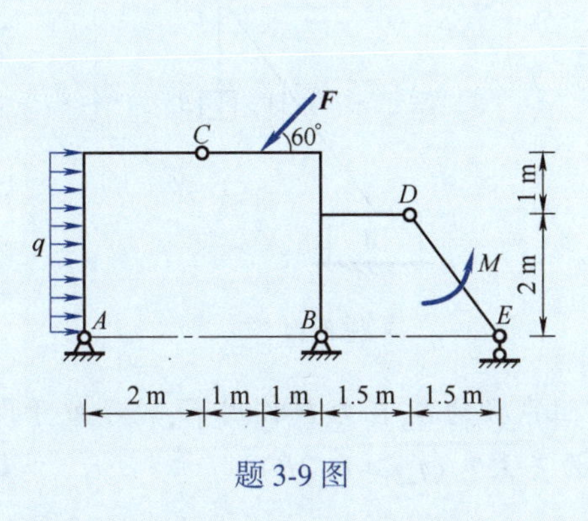

题 3-9 图

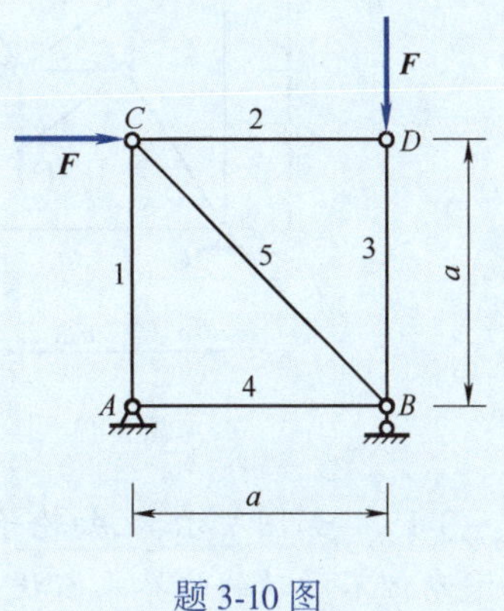

题 3-10 图

3-11　试指出图示各桁架中内力为零的杆件。各杆自重不计。

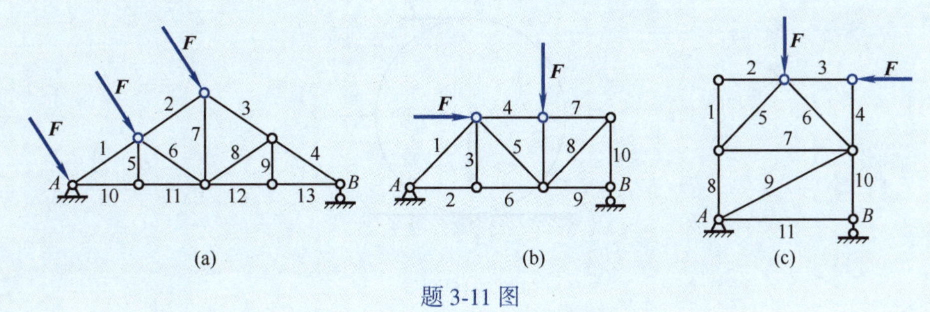

题 3-11 图

3-12 用截面法求图示桁架中杆 1、2、3 的内力。各杆自重不计。[(a)$F_1 = 1.414F$, $F_2 = 1.414F$, $F_3 = 2F$; (b)$F_1 = -2\sqrt{3}F$, $F_2 = 2F$, $F_3 = -1.323F$]

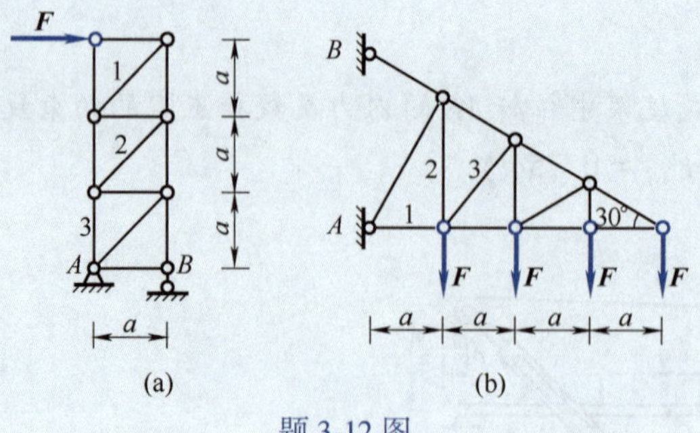

题 3-12 图

3-13 平面桁架的支座和载荷如图所示,求杆 1、2、3 的内力。各杆的自重不计。$\left(F_1 = -\dfrac{4}{9}F, F_2 = -\dfrac{2}{3}F, F_3 = 0\right)$

3-14 如图所示,物块 A 重 $P_1 = 100$ kN,物块 B 重 $P_2 = 25$ kN,物块 A 与地面的摩擦因数为 0.2,滑轮处摩擦不计。求平衡时物块 A 与地面之间的摩擦力。($F_s = 15$ kN)

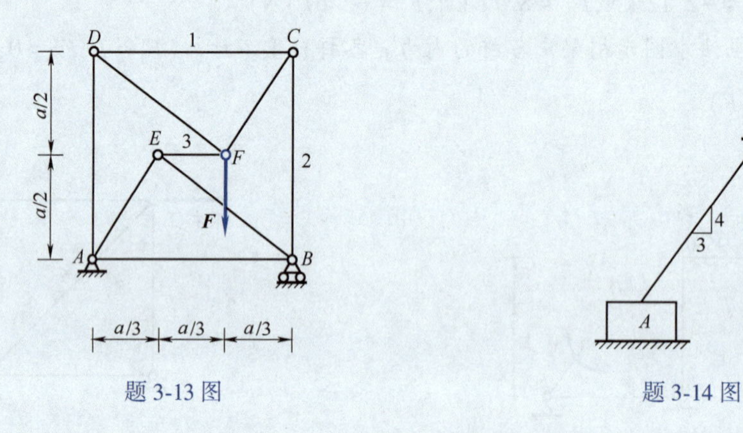

题 3-13 图　　　　题 3-14 图

3-15 如图所示,已知轮子重为 $\boldsymbol{P}$,半径为 R,滚阻系数为 δ,在力 $\boldsymbol{F}$ 作用下,轮子处于即将滚动但不滑动的临界平衡状态。求滑动摩擦因数为多大?($f_s \geqslant \delta/2R$)

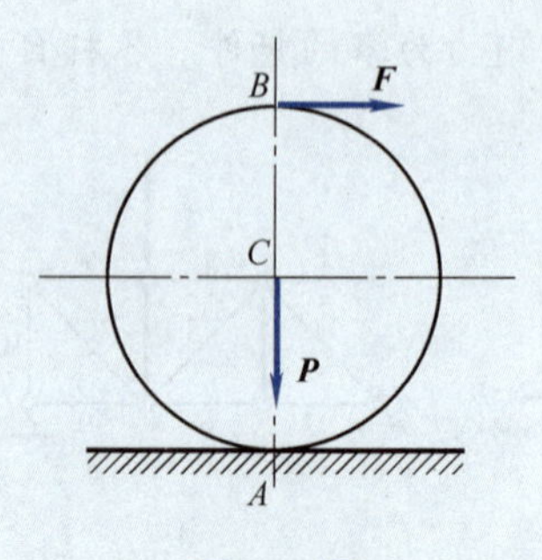

题 3-15 图

3-16　梯子重为 $\boldsymbol{P}_1$，支撑在光滑的墙上，地面的摩擦因数为 f_s。问梯子与地面的夹角 θ 为何值时，重为 $\boldsymbol{P}_2$ 的人才能达梯子的顶点 B？$\left(\theta \geqslant \arctan\left[\dfrac{2P_2 + P_1}{2f_s(P_1 + P_2)}\right]\right)$

3-17　制动装置如图所示。制动杆与轮间的摩擦因数为 f_s，物块的重量为 $\boldsymbol{P}$。求制动时所施加力 $\boldsymbol{F}$ 的最小值。$\left[F_{\min} = \dfrac{Pr}{Rl}\left(\dfrac{a}{f_s} - b\right)\right]$

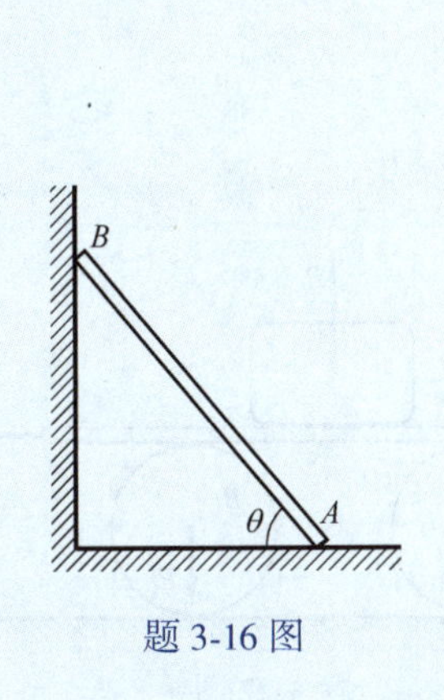

题 3-16 图

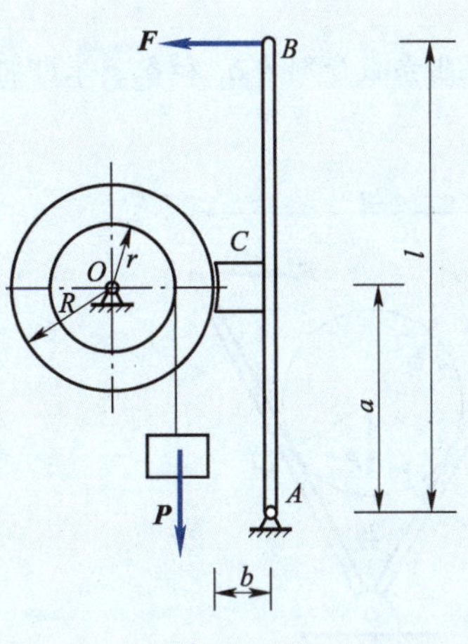

题 3-17 图

3-18　如图所示立方体 A 的质量为 8 kg，边长为 100 cm，$\theta = 15°$。若静摩擦因数为 0.25，试问当力 $\boldsymbol{F}$ 逐渐增加时，立方体将先滑动还是先翻倒？（$F_1 = 39.22$ N，$F_2 = 48.01$ N，立方体先滑动）

3-19　图示机构自重不计。已知 $M = 200$ kN · m，两杆等长为 $L = 2$ m，D 处静摩擦因数 $f = 0.6$，载荷 $\boldsymbol{F}$ 作用在 BD 中点。试求图示位置欲使机构保持平衡时的 $\boldsymbol{F}$ 大小。（$F \geqslant 400$ kN）

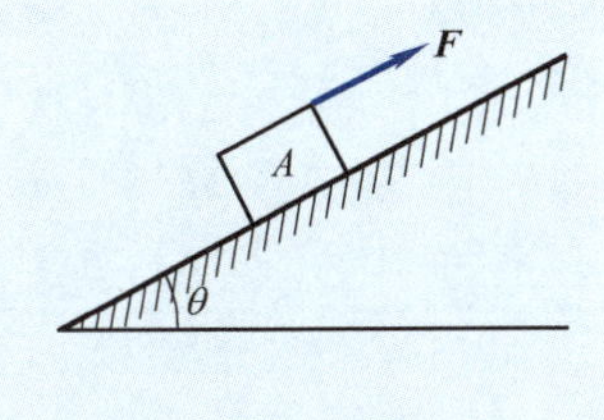

题 3-18 图

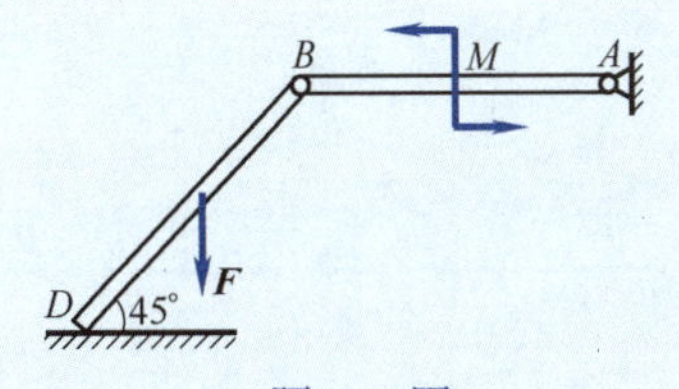

题 3-19 图

3-20　如图所示，均质圆柱重 P，半径为 r，搁在不计自重的水平杆和固定斜面之间。杆 A 端为光滑铰链，D 端受一铅垂向上的力 F 作用，圆柱上作用一力偶，已知 $F = P$，圆柱与杆和斜面间的静摩擦因数 f_s 皆为 0.3，不计滚动摩擦。当 $\theta = 45°$ 时，$AB = BD$，试求此时能保持系统静止的力偶矩 M 的最小值。（$M_{\min} = 0.212Pr$）

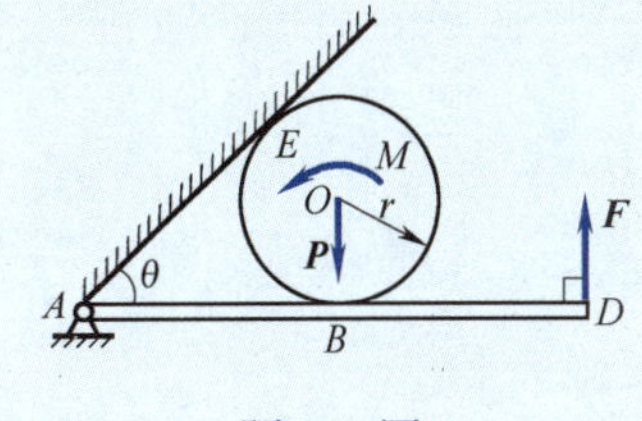

题 3-20 图

3-21 如图所示，木板 AO 和 BO 用光滑铰链固定于 O 点，在木板间放一重 P 的均质圆柱，并用大小等于 F 的两个水平力 $\boldsymbol{F}_1$ 和 $\boldsymbol{F}_2$ 维持平衡。设圆柱与木板间的摩擦因数为 f，不计铰链中的摩擦力以及板的重量，求圆柱平衡时 $\boldsymbol{F}$ 值的范围。$\left(\dfrac{Pr\cos\varphi}{2a\sin(\theta+\varphi)} \leqslant F \leqslant \dfrac{Pr\cos\varphi}{2a\sin(\theta-\varphi)}, \tan\varphi = f\right)$

3-22 在搬运重物时，下面常垫以滚木，如图所示。设重物重 P，滚木重 P_1、半径为 r，滚木和重物与地面间的滚阻系数分别为 δ_1 和 δ_2。求即将拉动时水平力 $\boldsymbol{F}$ 的大小。$\left(F = \dfrac{P(\delta_1+\delta_2)+2P_1\delta_2}{2r}\right)$

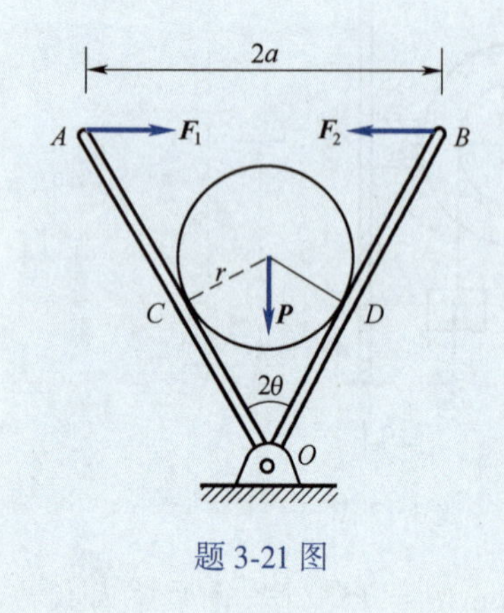

题 3-21 图

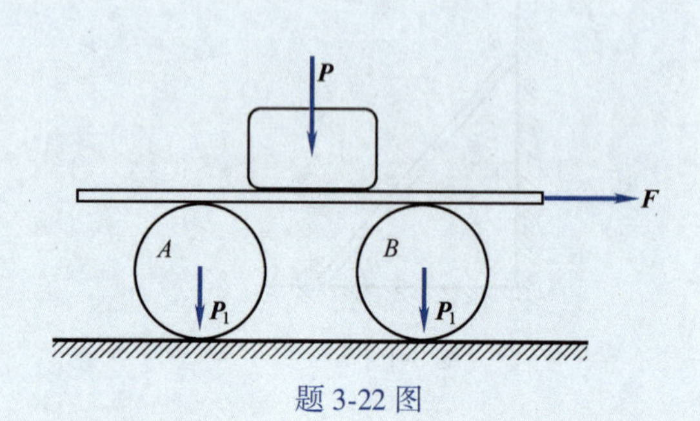

题 3-22 图

第4章 空间力系

若刚体上所受各力的作用线不在同一平面内，则该力系称为**空间力系**。在工程实际中，如高压线塔架、桁架桥、各类机床等都受空间力系作用。本章将研究空间力系的简化和平衡条件。

与平面力系一样，可以将空间力系分为**空间汇交力系**、**空间力偶系**和**空间任意力系**来研究。

4.1 空间汇交力系

1. 力在直角坐标轴上的投影

力 $\boldsymbol{F}$ 在空间直角坐标轴上投影的计算，一般有两种方法。

（1）已知力 $\boldsymbol{F}$ 与坐标轴间的方向角为 θ、β、γ，如图 4-1 所示，则力 $\boldsymbol{F}$ 在坐标轴上的投影为

$$F_x = F\cos\theta,\quad F_y = F\cos\beta,\quad F_z = F\cos\gamma \tag{4-1}$$

这种投影方法称为**直接投影法**。

（2）当力 $\boldsymbol{F}$ 与坐标轴 Ox、Oy 间的夹角不易确定时，可把力 $\boldsymbol{F}$ 先投影到坐标平面 Oxy 上得到力 $\boldsymbol{F}_{xy}$，然后再把该力投影到 x、y 轴上，这种投影法称为**间接投影法**。由图 4-2 可知，若已知角 φ 和 γ，则力 $\boldsymbol{F}$ 在三个坐标轴上的投影分别为

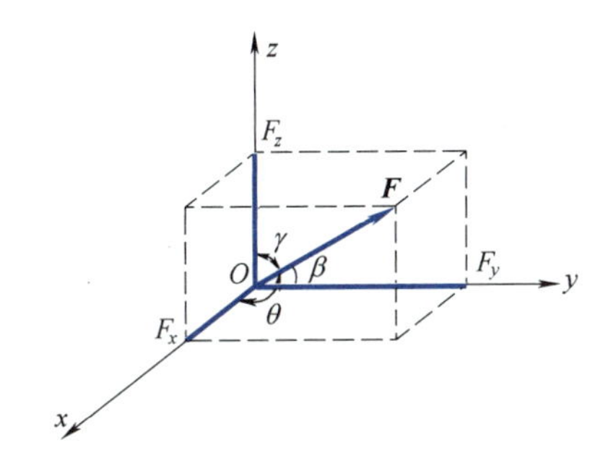

图 4-1

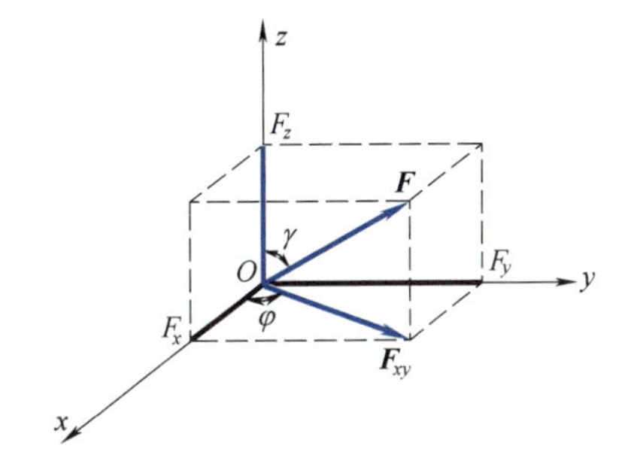

图 4-2

$$F_x = F\sin\gamma\cos\varphi,\quad F_y = F\sin\gamma\sin\varphi,\quad F_z = F\cos\gamma \tag{4-2}$$

若以 $\boldsymbol{i}$、$\boldsymbol{j}$、$\boldsymbol{k}$ 分别表示沿直角坐标轴 x、y、z 三轴的单位矢量，则

$$\boldsymbol{F} = F_x\boldsymbol{i} + F_y\boldsymbol{j} + F_z\boldsymbol{k} \tag{4-3}$$

力 $\boldsymbol{F}$ 的大小和方向表达式为

$$\begin{cases} F = \sqrt{F_x^2 + F_y^2 + F_z^2} \\ \cos(\boldsymbol{F},\boldsymbol{i}) = \dfrac{F_x}{F},\quad \cos(\boldsymbol{F},\boldsymbol{j}) = \dfrac{F_y}{F},\quad \cos(\boldsymbol{F},\boldsymbol{k}) = \dfrac{F_z}{F} \end{cases} \tag{4-4}$$

【例4-1】 长方体上作用有三个力。已知 $F_1 = 600\ \mathrm{N}$，$F_2 = 500\ \mathrm{N}$，$F_3 = 750\ \mathrm{N}$，方向及几何尺寸如图 4-3 所示。求各力在坐标轴上的投影。

【解】 已知力 $\boldsymbol{F}_1$ 和 $\boldsymbol{F}_2$ 与坐标轴间的夹角，故可采用直接投影法，有

$$F_{1x} = F_1\cos 90^\circ = 0,\quad F_{1y} = F_1\cos 90^\circ = 0,\quad F_{1z} = F_1\cos 180^\circ = -600(\mathrm{N})$$

$$F_{2x} = -F_2\sin 60^\circ = -433(\mathrm{N}),\quad F_{2y} = F_2\cos 60^\circ = 250(\mathrm{N}),\quad F_{2z} = 0$$

现先根据几何尺寸来确定力 $\boldsymbol{F}_3$ 与坐标轴之间的夹角 γ、φ，有

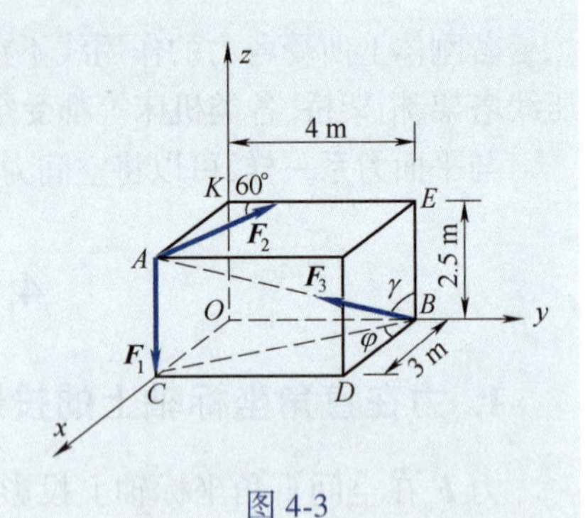

图 4-3

$$\sin\gamma = \frac{AE}{AB} = \frac{5}{5.59},\quad \cos\gamma = \frac{BE}{AB} = \frac{2.5}{5.59}$$

$$\sin\varphi = \frac{CD}{BC} = \frac{4}{5},\quad \cos\varphi = \frac{BD}{BC} = \frac{3}{5}$$

采用二次投影法，则得

$$F_{3x} = F_3\sin\gamma\cos\varphi = 402.5(\mathrm{N})$$

$$F_{3y} = -F_3\sin\gamma\sin\varphi = -536.68(\mathrm{N})$$

$$F_{3z} = F_3\cos\gamma = 335.42(\mathrm{N})$$

2. 空间汇交力系的合成与平衡

空间汇交力系和平面汇交力系相同，也可用几何法和解析法来研究其合成和平衡问题，但作图较不方便，一般不用几何法，多采用解析法。

(1) 空间汇交力系的合成

现设作用于刚体的空间力系 $\boldsymbol{F}_1, \boldsymbol{F}_2, \cdots, \boldsymbol{F}_n$ 汇交于同一点 O，选力系汇交点 O 为原点，作坐标系 $Oxyz$，如图 4-4 所示。

将平面汇交力系的合成法推广到空间汇交力系，则合力矢应为

$$\boldsymbol{F}_{\mathrm{R}} = \boldsymbol{F}_1 + \boldsymbol{F}_2 + \cdots + \boldsymbol{F}_n = \sum \boldsymbol{F}_i \tag{4-5}$$

或

$$\boldsymbol{F}_{\mathrm{R}} = \sum F_{xi}\boldsymbol{i} + \sum F_{yi}\boldsymbol{j} + \sum F_{zi}\boldsymbol{k} \tag{4-6}$$

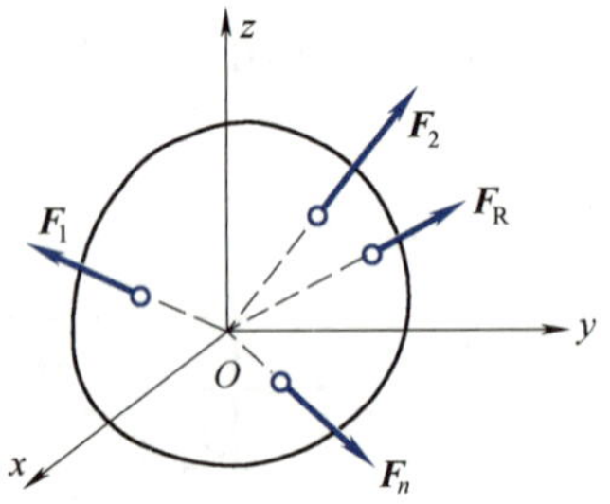

图 4-4

相应地其合力的大小和方向余弦可表示为

$$\begin{cases} F_{\mathrm{R}} = \sqrt{\left(\sum F_{xi}\right)^2 + \left(\sum F_{yi}\right)^2 + \left(\sum F_{zi}\right)^2} \\ \cos(\boldsymbol{F}_{\mathrm{R}}, \boldsymbol{i}) = \dfrac{\sum F_{xi}}{F_{\mathrm{R}}},\quad \cos(\boldsymbol{F}_{\mathrm{R}}, \boldsymbol{j}) = \dfrac{\sum F_{yi}}{F_{\mathrm{R}}},\quad \cos(\boldsymbol{F}_{\mathrm{R}}, \boldsymbol{k}) = \dfrac{\sum \boldsymbol{F}_{zi}}{F_{\mathrm{R}}} \end{cases} \tag{4-7}$$

(2) 空间汇交力系的平衡

根据空间汇交力系合成的结果是一合力，故空间汇交力系平衡的必要与充分条件是，该力系的合力等于零，即

$$\boldsymbol{F}_{\mathrm{R}} = \sum \boldsymbol{F} = 0 \tag{4-8}$$

若用解析式表示，则

$$\sum F_x = 0,\quad \sum F_y = 0,\quad \sum F_z = 0 \tag{4-9}$$

式(4-9) 称为**空间汇交力系的平衡方程**,表明空间汇交力系解析法平衡的必要与充分条件是:该力系中所有各力在 3 个坐标轴上投影的代数和分别等于零。

空间汇交力系有三个平衡方程,为此可求解 3 个未知量,其求解平衡问题的步骤与平面汇交力系问题相同。

【例 4-2】 如图 4-5(a)所示,一临时电线支架由铰接与地面的两杆 AB 和 AC 及拉线 AD 组成,并在 A 处铰接。若电线拉力 $\boldsymbol{F}$ 作用在 Oyz 平面内,并与轴 Oy 平行。其大小 $F = 900$ N。求拉线 AD 及支杆 AB、AC 的受力。杆 AB、AC 自重不计。

【解】 取铰 A 为研究对象,受力图如图 4-5(b)所示。列平衡方程,有

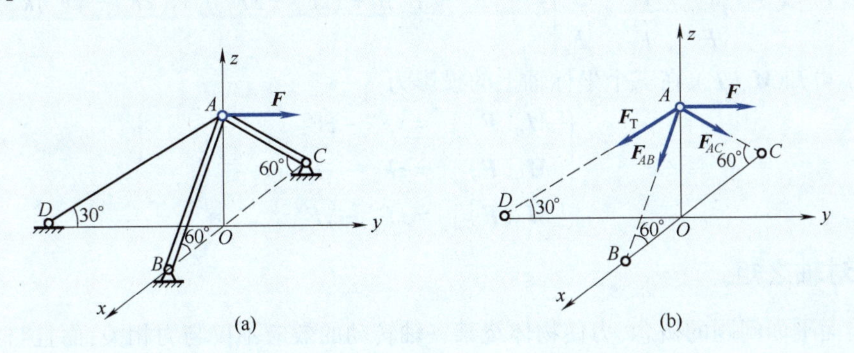

图 4-5

$$\sum F_x = 0,\quad F_{AB}\cos 60^\circ - F_{AC}\cos 60^\circ = 0 \tag{1}$$

$$\sum F_y = 0,\quad F - F_{\mathrm{T}}\cos 30^\circ = 0 \tag{2}$$

$$\sum F_z = 0,\quad -F_{\mathrm{T}}\sin 30^\circ - (F_{AB} + F_{AC})\cos 30^\circ = 0 \tag{3}$$

由式(2)解得

$$F_{\mathrm{T}} = \frac{F}{\cos 30^\circ} = 1\,040(\mathrm{N})$$

再由式(1)、式(3)联立求解,得

$$F_{AB} = F_{AC} = -\frac{F_{\mathrm{T}}\sin 30^\circ}{2\cos 30^\circ} = -300(\mathrm{N})$$

F_{AB}、F_{AC} 均为负,表明两杆均受压力。

4.2　力对点之矩和力对轴之矩

1. 力对点之矩

在空间力系中,力对点之矩取决于力与矩心所构成的平面方位、力矩在该平面内的转向及力矩的大小这三个要素。其可用一个矢量来表示,这个矢量称为**力对点的矩矢**,简称**力矩矢**,用 $\boldsymbol{M}_O(\boldsymbol{F})$ 表示。其中矢量的模 $|\boldsymbol{M}_O(\boldsymbol{F})| = Fh = 2A_{\triangle OAB}$,矢量的方位与力和矩心所在平面的法向方位相同,矢量的方向则按右手螺旋法则来确定,如图 4-6 所示。

若以 $\boldsymbol{r}$ 表示矩心 O 到力作用点 A 的矢径,则由矢量代数的知识,可将力矩矢写成

扫一扫

空间力对点之矩

$$M_O(F) = r \times F \tag{4-10}$$

即力对点之矩矢等于矩心到该力作用点的矢径与该力的矢量积。式(4-10)称为力矩矢的矢积表达式。

若 $\boldsymbol{r}$、$\boldsymbol{F}$ 表示为

$$\boldsymbol{r} = x\boldsymbol{i} + y\boldsymbol{j} + z\boldsymbol{k}, \quad \boldsymbol{F} = F_x\boldsymbol{i} + F_y\boldsymbol{j} + F_z\boldsymbol{k}$$

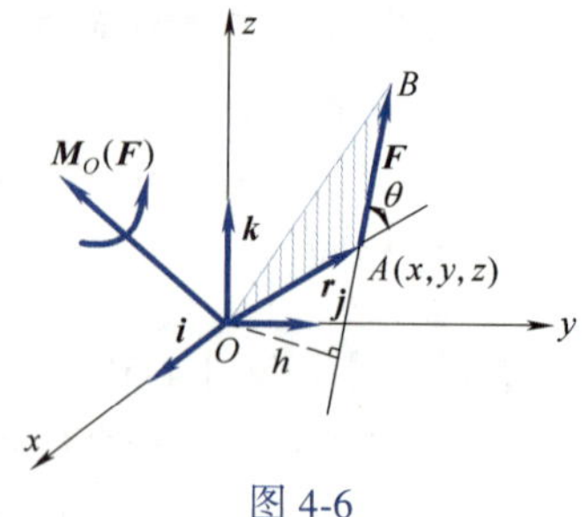

图 4-6

则式(4-10)可改写为

$$\boldsymbol{M}_O(\boldsymbol{F}) = \boldsymbol{r} \times \boldsymbol{F} = \begin{vmatrix} \boldsymbol{i} & \boldsymbol{j} & \boldsymbol{k} \\ x & y & z \\ F_x & F_y & F_z \end{vmatrix} = (yF_z - zF_y)\boldsymbol{i} + (zF_x - xF_z)\boldsymbol{j} + (xF_y - yF_x)\boldsymbol{k} \tag{4-11}$$

由式(4-11)可知 $\boldsymbol{M}_O(\boldsymbol{F})$ 在三个坐标轴上的投影为

$$\begin{cases} [\boldsymbol{M}_O(\boldsymbol{F})]_x = yF_z - zF_y \\ [\boldsymbol{M}_O(\boldsymbol{F})]_y = zF_x - xF_z \\ [\boldsymbol{M}_O(\boldsymbol{F})]_z = xF_y - yF_x \end{cases} \tag{4-12}$$

2. 力对轴之矩

根据前面平面问题的概念,力使物体绕某一轴转动的效应不仅与力相关,而且与力和轴之间的相对位置有关。

在图 4-7 中,设刚体在力 $\boldsymbol{F}$ 作用下可绕 z 轴转动。过力 $\boldsymbol{F}$ 的作用点 A 作一垂直于 z 轴的平面,z 轴与平面的交点为 O。将力 $\boldsymbol{F}$ 分解为平面上的力 $\boldsymbol{F}_{xy}$ 和平行于 z 轴的力 $\boldsymbol{F}_z$。由合力矩定理,力对轴之矩为

$$M_z(\boldsymbol{F}) = M_O(\boldsymbol{F}_{xy}) = \pm F_{xy}h = \pm 2A_{\triangle OAB} \tag{4-13}$$

即力 $\boldsymbol{F}$ 对轴之矩等于力 $\boldsymbol{F}$ 在垂直于 z 轴的平面上的投影对该轴与平面交点之矩。其正负号按右手螺旋法则确定,拇指与 z 轴正向一致为正,反之为负。力对轴之矩的单位为N·m或kN·m。

当力与轴平行或力与轴相交,即力与轴在同一平面内时,力对轴之矩为零。

力对轴之矩也可用解析式来表示。设力 $\boldsymbol{F}$ 在三个坐标轴的投影分别为 F_x、F_y、F_z,力 $\boldsymbol{F}$ 作用点 A 的坐标为(x,y,z),如图 4-8 所示,则由式(4-13)得

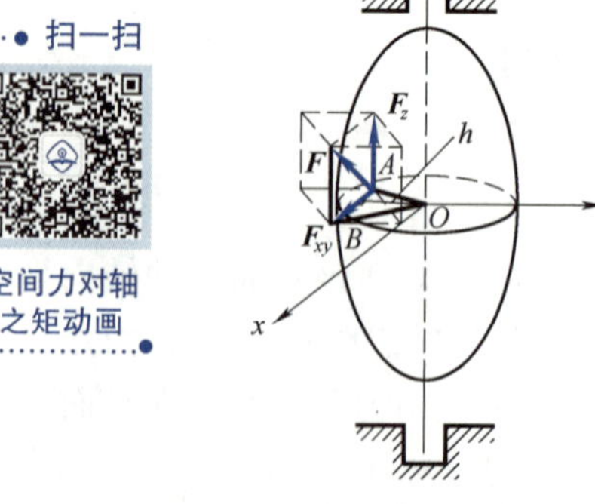

图 4-7

图 4-8

$$M_z(\boldsymbol{F}) = M_O(\boldsymbol{F}_{xy}) = M_O(\boldsymbol{F}_x) + M_O(\boldsymbol{F}_y) = xF_y - yF_x$$

同理可得其余两式,为此可得

$$\begin{cases} M_x(\boldsymbol{F}) = yF_z - zF_y \\ M_y(\boldsymbol{F}) = zF_x - xF_z \\ M_z(\boldsymbol{F}) = xF_y - yF_x \end{cases} \tag{4-14}$$

式(4-14) 是计算力对轴之矩的解析表达式。

3. 力对点之矩与力对通过该点的轴之矩的关系

比较式(4-12) 和式(4-14),可得

$$\begin{cases} [\boldsymbol{M}_O(\boldsymbol{F})]_x = M_x(\boldsymbol{F}) \\ [\boldsymbol{M}_O(\boldsymbol{F})]_y = M_y(\boldsymbol{F}) \\ [\boldsymbol{M}_O(\boldsymbol{F})]_z = M_z(\boldsymbol{F}) \end{cases} \tag{4-15}$$

上式表明:力对点之矩矢在通过该点的某轴上的投影,等于力对该轴的矩。这一结论给出了力对点之矩与力对轴之矩之间的关系。

【例 4-3】 正六面体边长为 a,在顶点 B 受力 $\boldsymbol{F}$ 作用,如图 4-9 所示。试计算$\boldsymbol{M}_A(\boldsymbol{F})$、$M_x(\boldsymbol{F})$、$M_y(\boldsymbol{F})$、$M_z(\boldsymbol{F})$,并讨论它们之间的关系。

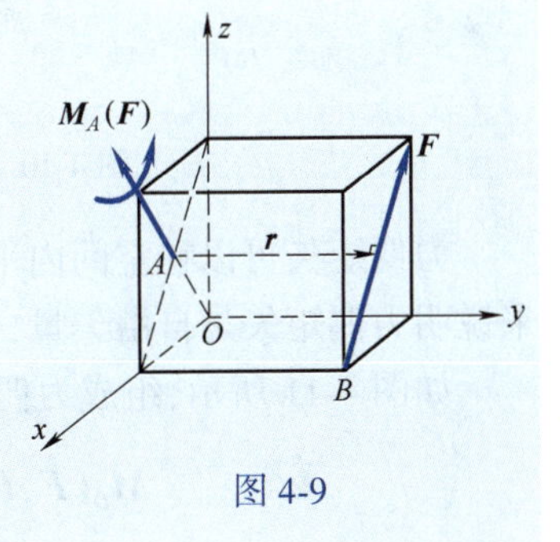

图 4-9

【解】 (1) 计算力对点 A 的矩矢,有

$$\boldsymbol{M}_A(\boldsymbol{F}) = \boldsymbol{r} \times \boldsymbol{F} = (yF_z - zF_y)\boldsymbol{i} + (zF_x - xF_z)\boldsymbol{j} + (xF_y - yF_x)\boldsymbol{k}$$

$$= \frac{\sqrt{2}}{2}aF\boldsymbol{i} + \frac{\sqrt{2}}{2}aF\boldsymbol{k}$$

(2) 计算力对 x、y、z 轴之矩,有

$$M_x(\boldsymbol{F}) = F\cos 45° \times a = \frac{\sqrt{2}}{2}aF$$

$$M_y(\boldsymbol{F}) = -F\sin 45° \times a = -\frac{\sqrt{2}}{2}aF$$

$$M_z(\boldsymbol{F}) = F\cos 45° \times a = \frac{\sqrt{2}}{2}aF$$

(3) 由上述计算结果知,存在如下关系:

$$[\boldsymbol{M}_A(\boldsymbol{F})]_x = \frac{\sqrt{2}}{2}aF = M_x(\boldsymbol{F})$$

$$[\boldsymbol{M}_A(\boldsymbol{F})]_y = 0 \neq M_y(\boldsymbol{F})$$

$$[\boldsymbol{M}_A(\boldsymbol{F})]_z = \frac{\sqrt{2}}{2}aF = M_z(\boldsymbol{F})$$

显然结果不符合式(4-15) 的关系,这是因为坐标轴没有通过 A 点。

4.3 空间力偶理论

1. 力偶矩矢与空间力偶等效条件

力偶矩矢是用来度量空间力偶对刚体的转动效应,即用力偶中的两个力对空间某点之矩的矢量和来度量,记为 $\boldsymbol{M}$。这个矢量完全表示了空间力偶的三个要素:(1)力偶矩的大小;(2)力偶作用面的方位;(3)力偶的转向。矢量的长度表示了力偶矩的大小,矢量的方位与力偶作用面的法线方位一致,矢量的指向与力偶转向的关系服从右手螺旋法则,即从矢量的末端看力偶的转向是逆时针的,如图 4-10(a)、(b)所示。

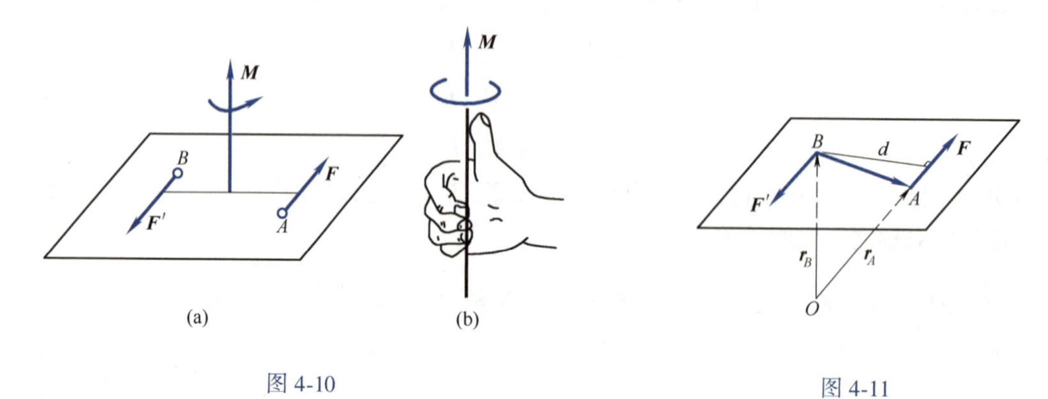

图 4-10

图 4-11

力偶矩矢可以在空间内平行于其自身平面任意移动,即力偶矩矢是一个自由矢量。下面来说明力偶矩矢是自由矢量,并揭示空间力偶的等效条件。

如图 4-11 所示,组成力偶的两个力 $\boldsymbol{F}$ 与 $\boldsymbol{F}'$对空间任一点 O 之矩的矢量和为

$$\begin{aligned}\boldsymbol{M}_O(\boldsymbol{F},\boldsymbol{F}') &= \boldsymbol{M}_O(\boldsymbol{F}) + \boldsymbol{M}_O(\boldsymbol{F}') = \boldsymbol{r}_A \times \boldsymbol{F} + \boldsymbol{r}_B \times \boldsymbol{F}' \\ &= \boldsymbol{r}_A \times \boldsymbol{F} + \boldsymbol{r}_B \times (-\boldsymbol{F}) = (\boldsymbol{r}_A - \boldsymbol{r}_B) \times \boldsymbol{F} = \boldsymbol{r}_{AB} \times \boldsymbol{F}\end{aligned}$$

计算表明,$\boldsymbol{r}_{BA} \times \boldsymbol{F}$ 的大小等于 Fd,它表征了力偶对刚体转动效应的强弱,方向与力偶($\boldsymbol{F}$,$\boldsymbol{F}'$)的力偶矩矢 $\boldsymbol{M}$ 一致。可见,力偶对空间任一点的矩矢都等于力偶矩矢,且与矩心位置无关。

由此可见,空间力偶对刚体的作用效果完全由力偶矩矢来确定。因此,两个力偶等效的条件是它们的力偶矩矢相等,即为力偶等效。该结论称为**力偶等效定理**。

2. 空间力偶系的合成与平衡

(1) 空间力偶系的合成

设刚体上作用一群力偶矩矢分别为 $\boldsymbol{M}_1,\boldsymbol{M}_2,\cdots,\boldsymbol{M}_n$ 的力偶,如图 4-12(a)所示。由于力偶矩矢是自由矢量,则可将它们平移至任一点 A,如图 4-12(b)所示。由汇交矢量的合成结果可得一合力偶矩矢,且

$$\boldsymbol{M} = \sum_{i=1}^{n} \boldsymbol{M}_i \tag{4-16}$$

式(4-16)表明合力偶矩矢等于力偶系中各力偶矩矢的矢量和。

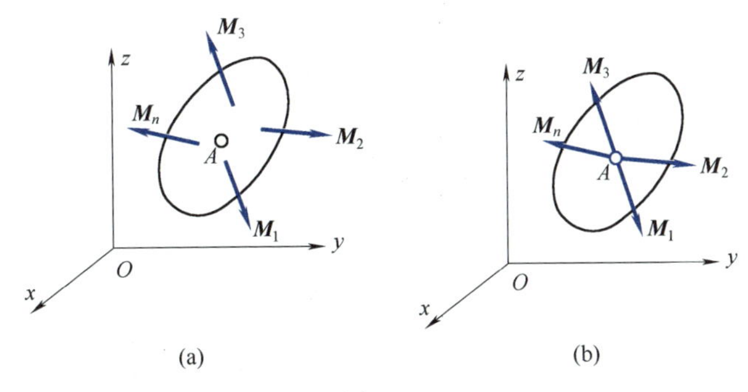

图 4-12

若用解析表示式(4-16),则有

$$\boldsymbol{M} = M_x\boldsymbol{i} + M_y\boldsymbol{j} + M_z\boldsymbol{k} \tag{4-17}$$

式中,M_x、M_y、M_z 分别为合力偶矩矢在 x、y、z 轴上的投影,即

$$M_x = \sum_{i=1}^{n} M_{ix},\quad M_y = \sum_{i=1}^{n} M_{iy},\quad M_z = \sum_{i=1}^{n} M_{iz} \tag{4-18}$$

这样,合力偶矩矢的大小和方向为

$$\begin{cases} M = \sqrt{M_x^2 + M_y^2 + M_z^2} = \sqrt{\left(\sum M_{ix}\right)^2 + \left(\sum M_{iy}\right)^2 + \left(\sum M_{iz}\right)^2} \\ \cos(\boldsymbol{M},\boldsymbol{i}) = \dfrac{\sum M_{ix}}{M},\quad \cos(\boldsymbol{M},\boldsymbol{j}) = \dfrac{\sum M_{iy}}{M},\quad \cos(\boldsymbol{M},\boldsymbol{k}) = \dfrac{\sum M_{iz}}{M} \end{cases} \tag{4-19}$$

(2)空间力偶系的平衡

由于空间力偶系可以用一个合力偶来代替,因此,空间力偶系平衡的必要和充分条件是:该力偶系的合力偶矩矢等于零,亦即所有力偶矩矢的矢量和等于零,即

$$\sum_{i=1}^{n} \boldsymbol{M}_i = \boldsymbol{0}$$

由式(4-19),上式可写为投影形式,即

$$\sum M_x = 0,\quad \sum M_y = 0,\quad \sum M_z = 0 \tag{4-20}$$

上式为空间力偶系的平衡方程,可求解三个未知量。

【例 4-4】 图 4-13 所示三圆盘 A、B 和 C 的半径分别为 150 mm、100 mm 和 50 mm。三轴 OA、OB 和 OC 在同一平面内,$\angle AOB$ 为直角。在这三个圆盘上分别作用力偶,组成各力偶的力作用在轮缘上,它们的大小分别为 10 N、20 N 和 F。如这三个圆盘所构成的物系是自由的,不计物系重量,求能使此物系平衡的力 $\boldsymbol{F}$ 的大小和角 θ。

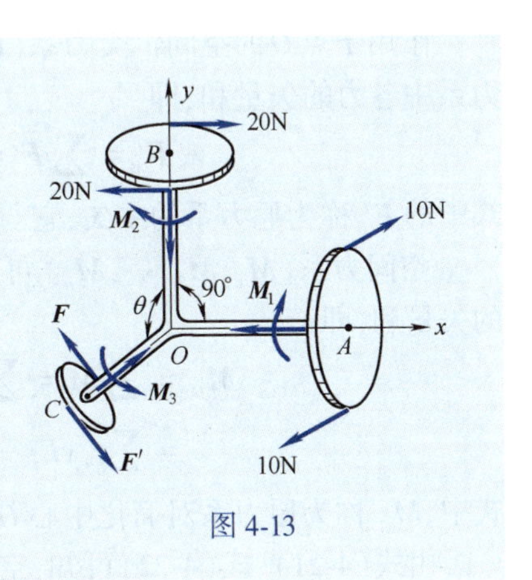

图 4-13

【解】 以该物系为研究对象。知该物系受三个力偶作用,其大小为

$$M_1 = 3\,000(\text{N}\cdot\text{mm}),\quad M_2 = 4\,000(\text{N}\cdot\text{mm}),$$
$$M_3 = 100F(\text{N}\cdot\text{mm})$$

则由空间力偶系的平衡方程(4-20),有

$$\sum M_x = 0,\quad M_3\cos(\theta - 90°) - M_1 = 0$$

$$\sum M_y = 0,\quad M_3\sin(\theta - 90°) - M_2 = 0$$

联立求解,得

$$F = 50(\mathrm{N}),\quad \theta = 143°8'$$

4.4 空间任意力系的简化

若力系中的各力的作用线既不在同一平面内,又不全部相交或平行,则该力系称为空间任意力系。

1. 空间任意力系向一点简化

空间任意力系向一点简化,同样可以应用力的平移定理。

设 $\boldsymbol{F}_1,\boldsymbol{F}_2,\cdots,\boldsymbol{F}_n$ 为作用在刚体上的空间力系,如图 4-14(a)所示。任取一点 O 为简化中心,将各力向点 O 平移,同时附加相应的力偶矩矢。这样原来的空间任意力系被空间汇交力系和空间力偶系两个简单力系等效替换,如图 4-14(b)所示,且有

$$\boldsymbol{F}_1' = \boldsymbol{F}_1,\quad \boldsymbol{F}_2' = \boldsymbol{F}_2,\quad \cdots,\quad \boldsymbol{F}_n' = \boldsymbol{F}_n$$

$$\boldsymbol{M}_1 = \boldsymbol{M}_O(\boldsymbol{F}_1),\quad \boldsymbol{M}_2 = \boldsymbol{M}_O(\boldsymbol{F}_2),\quad \cdots,\quad \boldsymbol{M}_n = \boldsymbol{M}_O(\boldsymbol{F}_n)$$

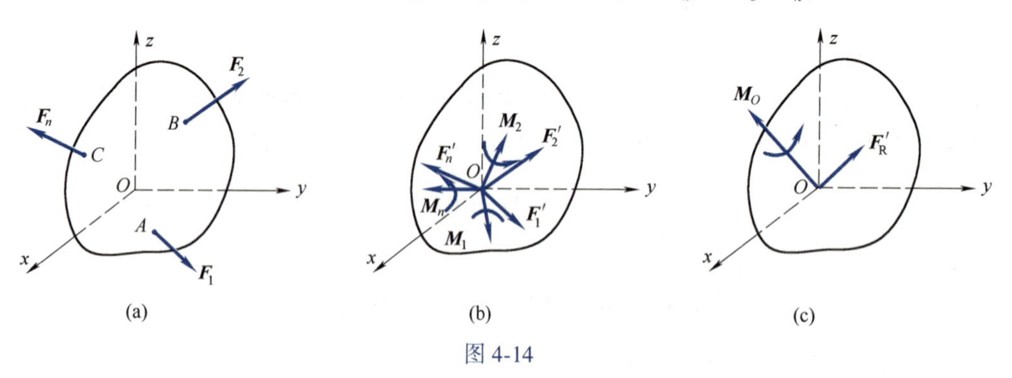

图 4-14

作用于点 O 的空间汇交力系($\boldsymbol{F}_1',\boldsymbol{F}_2',\cdots,\boldsymbol{F}_n'$)可合成为作用于点 O 的力 $\boldsymbol{F}_\mathrm{R}'$,力矢 $\boldsymbol{F}_\mathrm{R}'$ 等于原力系中各力的矢量和,即

$$\boldsymbol{F}_\mathrm{R}' = \sum \boldsymbol{F}_i' = \sum \boldsymbol{F} = \sum F_x\boldsymbol{i} + \sum F_y\boldsymbol{j} + \sum F_z\boldsymbol{k} \tag{4-21}$$

式中的 $\boldsymbol{F}_\mathrm{R}'$ 称为原力系的**主矢**,它与简化中心 O 的位置无关。

空间力系($\boldsymbol{M}_1,\boldsymbol{M}_2,\cdots,\boldsymbol{M}_n$)可合成为一个合力偶,其合力偶矩矢 $\boldsymbol{M}_O$ 等于各附加力偶矩矢的矢量和,即

$$\begin{aligned}\boldsymbol{M}_O &= \sum \boldsymbol{M} = \sum \boldsymbol{M}_O(\boldsymbol{F}_i) = \sum(\boldsymbol{r}_i \times \boldsymbol{F}) \\ &= \sum(yF_z - zF_y)\boldsymbol{i} + \sum(zF_x - xF_z)\boldsymbol{j} + \sum(xF_y - yF_x)\boldsymbol{k}\end{aligned} \tag{4-22}$$

式中,$\boldsymbol{M}_O$ 称为原力系对简化中心 O 的主矩,它一般与简化中心的位置有关。

由式(4-21)、式(4-22)可知:空间任意力系向任一点 O 简化,可得一力和一力偶。该力的

力矢等于力系的主矢,作用线通过简化中心,该力偶的矩矢等于力系对简化中心的主矩。

若通过简化中心 O 作直角坐标系 $Oxyz$,则力系的主矢和主矩的大小、方向可分别表示为

$$\begin{cases} F'_{\mathrm{R}} = \sqrt{(\sum F_x)^2 + (\sum F_y)^2 + (\sum F_z)^2} \\ \cos(\boldsymbol{F}'_{\mathrm{R}}, \boldsymbol{i}) = \dfrac{\sum F_x}{F'_{\mathrm{R}}}, \quad \cos(\boldsymbol{F}'_{\mathrm{R}}, \boldsymbol{j}) = \dfrac{\sum F_y}{F'_{\mathrm{R}}}, \quad \cos(\boldsymbol{F}'_{\mathrm{R}}, \boldsymbol{k}) = \dfrac{\sum F_z}{F'_{\mathrm{R}}} \end{cases} \tag{4-23}$$

$$\begin{cases} M_O = \sqrt{[\sum M_x(\boldsymbol{F})]^2 + [\sum M_y(\boldsymbol{F})]^2 + [\sum M_z(\boldsymbol{F})]^2} \\ \cos(\boldsymbol{M}_O, \boldsymbol{i}) = \dfrac{\sum M_x(\boldsymbol{F})}{M_O}, \quad \cos(\boldsymbol{M}_O, \boldsymbol{j}) = \dfrac{\sum M_y(\boldsymbol{F})}{M_O}, \quad \cos(\boldsymbol{M}_O, \boldsymbol{k}) = \dfrac{\sum M_z(\boldsymbol{F})}{M_O} \end{cases} \tag{4-24}$$

2. 简化结果的讨论

现在根据空间任意力系的主矢 $\boldsymbol{F}'_{\mathrm{R}}$ 和主矩 $\boldsymbol{M}_O$ 来进一步讨论力系简化的最后结果。

(1) 若 $\boldsymbol{F}'_{\mathrm{R}} = \boldsymbol{0}, \boldsymbol{M}_O \neq \boldsymbol{0}$,则该空间任意力系简化为一合力偶。其合力偶矩矢等于原力系对简化中心的主矩。此种情况下,主矩与简化中心无关。

(2) 若 $\boldsymbol{F}'_{\mathrm{R}} \neq \boldsymbol{0}, \boldsymbol{M}_O = \boldsymbol{0}$,则该空间任意力系简化为一个合力。合力作用线通过简化中心,其大小和方向等于原力系的主矢。

(3) 若 $\boldsymbol{F}'_{\mathrm{R}} \neq \boldsymbol{0}, \boldsymbol{M}_O \neq \boldsymbol{0}$,且 $\boldsymbol{F}'_{\mathrm{R}} \perp \boldsymbol{M}_O$,则空间任意力系可进一步合成为一合力 $\boldsymbol{F}_{\mathrm{R}}$,如图 4-15 所示。其力矢 $\boldsymbol{F}_{\mathrm{R}}$ 等于原力系的主矢 $\boldsymbol{F}'_{\mathrm{R}}$,其作用线离简化中心 O 的距离为

$$d = \frac{|\boldsymbol{M}_O|}{F'_{\mathrm{R}}} \tag{4-25}$$

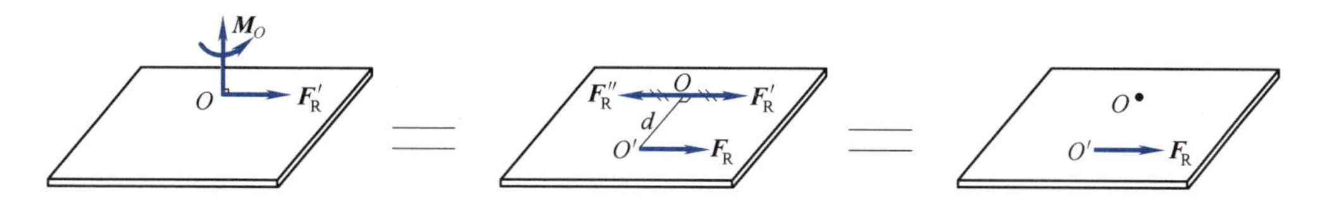

图 4-15

(4) 若 $\boldsymbol{F}'_{\mathrm{R}} \neq \boldsymbol{0}, \boldsymbol{M}_O \neq \boldsymbol{0}$,且 $\boldsymbol{F}'_{\mathrm{R}} /\!/ \boldsymbol{M}_O$,如图 4-16 所示,此时力系无法做进一步简化。这种由一个力和一个力偶组成的力系,且力垂直于力偶的作用面,称为**力螺旋**。典型的例子如拧木螺钉时螺丝刀对螺钉所作用就是力螺旋。

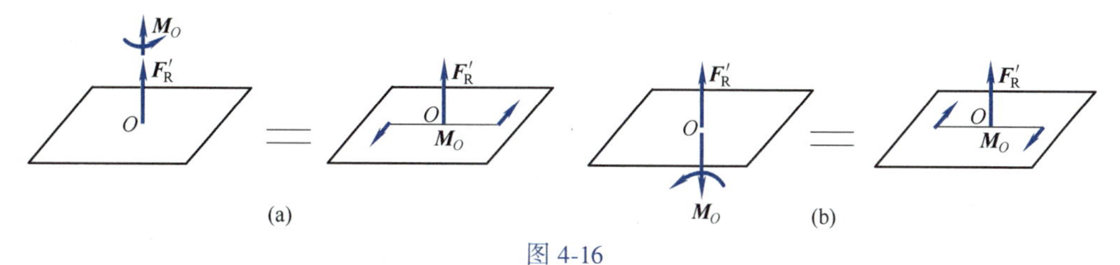

图 4-16

若力矢 $\boldsymbol{F}'_{\mathrm{R}}$ 与矩矢 $\boldsymbol{M}_O$ 同向,则称为右手力螺旋,如图 4-16(a) 所示;反之称为左手力螺旋,如图 4-16(b) 所示。力螺旋中力的作用线称为力系的中心轴。在上述情形下,中心轴通过简化中心。

(5) 若 $\boldsymbol{F}'_{\mathrm{R}} \neq \mathbf{0}, \boldsymbol{M}_O \neq \mathbf{0}$,且 $\boldsymbol{F}'_{\mathrm{R}}$ 与 $\boldsymbol{M}_O$ 成任意角 θ,如图 4-17(a) 所示。这种情况下,可将力偶矩矢 $\boldsymbol{M}_O$ 分解为垂直于 $\boldsymbol{F}'_{\mathrm{R}}$ 和平行于 $\boldsymbol{F}'_{\mathrm{R}}$ 的两个分力偶矩矢 $\boldsymbol{M}''_O$ 和 $\boldsymbol{M}'_O$,如图4-17(b) 所示。其中 $\boldsymbol{M}''_O$ 和 $\boldsymbol{F}'_{\mathrm{R}}$ 可简化为作用于点 O' 的一个力 $\boldsymbol{F}_{\mathrm{R}}$。由于力偶矩矢是自由矢量,故可将 $\boldsymbol{M}'_O$ 平行移动使之与 $\boldsymbol{F}_{\mathrm{R}}$ 共线,从而得到一个中心轴过点 O' 的力螺旋,且 O、O' 两点的距离为

$$d = \frac{|\boldsymbol{M}''_O|}{F'_{\mathrm{R}}} = \frac{M_O \sin\theta}{F'_{\mathrm{R}}} \tag{4-26}$$

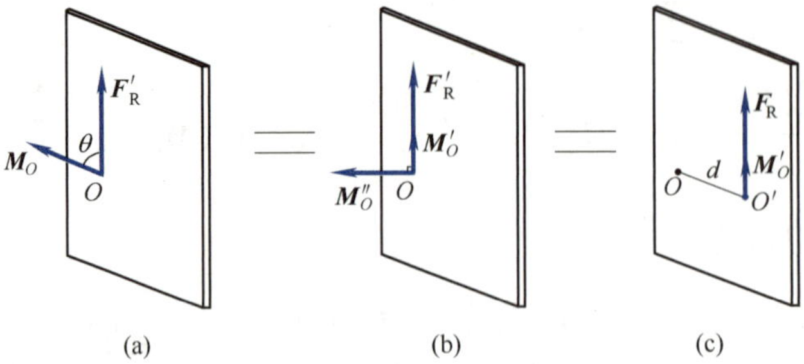

(a) (b) (c)

图 4-17

(6) 若 $\boldsymbol{F}'_{\mathrm{R}} = \mathbf{0}, \boldsymbol{M}_O = \mathbf{0}$,表明空间任意力系平衡。该种情形将在下节做详细讨论。

4.5 空间任意力系的平衡问题

1. 空间任意力系的平衡条件和平衡方程

空间任意力系处于平衡的必要和充分条件是:力系的主矢和力系对于任一点的主矩都等于零,即

$$\boldsymbol{F}'_{\mathrm{R}} = \mathbf{0}, \quad \boldsymbol{M}_O = \mathbf{0} \tag{4-27}$$

根据式(4-23)、式(4-24),可将上述条件写成空间任意力系的平衡方程

$$\begin{cases} \sum F_x = 0, \quad \sum F_y = 0, \quad \sum F_z = 0 \\ \sum M_x(\boldsymbol{F}) = 0, \quad \sum M_y(\boldsymbol{F}) = 0, \quad \sum M_z(\boldsymbol{F}) = 0 \end{cases} \tag{4-28}$$

即空间任意力系平衡的必要和充分条件是:空间任意力系的所有各力在三个坐标轴中每一个轴上投影的代数和以及对各轴之矩的代数和分别为零。

应该指出:方程(4-28)中还可将投影方程用适当的力矩方程取代,得到四矩式、五矩式以至六矩式的平衡方程,使计算更为方便。应用空间任意力系的六个平衡方程,可求解六个未知量。

空间任意力系是物体受力最一般情形,其他类型的力系均可认为是空间任意力系的特殊情况。因此,它们的平衡方程均可由式(4-28)直接导出。现讨论空间平行力系的情况。

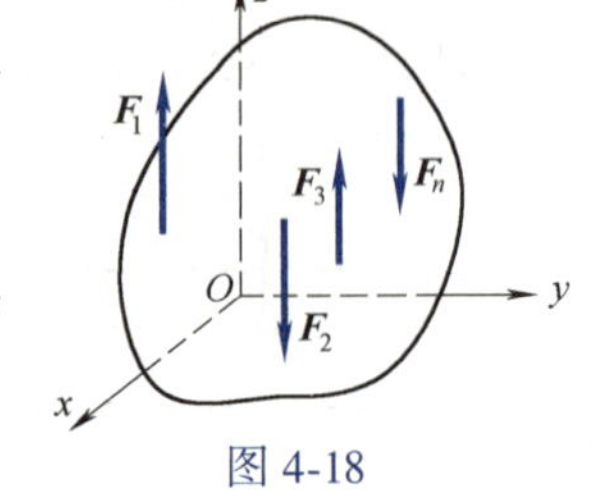

图 4-18

如图 4-18 所示,力系中各力均与 z 轴平行,则各力对 z 轴之矩等于零。又 x 轴和 y 轴都与这些力垂直,故各力在这两轴上的投影也等于零。由式(4-28),可得到空间平行力系的平衡方程为

$$\sum F_z = 0, \quad \sum M_x(\boldsymbol{F}) = 0, \quad \sum M_y(\boldsymbol{F}) = 0 \tag{4-29}$$

空间汇交力系、空间力偶系也可由式(4-28)直接求得它们的平衡方程表达式(4-9)

扫一扫

工程中的空间约束

扫一扫

万向接头

和式(4-20)。

2. 空间任意力系的平衡问题

求解空间任意力系的平衡问题,其步骤与前述一样:首先确定研究对象;进行受力分析,画出受力图;然后列出平衡方程,解出未知量。当然,在空间力系问题中,物体所受的约束,有些类型不同于平面力系问题中的约束类型,故要特别注意空间约束的类型、简化符号以及约束反力或约束反力偶的表示方法。现在表 4-1 中列出了几种常见的约束及其相应的约束反力。

表 4-1　几种常见的约束及其相应的约束反力

	约束反力	约束类型
1	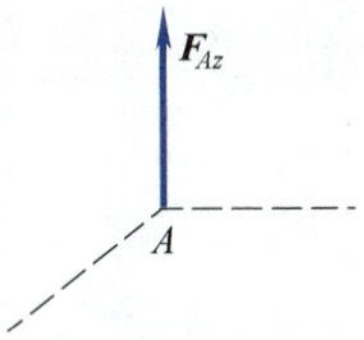 F_{Az}；A	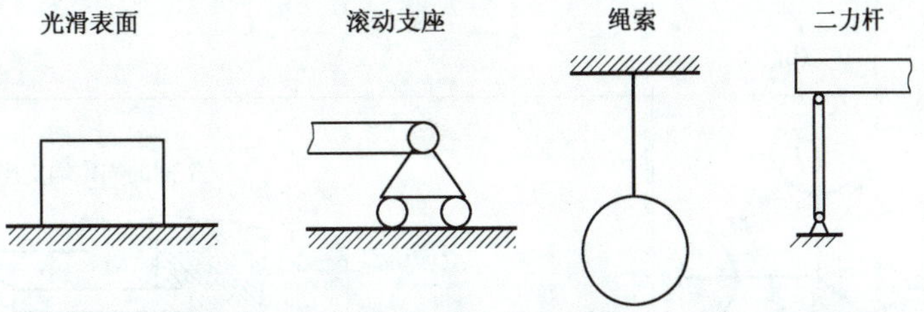 光滑表面；滚动支座；绳索；二力杆
2	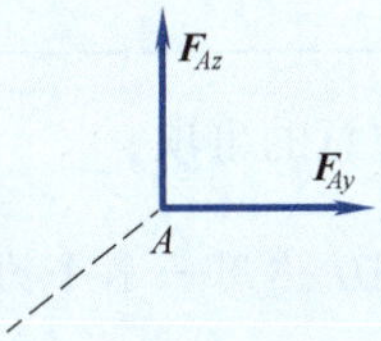 F_{Az}，F_{Ay}；A	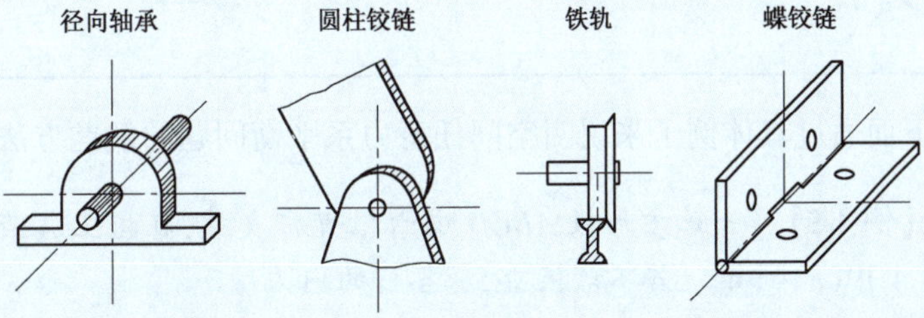 径向轴承；圆柱铰链；铁轨；蝶铰链
3	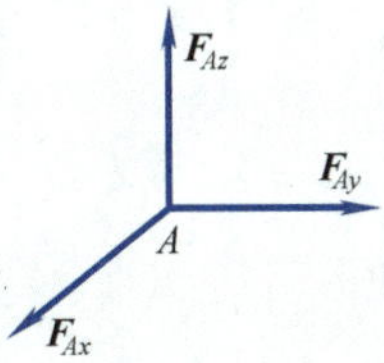 F_{Az}，F_{Ay}，F_{Ax}；A	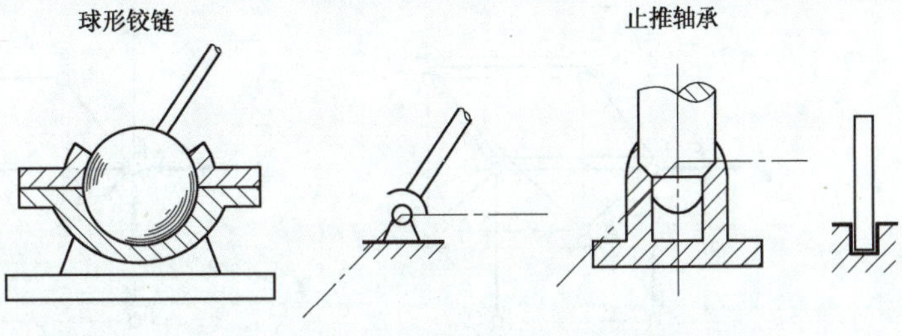 球形铰链；止推轴承
4	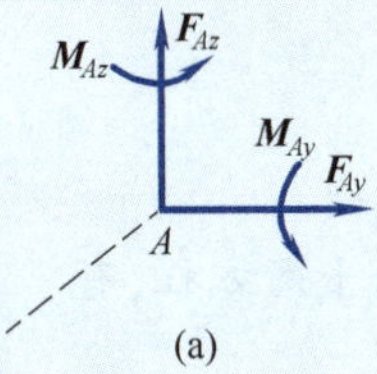 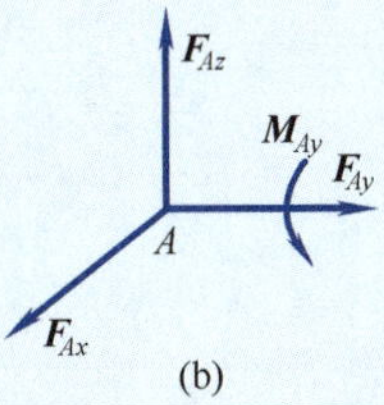 (a) M_{Az}，F_{Az}，M_{Ay}，F_{Ay}；A (b) F_{Az}，M_{Ay}，F_{Ay}，F_{Ax}；A	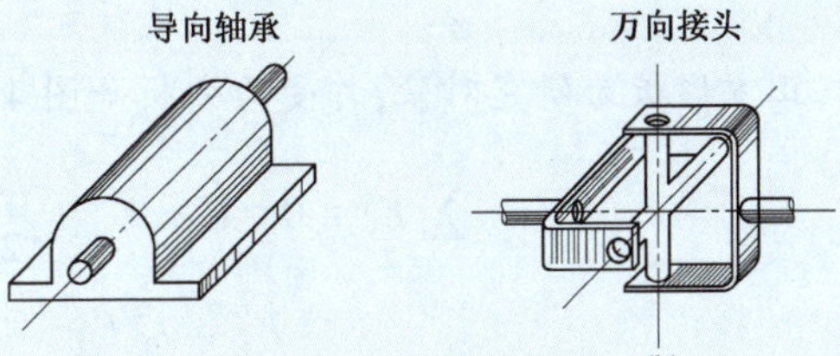 导向轴承 (a)；万向接头 (b)

续上表

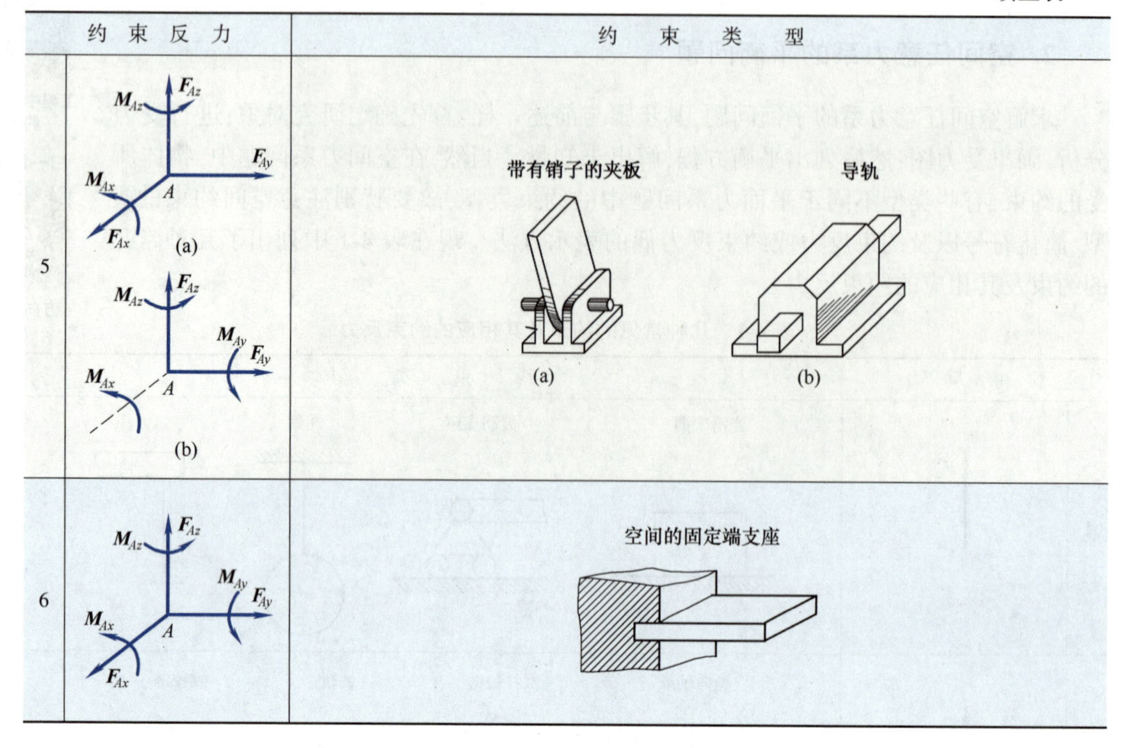

下面通过具体例子来说明空间任意力系平衡问题的解题方法及应注意的事项。

【例4-5】 一正方形板 $ABCD$ 由六根直杆支撑,在板上 A 点处沿 AD 作用一水平力 $\boldsymbol{F}$,如图4-19(a)所示。若不计板重,求各杆的内力。

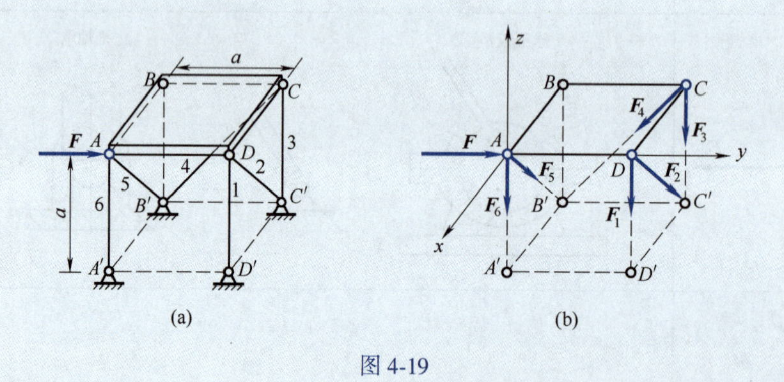

图4-19

【解】 取正方形板为研究对象,作受力分析如图4-19(b)所示。列平衡方程,有

$$\sum F_y = 0 \quad F - F_4 \times \frac{\sqrt{2}}{2} = 0$$

得

$$F_4 = \sqrt{2} F$$

$$\sum M_y(\boldsymbol{F}) = 0, \quad -F_3 a - F_4 \times \frac{\sqrt{2}}{2} a = 0$$

得
$$F_3=-F(\text{压力})$$

$$\sum M_z(\boldsymbol{F})=0,\quad F_2\times\frac{\sqrt{2}}{2}a+F_4\times\frac{\sqrt{2}}{2}a=0$$

得
$$F_2=-F_4=-\sqrt{2}F(\text{压力})$$

$$\sum M_x(\boldsymbol{F})=0,\quad -F_1\times a-F_2\times\frac{\sqrt{2}}{2}a-F_3\times a-F_4\times\frac{\sqrt{2}}{2}a=0$$

得
$$F_1=F$$

$$\sum F_x=0,\quad -F_2\times\frac{\sqrt{2}}{2}-F_5\times\frac{\sqrt{2}}{2}=0$$

得
$$F_5=-F_2=\sqrt{2}F$$

$$\sum F_z=0,\quad -F_1-F_3-F_6-F_2\times\frac{\sqrt{2}}{2}-F_4\times\frac{\sqrt{2}}{2}-F_5\times\frac{\sqrt{2}}{2}=0$$

得
$$F_6=-F(\text{压力})$$

上例为一空间杆系结构，作受力分析时通常假设杆件受拉为正，若求得结果是负值，则说明该杆受压。

【例4-6】　使水涡轮转动的力偶矩为$M_z=1\,200\ \text{N}\cdot\text{m}$。在锥齿轮$B$处受到的力分解为三个分力：切向力$\boldsymbol{F}_\text{t}$，轴向力$\boldsymbol{F}_\text{a}$和径向力$\boldsymbol{F}_\text{r}$。这些力的比例为$F_\text{t}:F_\text{a}:F_\text{r}=1:0.32:0.17$。已知水涡轮连同轴和锥齿轮的总重为$P=12\ \text{kN}$，其作用线沿轴$Cz$，锥齿轮的平均半径$OB=0.6\ \text{m}$，其余尺寸如图4-20(a)所示。求止推轴承$C$和轴承$A$的约束力。

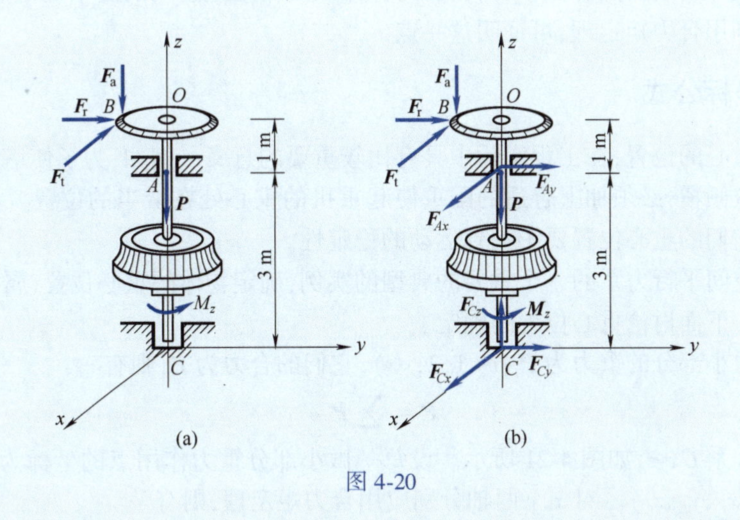

图4-20

【解】　以整体为研究对象，受力图如图4-20(b)所示。列平衡方程，由
$$\sum M_z(\boldsymbol{F})=0,\quad M_z-F_\text{t}\cdot OB=0$$

解得
$$F_t=2\ 000(\mathrm{N})$$
又
$$F_t : F_a : F_r=1 : 0.32 : 0.17$$
则有
$$F_a=640(\mathrm{N}),\quad F_r=340(\mathrm{N})$$
再列平衡方程,有
$$\sum M_x(\boldsymbol{F})=0,\quad -3F_{Ay}-4F_r+0.6F_a=0$$
$$\sum F_y=0,\quad F_{Ay}+F_{Cy}+F_r=0$$
$$\sum M_y(\boldsymbol{F})=0,\quad 3F_{Ax}-4F_t=0$$
$$\sum F_x=0,\quad F_{Ax}+F_{Cx}-F_t=0$$
$$\sum F_z=0,\quad F_{Cz}-P-F_a=0$$
解得
$$F_{Ay}=-325.3(\mathrm{N}),\quad F_{Cy}=-14.7(\mathrm{N}),\quad F_{Ax}=2\ 667(\mathrm{N})$$
$$F_{Cx}=-666.7(\mathrm{N}),\quad F_{Cz}=12\ 640(\mathrm{N})$$
负号表示力的方向与图中假设的方向相反。

4.6 重心·平行力系中心

在地球表面,物体的每一微小部分都受到地球引力,即**重力**。因地球半径很大,可视这些微小重力为一空间平行力系,其合力大小即为该物体的重量,此平行力系的中心即为该物体的重心。

1. 平行力系的中心

在求解空间平行力系合力时,合力作用线平行于力系各力作用线的公共方位。若力系各力绕各自的固定作用点按相同方向转过同一角度而成为另一平行力系,则合力作用线也经历相同的转动转到与新的公共方位平行,但合力作用线始终通过空间的一个确定点,此点称为**平行力系中心**。利用合力矩定理,可证明这一点。

2. 重心坐标公式

确定物体重心的位置,在工程实际中具有比较重要的意义。例如,为了使塔式起重机在不同情况下都不致倾覆,必须加上合适的配重使起重机的重心处在恰当的位置。另外,如船舶、车辆、飞机等,它们的重心位置要影响到运动的稳定性。

重力系是空间平行力系的一个重要的典型的实例,确定物体的重心位置,属于空间平行力系的合成问题。下面讨论重心位置的确定。

设物体各微小部分的重力为 $\boldsymbol{P}_i(i=1,2,\cdots)$,它们的合力为 $\boldsymbol{P}$,则有
$$\boldsymbol{P}=\sum \boldsymbol{P}_i \tag{4-30}$$
取直角坐标系 $Oxyz$,如图 4-21 所示。设每一微小部分重力作用点的坐标为(x_i,y_i,z_i),重心 C 的坐标为(x_C,y_C,z_C)。对 x、y 两轴分别应用合力矩定理,则有
$$M_y(\boldsymbol{P})=\sum M_y(\boldsymbol{P}_i),\quad M_x(\boldsymbol{P})=\sum M_x(\boldsymbol{P}_i)$$
得
$$x_CP=\sum x_iP_i,\quad y_CP=\sum y_iP_i$$

由于物体的重心相对于物体本身始终在一个确定的几何点,与该物体在空间的位置无关。若将各微小部分的重力 P_i 按相同方向转过 90°,使它们都与 y 轴平行,如图中虚线所示。也即理解为将物体与坐标系固连一起绕 x 轴旋转 90°,使 y 轴铅直向上,则合重力 $\boldsymbol{P}$ 的作用线仍通过重心 C 点。由合力矩定理可得

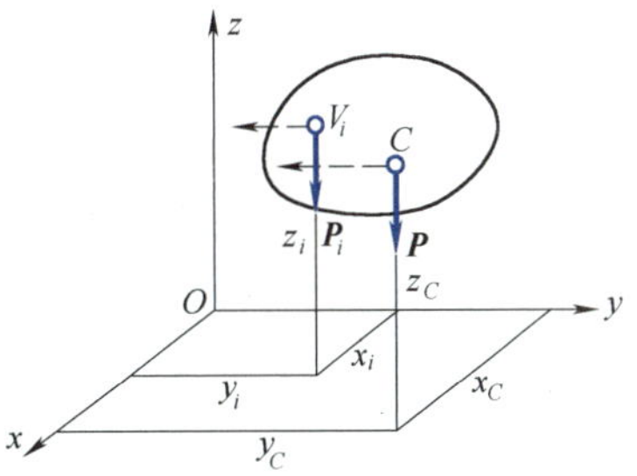

$$M_z(\boldsymbol{P}) = \sum M_z(\boldsymbol{P}_i), \quad z_C P = \sum z_i P_i$$

图 4-21

由以上各式,得到物体重心的坐标公式为

$$x_C = \frac{\sum x_i P_i}{P}, \quad y_C = \frac{\sum y_i P_i}{P}, \quad z_C = \frac{\sum z_i P_i}{P} \tag{4-31}$$

对于匀质物体,则各微小部分的力 P_i 与其体积 V_i 成正比,总重量 P 与总体积 $V = \sum V_i$ 也按同一比例成正比,故式(4-31) 化为

$$x_C = \frac{\sum x_i V_i}{V}, \quad y_C = \frac{\sum y_i V_i}{V}, \quad z_C = \frac{\sum z_i V_i}{V} \tag{4-32}$$

此时求物体重心问题就是求物体的几何形心的问题。物体重心的位置完全取决于物体的几何形状,而与重量无关,故可称为**体积重心**。由式(4-32)确定的几何点,称为物体的**形心**。可见,匀质物体的重心与其形心是相重合的。

在工程中常需计算平面图形的形心。若取图形所在的平面作为坐标平面 Oxy,则平面图形形心的坐标为

$$x_C = \frac{\sum x_i A_i}{A}, \quad y_C = \frac{\sum y_i A_i}{A} \tag{4-33}$$

式中,A_i 是图形微小部分的面积,$A = \sum A_i$ 是图形的总面积。平面图形的形心也可理解为厚度趋向无限小的匀质平板的重心,可称为**面积重心**。

对于连续分布的物体和图形,可将整个物体和图形无限细分,则以上各式中的 P_i、V_i、A_i 趋近于零,和式的极限成为积分式。例如,式(4-33) 成为

$$x_C = \frac{1}{A}\int_A x\mathrm{d}A, \quad y_C = \frac{1}{A}\int_A y\mathrm{d}A \tag{4-34}$$

匀质对称物体的重心显然在其对称面、对称轴或对称中心上。简单形状物体的重心可通过积分式计算。表 4-2 中列出一些简单图形的形心坐标,可供参考。

若物体可以划分成形状简单的几个部分,且每个部分的重量和重心位置都已知,则较容易求得整个物体的重心。设各部分的重量为 $P_i(i = 1,2,\cdots)$,重心坐标为(x_i,y_i,z_i),则整个物体的重心坐标(x_C,y_C,z_C) 由式(4-31) 求得为

$$x_C = \frac{\sum x_i P_i}{\sum P_i}, \quad y_C = \frac{\sum y_i P_i}{\sum P_i}, \quad z_C = \frac{\sum z_i P_i}{\sum P_i} \tag{4-35}$$

上式中各部分重量如换成体积(或面积),就可得到匀质物体的相应公式。

3. 确定物体重心的方法

(1)简单几何形状物体的重心

凡是具有对称面、对称轴或对称中心的均质物体,其重心一定在物体的对称面、对称轴或对称中心上。简单形状物体的重心可从工程手册上查得。表 4-2 给出了常见的几种简单形状物体的重心。

表 4-2 简单形状物体重心表

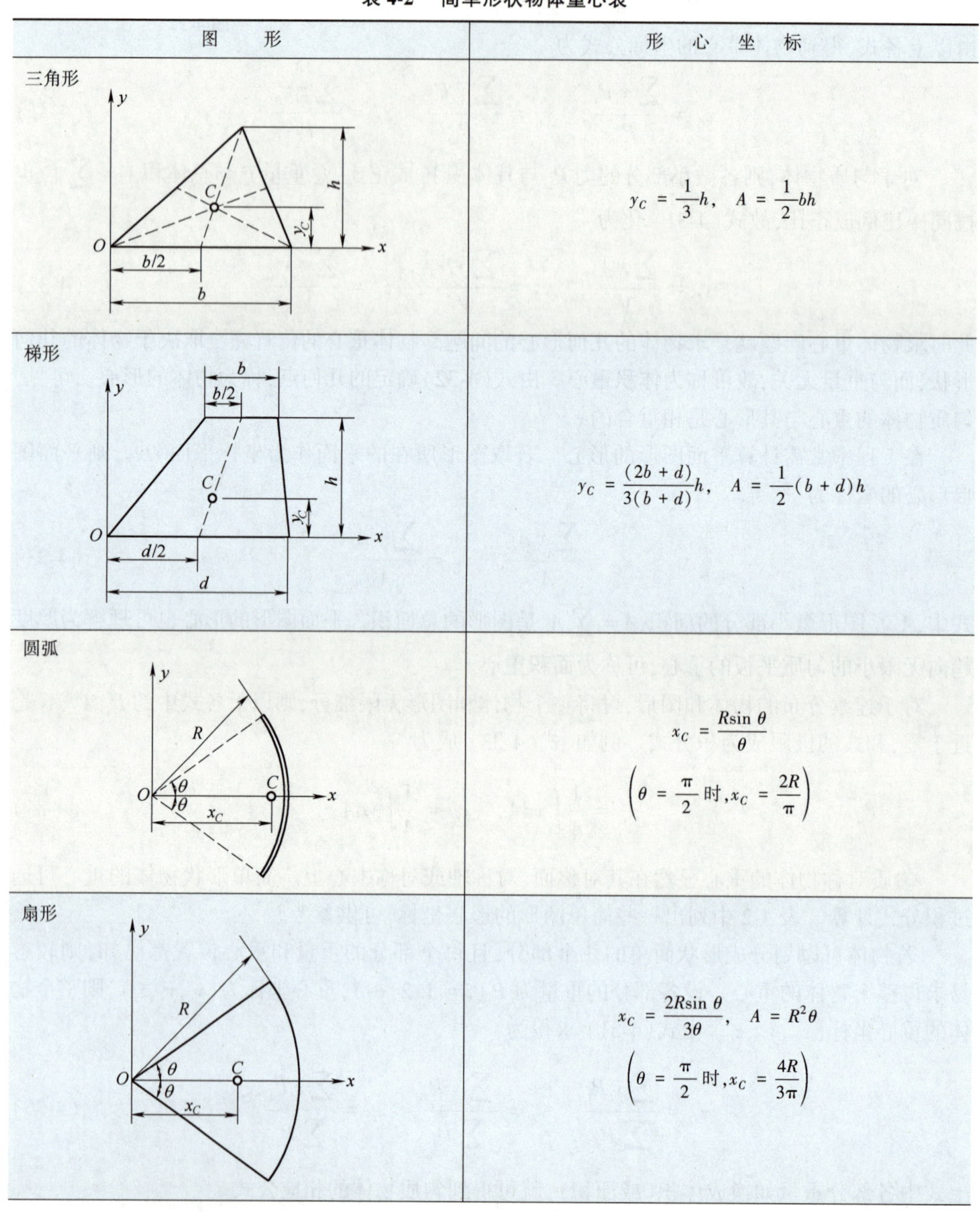

图形	形心坐标
三角形	$y_C = \frac{1}{3}h,\quad A = \frac{1}{2}bh$
梯形	$y_C = \frac{(2b+d)}{3(b+d)}h,\quad A = \frac{1}{2}(b+d)h$
圆弧	$x_C = \frac{R\sin\theta}{\theta}$ $\left(\theta = \frac{\pi}{2}\text{时}, x_C = \frac{2R}{\pi}\right)$
扇形	$x_C = \frac{2R\sin\theta}{3\theta},\quad A = R^2\theta$ $\left(\theta = \frac{\pi}{2}\text{时}, x_C = \frac{4R}{3\pi}\right)$

续上表

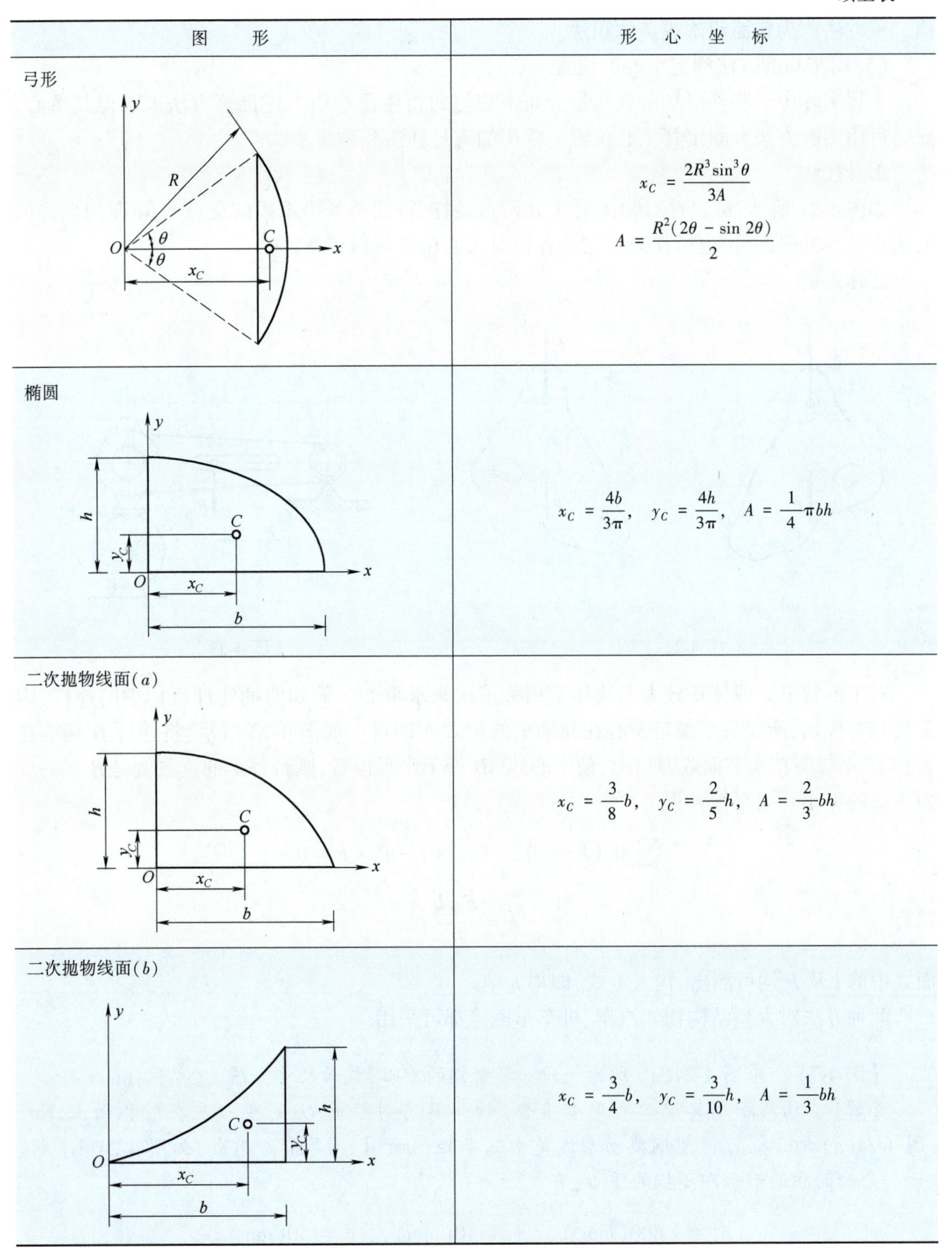

图　　形	形　心　坐　标
弓形	$x_C = \dfrac{2R^3\sin^3\theta}{3A}$ $A = \dfrac{R^2(2\theta - \sin 2\theta)}{2}$
椭圆	$x_C = \dfrac{4b}{3\pi}$，$y_C = \dfrac{4h}{3\pi}$，$A = \dfrac{1}{4}\pi bh$
二次抛物线面(a)	$x_C = \dfrac{3}{8}b$，$y_C = \dfrac{2}{5}h$，$A = \dfrac{2}{3}bh$
二次抛物线面(b)	$x_C = \dfrac{3}{4}b$，$y_C = \dfrac{3}{10}h$，$A = \dfrac{1}{3}bh$

(2)用组合法求重心

求组合体的重心有两种方法,即分割法和负面积法。分割法就是将组合体分割成几个重心已知的简单形体,则整个物体的重心即可用式(4-35)求出。对于在物体内切去一部分(如有空洞等)的物体,其重心仍可应用与分割法相同的公式计算,只是切去部分的面积应取负值。该方法称为**负面积法或负体积法**。

(3)用实验的方法测定重心的位置

工程实际中一些外形复杂或质量分布不均匀的物体很难用上述计算方法来求得其重心。此时可用实验方法来测定其重心位置。常用的有悬挂法和称重法。

①悬挂法

如图 4-22 所示,可通过对物体上 A、B 两点悬挂,得到两条铅垂线的交点 C,C 即为该物体的重心。为准确起见,也可作第三次悬挂以对重心位置进行校核。

②称重法

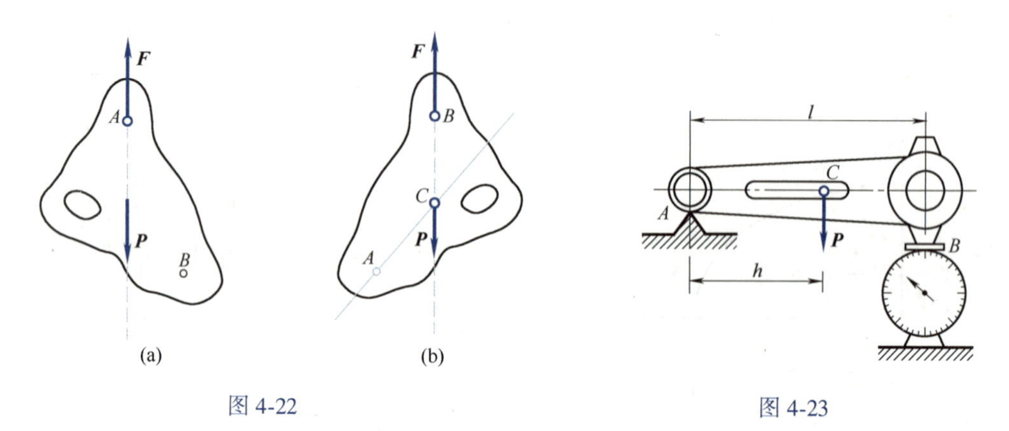

图 4-22 图 4-23

对于形状复杂或体积较大的物体常用称重法来求重心。例如曲柄连杆机构中的连杆,因为具有对称轴,所以只要确定重心在此轴上的位置 h 即可。如图 4-23 所示,将连杆 B 端放在台秤上,A 端搁在水平面或刀口上,使中心线 AB 处于水平位置,则台秤上的读数就是 B 端的反力 $\boldsymbol{F}_{NB}$ 的大小。由平衡方程

$$\sum M_A(\boldsymbol{F}) = 0, \quad F_{NB} \times l - P \times h = 0$$

则有

$$h = \frac{F_{NB}l}{P}$$

而式中的 l 及 P 均可测出,代入上式,即得 h 值。

此种方法对大型结构物如汽车、机车车辆等都可采用。

【例 4-7】 求图 4-24(a) 所示一段 z 形型钢的重心,截面尺寸如图。(单位:mm)

【解】 均质物体其重心和形心重合,物体具有对称面 Oxy,重心应在对称面上,如图 4-24(a) 所示。可将型钢截面看成是由三个矩形面 Ⅰ、Ⅱ、Ⅲ 所组成,如图 4-24(b) 所示。此时面积的形心即型钢的重心,有

$$A_1 = 1\,600(\text{mm}^2), \quad x_1 = 10(\text{mm}), \quad y_1 = 40(\text{mm})$$

$$A_2 = 1\,200(\text{mm}^2), \quad x_2 = 50(\text{mm}), \quad y_2 = 10(\text{mm})$$

$$A_3 = 400(\text{mm}^2), \quad x_3 = 70(\text{mm}), \quad y_3 = -10(\text{mm})$$

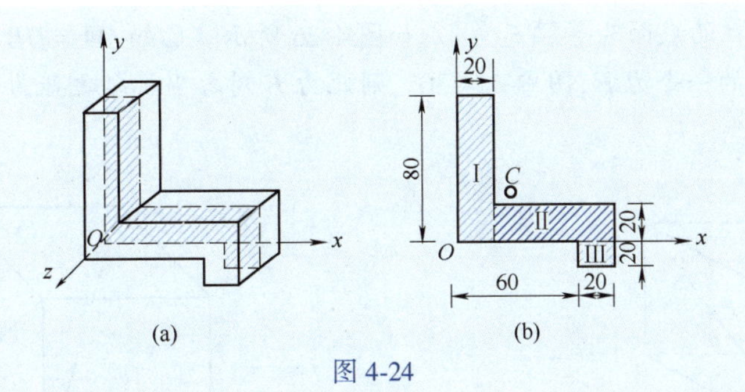

图 4-24

代入式(4-33),即

$$x_C=\frac{A_1x_1+A_2x_2+A_3x_3}{A_1+A_2+A_3}=32.5(\mathrm{mm}),\quad y_C=\frac{A_1y_1+A_2y_2+A_3y_3}{A_1+A_2+A_3}=22.5(\mathrm{mm})$$

重心位置 C 已在图上标明,它位于型钢截面之外。

【例 4-8】 在梯形板的下底边挖去一个半径 $R=50$ mm 的半圆面积,梯形板各部分尺寸如图 4-25(a) 所示,求板的重心位置。

【解】 将板看成是由一个矩形(Ⅰ)和一个三角形(Ⅱ)合在一起,再在下底边挖去一个半圆(Ⅲ),因半圆是挖去的,故该部分面积应取负值。取坐标轴如图 4-25(b),则有

$$A_1=18\,000(\mathrm{mm}^2),\quad x_1=50(\mathrm{mm}),\quad y_1=90(\mathrm{mm})$$

$$A_2=5\,400(\mathrm{mm}^2),\quad x_2=120(\mathrm{mm}),\quad y_2=60(\mathrm{mm})$$

$$A_3=-\frac{\pi}{2}\times 50^2=-3\,925(\mathrm{mm}^2),\quad x_3=50(\mathrm{mm}),\quad y_3\frac{4\times 50}{3\pi}=21.23(\mathrm{mm})$$

代入式(4-33),得板的重心坐标为

$$x_C=\frac{A_1x_1+A_2x_2+A_3x_3}{A_1+A_2+A_3}=69.41(\mathrm{mm}),\quad y_C=\frac{A_1y_1+A_2y_2+A_3y_3}{A_1+A_2+A_3}=95.56(\mathrm{mm})$$

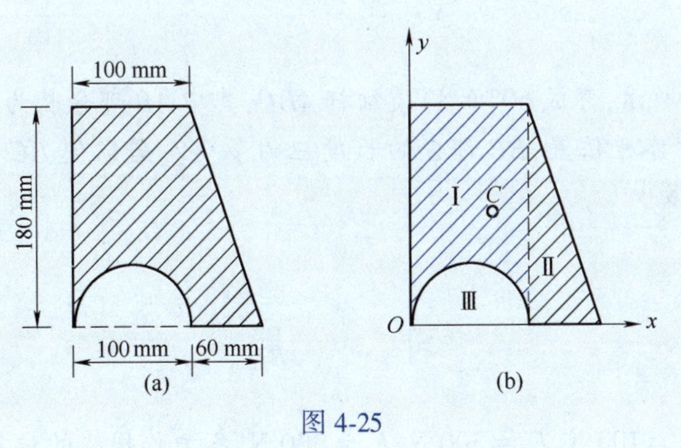

图 4-25

思　考　题

4-1　在任意力系中,若其力多边形自行封闭,则该任意力系的主矢为零,是否正确?

4-2　正三棱柱的底面为等腰三角形,如图4-26所示。已知$OA = OB = a$,在平面$ABED$内有沿对角线AE的一个力$\boldsymbol{F}$,图中$\theta = 30°$,则此力$\boldsymbol{F}$对各坐标轴之矩为多少?

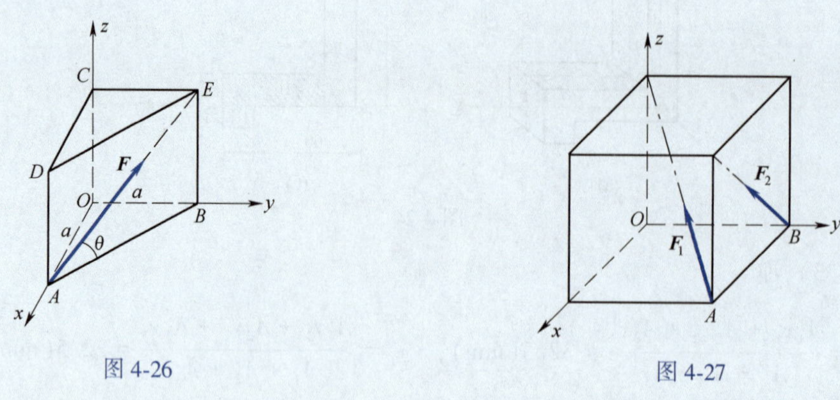

图4-26　　图4-27

4-3　在边长为$a = 1$ m的正方形顶点A和B处,分别作用力$\boldsymbol{F}_1$和$\boldsymbol{F}_2$,如图4-27所示。已知$F_1 = F_2 = 1$ kN,试求:(1)这两个力在坐标轴上的投影和对坐标轴的矩;(2)力系向O点的简化结果;(3)力系的最终简化结果。

4-4　如图4-28所示,已知力$\boldsymbol{F}$及长方体的边长a、b、c,AB轴与长方体顶面的夹角为φ,且由A指向B,试求力$\boldsymbol{F}$对AB轴的矩。

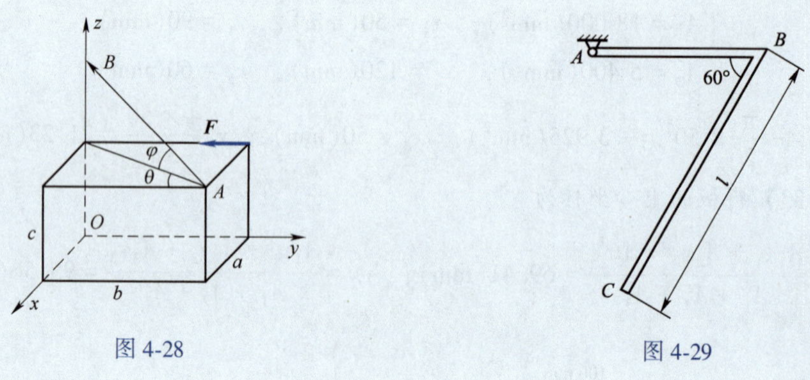

图4-28　　图4-29

4-5　如图4-29所示,弯成60°的均质细杆ABC,其中AB部分长为100 mm,A端用铰链固定,今欲使AB处于水平位置,BC部分的长度应为多少?若欲使BC部分处于水平位置,BC部分的长度应为多少?

习　题

4-1　力系中,$F_1 = 100$ N,$F_2 = 300$ N,$F_3 = 200$ N,各力作用线的位置如图所示。求力系向原点O简化的结果。($F_{Rx} = -345.4$ N,$F_{Ry} = 249.6$ N,$F_{Rz} = 10.56$ N,$M_x = -51.78$ N·m,$M_y = -36.65$ N·m,$M_z = 103.6$ N·m)

4-2　三力作用线汇交于O点,已知:$F_1 = 1$ kN,$F_2 = F_3 = 0.5$ kN,方向如图,坐标单位均为mm。试计算此力系的合力。($F_R = 0.844$ kN,$\theta = 105.7°$,$\beta = 39.4°$,$\gamma = 54.9°$)

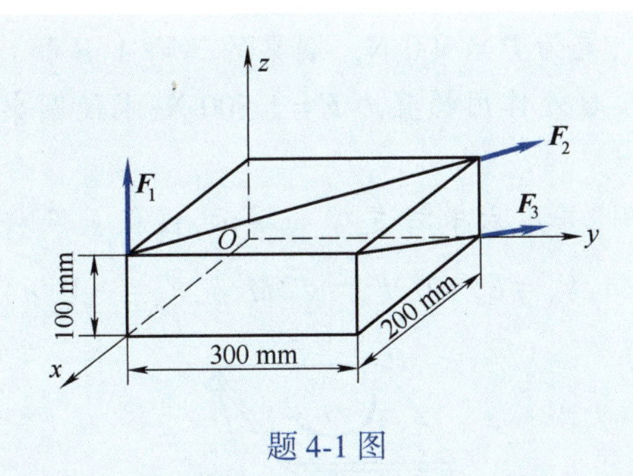

题 4-1 图

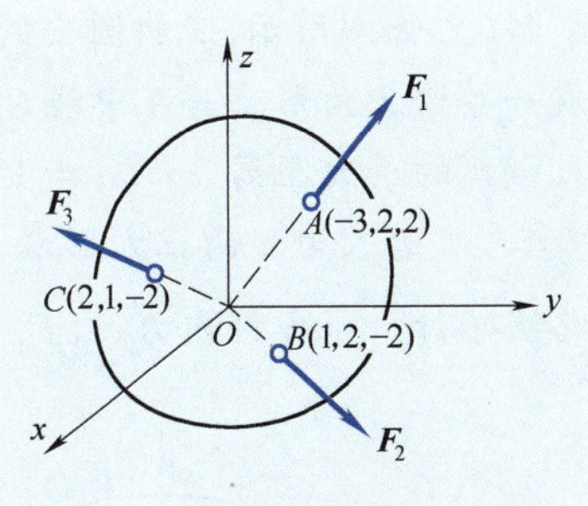

题 4-2 图

4-3　水平圆盘的半径为 r，外缘 C 处作用有已知力 $\boldsymbol{F}$。力 $\boldsymbol{F}$ 位于铅垂平面内，且与 C 处圆盘切线夹角为 60°，其他尺寸如图所示。求力 $\boldsymbol{F}$ 对 x、y、z 轴之矩。$[M_x = F(h - 3r)/4, M_y = \sqrt{3}F(r + h)/4, M_z = - Fr/2]$

4-4　图示空间构架由三根无重直杆组成，在 D 端用球铰链连接，如图所示。A、B 和 C 端则用球铰链固定在水平地板上。如果挂在 D 端的物重 $P = 10$ kN，求铰链 A、B 和 C 的约束力。($F_A = - 26.39$ kN, $F_B = - 26.39$ kN, $F_C = 33.46$ kN)

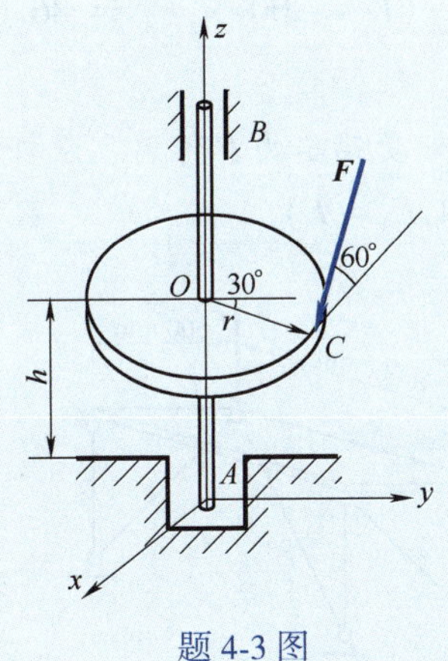

题 4-3 图

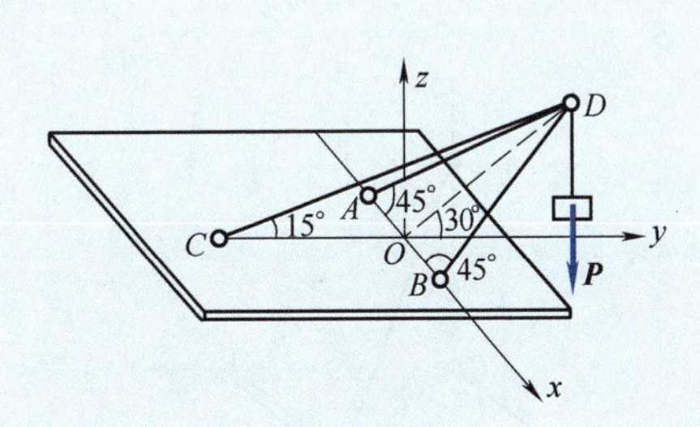

题 4-4 图

4-5　图示空间桁架由杆 1、2、3、4、5 和 6 构成。在节点 A 上作用一力 $\boldsymbol{F}$，此力在矩形 $ABDC$ 平面内，且与铅直线成 45° 角。$\triangle EAK = \triangle FBM$。等腰三角形 EAK、FBM 和 NDB 在顶点 A、B 和 D 处均为直角，又 $EC = CK = FD = DM$。若 $F = 10$ kN，求各杆的内力。($F_1 = F_2 = - 5$ kN, $F_3 = - 7.07$ kN, $F_4 = F_5 = 5$ kN, $F_6 = - 10$ kN)

4-6　质量为 m 的长方形钢板 $ABCD$，$AB = a$，$BC = b$。在 A、B 及 CD 边中点 E 用三根铅垂的钢索悬挂如图示。试求钢索中的拉力。($F_{TE} = P/2, F_{TA} = F_{TB} = P/4$)

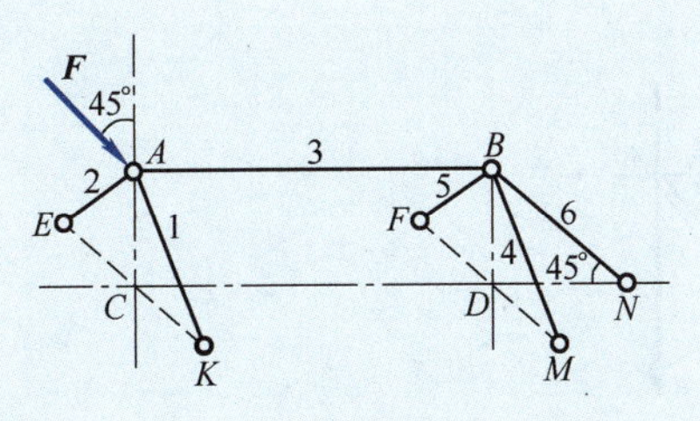

题 4-5 图

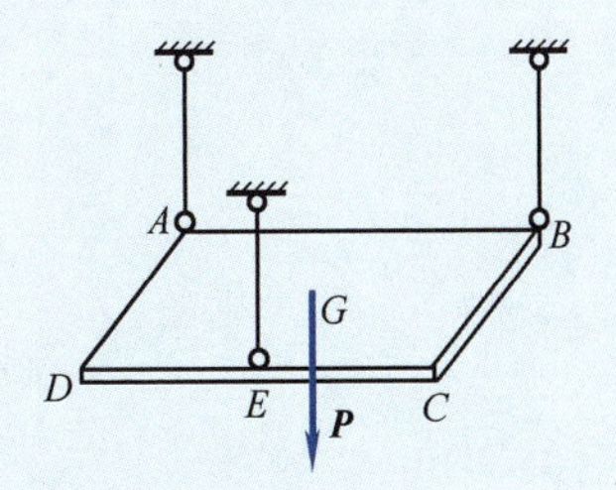

题 4-6 图

4-7　如图所示,三脚圆桌的半径为 $r = 500\ \text{mm}$,重为 $P = 600\ \text{N}$。圆桌的三脚 A、B 和 C 形成一等边三角形。若在中线 CD 上距圆心为 a 的点 M 处作用铅直力 $F = 1\ 500\ \text{N}$,求使圆桌不致翻倒的最大距离 a。($a = 350\ \text{mm}$)

4-8　边长为 a 的正方形水平板上有一力偶作用,并用六根杆支撑如图示,设板重及杆重略去不计。求各杆内力。($F_1 = -M/a, F_2 = \sqrt{2}M/a, F_3 = F_4 = 0, F_5 = \sqrt{2}M/a, F_6 = -M/a$)

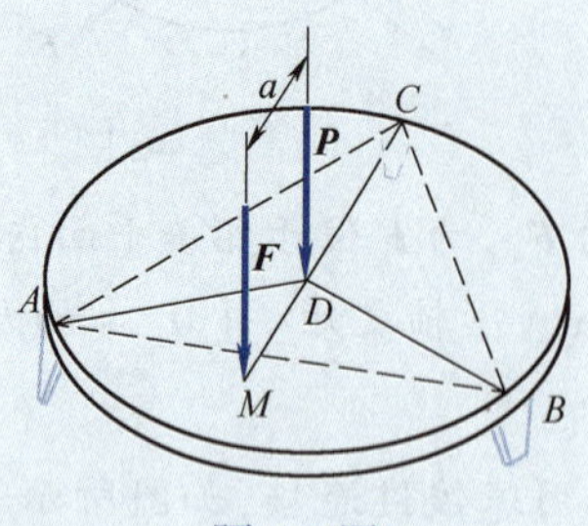

题 4-7 图

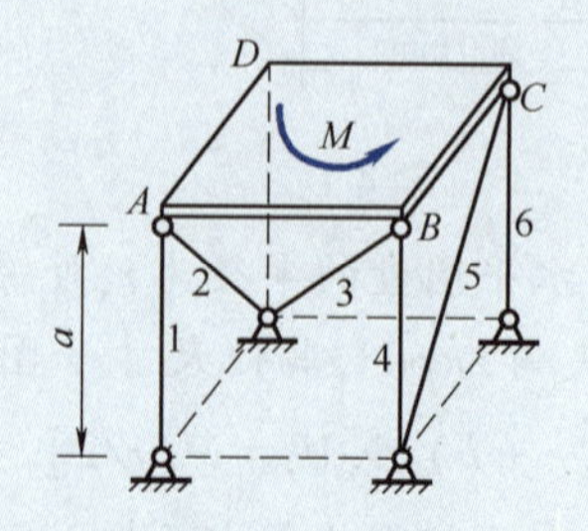

题 4-8 图

4-9　如图所示,均质长方形薄板重 $P = 200\ \text{N}$,用球铰链 A 和蝶铰链 B 固定在墙上,并用绳子 CE 维持在水平位置。求绳子的拉力和支座约束力。($F = 200\ \text{N}, F_{Ax} = 86.6\ \text{N}, F_{Ay} = 150\ \text{N}, F_{Az} = 100\ \text{N}, F_{Bx} = F_{Bz} = 0$)

4-10　图示六根杆支撑一水平矩形板 $ABCD$,在此板角 D 处受铅垂力 $\boldsymbol{F}$ 作用。设杆和板的自重不计,求各杆的内力。($F_1 = F_5 = -F, F_2 = F_4 = F_6 = 0, F_3 = F$)

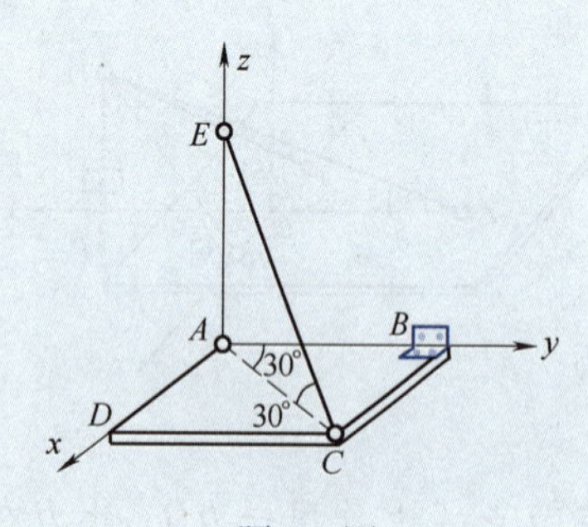

题 4-9 图

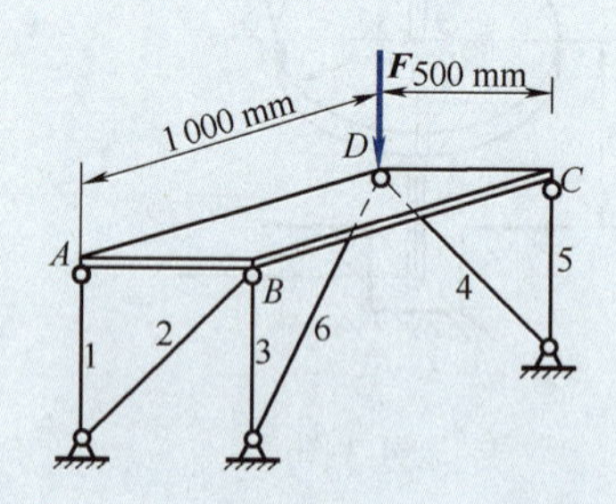

题 4-10 图

4-11　矩形搁板 $ABCD$ 可绕轴线 AB 转动,用 DE 杆支撑于水平位置。撑杆 DE 两端均为铰接。已知:板重 $P = 800\ \text{N}, AB = 1.5\ \text{m}, AD = 0.6\ \text{m}, AK = BM = 0.25\ \text{m}, DE = 0.75\ \text{m}$。各杆自重不计。试求撑杆 DE 所受的力和合页 K、M 处的约束反力。($F_{DE} = 666.7\ \text{N}, F_{Mx} = 133.34\ \text{N}, F_{Mz} = 500\ \text{N}, F_{Kx} = -666.7\ \text{N}, F_{Kz} = -100\ \text{N}$)

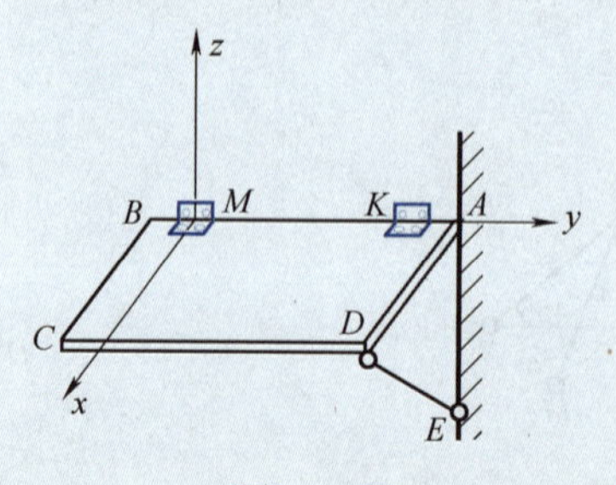

题 4-11 图

4-12　无重曲杆 $ABCD$ 有两个直角，且平面 ABC 与平面 BCD 垂直。杆的 D 端为球铰支座，另一 A 端受轴承支持，如图所示。曲杆的 AB、BC 和 CD 上作用三个力偶，力偶所在平面分别垂直于 AB、BC 和 CD 三线段。已知力偶矩 M_2 和 M_3，求使曲杆处于平衡的力偶矩 M_1 和 A、D 两处的支座约束力。$[M_1 = (bM_2 + cM_3)/a, F_{Ay} = M_3/a, F_{Az} = M_2/a, F_{Dx} = 0, F_{Dy} = -M_3/a, F_{Dz} = -M_2/a]$

4-13　杆系由球铰连接，位于正方体的边和对角线上，如图所示。在节点 D 沿对角线 LD 方向作用力 $\boldsymbol{F}_0$。在节点 C 沿 CH 边铅直向下作用力 $\boldsymbol{F}$。如球铰 B, L 和 H 是固定的，杆重不计，求各杆的内力。$(F_1 = F_0, F_2 = -\sqrt{2}F_0, F_3 = -\sqrt{2}F_0, F_4 = \sqrt{6}F_0, F_5 = -F-\sqrt{2}F_0, F_6 = F_0)$

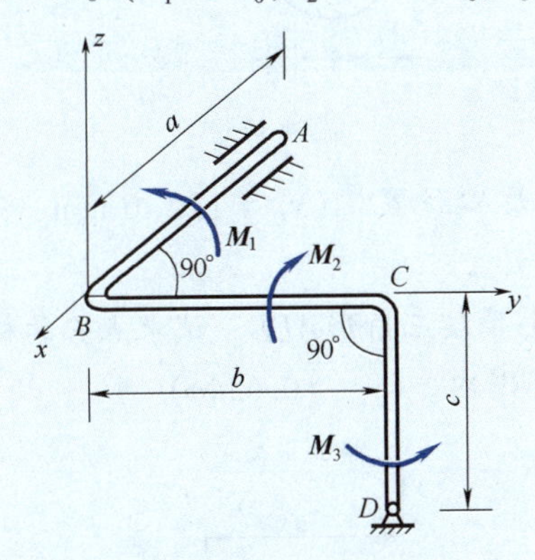

题 4-12 图

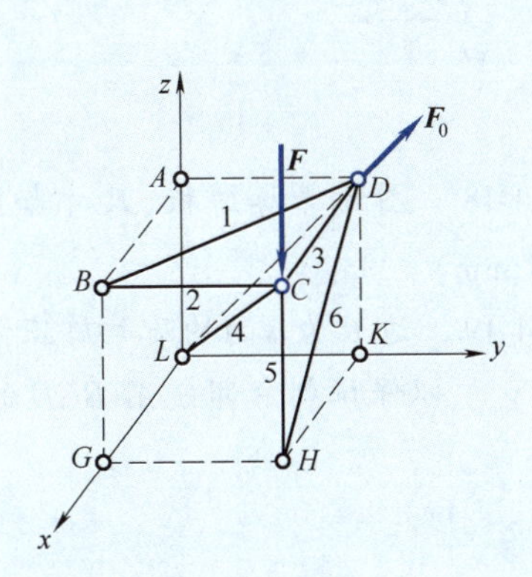

题 4-13 图

4-14　力 $\boldsymbol{F}$ 沿长方体的对顶线 AB 作用如图所示。试求该力对 EC 轴及 CD 轴之矩。已知：$F = 1$ kN, $a = 18$ cm, $b = c = 10$ cm。$[M_{EC}(\boldsymbol{F}) = -78.63\ \text{N}\cdot\text{m}, M_{CD}(\boldsymbol{F}) = -55.6\ \text{N}\cdot\text{m}]$

4-15　边长为 a 的正方形水平薄板 $ABCD$ 上作用一力偶 M，设该薄板由 6 根直杆支持而处于平衡，如图所示。若不计板重及各杆自重，试求各杆的内力。$\left(F_1 = -\dfrac{M}{a}, F_2 = \dfrac{\sqrt{2}M}{a}, F_3 = 0, F_4 = 0, F_5 = \dfrac{\sqrt{2}}{a}M, F_6 = -\dfrac{M}{a}\right)$

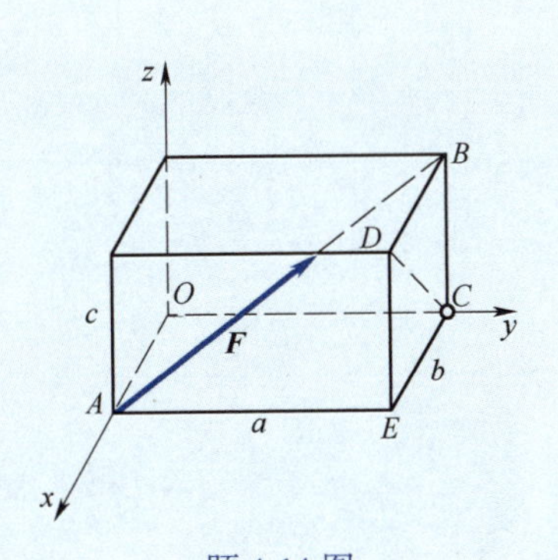

题 4-14 图

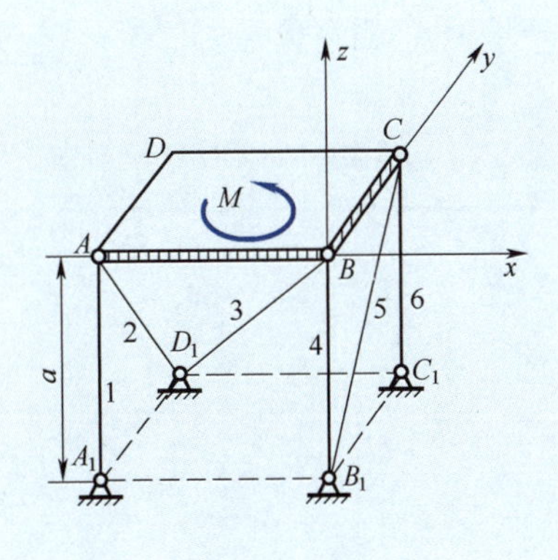

题 4-15 图

4-16　试确定图示均质混凝土基础的重心位置。$(x_C = 2.02\ \text{m}, y_C = 1.16\ \text{m}, z_C = 0.72\ \text{m})$

4-17　图示阴影面积，已知 $R = 100$ mm, $b = 13$ mm, $r = 17$ mm。试求阴影面积的形心位置。$(x_C = 0, y_C = 40\ \text{mm})$

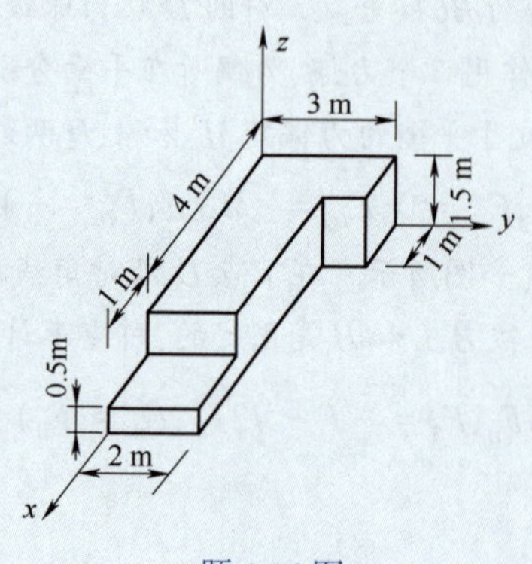

题 4-16 图

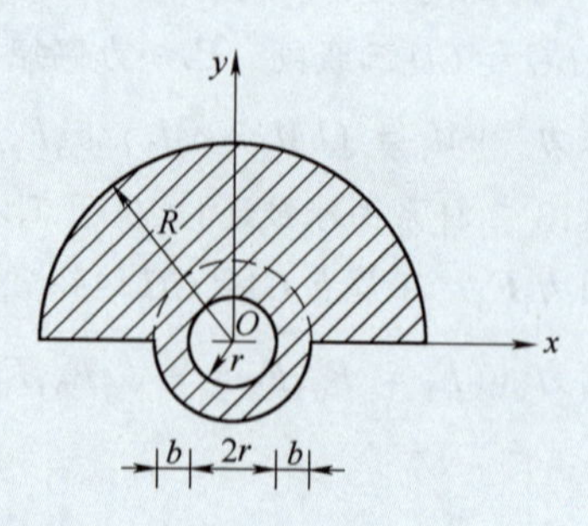

题 4-17 图

4-18　图示等厚薄板,尺寸如图。试确定平板的形心位置。(x_C = 122. 6 mm, y_C = 42. 8 mm)

4-19　边长为 a 的均质等厚正方形板 $ABCD$,被截去等腰三角形 AEB。试求点 E 的极限位置 y_{max},以保证剩余部分 $AEBCD$ 的重心仍在该部分范围内。(y_{max} =0. 634a)

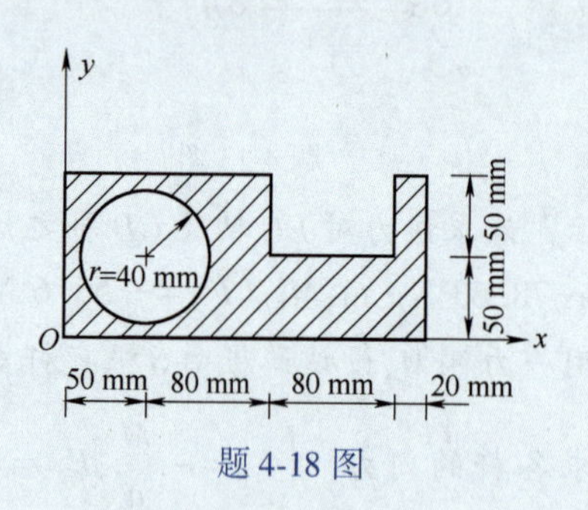

题 4-18 图

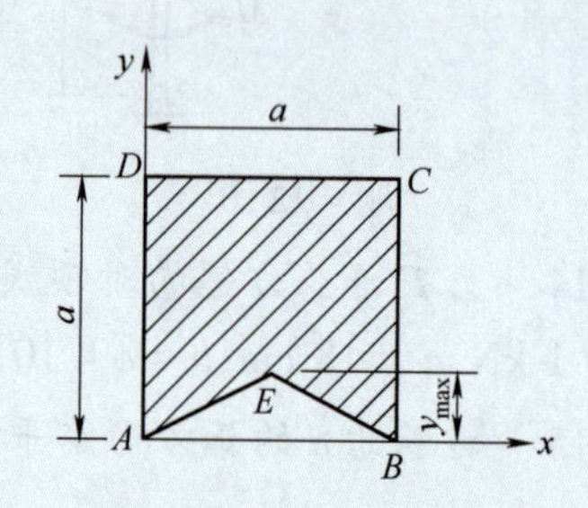

题 4-19 图

第二篇　运　动　学

第5章　运动学基础

本章主要提出一些运动学的基本概念，并介绍点的运动学和刚体基本运动的一些知识，为点的合成运动和刚体平面运动的学习打下基础。

5.1　运动学基本概念

运动学只从几何学的观点来研究物体运动的规律，而不涉及引起运动的物理原因。

在运动学中，常把物体抽象简化为点或刚体。所谓的**点**是指没有大小的几何点，如果物体的几何尺寸在运动过程中不起主要作用，则可简化为点的运动来讨论。而**刚体**，则是指在任何情况下保持其形状和大小不变的物体。

物体的运动表现为它在空间的位置随时间的变化。但物体的空间位置只能被相对地描述，一般要指出它相对于另一物体（称为**参考体**）的位置。固连于参考体上的一组任选的坐标系称为**参考坐标系**（简称**参考系**）。对于不同的参考系，同一物体可以表现出不同的运动学特征。这就是通常所说的运动描述的相对性。

工程实际中，常采用固连于地球的参考系，该参考系称为**固定参考系**。相对于固定参考系所得到的运动学特征之间的关系，同样适用于相对于其他参考系的运动。

在研究物体的运动时，应区分瞬时和时间间隔这两个概念。与物体运动到某一位置相对应的某一时刻，就是**瞬时**。而**时间间隔**是指两个不同瞬时之间的一段时间。

5.2　点的运动学

点的运动学，主要是研究点的运动方程、速度和加速度在不同坐标（矢径法、直角坐标和弧坐标）中的表示，并建立起点的坐标、速度、加速度这三者之间的解析关系。

扫一扫
点的运动轨迹

1. 点的运动的矢量表示法

（1）运动方程

设动点 M 在空间做曲线运动，如图5-1所示。由惯性参考体上的任一点 O 作为原点向动点 M 作矢量 $\boldsymbol{r}$，$\boldsymbol{r}$ 称为动点 M 的矢径，它的大小和方向可唯一地确定动点的位置。在一般情况下，此矢径 $\boldsymbol{r}$ 的大小和方向均随时间而变化，它是时间 t 的单值连续的矢量函数，即

$$\boldsymbol{r}=\boldsymbol{r}(t) \tag{5-1}$$

上式即为用矢量形式表示的点的运动方程。

动点 M 在空间运动时，矢径 $\boldsymbol{r}$ 的末端将描绘出一条连续曲线，称为**矢径端图**，它就是动点

的运动轨迹。

(2)速度

设动点在瞬时 t 经过 Δt 时间间隔之后,其位置由 M 运动到 M',如图 5-1 所示,则在这段时间内矢径的改变量为

$$\Delta \boldsymbol{r} = \boldsymbol{r}' - \boldsymbol{r}$$

$\Delta \boldsymbol{r}$ 为动点在 Δt 时间间隔内的位移。

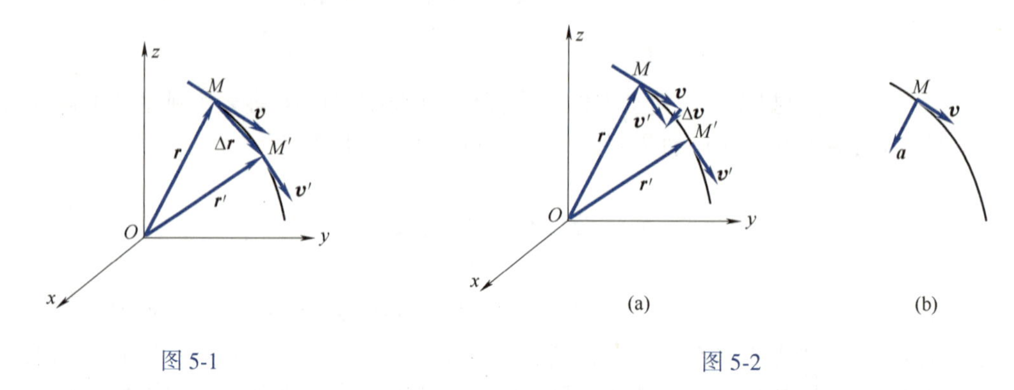

图 5-1　　图 5-2

位移 $\Delta \boldsymbol{r}$ 与其对应的时间间隔 Δt 的比值,定义为动点在时间间隔 Δt 内的平均速度,它反映了动点在此段时间内运动的快慢程度和运动方向的改变。平均速度是矢量,且沿 $\Delta \boldsymbol{r}$ 方向,用 $\boldsymbol{v}^*$ 表示,即

$$\boldsymbol{v}^* = \frac{\Delta \boldsymbol{r}}{\Delta t}$$

当 Δt 趋于零时,平均速度的极限值称为动点在 t 瞬时的**速度**,用 $\boldsymbol{v}$ 表示,即

$$\boldsymbol{v} = \lim_{\Delta t \to 0} \frac{\Delta \boldsymbol{r}}{\Delta t} = \frac{\mathrm{d}\boldsymbol{r}}{\mathrm{d}t} \tag{5-2}$$

$\boldsymbol{v}$ 为一矢量,它与轨迹相切且指向运动的一方。

速度常用单位是 m/s。

(3) 加速度

点在曲线运动的过程中,点的运动速度的大小和方向皆可改变,点的加速度即可反映该速度矢量变化的状态。

设动点 M 在瞬时 t 的速度是 $\boldsymbol{v}$,在瞬时 $t + \Delta t$ 的速度是 $\boldsymbol{v}'$,如图 5-2(a) 所示,则经过 Δt 时间速度的改变为 $\Delta \boldsymbol{v} = \boldsymbol{v}' - \boldsymbol{v}$,故动点的平均加速度为

$$\boldsymbol{a}^* = \frac{\Delta \boldsymbol{v}}{\Delta t}$$

当 Δt 趋于零时,即得动点在瞬时 t 的加速度为

$$\boldsymbol{a} = \lim_{\Delta t \to 0} \frac{\Delta \boldsymbol{v}}{\Delta t} = \frac{\mathrm{d}\boldsymbol{v}}{\mathrm{d}t} = \frac{\mathrm{d}^2\boldsymbol{r}}{\mathrm{d}t^2} \tag{5-3}$$

$\boldsymbol{a}$ 为一矢量,它的方向恒指向动点轨迹曲线的凹方,如图 5-2(b) 所示。

加速度的常用单位是 $\mathrm{m/s^2}$。

2. 点的运动的直角坐标表示法

(1) 运动方程

如图 5-3 所示,在参考物体上取一直角坐标系 $Oxyz$,则在任意时刻动点的位置可由其 3 个坐标 x、y、z 确定。动点运动时,其坐标 x、y、z 将随时间而改变,它是时间 t 的单值连续函数,故在直角坐标系中点的运动方程为

$$\begin{cases} x = f_1(t) \\ y = f_2(t) \\ z = f_3(t) \end{cases} \tag{5-4}$$

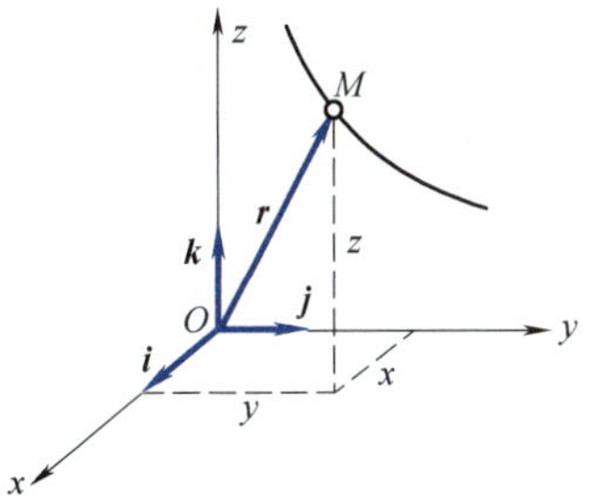

图 5-3

若点在 Oxy 平面内运动,则点的运动方程为

$$x = f_1(t), \quad y = f_2(t)$$

将上式消去时间 t,就得到动点的轨迹方程为

$$F(x,y) = 0$$

(2) 速度

由图 5-3 知,矢径 $\boldsymbol{r}$ 可写成

$$\boldsymbol{r} = x\boldsymbol{i} + y\boldsymbol{j} + z\boldsymbol{k} \tag{5-5}$$

式中,$\boldsymbol{i}$、$\boldsymbol{j}$、$\boldsymbol{k}$ 是沿直角坐标轴正向的单位矢量。将上式代入式(5-2)得

$$\boldsymbol{v} = \frac{\mathrm{d}\boldsymbol{r}}{\mathrm{d}t} = \frac{\mathrm{d}x}{\mathrm{d}t}\boldsymbol{i} + \frac{\mathrm{d}y}{\mathrm{d}t}\boldsymbol{j} + \frac{\mathrm{d}z}{\mathrm{d}t}\boldsymbol{k} \tag{5-6}$$

亦可表示为

$$\boldsymbol{v} = v_x\boldsymbol{i} + v_y\boldsymbol{j} + v_z\boldsymbol{k} \tag{5-7}$$

式中,v_x、v_y、v_z 为速度 $\boldsymbol{v}$ 在坐标轴 x、y、z 上的投影,即

$$v_x = \frac{\mathrm{d}x}{\mathrm{d}t}, \quad v_y = \frac{\mathrm{d}y}{\mathrm{d}t}, \quad v_z = \frac{\mathrm{d}z}{\mathrm{d}t} \tag{5-8}$$

从而得到速度的大小和方向余弦分别为

$$v = \sqrt{v_x^2 + v_y^2 + v_z^2} = \sqrt{\left(\frac{\mathrm{d}x}{\mathrm{d}t}\right)^2 + \left(\frac{\mathrm{d}y}{\mathrm{d}t}\right)^2 + \left(\frac{\mathrm{d}z}{\mathrm{d}t}\right)^2}$$

$$\cos(\boldsymbol{v},\boldsymbol{i}) = \frac{v_x}{v}, \quad \cos(\boldsymbol{v},\boldsymbol{j}) = \frac{v_y}{v}, \quad \cos(\boldsymbol{v},\boldsymbol{k}) = \frac{v_z}{v} \tag{5-9}$$

(3) 加速度

将式(5-6)代入式(5-3),得到点的加速度在直角坐标系中的表达式,即

$$\boldsymbol{a} = \frac{\mathrm{d}v_x}{\mathrm{d}t}\boldsymbol{i} + \frac{\mathrm{d}v_y}{\mathrm{d}t}\boldsymbol{j} + \frac{\mathrm{d}v_z}{\mathrm{d}t}\boldsymbol{k} = \frac{\mathrm{d}^2x}{\mathrm{d}t^2}\boldsymbol{i} + \frac{\mathrm{d}^2y}{\mathrm{d}t^2}\boldsymbol{j} + \frac{\mathrm{d}^2z}{\mathrm{d}t^2}\boldsymbol{k} \tag{5-10}$$

或

$$\boldsymbol{a} = a_x\boldsymbol{i} + a_y\boldsymbol{j} + a_z\boldsymbol{k} \tag{5-11}$$

式中,a_x、a_y、a_z 分别为加速度 $\boldsymbol{a}$ 在坐标轴 x、y、z 轴上的投影,即

$$a_x = \frac{\mathrm{d}v_x}{\mathrm{d}t} = \frac{\mathrm{d}^2x}{\mathrm{d}t^2}, \quad a_y = \frac{\mathrm{d}v_y}{\mathrm{d}t} = \frac{\mathrm{d}^2y}{\mathrm{d}t^2}, \quad a_z = \frac{\mathrm{d}v_z}{\mathrm{d}t} = \frac{\mathrm{d}^2z}{\mathrm{d}t^2} \tag{5-12}$$

由此,得到点的加速度的大小和方向余弦为

$$\begin{cases} a = \sqrt{a_x^2 + a_y^2 + a_z^2} \\ \cos(\boldsymbol{a}, \boldsymbol{i}) = \dfrac{a_x}{a}, \quad \cos(\boldsymbol{a}, \boldsymbol{j}) = \dfrac{a_y}{a}, \quad \cos(\boldsymbol{a}, \boldsymbol{k}) = \dfrac{a_z}{a} \end{cases} \tag{5-13}$$

式(5-8)和式(5-12)建立了动点的运动方程与其速度、加速度的关系。若已知动点的运动方程(5-4),则通过对时间求一阶、二阶导数,可求出动点的速度、加速度;反之,已知动点的加速度和运动的初始条件,通过积分可求出动点的速度、运动方程和轨迹方程。

【例 5-1】 点的运动方程为 $x = 100\sin \pi t, y = 25\cos 2\pi t$,式中 x、y 以 mm 计,t 以 s 计。求(1)$t = 1$s 时点的速度和加速度;(2)证明点的轨迹为一段抛物线。

【解】 由点的运动方程 $x = 100\sin \pi t, y = 25\cos 2\pi t$,对其微分求得速度和加速度的表达式为

$$v_x = 100\pi\cos \pi t, \quad v_y = -50\pi\sin 2\pi t$$

$$a_x = -100\pi^2\sin \pi t, \quad a_y = -100\pi^2\cos 2\pi t$$

(1)当 $t = 1$s 时

$$v_x = -100\pi(\text{mm/s}), \quad v_y = 0$$

故

$$v = 100\pi = 314.2(\text{mm/s})(\text{沿 } x \text{ 轴负向})$$

$$a_x = 0, \quad a_y = -100\pi^2 = -987(\text{mm/s}^2)$$

所以

$$a = 987(\text{mm/s})(\text{沿 } y \text{ 轴负向})$$

(2)由已知运动方程,消去时间 t,即得点的轨迹方程为

$$x = 100\sin \pi t, \quad y = 25\cos 2\pi t$$

因

$$\cos 2\pi t = 1 - 2\sin^2 \pi t$$

$$\sin \pi t = \frac{x}{100}$$

故

$$y = 25\left[1 - 2\left(\frac{x}{100}\right)^2\right]$$

得

$$y = 25 - \frac{x^2}{200} \quad (\text{抛物线方程})$$

为此证得 O 点轨迹为抛物线。

由于 $|x| \leqslant 100$,$|y| \leqslant 25$,点轨迹只能是抛物线的一段。

【例 5-2】 杆 OA 和 O_1B 分别插在十字形管 M 的两导管中,并且可各自绕固定点 O 和 O_1 转动,如图 5-4 所示。已知:$OO_1 = l, \varphi = \omega t$,其中 ω 为常量。试求 M 点的运动方程、轨迹方程、速度和加速度。

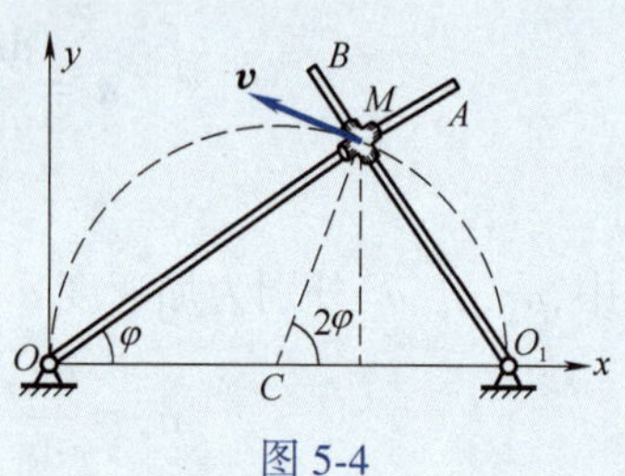

图 5-4

【解】 取直角坐标系 Oxy 如图 5-4 所示。动点 M 在任一位置的运动方程可写为

$$\begin{cases} x = OM\cos \varphi = OO_1\cos^2\varphi = l\cos^2\omega t \\ y = OM\sin \varphi = OO_1\cos \varphi\sin \varphi = \dfrac{1}{2}l\sin 2\omega t \end{cases} \tag{1}$$

由上述两式消去时间 t，便可得到 M 点的轨迹方程

$$\left(x-\frac{l}{2}\right)^2+y^2=\frac{l^2}{4} \tag{2}$$

即 M 点的运动轨迹是一个圆，圆心在 $C\left(\frac{l}{2},0\right)$处，半径为 $CM=\frac{l}{2}$。

将式(1) 对时间 t 求一阶导数，可求得 M 点的速度方程

$$\begin{cases} v_x=\dot{x}=-2l\omega\cos\omega t\sin\omega t=-l\omega\sin 2\omega t \\ v_y=\dot{y}=l\omega\cos 2\omega t \end{cases} \tag{3}$$

故
$$v=\sqrt{v_x^2+v_y^2}=l\omega$$

$$\cos(\boldsymbol{v},\boldsymbol{i})=\frac{v_x}{v}=-\sin 2\omega t$$

$$\cos(\boldsymbol{v},\boldsymbol{j})=\frac{v_y}{v}=\cos 2\omega t$$

M 点的速度沿轨迹的切线方向，如图 5-4 所示。

由于 $v=l\omega=$ 常量，故 M 点作匀速圆周运动。

式(3) 对时间 t 求一次导数，得

$$\begin{cases} a_x=\dfrac{\mathrm{d}v_x}{\mathrm{d}t}=-2l\omega^2\cos 2\omega t \\ a_y=\dfrac{\mathrm{d}v_y}{\mathrm{d}t}=-2l\omega^2\sin 2\omega t \end{cases} \tag{4}$$

故
$$a=\sqrt{a_x^2+a_y^2}=2l\omega^2$$

$$\cos(\boldsymbol{a},\boldsymbol{i})=\frac{a_x}{a}=-\cos 2\omega t$$

$$\cos(\boldsymbol{a},\boldsymbol{j})=\frac{a_y}{a}=-\sin 2\omega t$$

即加速度 $\boldsymbol{a}$ 的方向沿 M 点轨迹的半径指向圆心 C 点。

【例 5-3】 炮弹的初速度 v_0 与地平面成 θ 角，已知在以后的运动过程中，其加速度$a=g$，方向铅垂向下，如图 5-5 所示。求炮弹的运动方程、轨迹及射程。

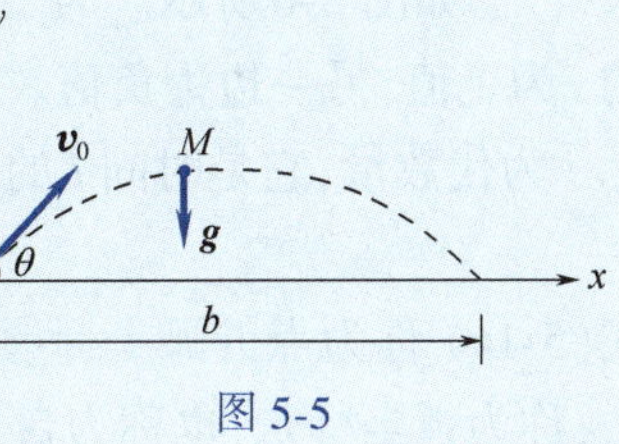

图 5-5

【解】 以炮弹 $t=0$ 时的初速度位置 O 为坐标原点，如图 5-5 所示，并使初速度 $\boldsymbol{v}_0$ 在 Oxy 平面内，则其加速度 $\boldsymbol{a}$ 和初速度 $\boldsymbol{v}_0$ 在各坐标轴上的投影为

$$\begin{cases} a_x=0, \quad a_y=-g \\ v_{0x}=v_0\cos\theta, \quad v_{0y}=v_0\sin\theta \end{cases} \tag{1}$$

又
$$\mathrm{d}v_x=a_x\mathrm{d}t, \quad \mathrm{d}v_y=a_y\mathrm{d}t$$

对上式积分

$$\int_{v_{0x}}^{v_x} \mathrm{d}v_x = \int_0^t a_x \mathrm{d}t, \quad \int_{v_{0y}}^{v_y} \mathrm{d}v_y = \int_0^t a_y \mathrm{d}t$$

将式(1)代入上式,积分后得

$$v_x = v_0 \cos\theta, \quad v_y = v_0 \sin\theta - gt \tag{2}$$

又

$$\mathrm{d}x = v_x \mathrm{d}t, \quad \mathrm{d}y = v_y \mathrm{d}t$$

积分形式为

$$\int_0^x \mathrm{d}x = \int_0^t v_x \mathrm{d}t, \quad \int_0^y \mathrm{d}y = \int_0^t v_y \mathrm{d}t$$

将式(2)代入上式,积分后有

$$x = v_0 t\cos\theta, \quad y = v_0 t\sin\theta - \frac{1}{2}gt^2 \tag{3}$$

上式即为炮弹的直角坐标表示的运动方程。

由式(3) 消去时间 t,则得炮弹的轨迹方程

$$y = x\tan\theta - \frac{gx^2}{2v_0^2\cos^2\theta} \tag{4}$$

即为图 5-5 所示的一条抛物线。

考虑式(3) 中的 $y = v_0 t\sin\theta - \frac{1}{2}gt^2$,令 $y = 0$,有

$$t = \frac{2v_0 \sin\theta}{g}$$

将上式代入式(3) 中的 $x = v_0 t\cos\theta$,即得射程 b 为

$$b = \frac{2v_0^2 \sin\theta\cos\theta}{g} = \frac{v_0^2}{g}\sin 2\theta$$

3. 点的运动的弧坐标法

(1) 运动方程

若已知点的运动轨迹,则点的位置可由轨迹上任一定点 O 沿轨迹量取到动点 M 的弧长 s 来确定,如图 5-6 所示。为了明确动点 M 在 O 的哪一边,应规定在原点 O 沿轨迹向某一边量取的 s 为正值,另一边为负值。这样动点 M 的位置可由 s 完全确定,该 s 称为动点的弧坐标。弧坐标 s 为代数量,它是时间 t 的连续函数,即

$$s = s(t) \tag{5-14}$$

式(5-14) 称为点的弧坐标形式的运动方程。这种用点的轨迹和弧坐标来研究点的运动的方法,称为弧坐标法,也称为自然法。

(2) 速度

设由瞬时 t 到瞬时 $t + \Delta t$,动点的位置由 M 改变到 M',如图 5-7 所示,在 Δt 时间内弧坐标增量为 Δs,矢径增量为 $\Delta \boldsymbol{r}$,则由上一节可知,在瞬时 t 速度 $\boldsymbol{v}$ 的方向沿轨迹的切线,其大小为

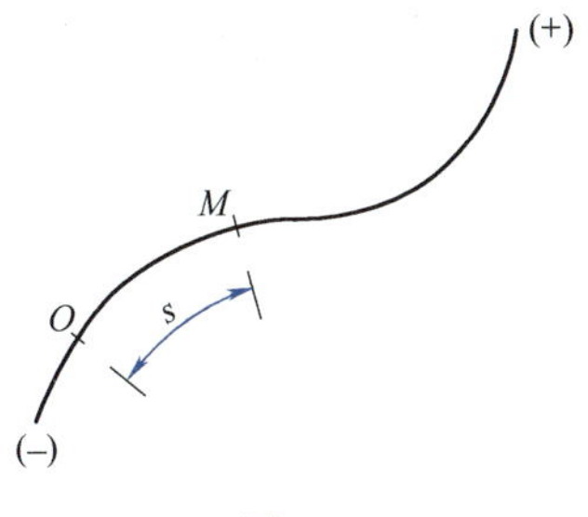

图 5-6

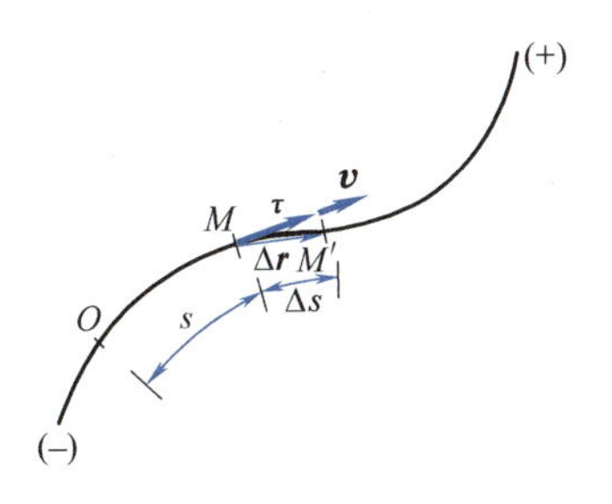

图 5-7

$$v = \lim_{\Delta t \to 0} \left| \frac{\Delta \boldsymbol{r}}{\Delta t} \right|$$

又当 $\Delta t \to 0$ 时，$|\Delta \boldsymbol{r}| = |\Delta s|$，故

$$v = \lim_{\Delta t \to 0} \left| \frac{\Delta s}{\Delta t} \right| = \frac{\mathrm{d}s}{\mathrm{d}t} \tag{5-15}$$

上式说明了速度的代数值等于弧坐标对时间的一阶导数。当 v 为正时，表示弧坐标 s 的值随时间增大，动点沿轨迹正向运动；当 v 为负时，则相反。

在轨迹的切线上顺着轨迹的正向取单位矢量 $\boldsymbol{\tau}$，则动点的速度 $\boldsymbol{v}$ 可表示为

$$\boldsymbol{v} = \frac{\mathrm{d}s}{\mathrm{d}t}\boldsymbol{\tau} = v\boldsymbol{\tau} \tag{5-16}$$

（3）加速度

由式(5-3)可知，动点的加速度

$$\boldsymbol{a} = \frac{\mathrm{d}\boldsymbol{v}}{\mathrm{d}t} = \frac{\mathrm{d}}{\mathrm{d}t}(v\boldsymbol{\tau}) = \frac{\mathrm{d}v}{\mathrm{d}t}\boldsymbol{\tau} + v\frac{\mathrm{d}\boldsymbol{\tau}}{\mathrm{d}t} \tag{5-17}$$

上式表明，加速度 $\boldsymbol{a}$ 由两个分量组成。第一个分量 $\frac{\mathrm{d}v}{\mathrm{d}t}\boldsymbol{\tau}$ 表示速度大小随时间的变化，其方向沿轨迹在 M 点的切线方向，称为**切向加速度**，用 $\boldsymbol{a}_t$ 表示，即

$$\boldsymbol{a}_t = \frac{\mathrm{d}v}{\mathrm{d}t}\boldsymbol{\tau}$$

其大小为

$$a_t = \frac{\mathrm{d}v}{\mathrm{d}t} = \frac{\mathrm{d}^2 s}{\mathrm{d}t^2}$$

第二个分量 $v\frac{\mathrm{d}\boldsymbol{\tau}}{\mathrm{d}t}$ 是由于速度的方向改变而产生的，现分析其大小和方向。

设在瞬时 t 及 $t+\Delta t$ 时，动点分别位于 M 和 M' 处，沿轨迹切线的单位矢量分别为 $\boldsymbol{\tau}$ 及 $\boldsymbol{\tau}'$，如图 5-8 所示，则 Δt 时间内单位矢量 $\boldsymbol{\tau}$ 的增量 $\Delta\boldsymbol{\tau} = \boldsymbol{\tau}' - \boldsymbol{\tau}$，有

$$\frac{\mathrm{d}\boldsymbol{\tau}}{\mathrm{d}t} = \lim_{\Delta t \to 0} \frac{\Delta \boldsymbol{\tau}}{\Delta t}$$

由图可知，$\Delta\boldsymbol{\tau}$ 指向曲线内凹的一侧。

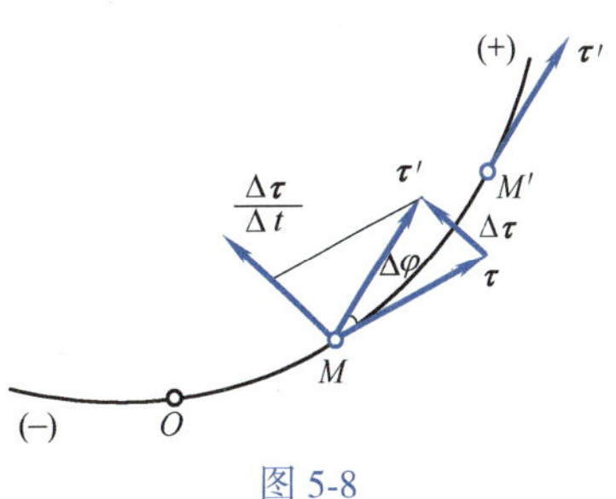

图 5-8

设当点由 M 运动到 M' 时，轨迹的切线所转过的角度为 $\Delta\varphi$，则

$$|\Delta\boldsymbol{\tau}| = 2 \times 1 \times \sin\frac{\Delta\varphi}{2}$$

故$\dfrac{\mathrm{d}\boldsymbol{\tau}}{\mathrm{d}t}$的大小为

$$\left|\frac{\mathrm{d}\boldsymbol{\tau}}{\mathrm{d}t}\right| = \left|\lim_{\Delta t\to 0}\frac{\Delta\boldsymbol{\tau}}{\Delta t}\right| = \lim_{\Delta t\to 0}\left|\frac{2\times 1\times\sin\dfrac{\Delta\varphi}{2}}{\Delta t}\right| = \lim_{\Delta t\to 0}\left|\frac{\sin\dfrac{\Delta\varphi}{2}}{\dfrac{\Delta\varphi}{2}}\times\frac{\Delta\varphi}{\Delta s}\times\frac{\Delta s}{\Delta t}\right|$$

而当 $\Delta t\to 0$，$\Delta\varphi\to 0$，存在

$$\lim_{\Delta t\to 0}\frac{\sin\dfrac{\Delta\varphi}{2}}{\dfrac{\Delta\varphi}{2}} = 1$$

$$\lim_{\Delta t\to 0}\left|\frac{\Delta\varphi}{\Delta s}\right| = \left|\frac{1}{\rho}\right|$$

$$\lim_{\Delta t\to 0}\left|\frac{\Delta s}{\Delta t}\right| = |\boldsymbol{v}|$$

从而

$$\left|\frac{\mathrm{d}\boldsymbol{\tau}}{\mathrm{d}t}\right| = \frac{|\boldsymbol{v}|}{\rho}$$

式中，ρ 为轨迹在 M 点的曲率半径。

当 $\Delta t\to 0$ 时，$M'\to M$，$\Delta\boldsymbol{\tau}$ 与 $\boldsymbol{\tau}$ 互相垂直，故$\dfrac{\mathrm{d}\boldsymbol{\tau}}{\mathrm{d}t}$沿轨迹在 M 点的法线，即$\dfrac{\mathrm{d}\boldsymbol{\tau}}{\mathrm{d}t}$的方向与 $\Delta\boldsymbol{\tau}$ 的极限方向相同。

以 $\boldsymbol{n}$ 表示沿该法线的单位矢量，指向轨迹内凹的一侧为正，所以

$$\frac{\mathrm{d}\boldsymbol{\tau}}{\mathrm{d}t} = \frac{v}{\rho}\boldsymbol{n}$$

由此可得加速度 $\boldsymbol{a}$ 的第二个分量

$$v\frac{\mathrm{d}\boldsymbol{\tau}}{\mathrm{d}t} = \frac{v^2}{\rho}\boldsymbol{n}$$

故 $v\dfrac{\mathrm{d}\boldsymbol{\tau}}{\mathrm{d}t}$ 称为法向加速度，用 $\boldsymbol{a}_\mathrm{n}$ 表示，即

$$\boldsymbol{a}_\mathrm{n} = \frac{v^2}{\rho}\boldsymbol{n}$$

综上所述，动点的加速度可表示为

$$\boldsymbol{a} = \boldsymbol{a}_\mathrm{t} + \boldsymbol{a}_\mathrm{n} = \frac{\mathrm{d}v}{\mathrm{d}t}\boldsymbol{\tau} + \frac{v^2}{\rho}\boldsymbol{n} \tag{5-18}$$

若$\dfrac{\mathrm{d}v}{\mathrm{d}t}$为正时，表示切向加速度指向 $\boldsymbol{\tau}$ 的正向；反之则指向 $\boldsymbol{\tau}$ 的负向。当 $\boldsymbol{a}_\mathrm{t}$ 与 $\boldsymbol{v}$ 方向相同时，则动点作加速运动；当 $\boldsymbol{a}_\mathrm{t}$ 与 $\boldsymbol{v}$ 方向相反，则点作减速运动。

由于 $\boldsymbol{a}$ 的两个分量 $\boldsymbol{a}_t$ 与 $\boldsymbol{a}_n$ 相互垂直,如图 5-9 所示,则全加速度 a 的大小和方向为

$$\begin{cases} a = \sqrt{a_t^2 + a_n^2} = \sqrt{\left(\dfrac{dv}{dt}\right)^2 + \left(\dfrac{v^2}{\rho}\right)^2} \\ \theta = \arctan \dfrac{|a_t|}{a_n} \end{cases} \tag{5-19}$$

(4) 密切面与自然轴系

设 M 为空间曲线 A_1A_2 上的任意一点,MT 为过 M 点的切线,如图 5-10 所示。在 M 点的附近取一点 M',$M'T'$ 为过 M' 点的切线。作 $MT'' /\!/ M'T'$,则 MT 与 MT'' 构成一切面 Q'。当 M' 向 M 趋近时,平面 Q' 绕 MT 转动,即它在空间的位置不断改变,当 $\Delta t \to 0$ 时,M' 趋近于 M,此切面 Q' 也趋近于一极限位置,这时的切面称为曲线在 M 点的**密切面**。

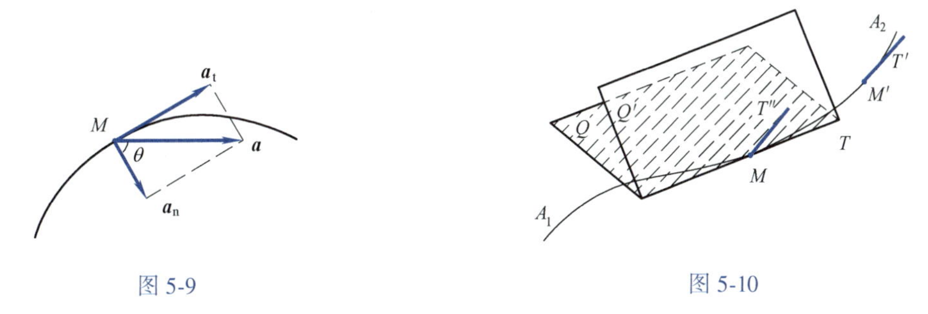

图 5-9　　　图 5-10

过 M 点垂直于切线 MT 的平面称为**法面**,如图 5-11 所示。法面与密切面的交线 MN 在密切面内称为**主法线**。过切线 MT 与密切面垂直的平面称为**从切面**。法面内与主法线垂直的直线 MB 称为**副法线**。这样,切线、主法线和副法线在 M 点组成一正交轴系,被称为**自然轴系**。现以指向弧坐标的正方向为切线的正向,沿切线正向的单位矢量用 $\boldsymbol{\tau}$ 表示,以指向曲率中心 C 的方向为主法线的正向,沿主法线正向的矢量用 $\boldsymbol{n}$ 表示,副法线的正方向按右手法确定,以沿副法线正向的单位矢量用 $\boldsymbol{b}$ 表示,则

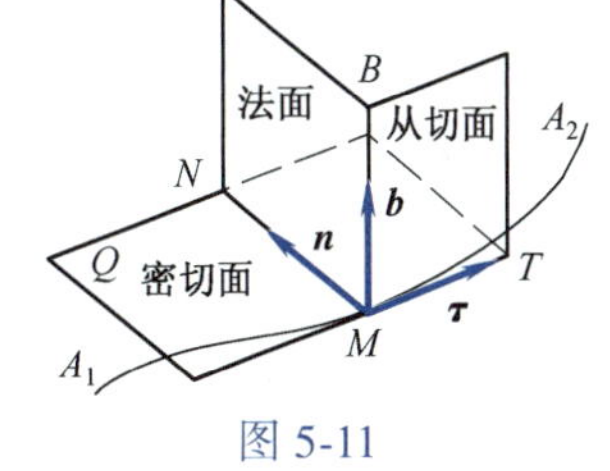

图 5-11

$$\boldsymbol{b} = \boldsymbol{\tau} \times \boldsymbol{n}$$

自然轴系不是固定的坐标系,它随动点在轨迹曲线上的位置而改变,因此 $\boldsymbol{\tau}$、$\boldsymbol{n}$、$\boldsymbol{b}$ 的方向是随着动点的位置而变化的单位矢量。

引入自然轴系后,动点 M 的加速度可写成沿自然轴分解的形式

$$\boldsymbol{a} = \boldsymbol{a}_t + \boldsymbol{a}_n + \boldsymbol{a}_b = a_t\boldsymbol{\tau} + a_n\boldsymbol{n} + a_b\boldsymbol{b} \tag{5-20}$$

和式(5-18)相比较

$$a_t = \frac{dv}{dt} = \frac{d^2s}{dt^2}, \quad a_n = \frac{v^2}{\rho}, \quad a_b = 0 \tag{5-21}$$

当点作平面曲线运动时,其轨迹所在的平面即为密切面,主法线在密切面内,副法线则与密切面垂直。

(5) 几种特殊运动

① 匀速直线运动

$$a = 0, \quad v \equiv C(\text{常量}), \quad x = x_0 = vt \tag{5-22}$$

式中,x_0 为 $t = 0$ 时点的坐标 x。

② 匀变速直线运动

此时 $a_n \equiv 0, a_t \equiv C =$ 常量,故有

$$\begin{cases} v = v_0 = a_t t \\ x = v_0 t + \dfrac{1}{2} a_t t^2 \\ v^2 = v_0^2 + 2a_t(x - x_0) \end{cases} \tag{5-23}$$

v_0 和 x_0 分别为 $t = 0$ 时 v 与 x 的数值。

③ 匀速曲线运动

$$a_t \equiv 0, \quad a_n = \frac{v^2}{\rho}, \quad v \equiv C$$

$$s = s_0 + vt \tag{5-24}$$

式中,s_0 为 $t = 0$ 时点的弧坐标 s。

④ 匀变速曲线运动

$$a_t \equiv C, \quad a_n = \frac{v^2}{\rho}$$

$$\begin{cases} v = v_0 + a_t t \\ s = s_0 + v_0 t + \dfrac{1}{2} a_t t^2 \\ v^2 = v_0^2 + 2a_t(s - s_0) \end{cases} \tag{5-25}$$

【例 5-4】 已知一点在半径为 R 的圆弧上运动,其运动方程为 $s = s_0 \cos \omega t$,其中 s_0、ω 为常量。求:(1) 当动点经过原点时加速度的大小;(2) 当动点的速度为零时加速度的大小。

【解】 因 $s = s_0 \cos \omega t$,则动点的速度为

$$v = \frac{ds}{dt} = -s_0 \omega \sin \omega t$$

动点的切向加速度和法向加速度分别为

$$a_t = \frac{dv}{dt} = -s_0 \omega^2 \cos \omega t$$

$$a_n = \frac{v^2}{\rho} = \frac{s_0^2 \omega^2}{R} \sin^2 \omega t$$

(1) 当动点经过原点时,$s = 0$,即 $\cos \omega t = 0$,则有 $\sin \omega t = \pm 1$,故

$$a_t = 0, \quad a_n = \frac{s_0^2 \omega^2}{R}$$

则

$$a = \frac{s_0^2 \omega^2}{R}$$

(2) 当动点的速度为零时,有 $\sin \omega t = 0$,也即有 $\cos \omega t = \pm 1$,故

$$a_t = \mp s_0 \omega^2, \quad a_n = 0$$

则

$$a = s_0 \omega^2$$

【例 5-5】 在图 5-12 的摇杆滑道机构中，滑块 M 同时在固定圆弧槽 BC 和摇杆 OA 的滑道中滑动。圆弧 BC 的半径为 R，摇杆的转轴 O 在 BC 弧的圆周上，摇杆绕 O 轴以匀角速度 ω 转动，$\varphi=\omega t$。当运动开始时，摇杆在水平位置。求：(1) 滑块相对于 BC 弧的速度、加速度；(2) 滑块相对于摇杆的速度、加速度。

【解】 (1) 先求滑块 M 相对圆弧 BC 的速度、加速度。

BC 弧固定，故滑块 M 的运动轨迹已知，宜用自然法求解。

以 M 点的起始位置 O' 为原点，逆时针方向为正，由于 $\varphi=\omega t,\theta=2\varphi=2\omega t$，所以

$$s=O'M=R\theta=2R\omega t$$

$$v=\frac{\mathrm{d}s}{\mathrm{d}t}=2R\omega$$

方向沿所在位置的圆弧的切线方向，如图 5-12 所示。

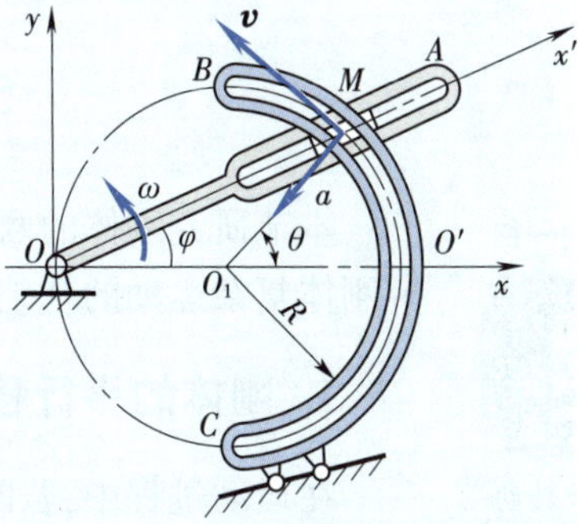

$$a_{\mathrm{t}}=\frac{\mathrm{d}v}{\mathrm{d}t}=0,\quad a_{\mathrm{n}}=\frac{v^2}{R}=4R\omega^2$$

所以

$$a=a_{\mathrm{n}}=4R\omega^2$$

以上结果说明，滑块 M 沿圆弧做匀速圆周运动，其加速度的大小为 $4R\omega^2$，方向指向圆心 O_1。

图 5-12

此题还可用笛卡儿坐标法求解。

建立图示坐标系 Oxy，动点 M 的坐标为

$$x=OM\cdot\cos\omega t=2R\cos^2\omega t=R+R\cos 2\omega t$$

$$y=OM\cdot\sin\omega t=2R\cos\omega t\sin\omega t=R\sin 2\omega t$$

消去 t，得轨迹方程

$$(x-R)^2+y^2=R^2$$

这是一个圆心为 $O_1(R,0)$、半径为 R 的圆周。

$$v_x=\frac{\mathrm{d}x}{\mathrm{d}t}=-2R\omega\sin 2\omega t,\quad v_y=\frac{\mathrm{d}y}{\mathrm{d}t}=2R\omega\cos 2\omega t$$

$$v=\sqrt{v_x^2+v_y^2}=2R\omega$$

$$\cos<\boldsymbol{v},\boldsymbol{i}>=\frac{v_x}{v}=-\sin 2\omega t,\quad \cos<\boldsymbol{v},\boldsymbol{j}>=\frac{v_y}{v}=\cos 2\omega t$$

$$a_x=\frac{\mathrm{d}v_x}{\mathrm{d}t}=-4R\omega^2\cos 2\omega t,\quad a_y=\frac{\mathrm{d}v_y}{\mathrm{d}t}=-4R\omega^2\sin 2\omega t$$

$$a=\sqrt{a_x^2+a_y^2}=4R\omega^2$$

$$\cos<\boldsymbol{a},\boldsymbol{i}>=\frac{a_x}{a}=-\cos 2\omega t,\quad \cos<\boldsymbol{a},\boldsymbol{j}>=\frac{a_y}{a}=-\sin 2\omega t$$

其结果与自然法所得结果一致。可见，在轨迹已知情况下，用自然法不仅简便，而且速度、加速度的几何意义很明确。

(2) 再求滑块 M 相对于摇杆的速度与加速度。

将参考系 Ox' 固定在 OA 杆上，此时，滑块 M 在 OA 杆上做直线运动，相对轨迹是已知的

直线 OA。M 点相对运动方程为

$$x' = OM = 2R\cos\varphi = 2R\cos\omega t$$

$$v_r = \frac{dx'}{dt} = -2R\omega\sin\omega t$$

其方向沿 OA 且与 x' 正向相反。

$$a_r = \frac{dv_r}{dt} = -2R\omega^2\cos\omega t$$

其方向沿 OA 指向 x' 轴负向。

可见,在不同的参考系上,观察同一个点的运动,所得到的运动方程、速度和加速度是不同的。

5.3 刚体的基本运动

本节研究刚体的两种基本运动,即刚体的平行移动和绕固定轴的转动,它们是研究刚体复杂运动的基础。

1. 刚体的平行移动

在运动过程中,若刚体上任一直线与其初始位置始终保持平行,这种运动称为**刚体的平行移动**,简称**平移**或**移动**。例如,电梯的升降运动,在直线轨道上行驶的列车车厢的运动,振动筛筛子 AB 的运动(图 5-13),汽缸活塞的运动(图 5-14)等都是平行移动。刚体平动时,若其上各点的轨迹为直线,这种平移称为直线平移(图 5-14 活塞的运动),若其上各点的轨迹为曲线,这种平移称为曲线平移(如图 5-13 中筛子 AB 的运动)。

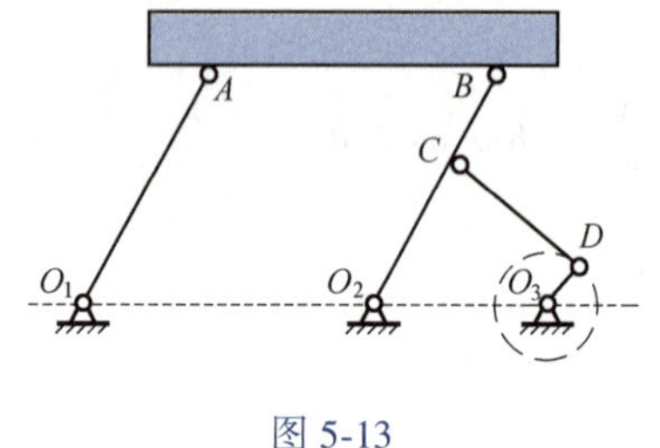

图 5-13

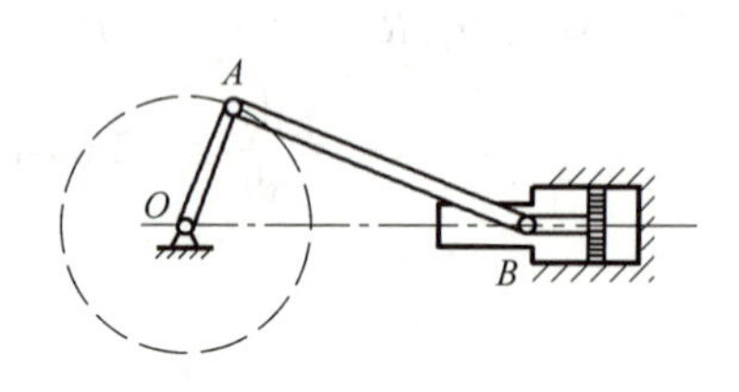

图 5-14

现研究刚体作平动时,其上各点的运动特征。

设在作平动的刚体上任取两点 A 和 B,并作矢量 $\boldsymbol{BA}$,如图 5-15 所示。由刚体的不变形性质和平动的特点,矢量 $\boldsymbol{BA}$ 则为一常矢量。故刚体在运动过程中,A、B 两点所描绘出的轨迹曲线的形状彼此相同。也即将点的轨迹曲线沿 $\boldsymbol{BA}$ 方向平行移动一段距离 BA 后,B 点与 A 点的轨迹曲线完全重合。

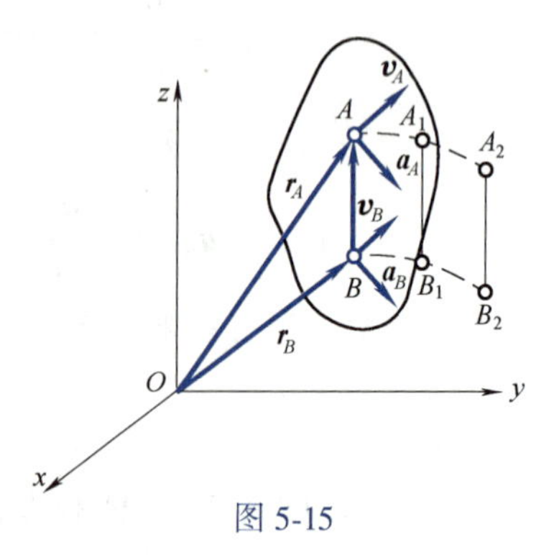

图 5-15

由图 5-15 知,$\boldsymbol{r}_A$、$\boldsymbol{r}_B$ 及 $\boldsymbol{BA}$ 存在

$$\boldsymbol{r}_A = \boldsymbol{r}_B + \boldsymbol{BA} \tag{5-26}$$

将式(5-26)对时间 t 求一阶导数,且考虑$\frac{\mathrm{d}\boldsymbol{BA}}{\mathrm{d}t}=0$,故有

$$\frac{\mathrm{d}\boldsymbol{r}_A}{\mathrm{d}t}=\frac{\mathrm{d}\boldsymbol{r}_B}{\mathrm{d}t}$$

即

$$\boldsymbol{v}_A=\boldsymbol{v}_B \tag{5-27}$$

将式(5-27)对时间求一次导数,有

$$\boldsymbol{a}_A=\boldsymbol{a}_B \tag{5-28}$$

上述结果表明:刚体作平移时,其上各点的轨迹形状相同,在同一瞬时,各点的速度和加速度相同。因此,对于作平移的刚体只需确定出刚体上任一点的运动,也就确定了整个刚体的运动。即刚体的平移问题可以归结为点的运动问题来讨论。

【例5-6】 如图5-16所示四连杆机构,已知$AB=O_1O_2$,$O_1A=O_2B=r=30$ cm。若曲柄O_1A以$\varphi=\frac{\pi}{6}t^2$ rad的运动规律绕点O_1转动,求当$t=1$ s时,连杆AB上的中点M的速度和加速度。

【解】 先研究曲杆的运动,求得其角速度和角加速度为

$$\omega=\dot{\varphi}=\frac{1}{3}\pi t(\text{rad/s})$$

$$\varepsilon=\dot{\omega}=\frac{1}{3}\pi(\text{rad/s})$$

$$v_A=r\omega=10\pi t(\text{cm/s})$$

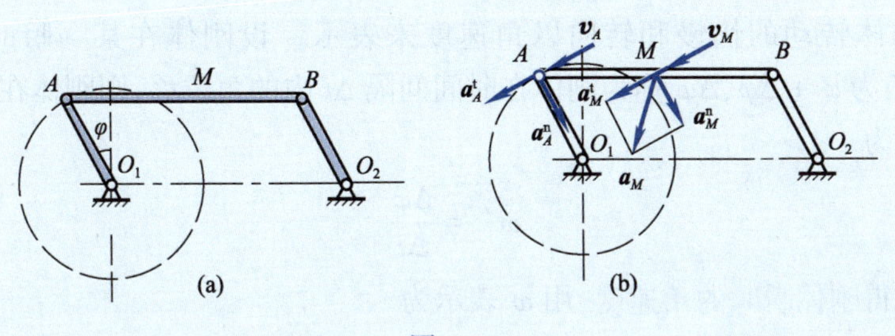

图5-16

则

$$a_A^{\mathrm{t}}=r\varepsilon=10\pi(\text{cm/s}^2)$$

$$a_A^{\mathrm{n}}=r\omega^2=\frac{10}{3}\pi^2t^2(\text{cm/s}^2)$$

由于ABO_1O_2为一平行四边形,故杆AB作平动,则当$t=1$ s时,有

$$v_M\big|_{t=1}=v_A\big|_{t=1}=31.4(\text{cm/s})$$

$$a_M^{\mathrm{t}}\big|_{t=1}=a_A^{\mathrm{t}}\big|_{t=1}=31.4(\text{cm/s}^2)$$

$$a_M^{\mathrm{n}}\big|_{t=1}=a_A^{\mathrm{n}}\big|_{t=1}=32.9(\text{cm/s}^2)$$

点 M 的全加速度的大小与方向为

$$a_M = \sqrt{(a_M^{t})^2 + (a_M^{n})^2} = 45.5(\text{cm/s}^2)$$

$$\tan\theta = \frac{a_M^{t}}{a_M^{n}} = 0.954, \quad \theta = 43.65°$$

如图 5-16 所示。

2. 刚体的定轴转动

当刚体运动时,其体内或其扩展部分有一直线始终保持不动,这种运动称为**刚体的定轴转动**。这条不动的直线称为**转轴**,如电动机的转子、机器上的传动齿轮等的运动均为定轴转动。

(1) 刚体位置的确定

设有一刚体绕定轴转动,如图 5-17 所示,为描述整个刚体的运动,首先要确定刚体上任一瞬时的位置,为此通过 z 轴作固定平面 Ⅰ 和随刚体一起转动的动平面 Ⅱ,则刚体任一瞬时的位置可用两平面的夹角 φ 唯一确定。刚体转动时,φ 随时间而改变,它是时间的单值函数,用数学式可表示为

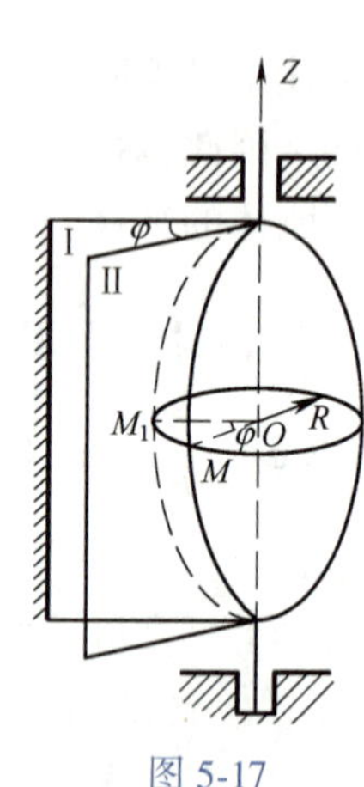

图 5-17

$$\varphi = f(t) \tag{5-29}$$

方程(5-29)称为刚体定轴转动的运动方程。φ 的单位为弧度,其正负号按右手法则确定,即从转轴 Oz 的方向看,逆时针向量得的 φ 角为正值,反之为负值。

(2) 角速度

任一瞬时刚体转动的快慢和转向以角速度来表示。设刚体在某一瞬时 t,转角为 φ;瞬时 $t+\Delta t$,转角为 $\varphi+\Delta\varphi$,$\Delta\varphi$ 称为刚体在时间间隔 Δt 内的角位移,则刚体在 Δt 内的平均角速度用 ω^* 表示为

$$\omega^* = \frac{\Delta\varphi}{\Delta t}$$

当 $\Delta t \to 0$ 时,即得刚体瞬时的角速度,用 ω 表示为

$$\omega = \lim_{\Delta t\to 0}\frac{\Delta\varphi}{\Delta t} = \frac{\mathrm{d}\varphi}{\mathrm{d}t} = \dot{\varphi} \tag{5-30}$$

当 $\omega > 0$,φ 角的代数值随时间增大,从 z 轴正向看,刚体作逆时针向转动;反之,刚体作顺时针向转动。

角速度的单位为 rad/s,工程上常用转速 n(r/min)来表示刚体转动的快慢。n 与 ω 的关系为

$$\omega = \frac{2\pi n}{60} = \frac{\pi n}{30}(\text{rad/s})$$

(3) 角加速度

为了描述角速度变化快慢程度,需建立角加速度的概念。设刚体在瞬时 t 的角速度为 ω,

瞬时 $t+\Delta t$ 的角速度为 $\omega+\Delta\omega$，则刚体在 Δt 时间间隔内的平均角加速度，用 α^* 表示为

$$\alpha^* = \frac{\Delta\omega}{\Delta t}$$

当 $\Delta t \to 0$ 时，即得瞬时 t 刚体转动的角加速度，用 α 表示为

$$\alpha = \lim_{\Delta t\to 0}\frac{\Delta\omega}{\Delta t} = \frac{d\omega}{dt} = \frac{d^2\varphi}{dt^2} = \ddot{\varphi} \tag{5-31}$$

当 $\alpha>0$ 时，角速度 ω 的代数值随时间增大，反之减小。若 α 与 ω 符号相同，刚体作加速转动；若相反，则刚体作减速转动。角加速度的单位为 rad/s^2。

(4) 匀速转动和匀变速转动

刚体转动时，若其角速度为常量，则称为**匀速转动**；若其角加速度为常量，则称为**匀变速转动**。这是刚体转动的两种特殊情况。

刚体作定轴转动的公式与点的运动公式相似。对于刚体的匀速转动，即 $\omega=$ 常量，则有

$$\varphi = \varphi_0 + \omega t \tag{5-32}$$

对于刚体的匀变速转动，即 $\alpha=$ 常量，则有

$$\omega = \omega_0 + \alpha t \tag{5-33}$$

$$\varphi = \varphi_0 + \omega_0 t + \frac{1}{2}\alpha t^2 \tag{5-34}$$

$$\omega^2 = \omega_0^2 + 2\alpha(\varphi - \varphi_0) \tag{5-35}$$

上述各式中，φ_0、ω_0 分别为 $t=0$ 时刚体的转角和角速度。

(5) 转动刚体内各点的速度与加速度

在转动刚体上任取一点 M，设它到转轴的距离为 R，则 M 点的运动轨迹为半径等于 R 的圆，如图5-18所示。取此圆与固定平面Ⅰ的交点为弧坐标的原点，则点的运动方程为

$$s = R\varphi \tag{5-36}$$

由式(5-36)可得在任一瞬时 M 点的速度 v 的代数值为

$$v = \frac{ds}{dt} = R\frac{d\varphi}{dt} = R\omega \tag{5-37}$$

其方向沿轨迹的切线，即与半径 R 相垂直，其方向与 ω 指向一致。

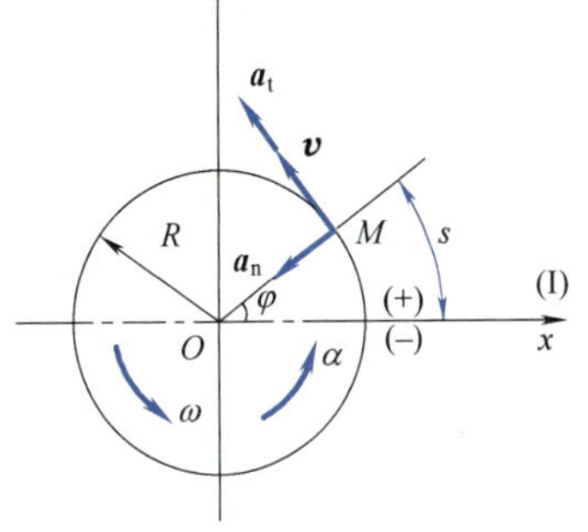

图5-18

在任一瞬时，M 点的切向加速度 a_t 和法向加速度 a_n 的大小分别为

$$a_t = \frac{dv}{dt} = R\frac{d\omega}{dt} = R\alpha \tag{5-38}$$

$$a_n = \frac{v^2}{R} = R\omega^2 \tag{5-39}$$

a_t 的方向沿轨迹的切线，指向与 α 的转向一致；a_n 的方向指向圆心 O，如图5-18所示。

M 点在任一瞬时全加速度 a 的大小为

$$a = \sqrt{a_t^2 + a_n^2} = R\sqrt{\alpha^2 + \omega^4} \tag{5-40}$$

其方向由加速度 $\boldsymbol{a}$ 与切向单位矢量 $\boldsymbol{\tau}$ 的交角 θ 来表示

$$\theta = \arctan \frac{|a_t|}{a_n} = \frac{|\alpha|}{\omega^2} \tag{5-41}$$

由式(5-37)与式(5-40)知,在同一瞬时,转动刚体上各点的速度和加速度的大小都与该点到转轴的距离 R 成正比。

(6)角速度和角加速度的矢量表示

转动刚体上的速度和加速度是由刚体的角速度、角加速度以及点相对于转轴的位置来确定,刚体的角速度和角加速度有大小和转向。设想沿刚体转轴作矢量,其长度按一定的比例等于角速度和角加速度的大小,箭头按右手法则确定,矢量的起点可以是转轴上任意一点。

设刚体上一点 M 相对于角速度矢量 $\boldsymbol{\omega}$ 的起点 A 的位置用矢径 $\boldsymbol{r}$ 表示,$\boldsymbol{\omega}$ 与 $\boldsymbol{r}$ 之间的夹角为 β,则 M 点的速度的大小 $v = R\omega = r\sin\beta \cdot \omega = \omega r\sin\beta$,方向顺着 ω 转向,如图5-19(a)所示,且垂直于矢量 $\boldsymbol{\omega}$、$\boldsymbol{r}$ 所决定的平面。由矢量代数知,矢积 $\boldsymbol{\omega} \times \boldsymbol{r}$ 的大小方向与 $\boldsymbol{v}$ 的大小方向一样,故有

$$\boldsymbol{v} = \boldsymbol{\omega} \times \boldsymbol{r}$$

上式为转动刚体上点的速度以矢积表示的形式,亦可写为

$$\frac{\mathrm{d}\boldsymbol{r}}{\mathrm{d}t} = \boldsymbol{\omega} \times \boldsymbol{r}$$

对定轴转动的刚体,角速度矢量对时间的导数等于角加速度矢量。由于角速度矢量与角加速度矢量共线,且都在转轴上,如图5-19(b)所示,故 M 点的加速度为

$$\boldsymbol{a} = \frac{\mathrm{d}}{\mathrm{d}t}(\boldsymbol{\omega} \times \boldsymbol{r}) = \frac{\mathrm{d}\boldsymbol{\omega}}{\mathrm{d}t} \times \boldsymbol{r} + \boldsymbol{\omega} \times \frac{\mathrm{d}\boldsymbol{r}}{\mathrm{d}t} = \boldsymbol{\alpha} \times \boldsymbol{r} + \boldsymbol{\omega} \times \boldsymbol{v} \tag{5-42}$$

式中右边第一项的大小为 $\alpha \times r\sin\beta = R\alpha$,这正是点的切向加速度 $\boldsymbol{a}_t$ 的大小;第二项的大小为 $\omega v\sin 90° = \omega v = R\omega^2$,这正是点的法向加速度 $\boldsymbol{a}_n$ 的大小。这两个矢积的方向也分别与 $\boldsymbol{a}_t$ 和 $\boldsymbol{a}_n$ 的方向相一致,则

$$\boldsymbol{a}_t = \boldsymbol{\alpha} \times \boldsymbol{r}$$
$$\boldsymbol{a}_n = \boldsymbol{\omega} \times \boldsymbol{v}$$

故式(5-42)可写为

$$\boldsymbol{a} = \boldsymbol{a}_t + \boldsymbol{a}_n \tag{5-43}$$

上式即为转动刚体上点的加速度的矢积表示法。

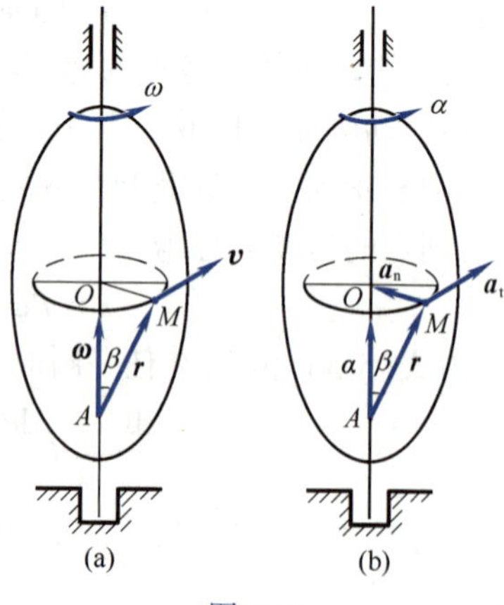

图 5-19

【例 5-7】 刚体绕定轴转动,已知转轴通过坐标原点 O,角速度矢为 $\omega = 5\sin\frac{\pi t}{2}\boldsymbol{i} + 5\cos\frac{\pi t}{2}\boldsymbol{j} + 5\sqrt{3}\boldsymbol{k}$。求 $t = 1$ s 时,刚体上点 $M(0,2,3)$ 的速度矢及加速度矢。

【解】

$$\boldsymbol{v} = \boldsymbol{\omega} \times \boldsymbol{r} = \begin{vmatrix} \boldsymbol{i} & \boldsymbol{j} & \boldsymbol{k} \\ 5\sin\frac{\pi t}{2} & 5\cos\frac{\pi t}{2} & 5\sqrt{3} \\ 0 & 2 & 3 \end{vmatrix}$$

$$= -10\sqrt{3}\boldsymbol{i} - 15\boldsymbol{j} + 10\boldsymbol{k}$$

$$\boldsymbol{a}=\boldsymbol{\alpha}\times\boldsymbol{r}+\boldsymbol{\omega}\times\boldsymbol{v}=\frac{\mathrm{d}\boldsymbol{\omega}}{\mathrm{d}t}\times\boldsymbol{r}+\boldsymbol{\omega}\times\boldsymbol{v}$$

$$=\left(-\frac{15}{2}\pi+75\sqrt{3}\right)\boldsymbol{i}-200\boldsymbol{j}-75\boldsymbol{k}$$

3. 定轴轮系的传动比

在实际工程中,不同机器的工作转速往往是不一样的,故需要利用轮系的传动来提高或降低机器转速。常用的有带传动和齿轮传动。一般将主动轮转速与从动轮转速之比,用 i 表示,即

$$i=\frac{n_{主}}{n_{从}}=\frac{\omega_{主}}{\omega_{从}}$$

(1) 带传动

由于胶带有减小振动、防止过载及对轴间距离没有严格的限制等优点,电机一般用带轮与传动轴相连,实现变速,如图 5-20 所示。

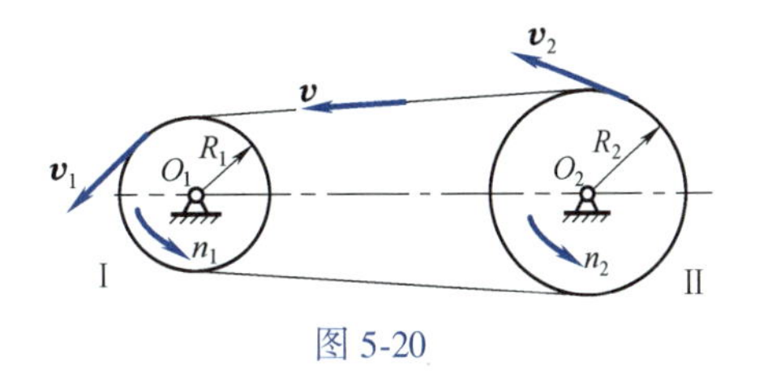

图 5-20

当主动轮 Ⅰ 转动时,利用胶带与带轮轮缘间的摩擦带动从动轮 Ⅱ 转动。不考虑胶带由于拉力引起的变形及胶带的厚度,则在同一瞬时胶带上各点速度大小应相等,即 $v_1=v=v_2$。若胶带与带轮间没有滑动,则

$$v_1=R_1\omega_1=R_1\frac{\pi n_1}{30},\quad v_2=R_2\omega_2=R_2\frac{\pi n_2}{30}$$

故有

$$R_1\omega_1=R_2\omega_2,\quad R_1n_1=R_2n_2$$

传动比

$$i=\frac{n_1}{n_2}=\frac{\omega_1}{\omega_2}=\frac{R_2}{R_1}\tag{5-44}$$

(2) 齿轮传动

机床的主轴箱、汽车的变速箱以及卷扬机等,都利用齿轮传动。因齿轮传动具有传动比准确及传递的扭矩较大等优点,故在机器中用得较多。

设两个齿轮各绕固定轴转动,如图 5-21 所示。已知其啮合齿轮的节圆半径分别为 R_1 和 R_2,齿数分别为 z_1 和 z_2,角速度为 ω_1 和 ω_2。设 A 为主动轮啮合点,B 为从动轮啮合点,因齿轮啮合没有相对滑动,故

$$v_A=v_B$$

而

$$v_A=R_1\omega_1,\quad v_B=R_2\omega_2$$

故

$$R_1\omega_1=R_2\omega_2$$

即传动比

$$i_{12}=\frac{\omega_1}{\omega_2}=\frac{R_2}{R_1}$$

图 5-21

齿轮啮合时,齿轮啮合节圆上齿距相等,因此齿数与半径成正比,故

$$i_{12}=\frac{\omega_1}{\omega_2}=\frac{R_2}{R_1}=\frac{z_2}{z_1}\tag{5-45}$$

【例 5-8】 如图 5-22 所示,高炉料车的绞筒要经过两级变速。设绞筒的半径 $r = 1$ m,Ⅰ轴的转速是 700 r/min,各齿轮的齿数为 $z_1 = 42, z_2 = 132, z_3 = 25, z_4 = 148$。求料车上升的速度。

【解】 为求小车上升的速度,需先求出轴 Ⅲ 的角速度 ω_3。

在齿轮系统中有

$$\frac{n_1}{n_2} = \frac{z_2}{z_1}, \quad n_2 = n_3, \quad \frac{n_3}{n_4} = \frac{z_4}{z_3}$$

故

$$n_3 = \frac{z_1 z_3}{z_2 z_4} n_1$$

则

$$\omega_3 = \frac{2\pi n_3}{60} = \frac{2\pi}{60} \times \frac{42 \times 25}{132 \times 148} \times 700 = 3.94 (\text{rad/s})$$

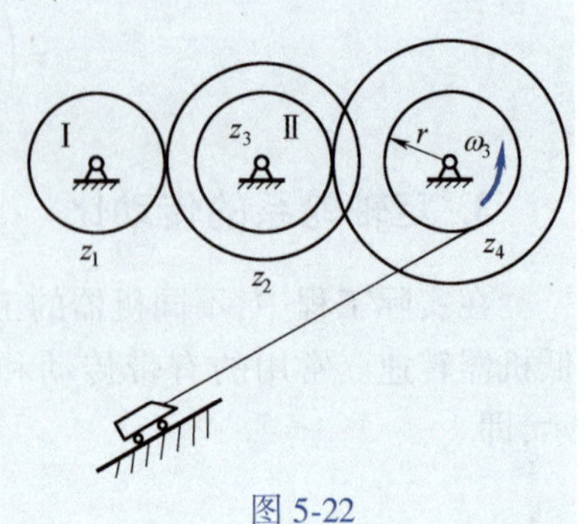

图 5-22

小车速度与绞筒外缘线速度大小相同,即

$$v = r\omega_3 = 1 \times 3.94 = 3.94 (\text{m/s})$$

思 考 题

5-1 点做圆周运动,以弧坐标法表示的运动方程为 $s = \frac{1}{2}\pi R t^2$,式中 s 以 cm 计,t 以 s 计。弧坐标的原点在 O 点,顺时针方向为弧坐标的正方向。轨迹图形和直角坐标的关系皆如图 5-23 所示。当点第一次到达坐标 y 值最大的位置时,点的加速度在 x 轴上的投影为多少?在 y 轴上的投影为多少?

5-2 如图 5-24 所示,绳子的一端绕在滑轮上,另一端与置于水平面上的物块 B 相连,若物块 B 的运动方程为 $x = kt^2$,其中 k 为常数,轮子半径为 R,则轮缘上 A 点的加速度的大小为多少?

5-3 点 M 沿螺线自外向内运动,如图 5-25 所示,它走过的弧长与时间的一次方成正比,则该点的速度将怎么变化?加速度将怎么变化?

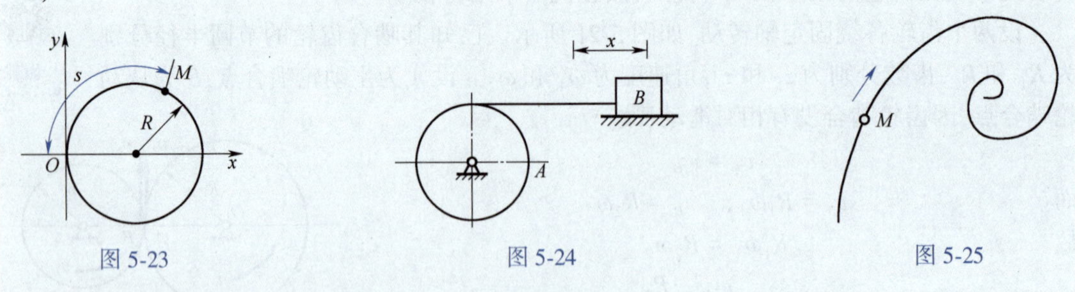

图 5-23　　图 5-24　　图 5-25

5-4 已知正方形板 $ABCD$ 作定轴转动,转轴垂直于板面,A 点的速度 $v_A = 5$ cm/s,加速度 $a_A = 5\sqrt{2}$ cm/s^2,方向如图 5-26 所示,则该板转动轴到 A 点的距离 OA 为多少?

5-5 如图 5-27 所示,双直角曲杆可绕 O 轴转动,图示瞬时 A 点的加速度 $a_A = 6$ cm/s^2,则 B 点的加速度的大小、方向如何?

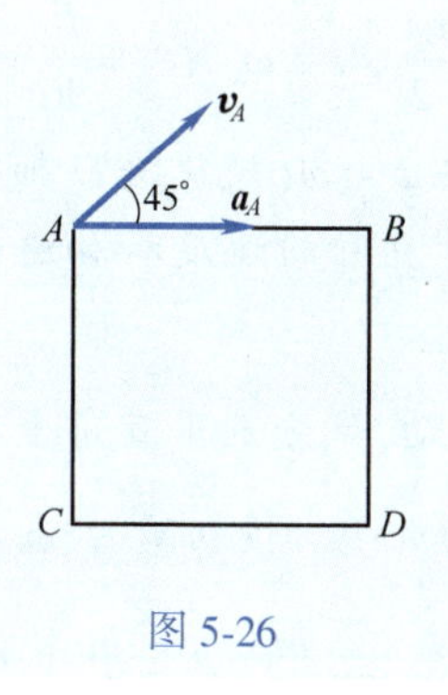

图 5-26

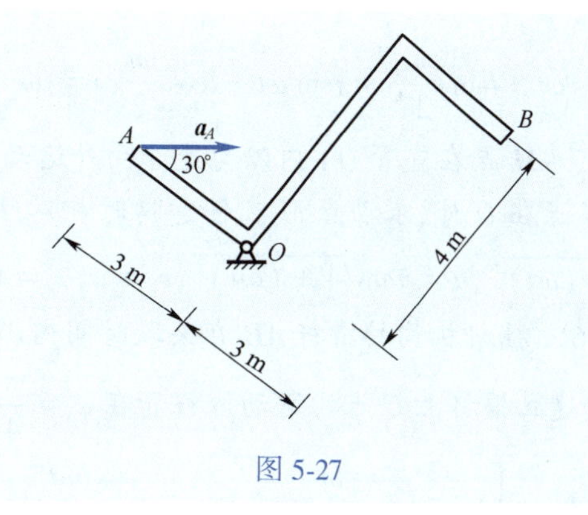

图 5-27

习　题

5-1　动点 A 和 B 在同一直角坐标系中的运动方程分别为

$$\begin{cases} x_A = t \\ y_A = 2t^2 \end{cases}, \quad \begin{cases} x_B = t^2 \\ y_B = 2t^4 \end{cases}$$

其中 x、y 以 cm 计，t 以 s 计，试求：(1) 两点的运动轨迹；(2) 两点相遇的时刻；(3) 相遇时，A、B 点的速度、加速度。[(1) $y_1 = 2x_1^2, y_2 = 2x_2^2$；(2) $t = 1$ s；(3) $v_A = 4.13$ cm/s，$v_B = 8.25$ cm/s，$a_A = 4$ cm/s^2，$a_B = 24.1$ cm/s^2]

5-2　已知动点的运动方程为 $x = t^2 - t, y = 2t$，求其轨迹及 $t = 1$ s 时的速度、加速度，并分别求动点的切向、法向加速度及曲率半径。x、y 单位为 m，t 单位为 s。($y^2 - 2y - 4x = 0$，$v = 2.24$ m/s，$a = 2$ m/s^2；$a_t = 0.894$ m/s^2，$a_n = 1.79$ m/s^2，$\rho = 2.8$ m)

5-3　半圆形凸轮以匀速 $v_0 = 1$ cm/s 水平向左运动时，推动活塞杆 AB 沿铅垂方向运动。开始时，活塞杆 A 端在凸轮的最高点。若 $R = 8$ cm，求活塞 B 的运动方程和速度。$\left(y_B = \sqrt{64 - t^2}, v_B = \dfrac{t}{\sqrt{64 - t^2}} \right)$

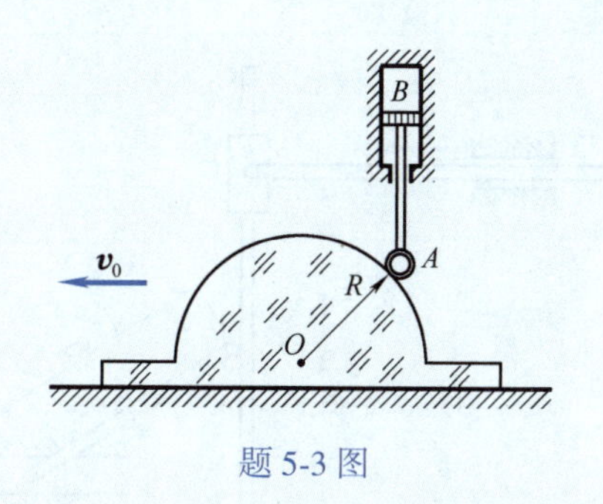

题 5-3 图

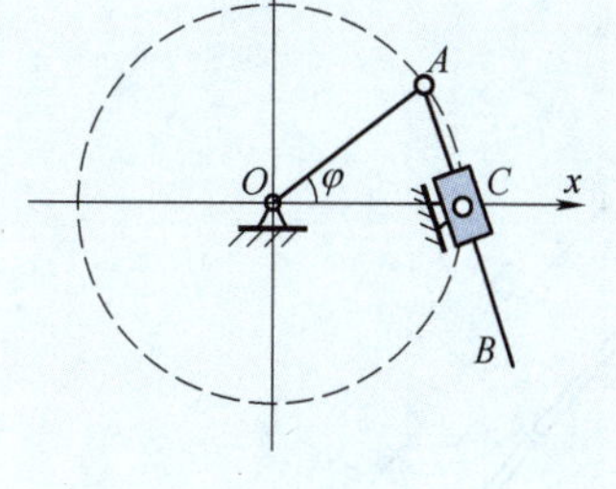

题 5-4 图

5-4　曲柄 OA 长为 r，在平面内绕 O 轴转动，如题 5-4 图所示。杆 AB 通过固定于点 C 的套筒与曲柄 OA 铰接于点 A。设 $\varphi = \omega t$，杆 AB 长 $l = 2r$，试求点 B 的运动方程、速度和加速度。

$\left(x = r\cos\omega t + l\sin\dfrac{\omega t}{2}, y = r\sin\omega t - l\cos\dfrac{\omega t}{2}, v = \omega\sqrt{r^2 + \dfrac{l^2}{4} - rl\sin\dfrac{\omega t}{2}}, a = \omega^2\sqrt{r^2 + \dfrac{l^2}{16} - \dfrac{rl}{2}\sin\dfrac{\omega t}{2}}\right)$

5-5　M点在直管OA内以匀速u向外运动,同时直管又按$\varphi = \omega t$规律绕O轴转动。开始时M点在O处,求动点M在任意瞬时相对于地面和相对于直管的速度和加速度。$(v = u\sqrt{1 + (\omega t)^2}, a = u\omega\sqrt{4 + (\omega t)^2}, v_r = u, a_r = 0)$

5-6　摇杆机构的滑杆AB在某段时间内以匀速u向上运动,试分别用直角坐标法与弧坐标法建立摇杆上C点的运动方程和在$\varphi = \dfrac{\pi}{4}$时该点速度的大小。设初瞬时,$\varphi = 0$,摇杆长$OC = b$。$\left[x_C = \dfrac{bl}{\sqrt{l^2 + (ut)^2}}, y_C = \dfrac{but}{\sqrt{l^2 + (ut)^2}}, s = b\varphi, \varphi = \arctan\dfrac{ut}{l}, v_C = \dfrac{bu}{2l}\right]$

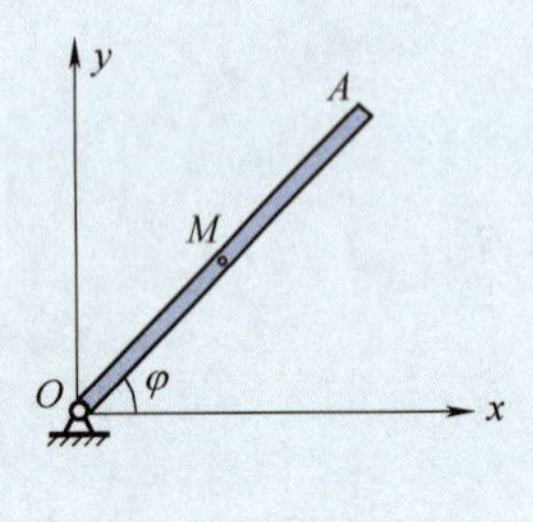

题5-5图

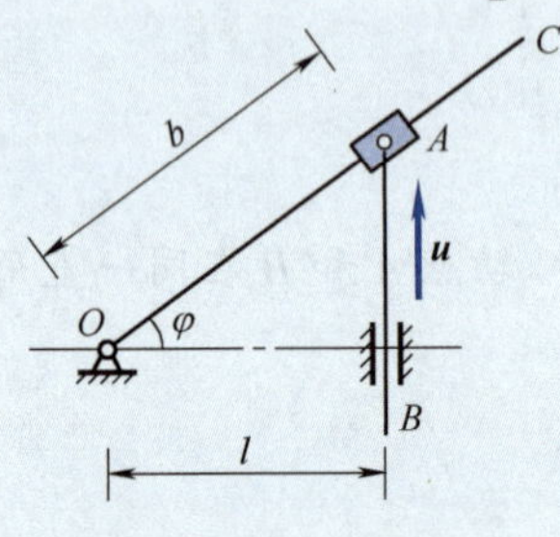

题5-6图

5-7　一点作平面曲线运动,其速度在x轴上投影始终为一常量C。试证明在此情形下,该点的加速度大小为$a = \dfrac{v^3}{C\rho}$,其中v为该点的速度的大小,ρ为该点的轨迹的曲率半径。

5-8　长为l的直杆AB,一端A沿着铅垂墙壁下滑,一端B则沿水平地板滑动,在运动中,杆始终位于铅垂面内,求杆上点C和D的轨迹及杆同地板刚接触的瞬时,点D的曲率半径。已知$AC = \dfrac{l}{2}$, $AD = \dfrac{3}{4}l$。$\left(x_C^2 + y_C^2 = \dfrac{l^2}{4}, \dfrac{16x_D^2}{9l^2} + \dfrac{16y_D^2}{l^2} = 1, \rho = \dfrac{l}{12}\right)$

5-9　推杆AB以等速度$u = 20$ cm/s运动,借滑块B使OC绕点O转动。连杆DE与杆OC铰接于D,如图所示。当$t = 0$时,OC杆处于铅直位置,推杆AB、滑块E处于水平位置,且$BD = OD = 10$ cm,$DE = 15$ cm,求此时刻E块的速度与加速度。$\left(v_E = 10 \text{ cm/s}, a_E = \dfrac{10\sqrt{3}}{3} \text{ cm/s}^2\right)$

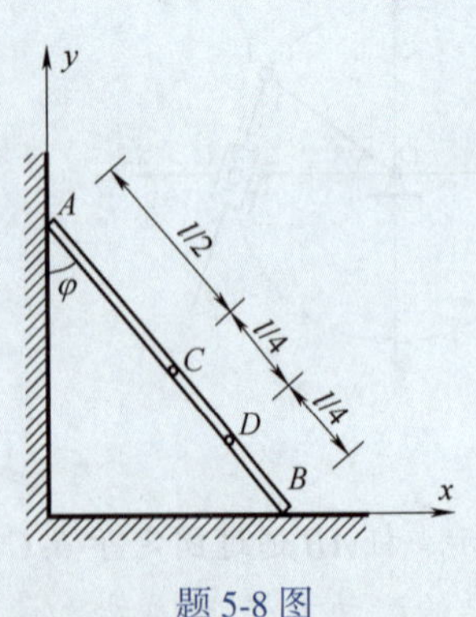

题5-8图

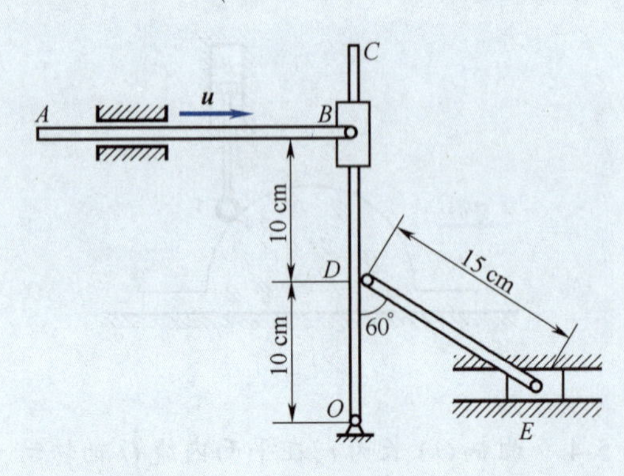

题5-9图

5-10　销钉 M 可以同时在滑块 A、B 的导槽内滑动。导槽相互垂直，且分别垂直于滑块 A、B 的导轨，如图所示。在图示位置时，已知滑块 A 的速度 $v_A = 0.2\ \mathrm{m/s}$，方向向右，以 $a_A = 0.75\ \mathrm{m/s^2}$ 减速；滑块 B 的速度 $v_B = 0.15\ \mathrm{m/s}$，方向向下，以 $a_B = 0.4\ \mathrm{m/s^2}$ 减速。试求该瞬时，销钉 M 的轨迹在该位置的曲率半径。($\rho = 0.480\ 7\ \mathrm{m}$)

5-11　如图平面平行机构中，$O_1O_2 = AB$，$O_1A = O_2B = 15\ \mathrm{cm}$，$\varphi = \dfrac{\pi}{6}t^2\ \mathrm{rad}$，求当 $t = 1\ \mathrm{s}$ 时，板 $ABCD$ 中点 M 的速度与加速度。($v = 15.7\ \mathrm{cm/s}$，$a = 22.73\ \mathrm{cm/s^2}$)

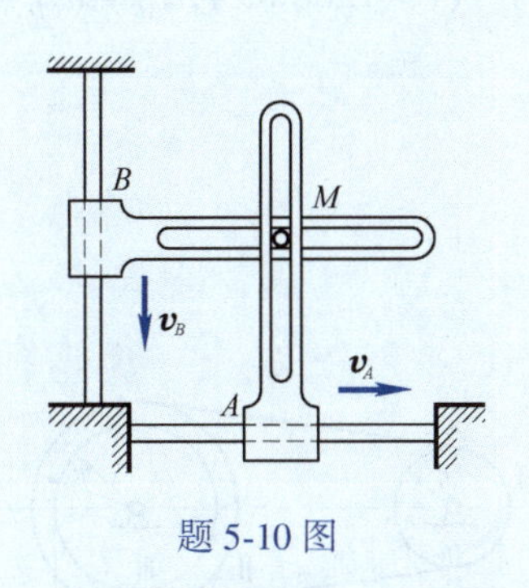

题 5-10 图

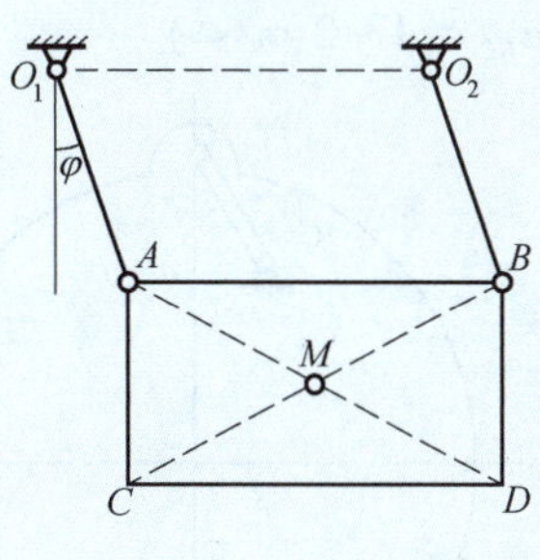

题 5-11 图

5-12　搅拌机构如图所示，已知 $O_1A = O_2B = R$，$O_1O_2 = AB$，杆 O_1A 以不变的转速 n r/min 转动。试分析构件 BAM 上 M 点的轨迹及其速度和加速度。($v = \pi Rn/30$，$a = \pi^2 n^2 R/900$)

5-13　在图示机构中，$O_1A \parallel O_2B$，$O_1A = O_2B = 0.5\mathrm{m}$，$O_2C \parallel O_3D$，$O_2C = O_3D = 0.8\ \mathrm{m}$。设 O_1A 以 $n = 30\ \mathrm{r/min}$ 做匀速转动，试求 M 点的速度和加速度。($v = 2.51\ \mathrm{m/s}$，$a = 7.89\ \mathrm{m/s^2}$)

5-14　曲柄摇杆机构如图所示，曲柄 OA 长 r，以匀角速度 ω 绕 O 轴转动，其 A 端用铰链与滑块相连，滑块可沿摇杆 O_1B 的槽子滑动，且 $OO_1 = h$，求摇杆的转动方程。$\left(\varphi = \arctan\dfrac{r\sin\omega t}{h + r\cos\omega t}\right)$

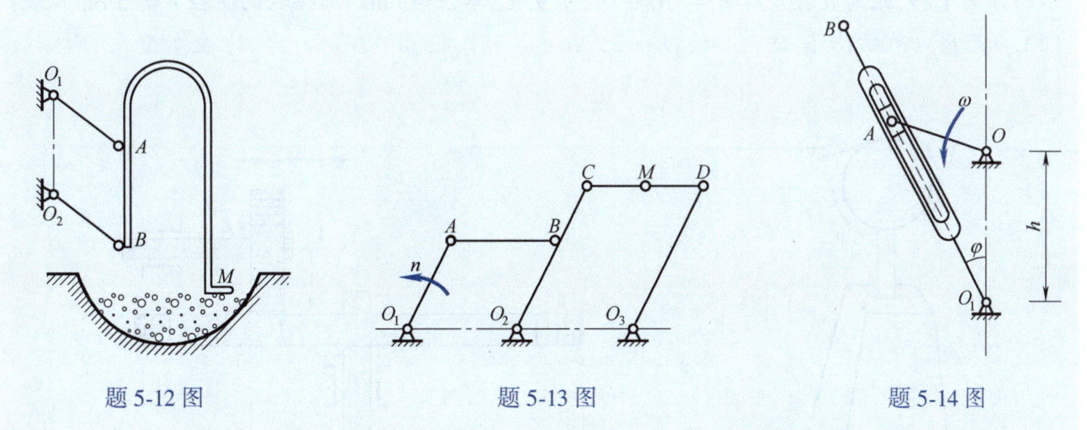

题 5-12 图　　题 5-13 图　　题 5-14 图

5-15　图示揉茶机的揉桶由三个曲柄 Aa、Bb、Cc 支持，各曲柄的长度均为 $l = 140\ \mathrm{mm}$，且互相平行。设各曲柄以转速 $n = 18\ \mathrm{r/min}$ 匀速转动，试求揉桶中心点 O 的速度、加速度和轨迹。

5-16　一轮由静止开始做匀加速转动,在 2 min 内转过 1 000 r,求它的平均转速及在 $t = 1$ min 和 $t = 2$ min 时的转速和角加速度。($n_{平} = 500$ r/min; $t = 1$ min, $n = 500$ r/min; $t = 2$ min, $n = 1\ 000$ r/min, $\alpha = \dfrac{5\pi}{18}$ rad/s^2)

5-17　电动绞轴由胶带轮 Ⅰ 和 Ⅱ 及鼓轮 Ⅲ 组成,轮 Ⅲ 和轮 Ⅱ 刚性地连在同一轴上。$r_1 = 0.30$ m, $r_2 = 0.40$ m, $r_3 = 0.75$ m, $n_1 = 100$ r/min。设轮与胶带间无滑动,求重物 M 上升的速度和胶带 AB、BC、CD、DA 各段上点的加速度的大小。($v = 1.68$ m/s, $a_{AB} = a_{CD} = 0$, $a_{DA} = 33$ m/s^2, $a_{BC} = 13.2$ m/s^2)

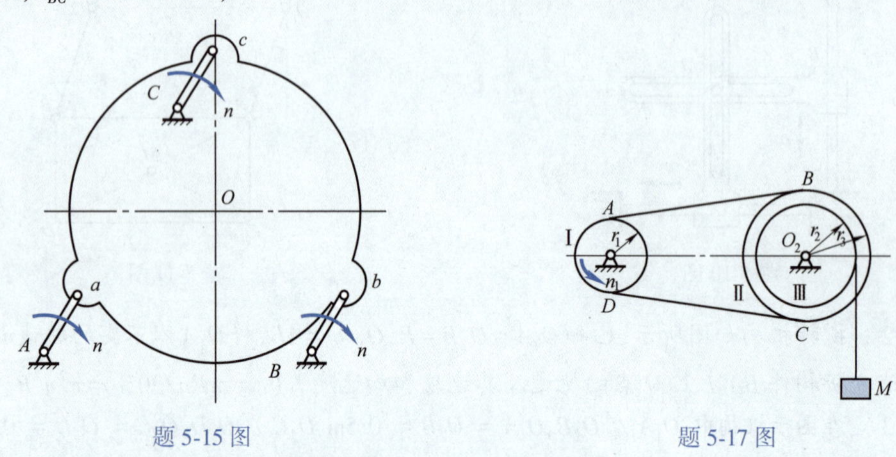

题 5-15 图　　题 5-17 图

5-18　在刮风期间,风车的角加速度 $a = 0.20$ rad/s^2,其中转角 θ 以 rad 计。若初瞬时 $\theta_0 = 0$, $\omega_0 = 6$ rad/s,其叶片半径为 0.75 m。试求叶片转过两圈($\theta = 4\pi$ rad)时其顶 M 点的速度。($v = 6.17$ m/s)

5-19　图示摩擦传动机构的主动轮Ⅰ的转速为 $n = 600$ r/min,它与轮Ⅱ的接触点按箭头所示的方向平移,距离 d 按规律 $d = 10 - 0.5t$ 变化,单位为 cm。摩擦轮的半径 $r = 5$ cm。求:(1) 以距离 d 表示轮 Ⅱ 的角加速度;(2) 当 $d = r$ 时,轮 Ⅱ 边缘上一点的全加速度的大小。

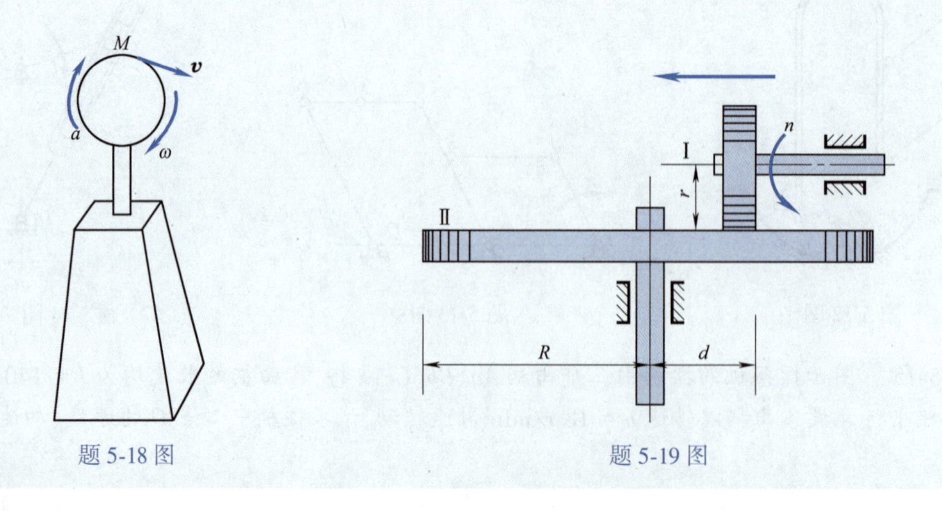

题 5-18 图　　题 5-19 图

扫一扫

教学要点

第6章　点的合成运动

对任何物体运动的描述都是相对的，即从不同的参考系来观察物体的运动得到的结果不同，这些不同的结果间有什么样的关系？这是本章要研究的主要内容，即用运动合成的方法来研究点的运动。

6.1　点的合成运动的概念

在实际中，常常会遇到这样一类问题，例如人在运动着的火车上走动，需要研究相对于地球的运动，又要研究人相对于火车的运动。这类问题的特点是：物体 A 相对于物体 B 运动，物体 B 又相对于物体 C 运动，而需要确定的是物体 A 相对于物体 C 的运动。求解此类问题的方法一般有两种：一是通过建立物体 A 相对于物体 C 的运动方程式求出有关的运动量。这种方法道理简单，但有时用起来较麻烦；二是根据这类问题的特点，先分析物体 A 相对于物体 B 的运动，物体 B 相对于物体 C 的运动，然后应用运动合成的概念，把物体 A 相对物体 C 的运动看成是上述两种运动的合成运动。这种方法需要建立运动合成的概念，通常把一个比较复杂的运动看成是两个运动的合成运动，将比较复杂的运动的求解简化。

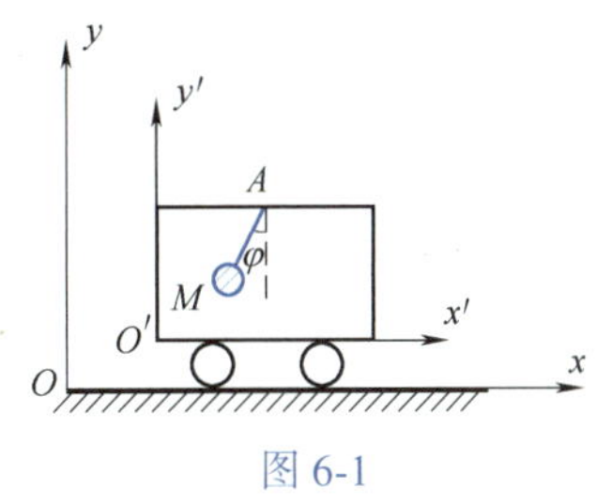

图 6-1

为便于研究，把所考虑的对象（即点）称为**动点**，把固结在地球表面的参考坐标系称为**静坐标系**，把另一个固结在相对静坐标系运动的物体上的参考坐标系称为**动坐标系**。动点相对静坐标系的运动称为**绝对运动**；动点相对动坐标系的运动称为**相对运动**，动坐标系相对于静坐标系的运动称为**牵连运动**。动点的绝对运动可以看成是动点的相对运动和牵连运动的合成的结果。例如图6-1中悬挂在车厢内的小球 M 称为动点，固结在地面上的参考系 Oxy 称为静坐标系，固结在车厢上的参考系 $O'x'y'$称为动坐标系。

车厢中的小球 M 相对地面的运动称为绝对运动，小球 M 相对车厢的运动称为相对运动，车厢相对地面的运动称为牵连运动。M 点的绝对运动可以看成是由相对运动和牵连运动的合成运动。

必须指出，动点的绝对运动和相对运动都是点的运动，它可能是直线运动，也可能是曲线运动；而牵连运动指的是动坐标系的运动，即刚体的运动，它可能是平移、转动或其他形式的运动。

动点在绝对运动中的轨迹、位移、速度、加速度分别称为**绝对轨迹、绝对位移、绝对速度、绝对加速度**。绝对速度和绝对加速度用 $\boldsymbol{v}_a$ 和 $\boldsymbol{a}_a$ 表示。

同样动点在相对运动中的轨迹、位移、速度、加速度则分别称为**相对轨迹、相对位移、相对速度、相对加速度**。相对速度和相对加速度用 $\boldsymbol{v}_r$ 和 $\boldsymbol{a}_r$ 表示。

动点的牵连速度和牵连加速度是一个很值得注意的概念,定义为:在某一瞬时,动坐标系上与动点重合的那一点的速度和加速度,称为**动点在该瞬时的牵连速度和牵连加速度**。这也可理解为:该瞬时动点固结在动坐标系上,随同动坐标系一起运动的速度和加速度。牵连速度和牵连加速度用 $\boldsymbol{v}_e$ 和 $\boldsymbol{a}_e$ 表示。

现以图 6-2 表示曲柄滑道机构来说明如下几个概念:曲柄 OA 作匀速转动,A 端与滑块铰接,滑块可以在滑道 BCD 上滑动。选曲柄 OA 与滑块 A 的连接点 A 为动点,静坐标系 Oxy 固结在地面上,动坐标系 $O'x'y'$固结在滑道 BCD 上。动点 A 的绝对运动为圆周运动,相对运动为沿滑道做直线运动,其绝对速度 $\boldsymbol{v}_a$,绝对加速度 $\boldsymbol{a}_a$ 及相对速度 $\boldsymbol{v}_r$,相对加速度 $\boldsymbol{a}_r$,如图 6-2(a)所示。动坐标系相对静坐标系作直线平动。动点 A 的牵连速度和牵连加速度是指在滑道 BCD 上与动点重合的点 A'的速度和加速度。若将滑道 BCD 单独画出。动点 A 的牵连速度 $\boldsymbol{v}_e$ 和牵连加速度 $\boldsymbol{a}_e$ 可表示成如图 6-2(b)所示。

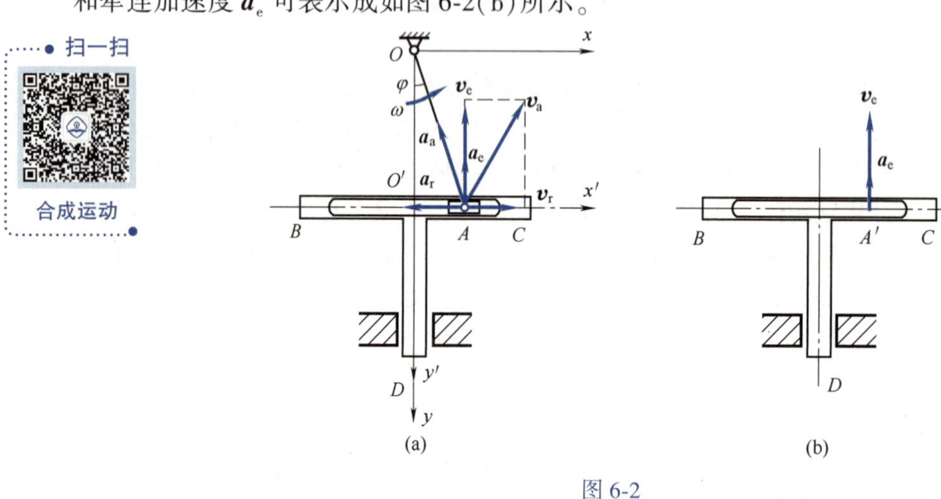

图 6-2

6.2 点的速度合成定理

设动点 M 按一定规律沿着固结于动坐标系的曲线 AB 上运动,而曲线 AB 又随同动坐标系相对于静坐标系 Oxy 运动,如图 6-3 所示。

在瞬时 t,动点位于曲线 AB 上的 M 点,经过微小的时间间隔 Δt 以后,动坐标系上的曲线 AB 运动到新位置 A_1B_1,同时动点沿弧 $\overset{\frown}{MM_1}$ 运动到 M_1 点,弧 $\overset{\frown}{MM_1}$ 为动点的绝对轨迹。若在动坐标系上观察 M 点的运动,则它沿曲线 AB 运动到 M_2,弧 $\overset{\frown}{MM_2}$ 是动点的相对轨迹。在瞬时 t,曲线 AB 上与动点 M 重合的那一点 M',则沿弧 $\overset{\frown}{M'(M')_1}$ 运动到$(M')_1$。矢量 $\boldsymbol{MM}_1$、$\boldsymbol{MM}_2$、$\boldsymbol{M(M')}_1$ 分别为动点的绝对位移、相对位移、牵连位移。

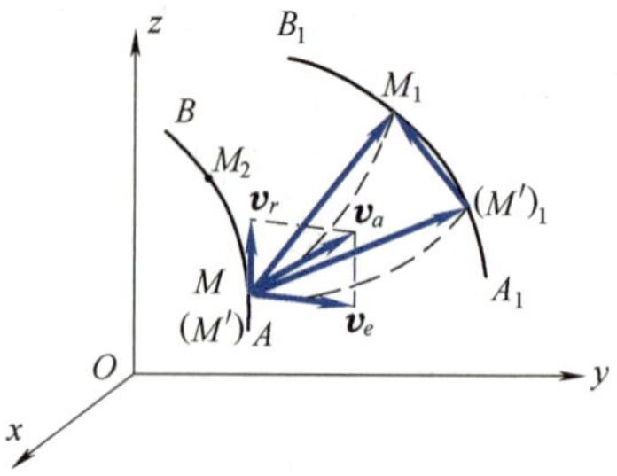

图 6-3

根据速度的定义,动点 M 在瞬时 t 的绝对速度、相对速度、牵连速度分别为

$$\boldsymbol{v}_a = \lim_{\Delta t \to 0} \frac{\boldsymbol{MM}_1}{\Delta t} \tag{6-1}$$

$$\boldsymbol{v}_r=\lim_{\Delta t\to 0}\frac{\boldsymbol{MM}_2}{\Delta t} \tag{6-2}$$

$$\boldsymbol{v}_e=\lim_{\Delta t\to 0}\frac{\boldsymbol{M}'(\boldsymbol{M}')_1}{\Delta t} \tag{6-3}$$

其中 $\boldsymbol{v}_a$ 的方向沿绝对轨迹 MM_1 切线，$\boldsymbol{v}_r$ 的方向沿相对轨迹的切线，$\boldsymbol{v}_e$ 的方向沿曲线 $M'(M')_1$ 的切线。

在图 6-3 所示的矢量三角形 $MM_1(M')_1$ 中

$$\boldsymbol{MM}_1=\boldsymbol{M}(\boldsymbol{M}')_1+(\boldsymbol{M}')_1\boldsymbol{M}_1$$

将上式各项除以 Δt，取 $\Delta t\to 0$ 的极限为

$$\lim_{\Delta t\to 0}\frac{\boldsymbol{MM}_1}{\Delta t}=\lim_{\Delta t\to 0}\frac{\boldsymbol{M}(\boldsymbol{M}')_1}{\Delta t}+\lim_{\Delta t\to 0}\frac{(\boldsymbol{M}')_1\boldsymbol{M}_1}{\Delta t} \tag{6-4}$$

又

$$\lim_{\Delta t\to 0}\frac{(\boldsymbol{M}')_1\boldsymbol{M}_1}{\Delta t}=\lim_{\Delta t\to 0}\frac{\boldsymbol{MM}_2}{\Delta t}=\boldsymbol{v}_r \tag{6-5}$$

将式(6-1)、式(6-3)、式(6-5)代入式(6-4)，则

$$\boldsymbol{v}_a=\boldsymbol{v}_e+\boldsymbol{v}_r \tag{6-6}$$

即在任意瞬时，动点的绝对速度等于牵连速度与相对速度的矢量和，这就是**点的速度合成定理**。式(6-6)中包含 $\boldsymbol{v}_a$、$\boldsymbol{v}_e$、$\boldsymbol{v}_r$ 的大小和方向共六个量，若已知其中任意四个量，则便可求出其余两个未知量。

【例 6-1】 如图 6-4 所示，偏心圆凸轮的偏心距 $OC=e$，半径 $r=\sqrt{3}e$。设凸轮以匀角速度 ω_0 绕轴 O 转动，试求 OC 与 CA 垂直的瞬时，杆 AB 的速度。

【解】 凸轮为定轴转动，AB 杆为直线平移，只要求出 A 点的速度就可以知道 AB 杆各点的速度。

取 A 为动点，动坐标系 $Ox'y'$ 固结在凸轮上，静坐标系固结在地面上，则 A 点的绝对运动是沿 AB 方向的直线运动；相对运动是以 C 为圆心的圆周运动；牵连运动是动坐标系绕 O 轴的定轴转动，$\boldsymbol{v}_a$、$\boldsymbol{v}_e$、$\boldsymbol{v}_r$ 如图 6-4 所示。

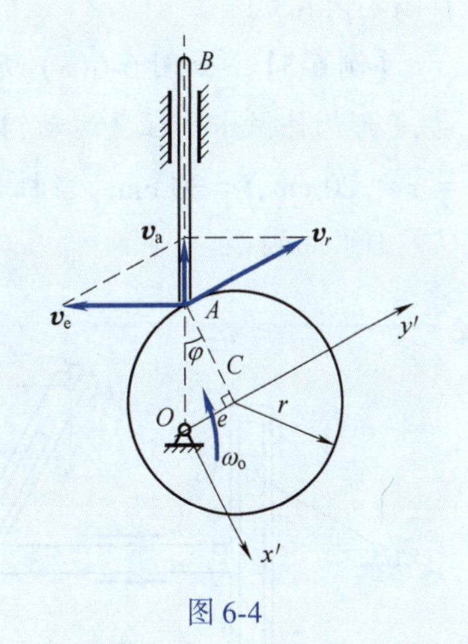

图 6-4

现已知，$v_e=OA\times\omega_0=2e\omega_0$，在速度合成定理中，$\boldsymbol{v}_e$ 的大小、方向和 $\boldsymbol{v}_a$、$\boldsymbol{v}_r$ 的方向已知，故可求出 $\boldsymbol{v}_a$、$\boldsymbol{v}_r$ 的大小。

在图示速度矢量图中，由其速度的三角形关系，得

$$\tan\varphi=\frac{OC}{AC}=\frac{v_a}{v_e}$$

又 $OC=e$，$AC=r=\sqrt{3}e$，于是

$$v_a=2\frac{e\omega_0}{\sqrt{3}}$$

即为 AB 杆在此瞬时的速度，方向向上。

【例 6-2】 刨床的急回机构如图 6-5 所示。曲柄 OA 的一端 A 与滑块用铰链连接。当曲柄 OA 以匀角速度 ω 绕固定轴转动时,滑块在 O_1B 上滑动,并带动摇杆 O_1B 绕固定轴 O_1 摆动。设曲柄长 $OA=r$,轴 OO_1 的距离为 l,求当曲柄在水平位置时摇杆的角速度 ω_1。

图 6-5

【解】 以曲柄端点 A 为动点,动坐标系 $O_1x'y'$ 固结在摇杆 O_1B 上,静坐标系与地面固结,则动点 A 的绝对运动是以 O 为圆心、OA 为半径的圆周运动,相对运动是点 A 沿 O_1B 杆的直线运动,而牵连运动则是摇杆绕 O_1 轴的摆动。

如图 6-5 所示,作 A 点的速度图。由几何关系可得

$$v_e = v_a \sin\varphi \tag{1}$$

又

$$\sin\varphi = \frac{r}{\sqrt{r^2+l^2}},\quad v_a = r\omega$$

将上式代入式(1),有

$$v_e = \frac{r^2\omega}{\sqrt{r^2+l^2}}$$

设摇杆在此瞬时的角速度为 ω_1,则

$$v_e = O_1A \times \omega_1 = r^2\omega/\sqrt{r^2+l^2}$$

即

$$\omega_1 = \frac{v_e}{O_1A} = \frac{r^2\omega}{l^2+r^2}$$

转向如图 6-5 所示。

【例 6-3】 如图 6-6(a) 所示,曲柄 O_1M_1 以匀角速度 $\omega_1 = 3$ rad/s 绕 O_1 轴沿逆时针转动,T 形构件做水平往复运动,M_2 为该构件上固连的销钉,槽杆 O_2E 绕 O_2 轴摆动。已知 $O_1M_1 = r = 20$ cm,$l = 30$ cm。当机构运动到图示位置时,$\theta = \varphi = 30°$,求 T 形构件 BCD 的速度和 O_2E 杆的角速度。

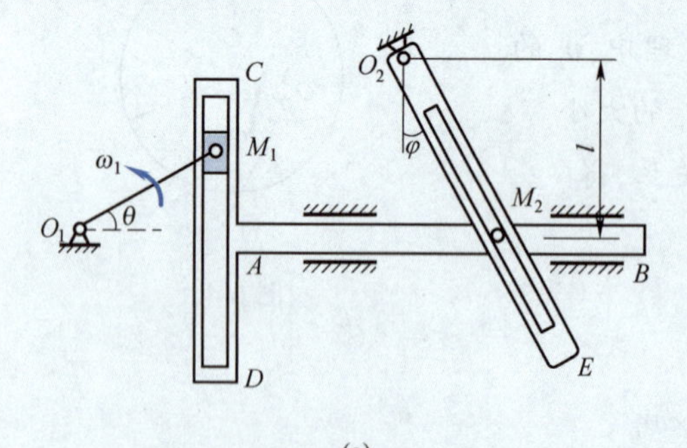

(a)

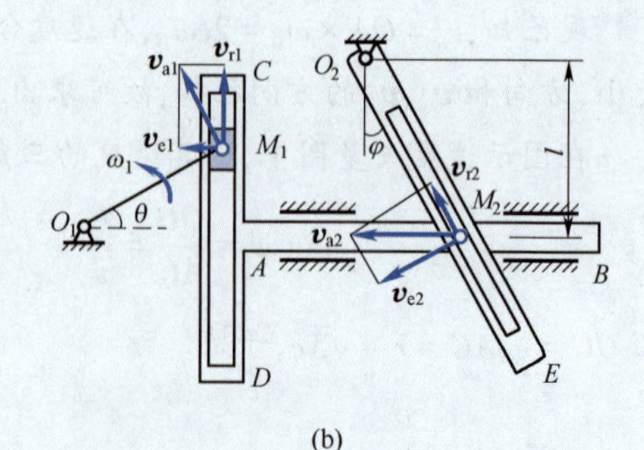

(b)

图 6-6

【解】　(1) 取 M_1 为动点，动系固结于 T 形构件 BCD 上。作速度分析图如图 6-6(b) 所示。由速度合成定理，则有

$$\boldsymbol{v}_{a1} = \boldsymbol{v}_{e1} + \boldsymbol{v}_{r1}$$

又

$$v_{a1} = O_1M_1 \times \omega_1 = r\omega_1 = 60(\mathrm{cm/s})$$

故

$$v_{e1} = v_{a1}\sin\theta = 30(\mathrm{cm/s})$$

即 T 形构件 BCD 的速度为 30 cm/s。

(2) 取 M_2 为动点，动系固结于 O_2E 杆。作速度分析图如图 6-6(b) 所示。由速度合成定理，则有

$$\boldsymbol{v}_{a2} = \boldsymbol{v}_{e2} + \boldsymbol{v}_{r2}$$

又

$$v_{a2} = v_{e1} = 30(\mathrm{cm/s})$$

故

$$v_{e2} = v_{a2}\cos\varphi = 15\sqrt{3}(\mathrm{cm/s})$$

$$\omega_{O_2E} = \frac{v_{e2}}{l}\cos\varphi = 0.75(\mathrm{rad/s})$$

即 O_2E 杆的角速度为 0.75 rad/s。

6.3　牵连运动为平移时点的加速度合成定理

点的速度合成定理与牵连运动的形式无关，即不管牵连运动为何种运动，点的速度合成定理都适用。但是，点的加速度合成却与牵连运动的形式有关。下面讨论牵连运动为平移时，点的加速度合成定理。

如图 6-7 所示，设动点 M 相对于动坐标系 $O'x'y'z'$ 运动的轨迹为曲线 AB，动坐标系 $O'x'y'z'$ 相对于静坐标系 $Oxyz$ 作平移，则动点 M 在任意瞬时 t 的相对速度 v_r 与其相对坐标 x'、y'、z' 之间有下列关系：

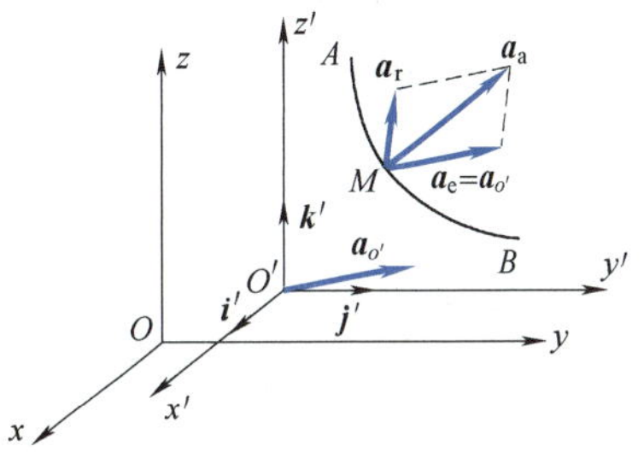

$$\boldsymbol{v}_r = \frac{\mathrm{d}x'}{\mathrm{d}t}\boldsymbol{i}' + \frac{\mathrm{d}y'}{\mathrm{d}t}\boldsymbol{j}' + \frac{\mathrm{d}z'}{\mathrm{d}t}\boldsymbol{k}' \tag{6-7}$$

$\boldsymbol{i}'$、$\boldsymbol{j}'$、$\boldsymbol{k}'$ 为动坐标系的正向单位矢量。

图 6-7

相应地在任何瞬时 t 时动点 M 的相对加速度为

$$\boldsymbol{a}_r = \frac{\mathrm{d}^2x'}{\mathrm{d}t^2}\boldsymbol{i}' + \frac{\mathrm{d}^2y'}{\mathrm{d}t^2}\boldsymbol{j}' + \frac{\mathrm{d}^2z'}{\mathrm{d}t^2}\boldsymbol{k}' \tag{6-8}$$

由于动坐标系平移，在同一瞬时，动坐标系(可视为刚体)上所有各点的速度都相同，因而动点的牵连速度与动坐标系原点 O' 的速度 $\boldsymbol{v}_{O'}$ 相同，即

$$\boldsymbol{v}_e = \boldsymbol{v}_{O'} \tag{6-9}$$

考虑式(6-7)、式(6-9)，根据点的速度合成定理，动点的绝对速度为

$$\boldsymbol{v}_a = \boldsymbol{v}_e + \boldsymbol{v}_r = \boldsymbol{v}_{O'} + \frac{\mathrm{d}x'}{\mathrm{d}t}\boldsymbol{i}' + \frac{\mathrm{d}y'}{\mathrm{d}t}\boldsymbol{j}' + \frac{\mathrm{d}z'}{\mathrm{d}t}\boldsymbol{k}' \tag{6-10}$$

式(6-10)是在任意瞬时都成立。注意到动系只作平移，$\boldsymbol{i}'$、$\boldsymbol{j}'$、$\boldsymbol{k}'$ 均为常矢量，故对式(6-10)求导有

$$\boldsymbol{a}_{\mathrm{a}}=\boldsymbol{a}_{O'}+\frac{\mathrm{d}^2x'}{\mathrm{d}t^2}\boldsymbol{i}'+\frac{\mathrm{d}^2y'}{\mathrm{d}t^2}\boldsymbol{j}'+\frac{\mathrm{d}^2z'}{\mathrm{d}t^2}\boldsymbol{k}'$$

将式(6-8)代入上式,则有

$$\boldsymbol{a}_{\mathrm{a}}=\boldsymbol{a}_{O'}+\boldsymbol{a}_{\mathrm{r}} \tag{6-11}$$

又动系作平移,故 $\boldsymbol{a}_{\mathrm{e}}=\boldsymbol{a}_{O'}$,将 $\boldsymbol{a}_{\mathrm{e}}=\boldsymbol{a}_{O'}$ 代入式(6-11),有

$$\boldsymbol{a}_{\mathrm{a}}=\boldsymbol{a}_{\mathrm{e}}+\boldsymbol{a}_{\mathrm{r}} \tag{6-12}$$

即当牵连运动为平移时,在任意瞬时,动点的绝对加速度等于牵连加速度与相对加速度的矢量和,这就是牵连运动为平移时点的**加速度合成定理**。根据这一定理可应用平行四边形法则或矢量投影定理求解出待求的各量。

【例 6-4】 曲柄滑道机构如图 6-8 所示。曲柄 OA 绕 O 轴匀速转动,滑块 A 在水平杆 BC 的滑槽内滑动,曲柄通过铰接的滑块 A 带动 BC 杆在水平方向作往复运动。设曲柄长 $OA=r=$ 40 cm,转速 $n=120$ r/min,滑槽 ED 与水平线间的夹角为 45°,求 45° 时 BC 杆的加速度。

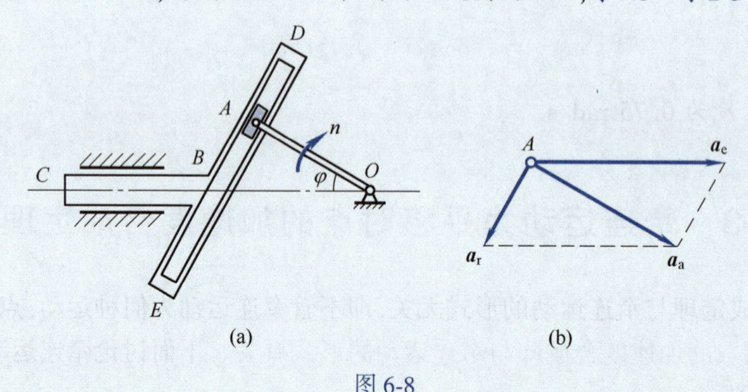

图 6-8

【解】 取滑块 A 为动点,动坐标系与水平杆固结,水平杆 BC 作平移。

由题设条件可知

$$a_{\mathrm{a}}=r\omega^2=0.4\times\frac{(120\pi)^2}{30^2}=64(\mathrm{m/s^2})$$

其方向指向 O 点。

又根据牵连运动为平移时加速度合成定理 $\boldsymbol{a}_{\mathrm{a}}=\boldsymbol{a}_{\mathrm{e}}+\boldsymbol{a}_{\mathrm{r}}$ 作加速度矢量图 6-8(b) 所示,由几何关系可得 $a_{\mathrm{r}}=a_{\mathrm{a}}=64\ \mathrm{m/s^2}$。

故
$$a_{\mathrm{e}}=2a_{\mathrm{a}}\cos45°=2\times\frac{\sqrt{2}}{2}\times64=90.2(\mathrm{m/s^2})$$

即为 BC 杆的加速度,方向如图 6-8(b) 所示。

【例 6-5】 半径为 R 的凸轮在水平面上向右作减速运动,如图 6-9 所示。图中,瞬时凸轮的速度、加速度分别为 v_O、a_O,且 $\varphi=60°$。求杆 AB 在图示位置时的加速度。

【解】 取杆 AB 上 A 为动点,动坐标系固结在凸轮上,则动系为平移。由点的速度合成定理

$$\boldsymbol{v}_{\mathrm{a}}=\boldsymbol{v}_{\mathrm{e}}+\boldsymbol{v}_{\mathrm{r}}$$

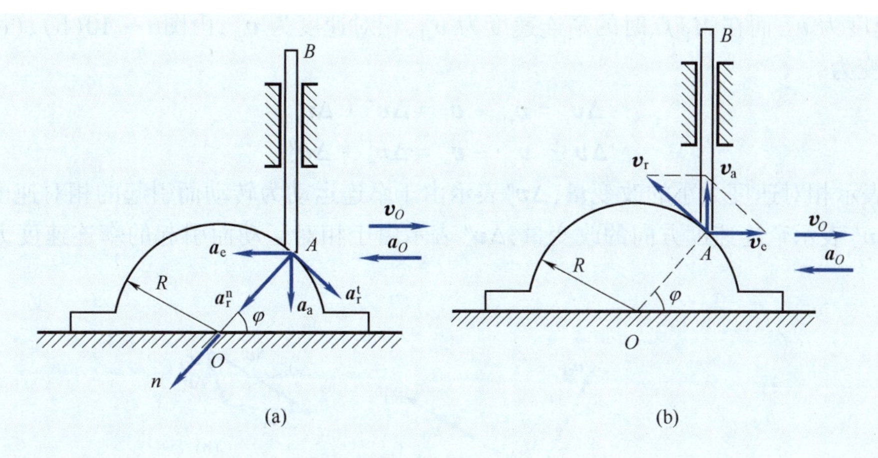

图 6-9

作速度平行四边形,如图 6-9(b) 所示,则有

$$v_r = \frac{v_e}{\cos 30^\circ} = \frac{2\sqrt{3}}{3}v_O$$

故有

$$a_r^n = \frac{v_r^2}{R} = \frac{4v_O^2}{3R}$$

由牵连运动为平动的加速度投影定理

$$\boldsymbol{a}_a = \boldsymbol{a}_e + \boldsymbol{a}_r^n + \boldsymbol{a}_r^t$$

将上式向 n 轴投影得

$$a_a \sin\varphi = a_e \cos\varphi + a_r^n$$

将 $\varphi = 60^\circ$,a_r^n,$a_e = a_O$ 代入上式,得到

$$a_a = \frac{\sqrt{3}}{3}\left(a_O + \frac{8}{3}\frac{v_O^2}{R}\right)$$

上式即为 AB 杆在此瞬时的加速度,若上式为正值则方向向下,反之方向向上。

6.4　牵连运动为转动时点的加速度合成定理

当牵连运动为转动时,由于转动的牵连运动与相对运动相互影响的结果而产生一种附加的加速度,这种加速度称为科里奥利加速度,简称**科氏加速度**,以符号 $\boldsymbol{a}_c$ 表示。则动点的加速度可写为

$$\boldsymbol{a}_a = \boldsymbol{a}_e + \boldsymbol{a}_r + \boldsymbol{a}_c \tag{6-13}$$

即当牵连运动为转动时,动点的绝对加速度等于牵连加速度、相对加速度与科氏加速度的矢量和,这就是牵连运动为转动时点的**加速度合成定理**。

下面用特例来说明科氏加速度生成的原因。

设直线以匀角速度 ω 绕 O 轴转动,在瞬时 t 的位置是 Ox',在瞬时 $t+\Delta t$ 的位置是 Ox_1',与此同时动点沿此直线由 M 点运动到 M_1 点,如图 6-10(a) 所示。令动点在 M 点时的牵连速度为

$\boldsymbol{v}_e$,相对速度为 $\boldsymbol{v}_r$,而在 M_1 点时的牵连速度为 $\boldsymbol{v}_{e1}$,相对速度为 $\boldsymbol{v}_{r1}$,由图6－10(b)、(c)可知,速度的改变为

$$\Delta \boldsymbol{v}_r = \boldsymbol{v}_{r1} - \boldsymbol{v}_r = \Delta \boldsymbol{v}_r' + \Delta \boldsymbol{v}_r'' \tag{6-14}$$

$$\Delta \boldsymbol{v}_e = \boldsymbol{v}_{e1} - \boldsymbol{v}_e = \Delta \boldsymbol{v}_e' + \Delta \boldsymbol{v}_e'' \tag{6-15}$$

式中 $\Delta \boldsymbol{v}_r'$ 表示相对速度大小的改变量,$\Delta \boldsymbol{v}_r''$ 表示由于牵连运动为转动而引起的相对速度方向的改变量;$\Delta \boldsymbol{v}_e'$ 表示牵连速度方向的改变量,$\Delta \boldsymbol{v}_e''$ 表示由于相对运动而引起的牵连速度大小的改变量。

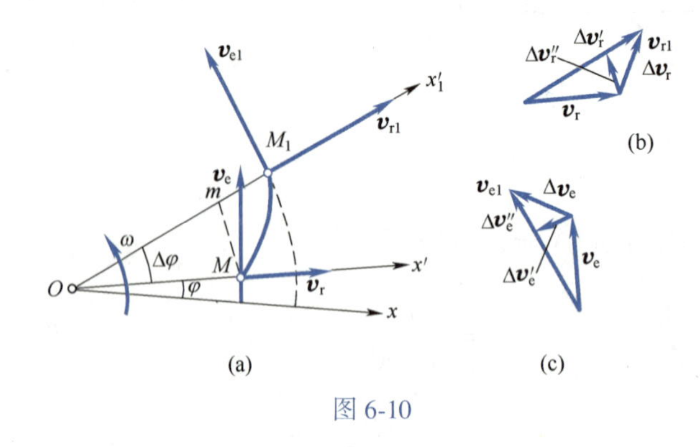

图 6-10

动点 M 在瞬时 t 的绝对加速度为

$$\boldsymbol{a}_a = \lim_{\Delta t \to 0} \frac{\Delta \boldsymbol{v}_r}{\Delta t} + \lim_{\Delta t \to 0} \frac{\Delta \boldsymbol{v}_e}{\Delta t}$$

将式(6-14)、式(6-15)代入上式,有

$$\boldsymbol{a}_a = \lim_{\Delta t \to 0} \frac{\Delta \boldsymbol{v}_r'}{\Delta t} + \lim_{\Delta t \to 0} \frac{\Delta \boldsymbol{v}_r''}{\Delta t} + \lim_{\Delta t \to 0} \frac{\Delta \boldsymbol{v}_e'}{\Delta t} + \lim_{\Delta t \to 0} \frac{\Delta \boldsymbol{v}_e''}{\Delta t} \tag{6-16}$$

式中,$\lim\limits_{\Delta t \to 0} \dfrac{\Delta \boldsymbol{v}_r'}{\Delta t} = \boldsymbol{a}_r$ 是表明相对速度本身改变的加速度,为动点的相对加速度;$\lim\limits_{\Delta t \to 0} \left| \dfrac{\Delta \boldsymbol{v}_e'}{\Delta t} \right| = |\boldsymbol{a}_e^n| = |\boldsymbol{a}_e| = OM \cdot \omega^2$ 是表明牵连速度方向改变的加速度,为牵连加速度;$\lim\limits_{\Delta t \to 0} \left| \dfrac{\Delta \boldsymbol{v}_r''}{\Delta t} \right| = \dfrac{d\varphi}{dt} v_r = \omega v_r$ 是表明由于转动的牵连运动使相对速度 $\boldsymbol{v}_r$ 方向改变的加速度,为科氏加速度的一部分;$\lim\limits_{\Delta t \to 0} \left| \dfrac{\Delta \boldsymbol{v}_e''}{\Delta t} \right| = \lim\limits_{\Delta t \to 0} \omega \dfrac{mM_1}{\Delta t} = \omega v_r$ 是表明由于相对运动的存在使牵连速度的大小发生改变的加速度,也为科氏加速度的一部分。

故科氏加速度为

$$\boldsymbol{a}_c = \lim_{\Delta t \to 0} \frac{\Delta \boldsymbol{v}_r''}{\Delta t} + \lim_{\Delta t \to 0} \frac{\Delta \boldsymbol{v}_e''}{\Delta t}$$

其大小为

$$|\boldsymbol{a}_c| = 2\omega v_r$$

一般情况下,科氏加速度表示为

$$\boldsymbol{a}_c = 2\boldsymbol{\omega} \times \boldsymbol{v}_r \tag{6-17}$$

科氏加速度的大小为

$$a_c = 2\omega v_r \sin\theta$$

式中，θ 是矢量 $\boldsymbol{\omega}$ 与 $\boldsymbol{v}_r$ 间的夹角；科氏加速度的方向由右手法则决定，即从 $\boldsymbol{a}_c$ 矢量的末端观看，$\boldsymbol{\omega}$ 沿逆钟向转过角 θ 后即与 $\boldsymbol{v}_r$ 重合，如图 6-11所示。

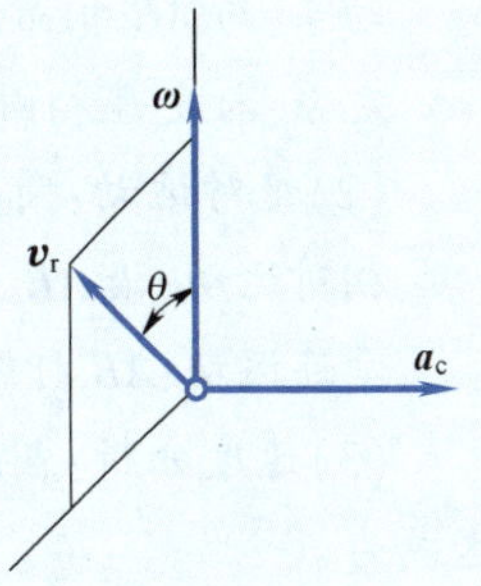

图 6-11

【例 6-6】 在图 6-12(a)所示机构中，已知 $O_1A = OB = r = 250$ mm，且 $AB = OO_1$；连杆 O_1A 以匀角速度 $\omega = 2$ rad/s 绕轴 O_1 转动，当 $\varphi = 60°$ 时，摆杆 CE 处于铅垂位置，且 $CD = 500$ mm。求此时摆杆 CE 的角速度和角加速度。

【解】 取滑块 D 为动点，动系固结在 CE 杆上，则动系做定轴转动。由点的速度合成定理

$$\boldsymbol{v}_a = \boldsymbol{v}_e + \boldsymbol{v}_r$$

作速度平行四边形，如图 6-12(b) 所示，有

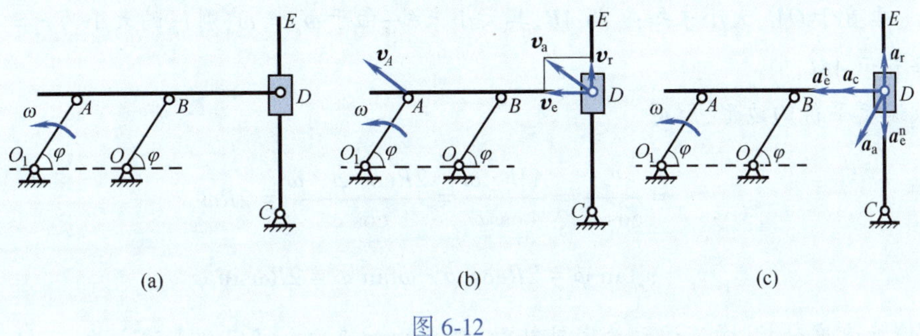

图 6-12

$$v_a = v_A = \omega \cdot O_1A = 50(\text{cm/s})$$

则

$$v_e = v_a \sin\varphi = 25\sqrt{3}(\text{cm/s})$$

$$\omega_{CE} = \frac{v_e}{CD} = \frac{\sqrt{3}}{2} = 0.866(\text{rad/s})$$

$$v_r = v_a \cos\varphi = 25(\text{cm/s})$$

作加速度分析如图 6-12(c) 所示，有

$$\boldsymbol{a}_a = \boldsymbol{a}_e^n + \boldsymbol{a}_e^t + \boldsymbol{a}_r + \boldsymbol{a}_c$$

沿 $\boldsymbol{a}_c$ 方向投影，得

$$a_a \cos\varphi = a_e^t + a_c$$

即

$$a_e^t = a_a \cos\varphi - a_c = \frac{r\omega^2}{2} - 2\omega_{CE} v_r = 50 - 25\sqrt{3} = 6.7(\text{cm/s}^2)$$

$$\alpha_{CE} = \frac{a_e^t}{CD} = \frac{6.7}{50} = 0.134(\text{rad/s}^2)$$

【例6-7】 大圆环固定不动,其半径为 R。AB 杆绕 A 端在圆环平面内转动,其角速度为 ω,角加速度为 α。杆用小圆环 M 套在大圆环上。求图 6-13(a) 所示位置时 M 的绝对加速度。

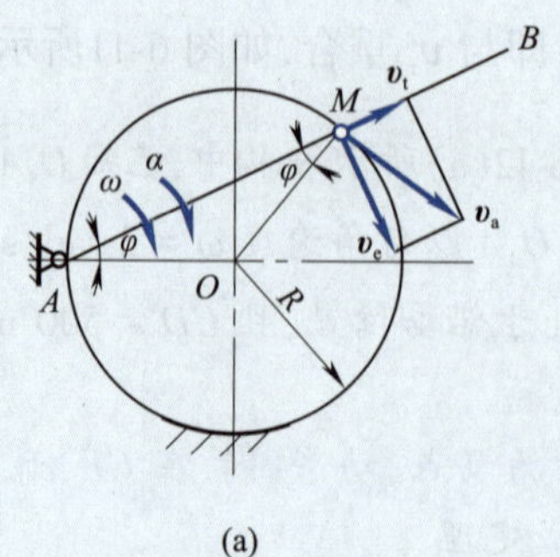

(a)

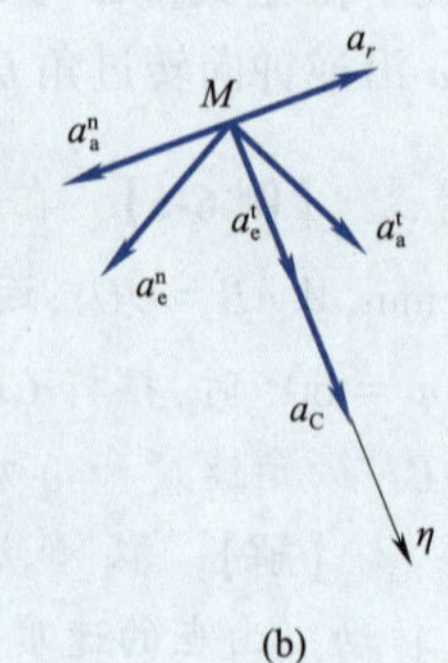

(b)

图 6-13

【解】 (1) 动点:小圆环 M。

动系:与 AB 相固结。

定系:与支座相固结。

(2) 绝对运动:圆周运动。

相对运动:沿 AB 杆的直线运动。

牵连运动:AB 杆做定轴转动。

(3) 速度分析:点的速度合成定理表达式为

$$v_a = v_r + v_e$$

其中,v_a 垂直于 OM,大小未知;v_r 沿 AB,其大小未知;由于 $\omega_e = \omega$,则 v_e 的大小为 $v_e = AM \cdot \omega$,方向垂直于 AM。

做速度平行四边形,解得

$$v_a = \frac{v_e}{\cos\varphi} = \frac{AM \cdot \omega}{\cos\varphi} = \frac{2R\cos\varphi \cdot \omega}{\cos\varphi} = 2R\omega$$

$$v_r = v_e \tan\varphi = 2R\cos\varphi \cdot \omega\tan\varphi = 2R\omega\sin\varphi$$

(4) 加速度分析:牵连运动为定轴转动,则点的加速度合成定理表达式为

$$a_a = a_e + a_r + a_C$$

又有 $a_a = a_a^t + a_a^n, a_e = a_e^t + a_e^n$,上式成为

$$a_a^t + a_a^n = a_e^t + a_e^n + a_r + a_C$$

其中,$a_e^n = \dfrac{v_a^2}{R}$,方向沿 OM 指向 O;a_a^t 的方向垂直 OM,大小未知;由于 $\omega_e = \omega, \alpha_e = \alpha$,则 $a_e^n = AM \cdot \omega^2$,方向沿 AB 指向 A;$a_e^t = AM \cdot \alpha$,方向垂直于 AB;a_r 的方向沿 AB,大小未知;$a_C = 2\omega v_r$,方向垂直于 AB,如图 6-13(b) 所示。

将上式向 η 方向投影

$$a_a^n \sin\varphi + a_a^t \cos\varphi = 2R\cos\varphi\alpha + 2\omega 2R\omega\sin\varphi$$

得
$$a_a^t = \frac{2R\cos\varphi\alpha + 4R\omega^2\sin\varphi - 4R\omega^2\sin\varphi}{\cos\varphi} = 2R\alpha$$

$$a_a^n = \frac{v_a^2}{R} = 4R\omega^2$$

思 考 题

6-1 机构如图6-14所示。试选择图中的动点、动系，并利用点的速度合成定理，画出速度平行四边形。

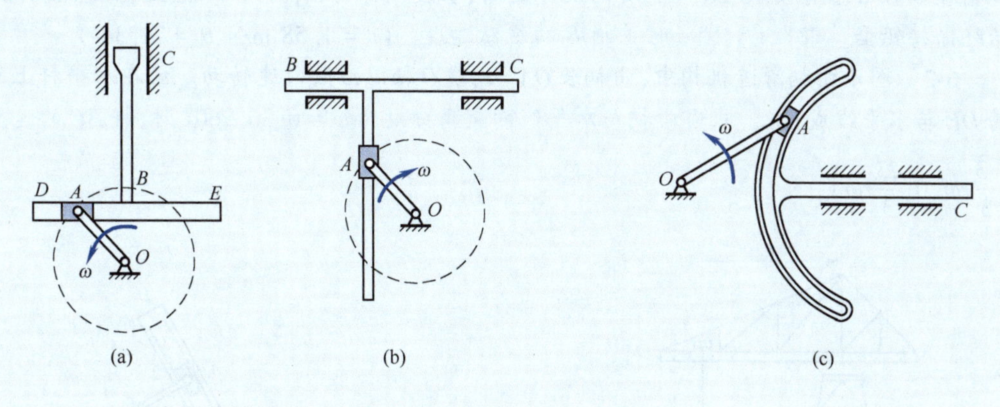

图6-14

6-2 机构如图6-15所示。试选择图中的动点、动系，并利用点的速度合成定理，画出速度平行四边形。

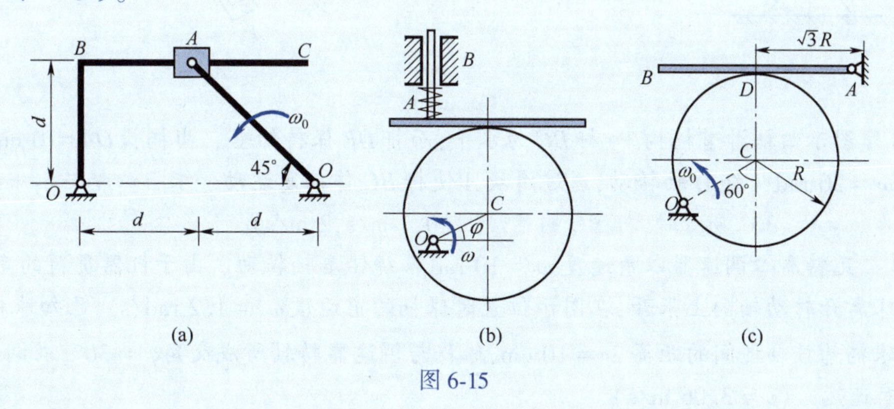

图6-15

6-3 如图6-16所示，正方形板以等角速度ω绕O轴转动，小球M以匀速$\boldsymbol{v}$沿板内半径为R的圆槽运动。则小球M的绝对加速度为多少？

6-4 如图6-17所示，一动点在圆盘内运动，同时圆盘又绕直径轴x以匀角速度ω转动，若$AB // Ox$，$CD \perp Ox$，则当动点沿哪个方向运动时可使科氏加速度为零。

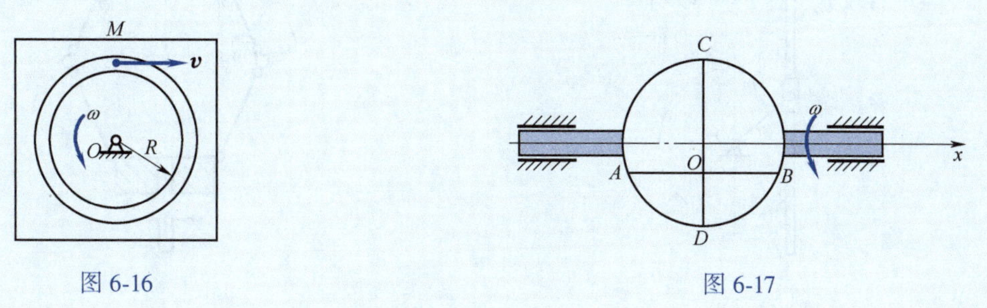

图6-16　　图6-17

习　题

6-1　塔式起重机的水平悬臂以匀角速度 $\omega=0.1\ \mathrm{rad/s}$ 绕铅垂轴 OO_1 转动，同时跑车 A 带着重物 B 沿悬臂按 $x=20-0.5t$ 的规律运动，长度单位为 m，时间单位为 s，且悬挂钢索 AB 始终保持铅垂。求当 $t=10\ \mathrm{s}$ 时重物 B 的绝对速度。($v=1.58\ \mathrm{m/s}, \theta=71°34'$)

6-2　图示曲柄滑道机构中，曲柄长 $OA=r$，绕 O 轴以 ω 做匀速转动。装在水平杆上的滑槽 DE 与水平线成60°。求当曲柄与水平线的交角分别为 $\varphi=0$、30°、60°时，杆 BC 的速度。$\left(\frac{\sqrt{3}}{3}r\omega, 0, \frac{\sqrt{3}}{3}r\omega\right)$

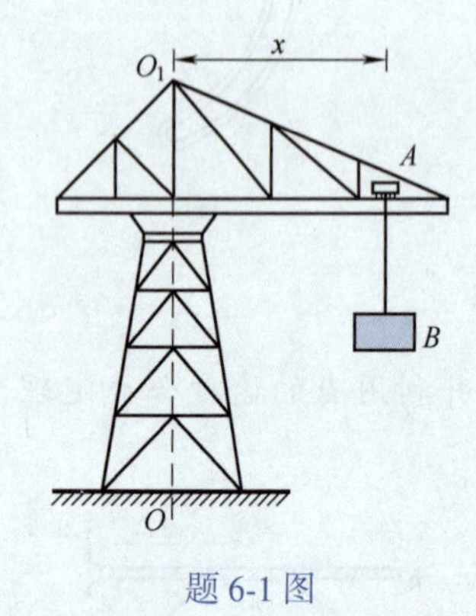

题 6-1 图

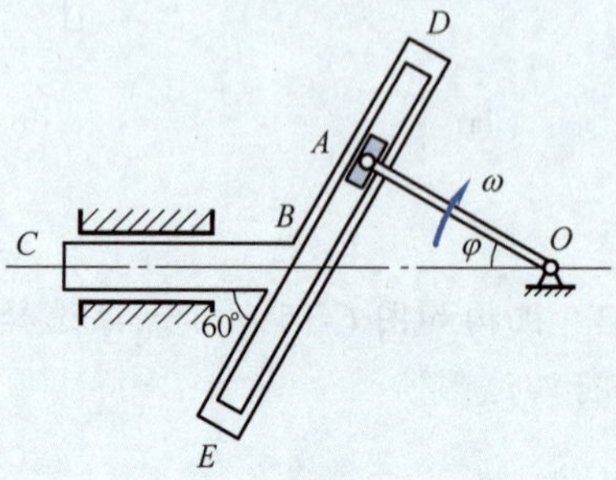

题 6-2 图

6-3　图示曲柄滑道机构中，杆 BC 为水平，而杆 DE 保持铅垂。曲柄长 $OA=10\ \mathrm{cm}$，以匀角速度 $\omega=20\ \mathrm{rad/s}$ 绕 O 轴转动，通过滑块 A 使杆 BC 作往复运动。求当曲柄与水平线的交角分别为 $\varphi=0°$、30°、90°时，杆 BC 的速度。(0, 1 m/s, 2 m/s)

6-4　瓦特离心调速器以角速度 $\omega=10\ \mathrm{rad/s}$ 绕铅垂轴转动。由于机器负荷的变化，调速器重球离开转动轴向上张开，在图示位置时球柄的角速度 $\omega_1=1.2\ \mathrm{rad/s}$。已知球柄长 $l=50\ \mathrm{cm}$，球柄悬挂轴之间的距离 $2e=10\ \mathrm{cm}$，球柄与调速器转轴所成交角 $\varphi=30°$，求调速器重球的绝对速度。($v=3.06\ \mathrm{m/s}$)

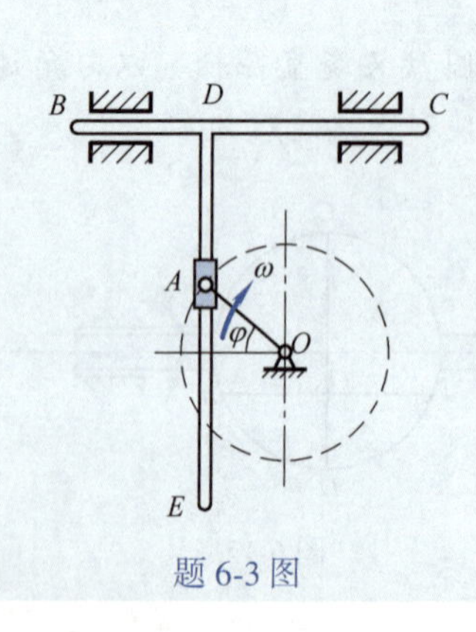

题 6-3 图

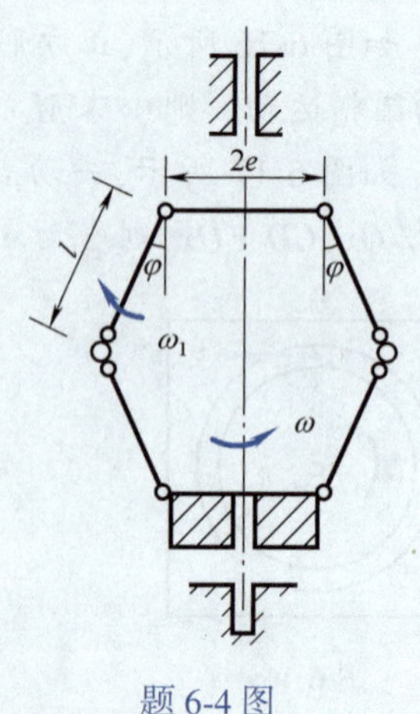

题 6-4 图

6-5　如图所示，半径为R的半圆凸轮以匀速v_1向左平移，借以推动AB杆绕A轴转动。试求AB与水平面夹角为θ时，AB杆的角速度。$\left(\omega = \dfrac{v_1}{R}\sin\theta\tan\theta\right)$

6-6　圆盘以匀角速度ω转动，通过盘面上的销钉A带动滑道连杆BC运动，再通过连杆上的销钉D带动摆杆O_1E摆动。已知$OA = r$，在图示位置时$O_1D = l$，$\theta = \beta = 45°$，试求此瞬时摆杆O_1E的角速度。$\left(\omega_{O_1E} = \dfrac{r}{2l}\omega\right)$

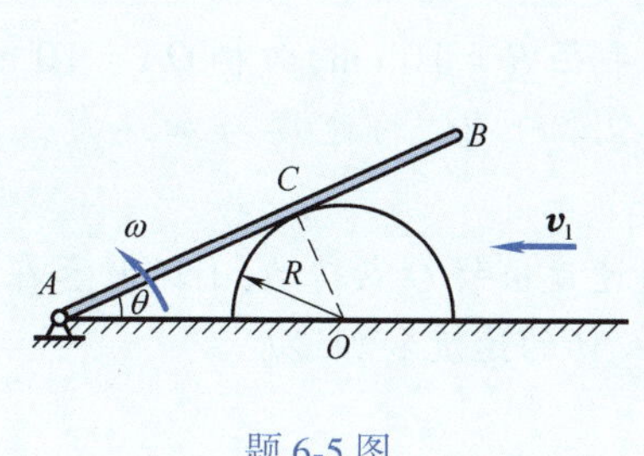

题6-5图

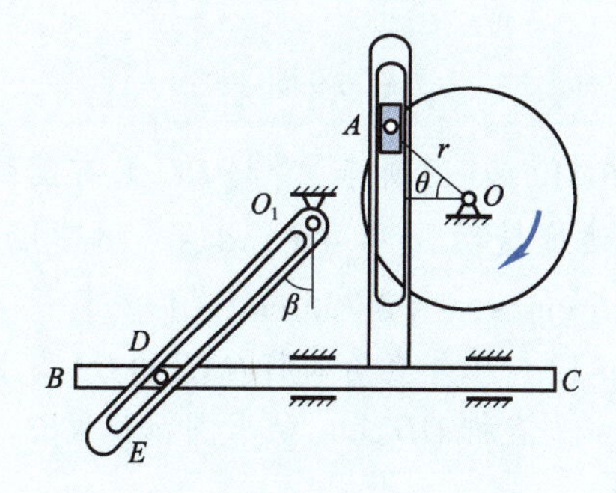

题6-6图

6-7　半圆形凸轮以匀速度v_O水平向右运动，推动杆AB沿铅垂方向运动。如凸轮半径为R，求在图示位置时AB杆的速度及加速度。$\left(v = 0.577\ v_O,\ a = 1.54\dfrac{v_O^2}{R}\right)$

6-8　图示铰接四连杆机构中，$O_1A = O_2B = 0.1$ m，$O_1O_2 = AB$，杆O_1A以匀角速度$\omega = 2$ rad/s绕O_1轴转动。AB上有一套筒C，此筒与CD杆铰接，机构的各部件都在同一铅垂面内。求当$\varphi = 60°$时，CD杆的速度和加速度。($v = 0.1$ m/s，$a = 0.346$ m/s^2)

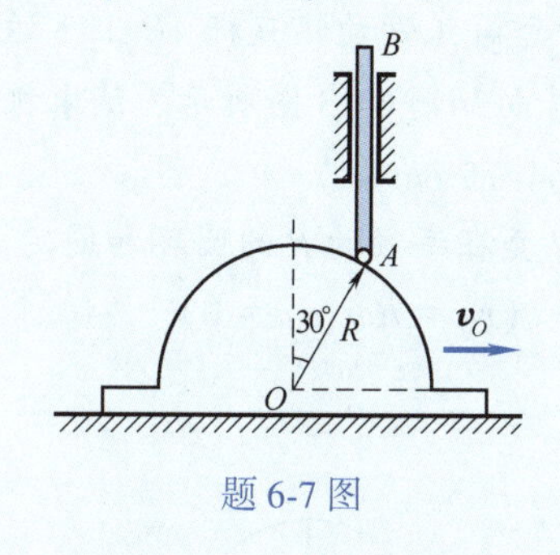

题6-7图

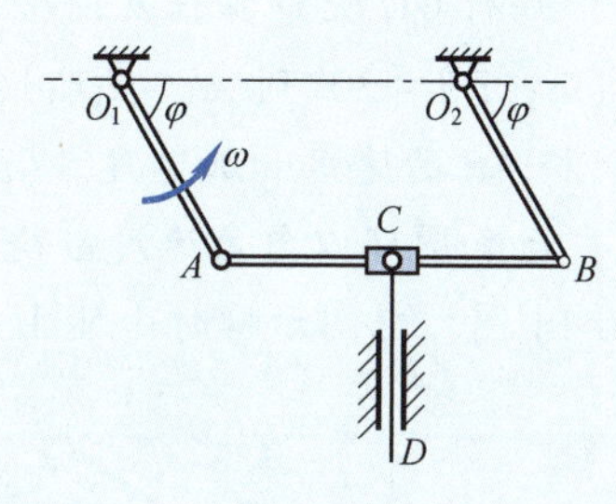

题6-8图

6-9　如图所示，曲柄OA长0.4 m以等角速度$\omega = 0.5$ rad/s绕通过O轴逆时针转向转动。由于曲柄的A端推动水平板B，而使滑杆C沿铅直方向上升。求当曲柄与水平线间的夹角$\theta = 30°$时滑杆C的速度和加速度。($v_C = 0.173$ m/s，$a_C = 0.05$ m/s^2)

6-10　小车沿水平方向向右作加速运动，其加速度$a = 0.493$ m/s^2。在小车上有一轮绕O轴转动，转动的规律为$\varphi = t^2$(t以s计，φ以rad计)。当$t = 1$ s时，轮缘上的点A的位置如题图所示。如轮的半径$r = 0.2$ m，求此时点A的绝对加速度。($a_A = 0.746$ m/s^2)

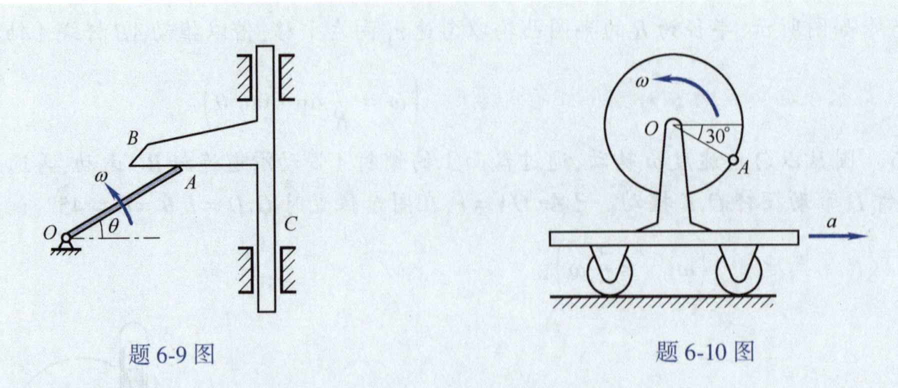

题 6-9 图　　　　题 6-10 图

6-11　如图所示，滑杆 BC 上有圆弧形滑道，其半径 $R=10$ cm，曲柄 $OA=10$ cm，以匀角速度转动，$\omega=4\pi$ rad/s。试求当 $\varphi=30°$ 时，滑杆 BC 的速度与加速度。($v=125.6$ cm/s，$a=2\ 735$ cm/s^2)

6-12　已知直角曲杆 OAB 的 OA 臂长为 r，以等角速度 ω 绕 O 点转动，小环 M 套在 AB 及固定水平直杆 OD 上。试求图示位置 $\theta=60°$ 时，小环 M 的速度和加速度。

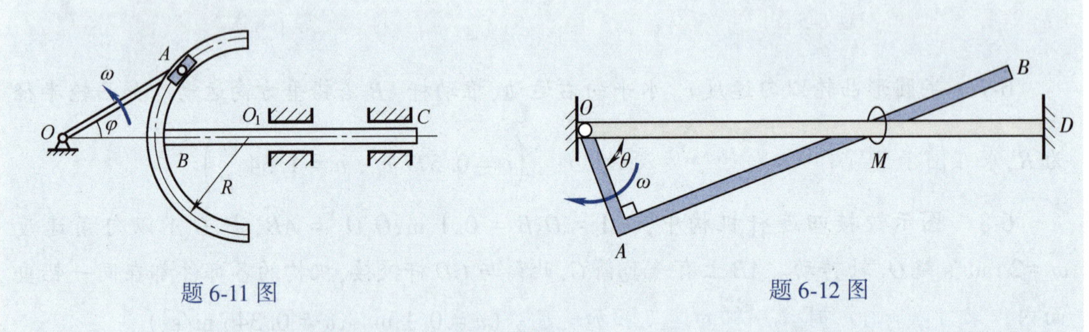

题 6-11 图　　　　题 6-12 图

6-13　摇杆 OC 绕 O 轴往复摆动，通过套在其上的套筒 A 带动铅直杆 AB 上下运动。已知 $l=30$ cm，当 $\theta=30°$ 时，$\omega=2$ rad/s，$\alpha=3$ rad/s^2，转向如题 6-13 图所示。试求机构在图示位置时，杆 AB 的速度和加速度。($v=80$ cm/s，$a=64.75$ cm/s^2)

6-14　已知圆环以匀角速度 ω 绕 O 轴转动，小环 M 套在半径为 R 的圆环和固定直线 AB 上，如题 6-14 图。求图示瞬时小环 M 的速度和加速度。($v_M=R\omega$，$a_M=0$)

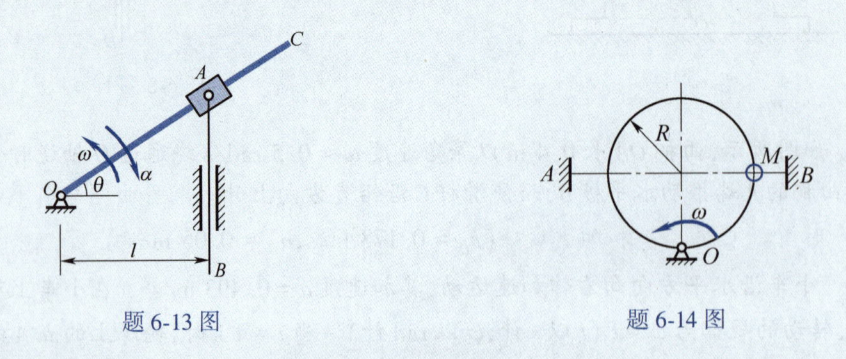

题 6-13 图　　　　题 6-14 图

6-15　摆杆 AB 与水平杆 DG 以铰链 A 连接，如题 6-15 图所示。水平杆作平动，摆杆 AB 穿过可绕轴 O 转动的套筒 EF，并在套筒 EF 内滑动。已知 $l=2$ m，在图示位置 $\theta=30°$，DG 杆

的速度 $v = 2\ \text{m/s}$，加速度 $a = 1\ \text{m/s}^2$。试求图示瞬时 AB 杆的角加速度以及 AB 杆在套筒中滑动的加速度。($\alpha = 1.03\ \text{rad/s}^2$，$a_r = 0.8\ \text{m/s}^2$)

6-16　已知圆轮半径为 r，以匀角速度 ω 绕 O 轴转动，如题 6-16 图所示。试求 AB 杆在图示位置的角速度及角加速度。$\left(\omega_{AB} = \dfrac{\sqrt{3}}{6}\omega, \alpha_{AB} = 0.74\omega^2\right)$

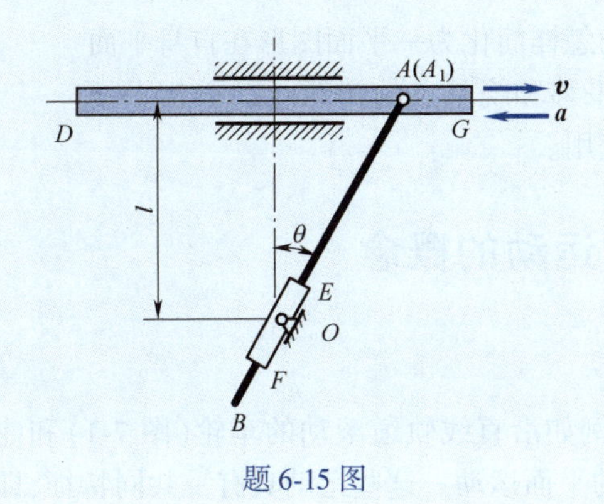

题 6-15 图

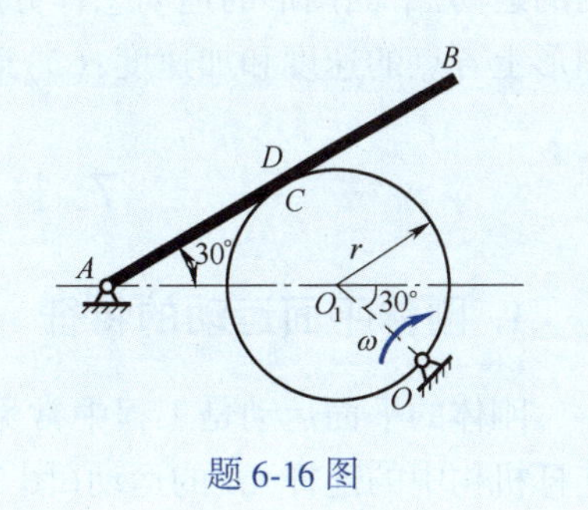

题 6-16 图

第 7 章 刚体的平面运动

本章将主要研究三个问题:(1)刚体平面运动怎样简化为一平面图形在自身平面内的运动,平面图形的运动怎样分解为随基点的平移和绕基点的转动;(2)分析平面图形上各点的速度和加速度;(3)运动学的综合应用。

7.1 刚体平面运动的概念

1. 刚体平面运动的特征

刚体的平面运动是工程中常见的一种运动,例如沿直线轨道滚动的车轮(图 7-1)和曲柄连杆机构中的连杆 AB 的运动(图 7-2)都是刚体的平面运动。这些运动具有一共同特征,即刚体在运动过程中,其上各点分别保持与某一固定平面平行的平面内运动。刚体的这种运动称为**刚体的平面平行运动**,简称**平面运动**。

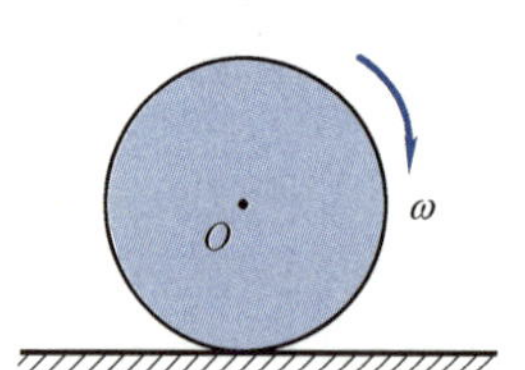

图 7-1

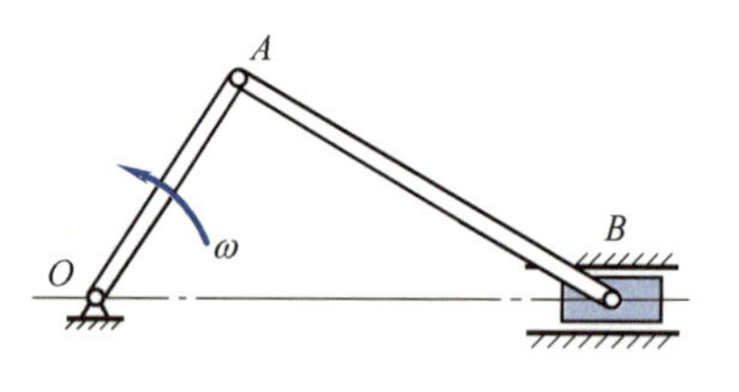

图 7-2

根据刚体平面运动的定义,可将问题的研究加以简化。如图 7-3 所示,刚体作平面运动,其上各点到某一固定平面 Ⅰ 的距离始终不变。如作一平面 Ⅱ 与平面 Ⅰ 平行且与刚体相截则得到刚体上的截面 S。刚体运动时,平面图形 S 上各点到固定平面 Ⅰ 的距离不变,故平面图形 S 在平面图形 Ⅱ 内运动。如在刚体内任取一与平面图形 S 垂直的直线 mn,则刚体运动时,直线 mn 始终保持与原来位置平行,因此直线 mn 作平移。

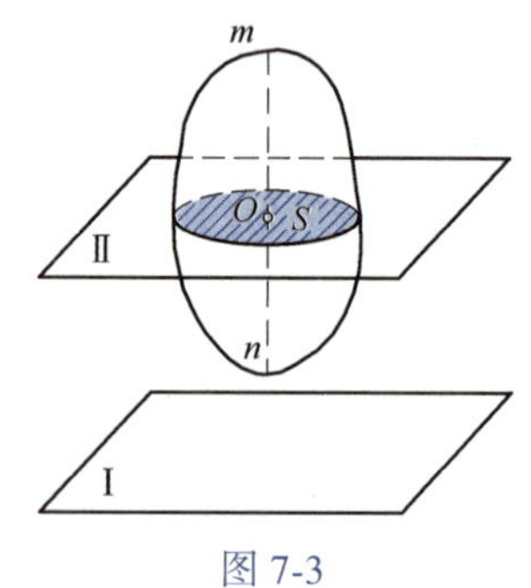

图 7-3

由此可见,只要知道直线与图形的交点 O 的运动,就可知道直线 mn 上各点的运动。而平面图形 S 内各点的运动即可代表全部刚体的运动,故刚体的平面运动可以简化为平面图形 S 在其自身所在平面内的运动来研究。

2. 刚体平面运动方程

如图 7-4 所示,设平面图形 S 在坐标系 Oxy 内运动。这样平面图形在任意瞬时的位置,可用其上任一直线 AB 的位置来确定。而确定直线的位置,只需取其上任意一点 A 的坐标 x_A、y_A

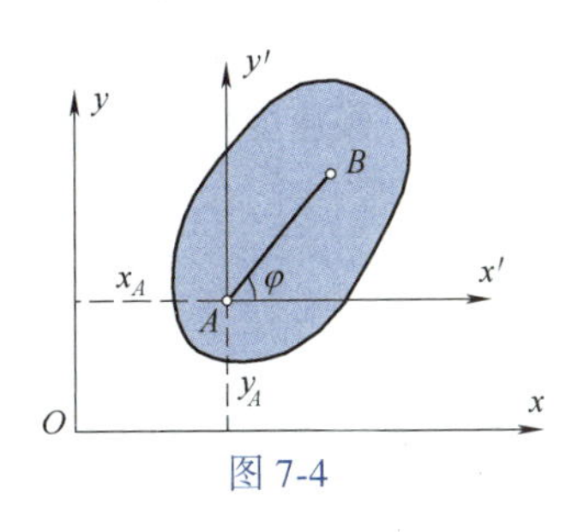

图 7-4

及直线 AB 的方向角 φ。这样，平面图形 S 在 Oxy 坐标系中的位置完全取决于 x_A、y_A 及 φ 三个独立的变量。这里所选择的 A 点称为基点，φ 称为平面图形的角坐标。

当平面图形 S 运动时，x_A、y_A 及 φ 都随时间 t 而改变，是时间 t 的单值连续函数，可表示为

$$\begin{cases} x_A = f_1(t) \\ y_A = f_2(t) \\ \varphi = f_3(t) \end{cases} \tag{7-1}$$

上式即为刚体平面运动的运动方程。

由方程(7-1)看出，当平面图形 S 在 Oxy 平面内运动时，若 φ 为常量，则刚体上直线 AB 总保持与后来位置平行，即平面图形 S 作平移；若 x_A、y_A 为常量，则平面图形 S 绕过 A 的轴作定轴转动。而当 x_A、y_A、φ 均随时间变化时，平面图形 S 则作平面运动。因此，平面运动可以看成是由平移和定轴转动合成的结果。

设在时间间隔 Δt 内，平面图形由位置 Ⅰ 运动到位置 Ⅱ，相应地，平面图形内任取的线段从 AB 运动到 A_1B_1，如图 7-5 所示。若取 A 为基点，这一位移可以分解成：线段 AB 随 A 点平行移动到达位置 A_1B_1'，以及由位置 A_1B_1'，绕 A_1 点转动 $\Delta\varphi$ 角，到达位置 A_1B_1。若取 B 为基点，这时平面图形的位移就可以分解成：线段 AB 随 B 点平行移动，到达 $A_1'B_1$，以及由位置 $A_1'B_1$ 绕 B_1 点转动 $\Delta\varphi'$ 角，到达位置 A_1B_1。

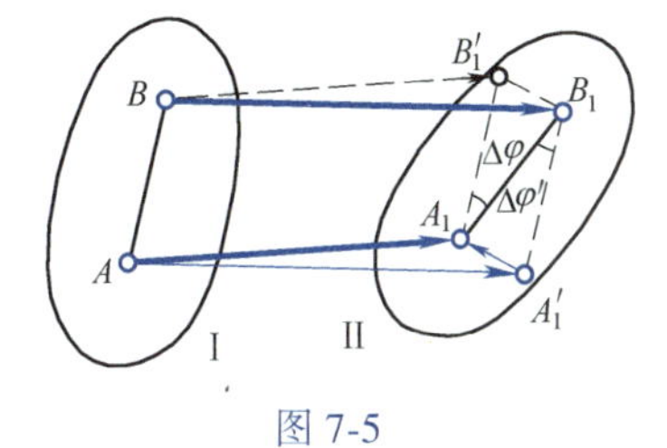

图 7-5

由图可知，选择不同的基点，平移部分的位移是不同的，如 $AA_1 \neq BB_1$，其平移的速度和加速度也不一样，即平面运动分解为平移和转动时，平移部分的速度和加速度与基点选择有关。但转动部分的角位移却相同，即 $\Delta\varphi = \Delta\varphi'$，转向相同。按角速度的定义，平面图形绕 A 或 B 点的角速度分别为

$$\omega = \lim_{\Delta t \to 0} \frac{\Delta\varphi}{\Delta t} = \frac{d\varphi}{dt} = \dot{\varphi}, \quad \omega' = \lim_{\Delta t \to 0} \frac{\Delta\varphi'}{\Delta t} = \frac{d\varphi'}{dt} = \dot{\varphi}'$$

可见

$$\omega = \omega' \tag{7-2}$$

上式再对 t 求导，则有

$$\alpha = \alpha' \tag{7-3}$$

因此，在同一瞬时，图形 S 无论是绕基点 A 转动，还是绕基点 B 转动，图形的角速度都是相等的，角加速度也是相等的。平面图形的角速度与角加速度与基点的选择无关。

7.2　平面图形内各点速度的求解

求平面图形内各点速度的方法有三种，即基点法、速度投影法和速度瞬心法。

1. 基 点 法

平面图形的运动在其平面内既然可以分解为随基点的平移和绕基点的转动，那么，其上任意一点的速度就可用速度合成定理来求得。

如图 7-6 所示,平面图形内任取一点 A 为基点,则平面图形上另外任意一点 B 的速度可随基点 A 平移速度作为牵连速度和绕基点 A 转动的角速度作为相对速度,这两种速度矢量之和求得,即

$$\boldsymbol{v}_B = \boldsymbol{v}_e + \boldsymbol{v}_r \tag{7-4}$$

又

$$\boldsymbol{v}_e = \boldsymbol{v}_A \tag{7-5}$$

而 B 点的相对速度 $\boldsymbol{v}_r$ 是其随图形绕基点 A 转动的速度,用 $\boldsymbol{v}_{BA}$ 表示,即

$$\boldsymbol{v}_r = \boldsymbol{v}_{BA} \tag{7-6}$$

若图形的角速度为 ω,则

$$|\boldsymbol{v}_r| = |\boldsymbol{v}_{BA}| = AB \times \omega \tag{7-7}$$

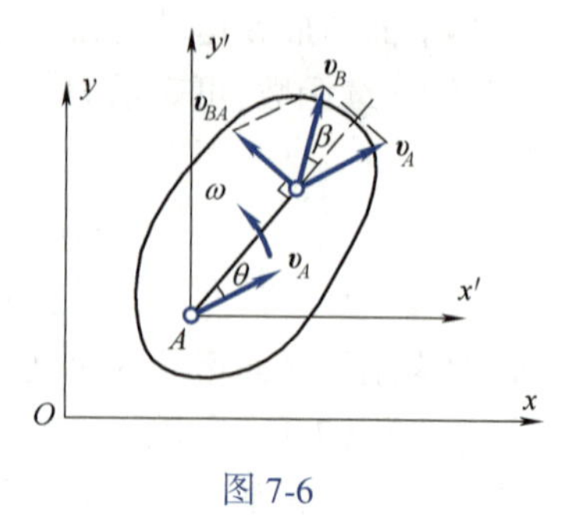

图 7-6

将式(7-5)、式(7-6) 代入式(7-4),得

$$\boldsymbol{v}_B = \boldsymbol{v}_A + \boldsymbol{v}_{BA} \tag{7-8}$$

上式表明:平面图形内任一点速度等于基点的速度与绕基点转动速度的矢量和。这就是求平面图形内各点速度的基点法,又称为速度合成法。

2. 速度投影法

将式(7-8) 投影到 AB 连线上,由于 $\boldsymbol{v}_{BA}$ 总是垂直于 AB,即 $\boldsymbol{v}_{BA}$ 在 AB 上的投影恒为零,故

$$(\boldsymbol{v}_B)_{AB} = (\boldsymbol{v}_A)_{AB} \tag{7-9}$$

即

$$v_B \times \cos\beta = v_A \times \cos\theta \tag{7-10}$$

式(7-9)、式(7-10) 表明:平面图形内任意两点间的速度在其连线上的投影相等,这即为速度投影定理。此定理反映了刚体上任意两点间的距离保持不变的性质。

若已知平面图形上某点的速度大小和方向以及另一点的速度方向,要求该点速度大小时,应用速度投影定理比较方便。

【例 7-1】 如图 7-7 所示,椭圆规尺 AB 的 A 端以速度 $\boldsymbol{v}_A$ 沿 x 轴的负向运动。已知 $AB = l$,试求 B 端的速度及椭圆规尺 AB 的角速度。

【解】 (1) 用基点法求解

椭圆规尺 AB 作平面运动,则有 $\boldsymbol{v}_B = \boldsymbol{v}_A + \boldsymbol{v}_{BA}$

由图示几何关系,得

$$v_B = v_A \cot\varphi, \quad v_{BA} = \frac{v_A}{\sin\varphi}$$

则

$$\omega = \frac{v_{BA}}{AB} = \frac{v_{BA}}{l} = \frac{v_A}{l\sin\varphi}$$

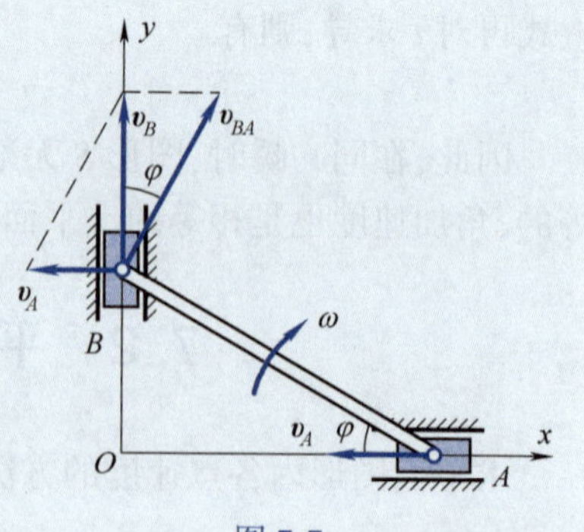

图 7-7

(2) 用速度投影法求解。

由速度投影定理,得

$$(\boldsymbol{v}_A)_{AB} = (\boldsymbol{v}_B)_{AB}$$

即

$$v_A\cos\varphi = v_B\sin\varphi$$

得
$$v_B = \frac{\cos\varphi}{\sin\varphi} v_A = v_A \cot\varphi$$

求 ω 同基点法。

【例7-2】　平面机构中曲柄 OA 以匀角速度 ω 绕 O 轴转动。已知 $OA=r, BC=l$，连杆 BC 在图 7-8 所示位置时，$OB=OA$。求该瞬时 C 点的速度。

【解】　连杆 BC 作平面运动，其上 A 点的速度大小
$$v_A = r\omega$$
方向如图。

以 A 为基点，求 $\boldsymbol{v}_B$，有
$$\boldsymbol{v}_B = \boldsymbol{v}_A + \boldsymbol{v}_{BA}$$

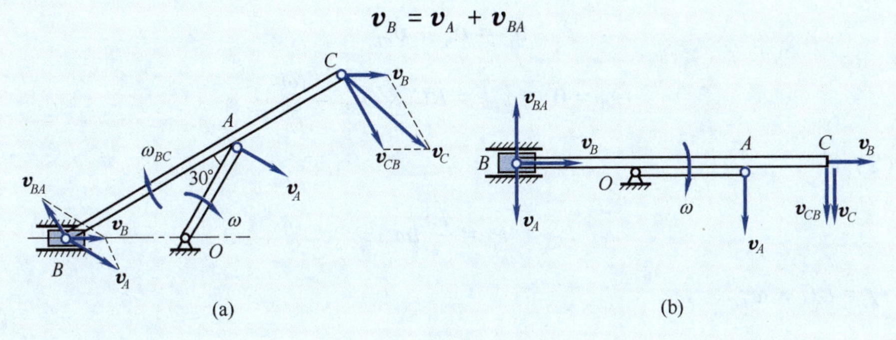

图 7-8

由 B 点的速度分析，得
$$v_{BA} = \frac{\frac{1}{2}v_A}{\cos 30^\circ} = \frac{\sqrt{3}}{3}r\omega, \quad v_B = v_{BA} = \frac{\sqrt{3}}{3}r\omega$$

杆 BC 的转动角速度
$$\omega_{BC} = \frac{v_{BA}}{AB} = \frac{\frac{\sqrt{3}}{3}r\omega}{2r\cos 30^\circ} = \frac{1}{3}\omega$$

现以 B 为基点，求 $\boldsymbol{v}_C$，有
$$\boldsymbol{v}_C = \boldsymbol{v}_B + \boldsymbol{v}_{CB}$$

式中
$$v_{CB} = BC \times \omega_{BC} = \frac{1}{3}l\omega$$

则得 C 点的速度
$$v_C = \sqrt{v_B^2 + v_{CB}^2 + 2v_B v_{CB}\cos 60^\circ} = \frac{\omega}{3}\sqrt{3r^2 + l^2 + \sqrt{3}rl}$$

现对 BC 杆处于水平时 B 点的速度，C 点的速度和 BC 杆的角速度进行讨论。此时
$$v_A = r\omega$$

以 A 为基点，求 v_B，有
$$\boldsymbol{v}_B = \boldsymbol{v}_A + \boldsymbol{v}_{BA} \tag{1}$$

将上式在 BC 上投影,有

$$v_B = 0 + 0$$

即

$$v_B = 0$$

此时 B 点的速度为零。

将式(1) 在铅垂面上投影,则

$$0 = -r\omega + AB \times \omega_{BC}$$

得

$$\omega_{BC} = \frac{r\omega}{2r\cos 30^\circ} = \frac{\omega}{\sqrt{3}}$$

以 B 为基点,求 $\boldsymbol{v}_C$,有

$$\boldsymbol{v}_C = \boldsymbol{v}_B + \boldsymbol{v}_{CB} \tag{2}$$

又

$$v_B = 0,\quad v_{CB} = BC \times \omega_{BC} = \frac{l\omega}{\sqrt{3}}$$

则由式(2) 得

$$v_C = \frac{\sqrt{3}}{3} l\omega$$

相当于 $v_C = BC \times \omega_{BC}$。

从上述结果看出,作平面运动的刚体上可能存在速度为零的点,则此瞬时可将刚体看作绕着速度为零的点做定轴转动。

下面将详细讨论这个问题。

3. 速度瞬心法

一般情况下,每一瞬时总可在平面图形上找到一个速度为零的点,这一瞬时速度为零的点称为**瞬时速度中心**,简称**瞬心**。平面图形的速度瞬心可用下述方法确定。

如图 7-9 所示,设在某一瞬时,平面图形上一点速度为 $\boldsymbol{v}_A$,平面图形转动的角速度为 ω,则瞬心必在过 A 点所作 $\boldsymbol{v}_A$ 的垂线上,根据 ω 的转向,在此垂线上量取

$$AP = \frac{v_A}{\omega} \tag{7-11}$$

现以 A 为基点,求 $\boldsymbol{v}_P$,则有

$$\boldsymbol{v}_P = \boldsymbol{v}_A + \boldsymbol{v}_{PA}$$

即

$$v_P = v_A - v_{PA} = v_A - AP \cdot \omega = 0$$

由定义,P 点即为速度瞬心。

以速度瞬心为基点,求平面图形上各点速度的方法,称为**速度瞬心法**。在平面图形运动的某瞬时,以速度瞬心 P 为基点,平面图形上各点的速度等于相对瞬时速度中心转动的速度。在此瞬时,平面图形的运动就简化为绕瞬心的转动。如图 7-9 所示,以 P 为基点求 B 点的速度,即

$$\boldsymbol{v}_B = \boldsymbol{v}_P + \boldsymbol{v}_{BP}$$

则

$$v_B = 0 + v_{BP} = BP \times \omega$$

上式说明：若知道了速度瞬心的位置，就能求出平面图形上任意一点的速度。

在应用速度瞬心法时，必须首先确定速度瞬心的位置，下面介绍几种确定瞬心位置的方法。

（1）已知某瞬时平面图形上 A、B 两点的速度方向，且 $\boldsymbol{v}_A$ 不平行于 $\boldsymbol{v}_B$，如图 7-10 所示，此时，过 A、B 两点分别作 $\boldsymbol{v}_A$ 与 $\boldsymbol{v}_B$ 的垂线，这两条垂线的交点即为瞬心 P。

图 7-9　　图 7-10

（2）若 $\boldsymbol{v}_A \parallel \boldsymbol{v}_B$，且 $AB \perp \boldsymbol{v}_A$，如图 7-11（a）、（b）所示，则按比例在图中标出 $\boldsymbol{v}_A$、$\boldsymbol{v}_B$ 的大小，用直线连接 $\boldsymbol{v}_A$、$\boldsymbol{v}_B$ 的矢端，此直线与 AB 连线的交点即为瞬心 P。

（3）某瞬时，若 $\boldsymbol{v}_A = \boldsymbol{v}_B$，如图 7-12（a）所示，或 $\boldsymbol{v}_A \parallel \boldsymbol{v}_B$，但 AB 连线不垂直于 $\boldsymbol{v}_A$、$\boldsymbol{v}_B$，如图 7-12（b）所示。在这两种情况下，瞬心在无穷远处。表明平面图形在此瞬时角速度等于零，也即平面图形上各点的速度相等，这种情况称为瞬时平移。

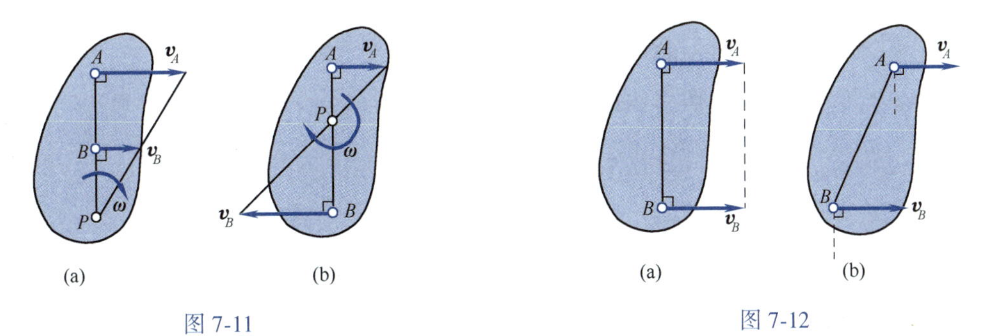

图 7-11　　图 7-12

（4）平面图形沿固定面滚动而不滑动，如图 7-13 所示，则图形与固定面的接触点就是瞬心 P。

应该指出：瞬心只是瞬时不动。此瞬时平面图形上的这一点是瞬心，下一瞬时，另一点将是瞬心。也即在不同的瞬时，图形具有不同的速度瞬心。这表明速度瞬心的速度等于零，加速度并不等于零。

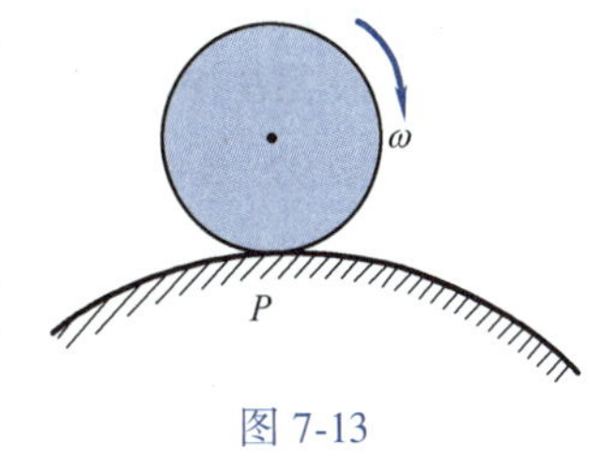

图 7-13

【例 7-3】　指出图 7-14（a）、（b）所示平面运动物体的速度瞬心，并画出图（a）中 A、B 点的速度方向和图（b）中 A、B、C、D 点的速度方向。

【解】　图 7-14（a）中杆 AB 作平面运动，P 是其速度瞬心，A、B 两点的速度方向如图所示。

图 7-14（b）中 BD、BC 均作平面运动，P_1 是杆 BD 的速度瞬心，P_2 是杆 BC 的速度瞬心，

A、B、C、D 的速度方向如图所示。

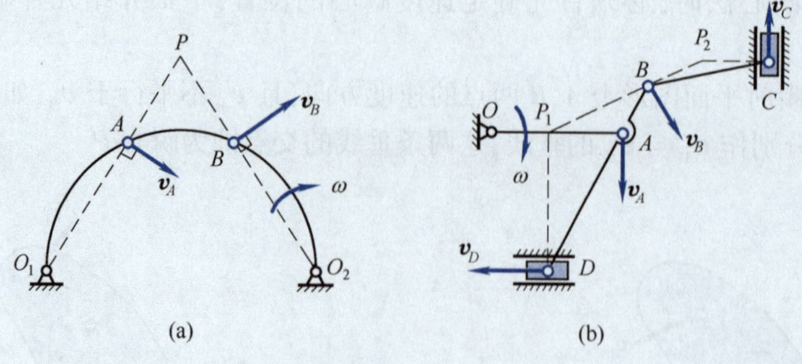

图 7-14

【例 7-4】 曲柄 OA 以匀角速度 6 rad/s 转动,带动直角三角形平板 ABC 和摇杆 BD,如图 7-15 所示。已知 $OA = 10$ cm,$BC = 45$ cm,$AC = 15$ cm,$BD = 40$ cm,设 $OA \perp AC$,$OA \perp BD$,试求:(1) 摇杆 BD 的角速度;(2) C 点的速度。

【解】 研究曲柄 OA,则

$$v_A = OA \times \omega = 60(\text{cm/s})$$

平板 ABC 作平面运动。A 与 B 点的速度如图7-15 所示。分别作 $\boldsymbol{v}_A$ 和 $\boldsymbol{v}_B$ 的垂线,两条垂线的交点 P 为平板 ABC 的瞬心,故平板 ABC 的角速度为

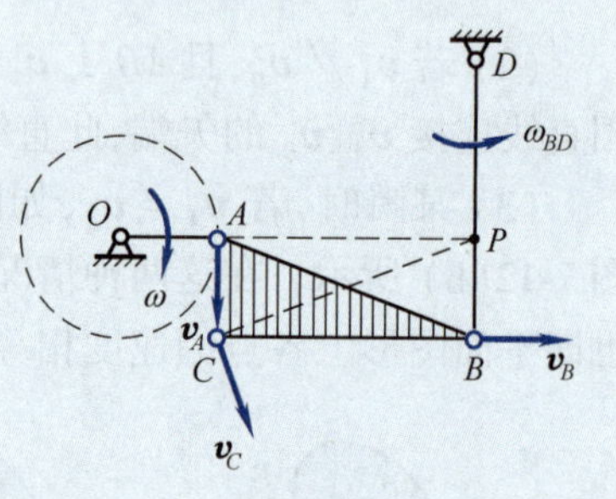

图 7-15

$$\omega_{ABC} = \frac{v_A}{AP} = \frac{v_A}{BC} = \frac{60}{45} = 1.33(\text{rad/s})$$

相应地 $v_B = BP \times \omega_{ABC} = AC \times \omega_{ABC} = 20(\text{cm/s})$

故

$$\omega_{BD} = \frac{v_B}{BD} = \frac{20}{40} = 0.5(\text{rad/s})$$

现在来求 C 点的速度 v_C,有

$$v_C = \omega_{ABC} \times CP = \omega_{ABC} \times AB = 63.25(\text{cm/s})$$

C 点速度方向如图。

【例 7-5】 如图 7-16(a) 所示平面机构,由四根杆依次铰接而成。已知 $AB = BC = 2r$,$CD = DE = r$,AB 杆与 ED 杆分别以匀角速度 ω_1 和 ω_2 绕 A、E 轴转动。在图示瞬时,AB 与 CD 铅垂,BC 与 DE 水平,试求该瞬时 BC 杆转动的角速度。

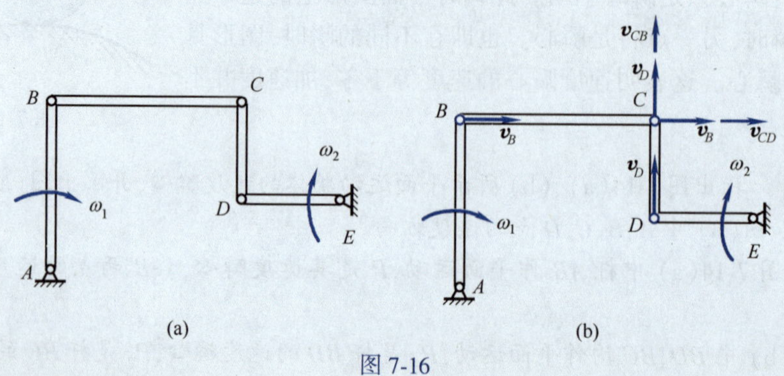

图 7-16

【解】　分析知,AB 杆与 DE 杆做定轴转动,BC 杆与 CD 杆作平面运动。

分别以 B 点和 D 点为基点分析 C 点的速度,其速度矢量图如图 7-16(b) 所示,且有

$$\boldsymbol{v}_C = \boldsymbol{v}_B + \boldsymbol{v}_{CB} \tag{1}$$

$$\boldsymbol{v}_C = \boldsymbol{v}_D + \boldsymbol{v}_{CD} \tag{2}$$

由式(1)、(2) 可得

$$\boldsymbol{v}_B + \boldsymbol{v}_{CB} = \boldsymbol{v}_D + \boldsymbol{v}_{CD} \tag{3}$$

将式(3) 沿 DC 方向投影有

$$v_{CB} = v_D$$

且

$$v_D = r\omega_2$$

故杆 BC 的角速度

$$\omega_{BC} = \frac{v_{CB}}{BC} = \frac{v_D}{2r} = \frac{1}{2}\omega_2$$

7.3　平面图形内各点加速度的求解

平面图形上任意一点的运动是随基点的平移和绕基点的转动合成的运动,为此求解其加速度也可应用点的加速度合成定理求解。

设某一瞬时,平面运动图形的角速度为 ω,角加速度为 α,其上 A 点的加速度为 $\boldsymbol{a}_A$,如图 7-17。选 A 点为基点,动坐标系随 A 点平移,现分析任意点 B 的运动。此时,牵连运动是以 A 点为代表的平移,即 $\boldsymbol{a}_e = \boldsymbol{a}_A$;相对运动是绕 A 点的转动。应用牵连运动为平动时的加速度合成定理,有

$$\boldsymbol{a}_B = \boldsymbol{a}_e + \boldsymbol{a}_r \tag{7-12}$$

也即

$$\boldsymbol{a}_B = \boldsymbol{a}_A + \boldsymbol{a}_r \tag{7-13}$$

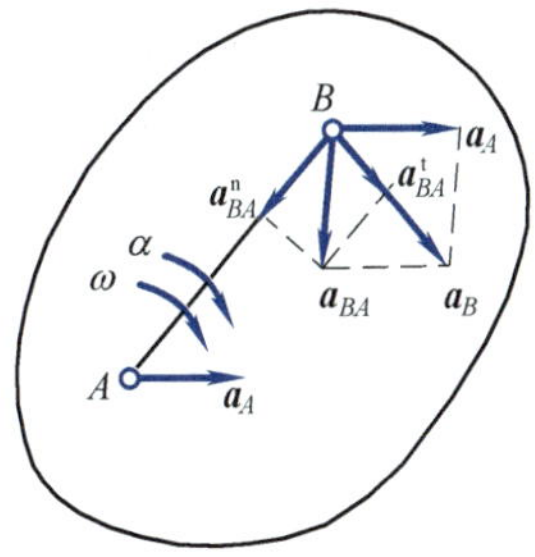

图 7-17

又 B 点相对加速度 $\boldsymbol{a}_r$ 是 B 点绕基点 A 做圆周运动的加速度,用 $\boldsymbol{a}_{BA}$ 表示。通常 $\boldsymbol{a}_{BA}$ 由相对切向加速度 $\boldsymbol{a}_{BA}^{t}$ 和相对法向加速度 $\boldsymbol{a}_{BA}^{n}$ 组成,即

$$\boldsymbol{a}_{BA} = \boldsymbol{a}_{BA}^{t} + \boldsymbol{a}_{BA}^{n} \tag{7-14}$$

式中 $\boldsymbol{a}_{BA}^{t}$ 和 $\boldsymbol{a}_{BA}^{n}$ 的大小分别为

$$a_{BA}^{t} = AB \cdot \alpha, \quad a_{BA}^{n} = AB \cdot \omega^2$$

根据上面的分析,将式(7-14) 代入式(7-13),有

$$\boldsymbol{a}_B = \boldsymbol{a}_A + \boldsymbol{a}_{BA}^{t} + \boldsymbol{a}_{BA}^{n} \tag{7-15}$$

上式表明:平面图形内任一点的加速度等于基点的加速度与绕基点转动的切向加速度和法向加速度的矢量和。这一方法称为基点法,又称为加速度合成法。

【例 7-6】　如图 7-18(a) 所示,在椭圆规的机构中,曲柄 OC 以匀角速度 ω 绕 O 轴转动,且 $OC = AC = BC = l$。求当 $\varphi = 60°$ 时尺 AB 的角加速度和点 A 的加速度。

【解】　曲柄 OC 作绕轴 O 转动,尺 AB 作平面运动,取尺 AB 上的点 C 为基点,如图 7-18(b) 所示,则有

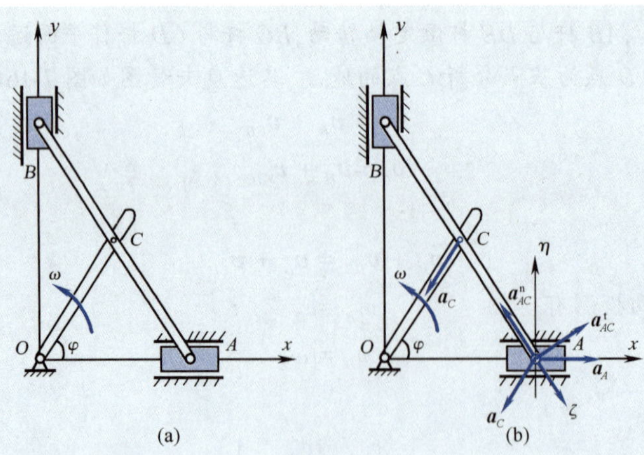

图 7-18

$$a_C = l\omega^2$$

$$\boldsymbol{a}_A = \boldsymbol{a}_C + \boldsymbol{a}_{AC}^{t} + \boldsymbol{a}_{AC}^{n} \tag{1}$$

式中

$$a_{AC}^{n} = AC \times \omega_{AB}^2$$

而 ω_{AB} 为尺 AB 的角速度,可用基点法或瞬心法求得 $\omega_{AB} = \omega$。

现求 $\boldsymbol{a}_A$ 和 $\boldsymbol{a}_{AC}^{t}$ 的大小。取 ζ 轴和 η 轴如图 7-18(b) 所示,将式(1) 分别在 ζ 轴和 η 轴上投影,则有

$$a_A\cos\varphi = a_C\cos\varphi - a_{AC}^{n}$$

$$0 = -a_C\sin\varphi + a_{AC}^{t}\cos\varphi + a_{AC}^{n}\sin\varphi$$

得

$$a_A = -l\omega^2,\quad a_{AC}^{t} = 0$$

于是有

$$\alpha_{AB} = \frac{a_{AC}^{t}}{AC} = 0$$

【例 7-7】 曲柄 $OA = r$,以匀角速度 ω 绕定轴 O 转动。连杆 $AB = 2r$,轮 B 半径为 r,在地面上滚动而不滑动,如图 7-19(a) 所示。求曲柄在图示铅垂位置时,连杆 AB 及轮 B 的角加速度。

【解】 曲柄 OA 做定轴转动,连杆 AB 做平面运动,轮 B 也做平面运动。为了求解 α_{AB} 和 α_B,需先求出 ω_{AB} 和 ω_B。

(1) 求速度。曲柄定轴转动,$\boldsymbol{v}_A = r\omega$,方向垂直于 OA,指向顺着 ω 转向。连杆 AB 做平面运动,知其上一点 A 的速度 $\boldsymbol{v}_A$ 和另一点 B 的速度 $\boldsymbol{v}_B$ 的方向;此瞬时,$\boldsymbol{v}_A \parallel \boldsymbol{v}_B$,而 AB 不垂直于 $\boldsymbol{v}_A$。于是,连杆 AB 做瞬时平移,其瞬心在无穷远处,$\omega_{AB} = 0$,即

$$\boldsymbol{v}_B = \boldsymbol{v}_A = rw(\leftarrow)$$

轮 B 做平面运动,轮与地面间无相对滑动,则接触点 I 为轮 B 的速度瞬心,因此

$$\omega_B = \frac{\boldsymbol{v}_B}{r} = \omega(\text{逆时针})$$

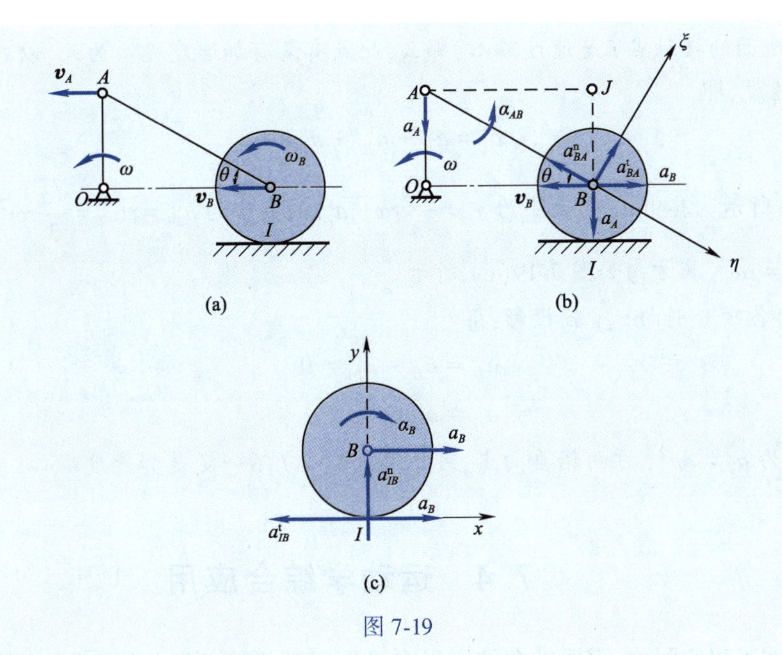

图 7-19

$\boldsymbol{v}_A$、$\boldsymbol{v}_B$、ω 的方向如图 7-19(a)所示。

(2)求加速度。在连杆 AB 中，$\boldsymbol{a}_A$ 已知，大小为 $a_A=r\omega^2$，方向铅垂向下。选 A 为基点，B 点的加速度

$$\boldsymbol{a}_B=\boldsymbol{a}_A+\boldsymbol{a}^{\mathrm{t}}_{BA}+\boldsymbol{a}^{\mathrm{n}}_{BA} \tag{a}$$

如图 7-19(b)所示。其中 $\boldsymbol{a}_B$ 的大小未知，方向水平，设其指向向右；$\boldsymbol{a}^{\mathrm{n}}_{BA}$ 的大小为 $\boldsymbol{a}^{\mathrm{n}}_{BA}=AB\cdot\omega_{AB}=0$，$\boldsymbol{a}^{\mathrm{t}}_{BA}$ 的大小未知，可表示为 $\boldsymbol{a}^{\mathrm{t}}_{BA}=AB\cdot\alpha_{AB}$，方向垂直于 AB，其指向与 α_{AB} 所假设转向一致。于是，在式(a)中，只有 $\boldsymbol{a}_B$，α_{AB} 的大小两个未知量。

将式(a)各项分别向 ξ、η 轴上投影，得

$$\eta:\boldsymbol{a}_B\cos\theta=-\boldsymbol{a}^{\mathrm{n}}_{BA}+\boldsymbol{a}_A\sin\theta \tag{b}$$

$$\xi:\boldsymbol{a}_B\sin\theta=\boldsymbol{a}^{\mathrm{t}}_{BA}-\boldsymbol{a}_A\cos\theta \tag{c}$$

解出

$$\boldsymbol{a}_B=\boldsymbol{a}_A\tan\theta=\frac{\sqrt{3}}{3}r\omega^2$$

$$\boldsymbol{a}^{\mathrm{t}}_{BA}=\boldsymbol{a}_A\sec\theta=\frac{2}{3}\sqrt{3}r\omega^2$$

所以

$$\alpha_{AB}=\frac{\boldsymbol{a}^{\mathrm{t}}_{BA}}{AB}=\frac{\sqrt{3}}{3}\omega^2\text{（逆时针）}$$

由此看出，AB 杆在图示位置做瞬时平移，其角速度等于零，但其角加速度并不等于零。B 点是轮心，距地面的距离始终为 r，因此可得

$$\alpha_B=\frac{a_B}{r}=\frac{\sqrt{3}}{3}\omega^2\text{（顺时针）}$$

轮 B 与地面的接触点 I 是速度瞬心,那么,此点有没有加速度呢?为此,以 B 为基点,计算 I 点的加速度,即

$$\boldsymbol{a}_i = \boldsymbol{a}_B + \boldsymbol{a}_{IB}^{\mathrm{t}} + \boldsymbol{a}_{IB}^{\mathrm{n}} \tag{d}$$

如图 7-19(c)所示。其中 $\boldsymbol{a}_B$ 的大小为 $a_B = \frac{\sqrt{3}}{3}r\omega^2$,$\boldsymbol{a}_{IB}^{\mathrm{t}}$ 的大小为 $a_{IB}^{\mathrm{t}} = r\alpha_B = \frac{\sqrt{3}}{3}r\omega^2$,$\boldsymbol{a}_{IB}^{\mathrm{n}}$ 的大小为 $a_{IB}^{\mathrm{n}} = r\omega_B^2 = r\omega^2$,其方向如图 7-19(c) 所示。

将式(d)各项分别向 x、y 轴投影,得

$$x: a_{Ix} = a_B - a_{IB}^{\mathrm{t}} = 0$$

$$y: a_{Iy} = a_{IB}^{\mathrm{n}} = r\omega^2(\uparrow)$$

即 $\boldsymbol{a}_I$ 的大小为 $a_I = r\omega^2$,方向铅垂向上,可见速度瞬心 I 不一定是加速度瞬心。

7.4　运动学综合应用

在工程实际中,需要综合应用很多平面运动机构,其运动形式一般都很复杂,因此对其进行运动分析,必须运用运动学理论。而其难点一般出现在点的合成运动理论与刚体平面运动理论的综合应用中。

在求解此类问题时,要注意两点。首先要依据各刚体的运动特征,分辨它们各自做什么运动,是平移、定轴转动还是平面运动;其次,刚体之间是靠约束连接来传递运动,这就需要建立刚体之间连接点的运动学条件。特别是两刚体间的连接点有相对运动的情形。例如,用滑块和滑槽连接两刚体时,连接点的速度和加速度是不相同的。需要应用点的合成运动去建立连接点的运动学条件。如果被连接的刚体中有做平面运动的,则需要综合应用点的合成运动和刚体平面运动的理论去求解。求解时,应从已知运动条件的刚体开始,然后通过已建立的运动学条件过渡到相邻的刚体,直至最后将解全部求得。下面通过几个例子来说明。

【例 7-8】 在如图 7-20(a)所示机构中,已知:$OA = 20$ cm,$O_1B = 25$ cm,曲柄 OA 的转速 $n = 70$ r/min。当筛子 CD 运动到与 OO_1 同一水平线上时,$\beta = 30°$,$\psi = 60°$,$\theta = \varphi = 90°$。试求此瞬时筛子 CD 的速度。

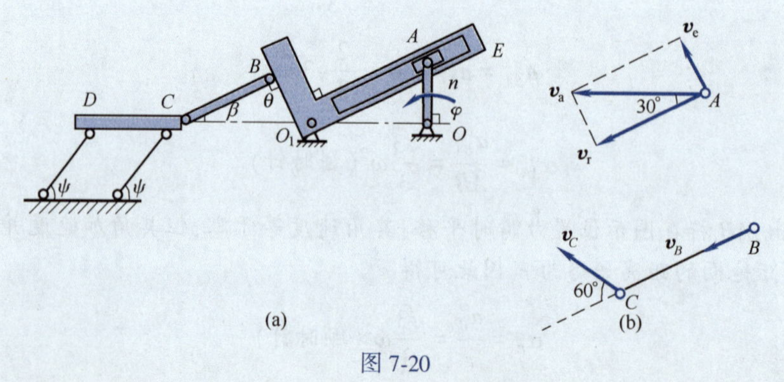

图 7-20

【解】　滑块A在滑槽内运动，则取滑块A为动点，动坐标系固结在BO_1E上。A点的绝对速度、牵连速度、相对速度如图7-20(b)所示。

$$v_e = v_a \sin 30° = OA \times \omega_{OA} \sin 30° = \frac{70\pi}{30} \times 20 \times \frac{1}{2} = 73.25(\text{cm/s})$$

$$O_1A = \frac{OA}{\sin 30°} = \frac{20}{\frac{1}{2}} = 40(\text{cm})$$

由此可得BO_1E的角速度为

$$\omega_{O_1} = \frac{v_e}{O_1A} = \frac{73.25}{40} = 1.83(\text{rad/s})$$

$$v_B = \omega_{O_1} \times O_1B = 1.83 \times 25 = 45.78(\text{cm/s})$$

筛子CD作平动，则

$$\boldsymbol{v}_{CD} = \boldsymbol{v}_C$$

即要求得筛子CD的速度，只要求得$\boldsymbol{v}_C$。

BC杆作平面运动，其速度情况如图7-20(b)所示，则由速度投影定理

$$v_C \cos 60° = v_B \cos 0°$$

得

$$v_C = 45.78 \times 2 = 91.56(\text{cm/s})$$

故筛子CD的速度大小为91.56 cm/s，方向如图7-20(b)中的$\boldsymbol{v}_C$。

【例7-9】　杆O_1A按$\varphi = \frac{\pi}{6} t$ rad(t的单位为s)绕O_1轴转动，并带动半径为r的圆管运动，圆管与水平连杆AB固结，O_1A、AB、O_2B杆均在同一平面内，如图7-21所示。已知$O_1A = O_2B = 48$ cm，$r = 24$ cm，$AB = O_1O_2$。在圆管内小球M按方程$s = 3\pi t^2$ cm运动(O为弧坐标原点，弧坐标s按逆时针方向量取)。求当$t = 2$ s时，小球M的绝对加速度的大小。

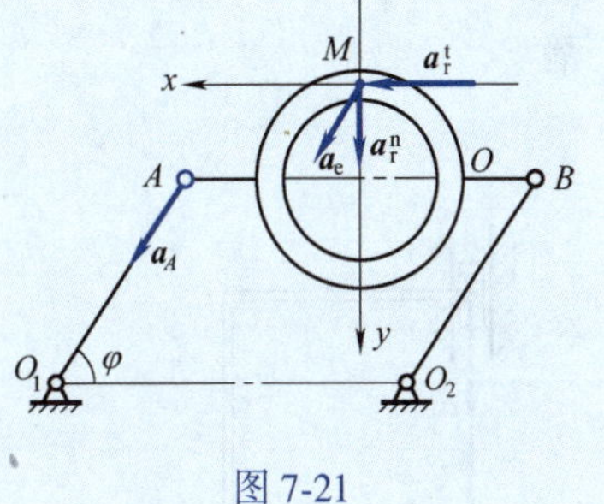

图7-21

【解】　本题为点的运动学和点的合成运动综合应用的题目。

取小球M为动点，动坐标系固结在圆管上，圆管作曲线平动，则有

$$s|_{t=2\text{s}} = 3\pi \times 2^2 = 12\pi(\text{cm})$$

小球转过的角度为

$$\theta = \frac{s}{r} = \frac{12\pi}{24} = \frac{\pi}{2}$$

即小球此时在圆管的最高处。

分析小球M的运动情况，如图7-21所示。动点的牵连运动为曲线平动。

$$a_e = a_A = O_1A \cdot \dot{\varphi}^2 = 48 \times \left(\frac{\pi}{6}\right)^2 = \frac{4\pi^2}{3}(\text{cm/s}^2)$$

动点的相对运动为圆周运动

$$a_r^t = \frac{d^2 s}{dt^2} = 6\pi(\text{cm/s}^2)$$

$$a_r^n = \frac{\left(\frac{ds}{dt}\right)^2}{r} = \frac{(6\pi \times 2)^2}{24} = 6\pi^2(\text{cm/s}^2)$$

根据点的加速度合成定理

$$\boldsymbol{a} = \boldsymbol{a}_e + \boldsymbol{a}_r^t + \boldsymbol{a}_r^n$$

将上式分别投影到 x、y 轴上

$$a_x = a_e \cos 60° + a_r^t = \frac{4\pi^2}{3} \times \frac{1}{2} + 6\pi = 25.43(\text{cm/s}^2)$$

$$a_y = a_e \sin 60° + a_r^n = \frac{4\pi^2}{3} \times \frac{\sqrt{3}}{2} + 6\pi^2 = 70.61(\text{cm/s}^2)$$

故小球 M 的绝对加速度的大小为

$$a = \sqrt{a_x^2 + a_y^2} = 75.05 \text{ cm/s}^2$$

【例 7-10】 图 7-22 所示机构,已知 $AC = l_1, BC = l_2$。求当 $AC \perp BC$ 时 C 点的速度和加速度,此时 $\boldsymbol{v}_A, \boldsymbol{a}_A, \boldsymbol{v}_B, \boldsymbol{a}_B$ 已知。

【解】 本题机构具有两个自由度,因而需要给定两组独立的运动信息才能确定整个机构的运动,比如这里提供 A 和 B 两处的运动信息。相应地,这类题目的解答一般都是从各自的已知信息独立向目标处推进。

(1) 速度分析。如图 7-23(a) 所示,以 A 为基点的 C 点速度 $\boldsymbol{v}_C = \boldsymbol{v}_A + \boldsymbol{v}_{CA}$,而以 B 为基点的 C 点速度 $\boldsymbol{v}_C = \boldsymbol{v}_B + \boldsymbol{v}_{CB}$。因而

$$\boldsymbol{v}_A + \boldsymbol{v}_{CA} = \boldsymbol{v}_B + \boldsymbol{v}_{CB}$$

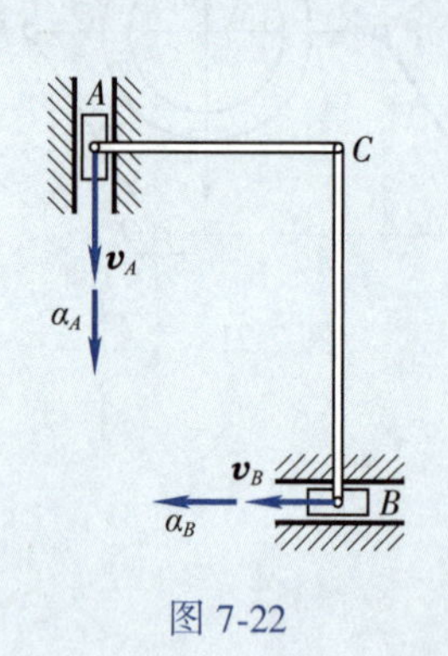

图 7-22

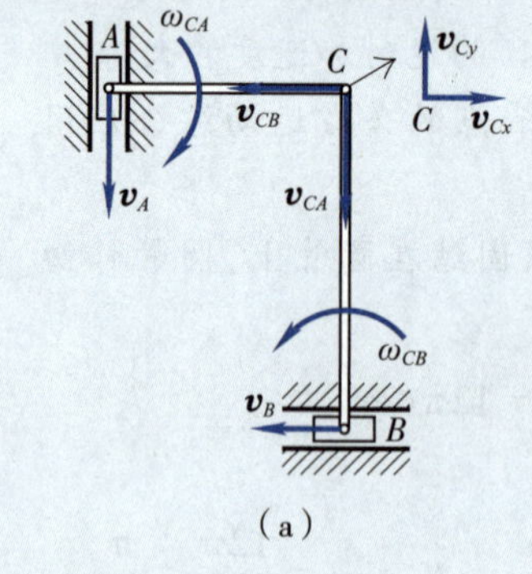

(a)

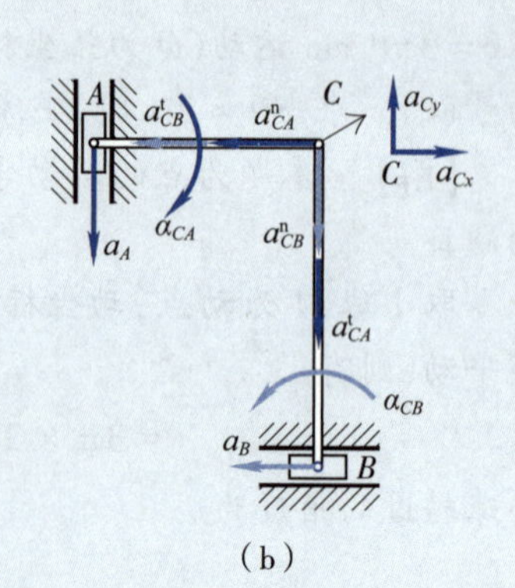

(b)

图 7-23

分别沿水平和垂直投影有

$$\boldsymbol{v}_A + \boldsymbol{v}_{CA} = 0, \quad \boldsymbol{v}_B + \boldsymbol{v}_{CB} = 0 \tag{a}$$

所以 C 点速度 $\quad \boldsymbol{v}_C = \boldsymbol{v}_{Cx} + \boldsymbol{v}_{Cy} = \boldsymbol{0}$

由式(a)可得

$$\omega_{CA} = \boldsymbol{v}_{CA}/CA = -\boldsymbol{v}_A/l_1$$

$$\omega_{CB} = \boldsymbol{v}_{CB}/CB = -\boldsymbol{v}_B/l_2$$

(2)加速度分析。以 A 为基点的 C 点加速度 $\boldsymbol{a}_C = \boldsymbol{a}_A + \boldsymbol{a}_{CA}^{t} + \boldsymbol{a}_{CA}^{n}$ [图7-22(b)中黑色矢量],而以 B 为基点的 C 点速度 $\boldsymbol{a}_C = \boldsymbol{a}_B + \boldsymbol{a}_{CB}^{t} + \boldsymbol{a}_{CB}^{n}$ [图7-22(b)中彩色矢量]。因而有

$$\boldsymbol{a}_A + \boldsymbol{a}_{CA}^{t} + \boldsymbol{a}_{CA}^{n} = \boldsymbol{a}_B + \boldsymbol{a}_{CB}^{t} + \boldsymbol{a}_{CB}^{n}$$

沿竖直方向投影有

$$-\boldsymbol{a}_A - \boldsymbol{a}_{CA}^{t} = -\boldsymbol{a}_{CB}^{n}$$

即 $\boldsymbol{a}_{CA}^{t} = \boldsymbol{a}_{CB}^{n} - \boldsymbol{a}_A$。

C 点加速度

$$\begin{aligned}\boldsymbol{a}_C &= \boldsymbol{a}_{Cx} + \boldsymbol{a}_{Cy} = \boldsymbol{a}_A + \boldsymbol{a}_{CA}^{t} + \boldsymbol{a}_{CA}^{n} = -\boldsymbol{a}_{CA}^{n}\boldsymbol{i} - \boldsymbol{a}_{CB}^{n}\boldsymbol{j} \\ &= -\boldsymbol{v}_A^2\boldsymbol{i}/l_1 - \boldsymbol{v}_B^2\boldsymbol{j}/l_2\end{aligned}$$

讨论

(1)本题 C 点速度是 $\mathbf{0}$,但是加速度不等于 $\mathbf{0}$。

(2)这样的做法"对 A 和 B 两处的速度作垂线,交于 C 点,所以 C 点是 ACB 的速度瞬心"是错误的,因为 ACB 不是刚体,根本没有"瞬心"说法。瞬心是对单个刚体定义的。

思 考 题

7-1 如图7-24所示,试分析哪些构件做平面运动,并画出它们在图示位置的速度瞬心和确定 M 点的速度方向。

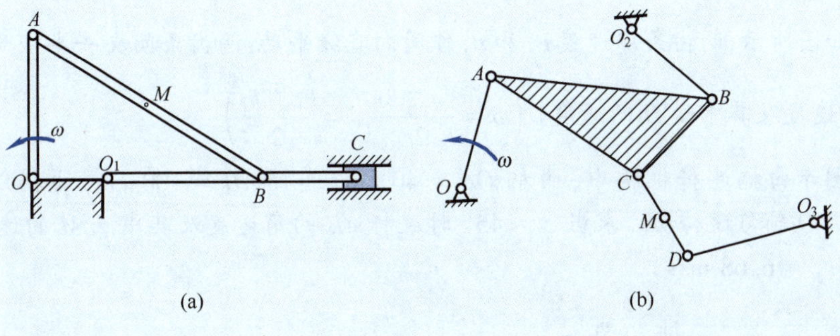

图7-24

7-2 平面机构在图7-25所示位置时,AB 杆水平而 OA 杆铅直,若 B 点的速度 $v_B \neq 0$,加速度 $a_B = 0$。则此瞬时 OA 杆的角速度、角加速度为多少?

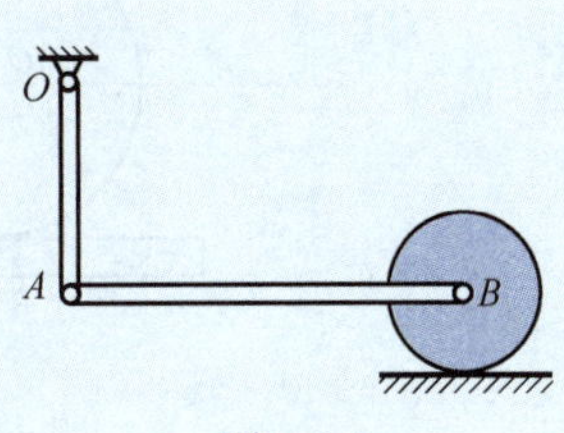

图7-25

7-3 在图7-26(a)、(b)所示瞬时,已知 $O_1A \mathrel{\underline{/\!/}} O_2B$,问 ω_1 与 ω_2,α_1 与 α_2 是否相等?

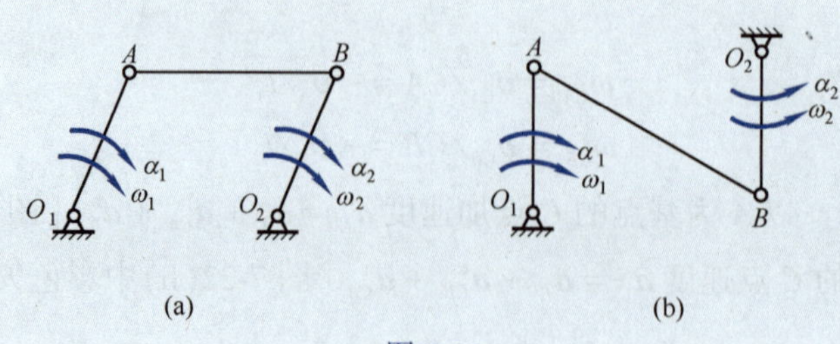

图 7-26

7-4　如图 7-27 所示，O_1A 杆的角速度为 ω_1，板 ABC 和杆 O_1A 铰接。试问图中当 O_1、A、C 共线时，O_1A 和 AC 上各点的速度分布规律是否正确？为什么？

7-5　在图 7-28 所示机构中，$O_1B \parallel O_2C$，且 $O_1B = O_2C$。设 O_2C 以匀角速度 ω 转动，试画出图示位置时，点 M 的速度的方向和点 E 的加速度的方向。

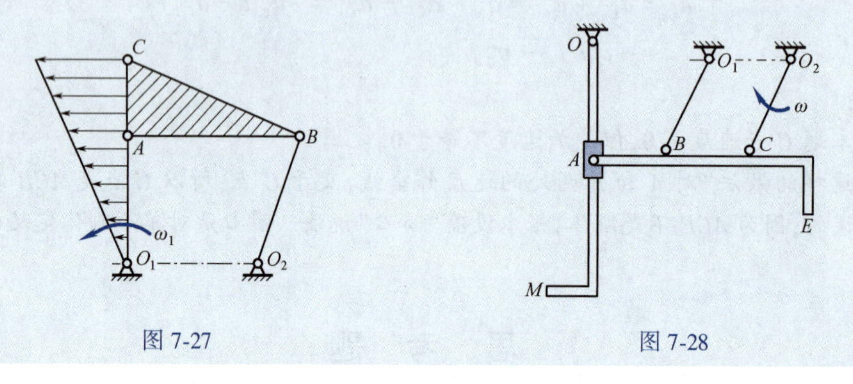

图 7-27　　　　图 7-28

习　题

7-1　如图所示，两齿条以速度 $\boldsymbol{v}_1$ 和 $\boldsymbol{v}_2$ 作同向直线平动，两齿条间夹一半径为 r 的齿轮，求齿轮的角速度及其中心 O 的速度。$\left(\omega = \dfrac{v_1 - v_2}{2r}, v = \dfrac{v_1 + v_2}{2}\right)$

7-2　图示曲柄连杆机构中，曲柄 $OA = 40$ cm，连杆 $AB = 100$ cm，曲柄以转速 $n = 180$ r/min 绕 O 轴匀速转动。求当 $\varphi = 45°$ 时连杆 AB 的角速度及其中点 M 的速度。($\omega = 5.56$ rad/s，$v_M = 6.68$ m/s)

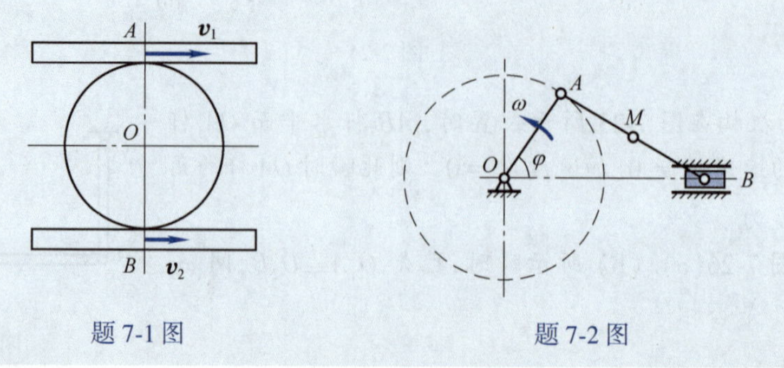

题 7-1 图　　　　题 7-2 图

7-3　图示配气机构中，曲柄以匀角速度 $\omega = 20$ rad/s 绕 O 轴转动，$OA = 40$ cm，$AC = CB = 20\sqrt{37}$ cm。当曲柄在两铅垂位置和两水平位置时，求气阀推杆 DE 的速度。（当 $\varphi = 0°$ 和 $180°$，$v_{DE} = 400$ cm/s；当 $\varphi = 90°$ 和 $270°$，$v_{DE} = 0$）

7-4　图示机构中，已知 $OA = BD = DE = 0.1$ m，$EF = 0.1\sqrt{3}$ m，$\omega_{OA} = 4$ rad/s。在图示位置时，曲柄 OA 与水平线 OB 垂直，且 B、D 和 F 在同一铅垂线上，且 CDE 板的 DE 边垂直杆 EF。求此瞬时 EF 的角速度和点 F 的速度。（$\omega_{EF} = 1.33$ rad/s，$v_F = 0.462$ m/s）

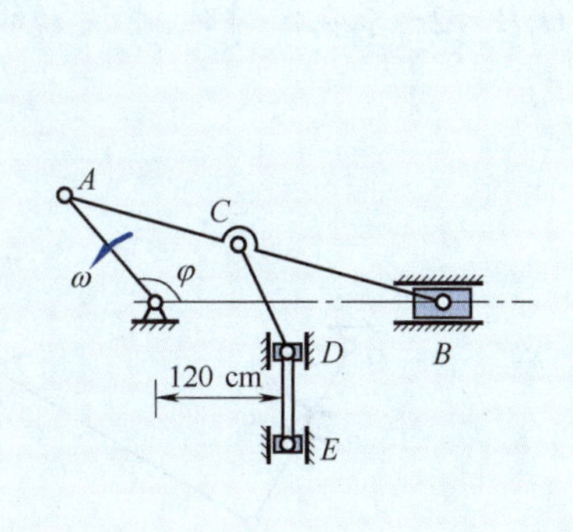

题 7-3 图

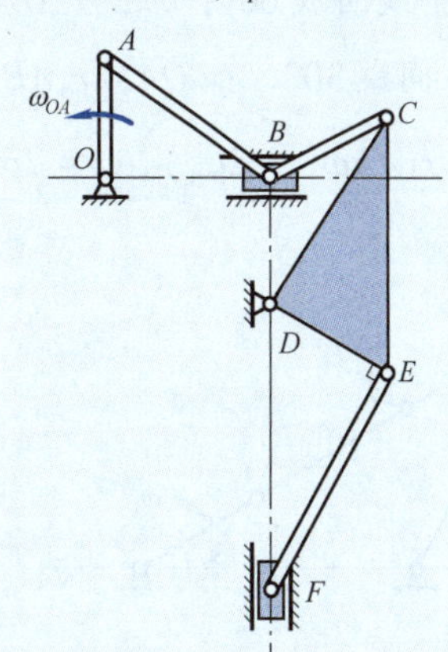

题 7-4 图

7-5　滚压机构的滚轮沿水平地面作无滑动的滚动。已知曲柄 OA 长 150 mm，绕 O 轴的转速 $n = 60$ r/min，滚轮半径 $R = 150$ mm。求当曲柄与水平面的夹角为 60°，且曲柄与连杆垂直时，滚轮的角速度。（$\omega = 7.25$ rad/s）

7-6　车轮在铅垂平面内沿倾斜直线轨道滚动而不滑动。轮的半径 $R = 0.5$ m，轮心 O 在某瞬时的速度 $v_O = 1$ m/s，加速度 $a_O = 3$ m/s^2。求在轮上两相互垂直直径的端点 1、2、3、4 的加速度。（$a_1 = 2$ m/s^2，$a_2 = 3.16$ m/s^2，$a_3 = 6.32$ m/s^2，$a_4 = 5.83$ m/s^2）

7-7　图示小型精压机的传动机构，$OA = O_1B = r = 0.1$ m，$EB = BD = AD = l = 0.4$ m。在图示瞬时，$OA \perp AD$，$O_1B \perp ED$，O_1D 在水平位置，OD 和 EF 在铅垂位置。已知曲柄 OA 的转速 $n = 120$ r/min，求此时压头 F 的速度。

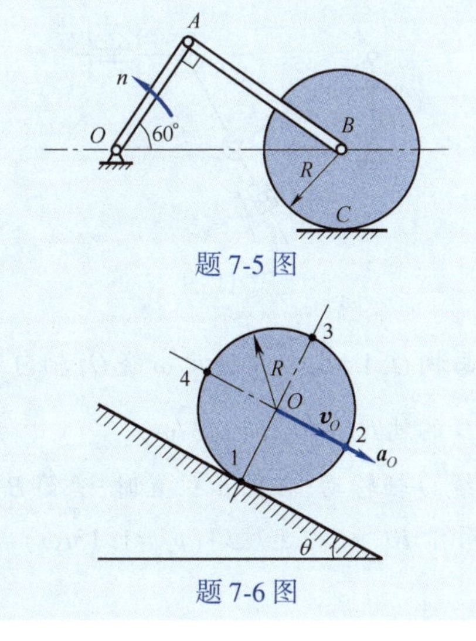

题 7-5 图

题 7-6 图

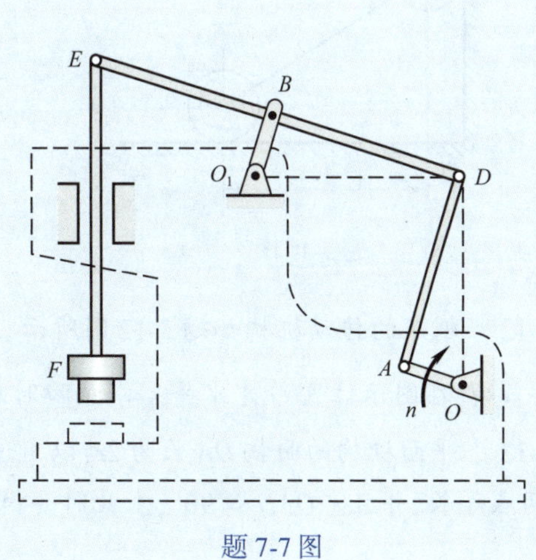

题 7-7 图

7-8　在四连杆机构中，长为 r 的曲柄 OA 以匀角速度 ω_1 转动，连杆 AB 长为 $l=4r$。某瞬时，$\angle O_1BA=\angle O_1OA=30°$，且 O、A 和 B 三点在同一直线上。试求此瞬时曲柄 O_1B 的角速度和角加速度，并求连杆中点 M 的加速度。$\left(\omega_{O_1B}=0,\alpha_{O_1B}=\dfrac{\sqrt{3}}{2}\omega_1^2,a_M=\dfrac{\sqrt{39}}{4}r\omega_1^2\right)$

7-9　在图示曲柄连杆机构中，曲柄 OA 绕 O 轴转动，其角速度为 ω_1，角加速度为 α_1。在某瞬时曲柄水平线间成60°，而连杆 AB 与曲柄 OA 垂直。滑块 B 在圆形槽内滑动，此时半径 O_1B 与连杆 AB 间成30°。如 $OA=r$，$AB=2\sqrt{3}r$，$O_1B=2r$，求在该瞬时，滑块 B 的切向和法向加速度。[$a_t=r(\sqrt{3}\omega_1^2-2\alpha_1)$，$a_n=2r\omega_1^2$]

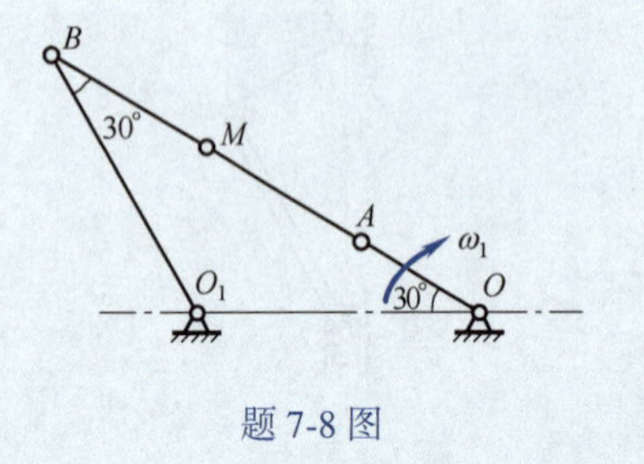

题7-8图

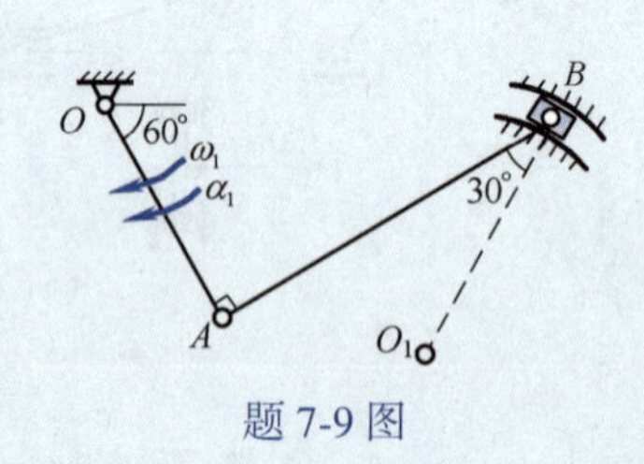

题7-9图

7-10　已知：半径皆为10 cm的两轮分别沿水平和铅直固定轨道作纯滚动，$AB=50$ cm。在图示位置时，$\omega_1=4$ rad/s，$\alpha_1=2$ rad/s^2，$l=40$ cm。试求该瞬时轮心 B 的速度和加速度。($v_B=53.3$ cm/s，$a_B=174.8$ cm/s^2)

7-11　纵向刨床机构如图所示，曲柄 OA 长 r，以匀角速度 ω 转动，当 $\varphi=90°$，$\beta=60°$ 时，$DC:BC=1:2$，且 $OC\,/\!/\,BE$，连杆 AC 长 $2r$。求刨杆 BE 的速度。($v_{BE}=3r\omega$)

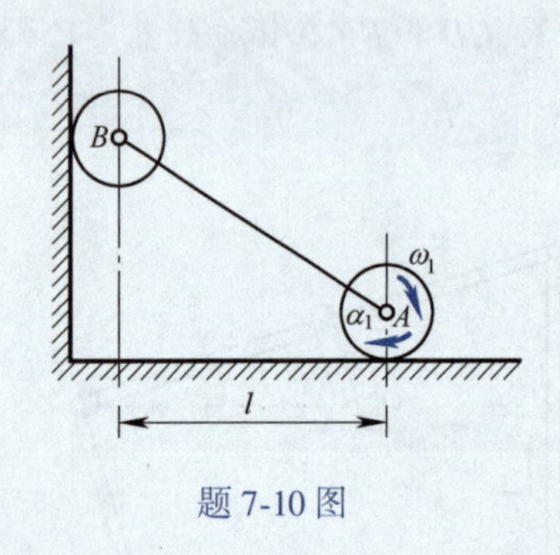

题7-10图

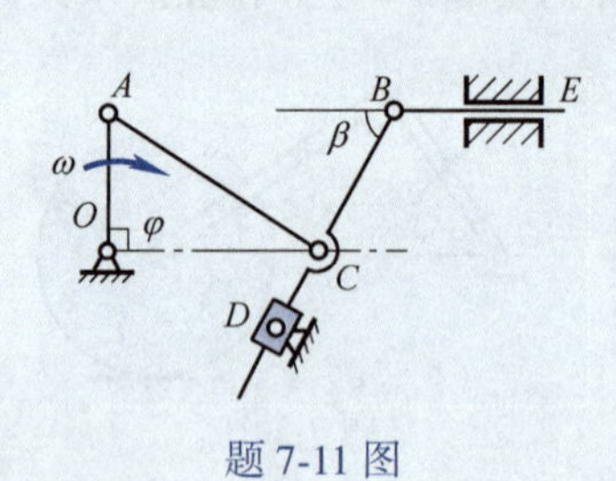

题7-11图

7-12　刨床的传动机构如题7-12图所示。已知曲柄 $O_1A=l$，以角速度 ω 绕 O_1 轴匀速转动，$BC=4l$，在图示位置 O_1A 水平。求该瞬时滑枕 CD 的速度。($v_{CD}=\sqrt{3}l\omega$)

7-13　平面机构的曲柄 OA 长为 $2r$，以角速度 ω 绕 O 轴转动，在图示位置时，套筒 B 距 A 和 O 两点等长，并且 $\angle OAD=90°$，求此时套筒 D 相对于 BC 杆的速度。($v_r=1.15r\omega$)

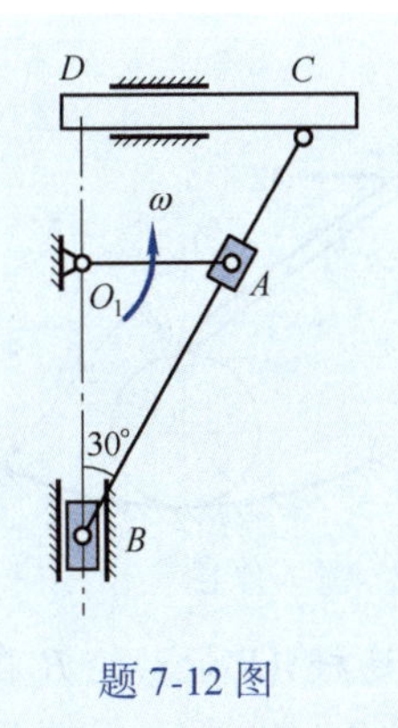

题7-12图

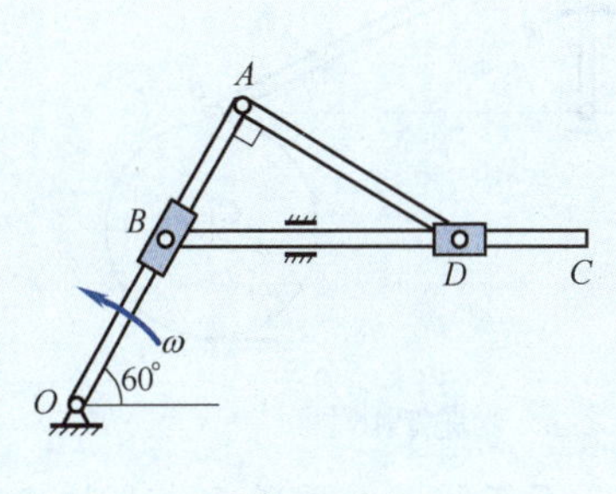

题7-13图

7-14　滑块A按照规律$s_1(t)=20t^2$ cm沿着固定的垂直竖杆CD滑动，长为32 cm的杆AB与滑块A铰接，杆的另一端与滑块B铰接，滑块B沿着丁字杆EFG的水平椽条滑动，丁字杆EFG按照规律$s_2(t)=-10\sin\dfrac{\pi}{3}t$ cm在铅垂方向运动。如果在$t=1$ s时，$\theta=45°$，试求在这一瞬时杆AB的角速度与角加速度以及滑块B相对于杆EFG的加速度。($\omega=2$ rad/s，$\alpha=2.65$ rad/s^2，$a_r=150.5$ cm/s^2)

7-15　如图所示复合机构，长为30 cm的曲柄O_1A在图示平面内按$\varphi(t)=\dfrac{\pi}{3}t$ rad转动，套筒B沿着连杆AD滑动，滑槽杆OGH弯成直角，杆EF按照规律$s(t)=20t^2$ cm在导轨内滑动。已知$O_1A=O_2D$，$O_1A\,/\!/\,O_2D$，且在$t=1$ s时，$\theta=30°$，$OB=80$ cm，$OC=50$ cm，试求此瞬时滑槽杆OGH的角速度。($\omega=0.4$ rad/s)

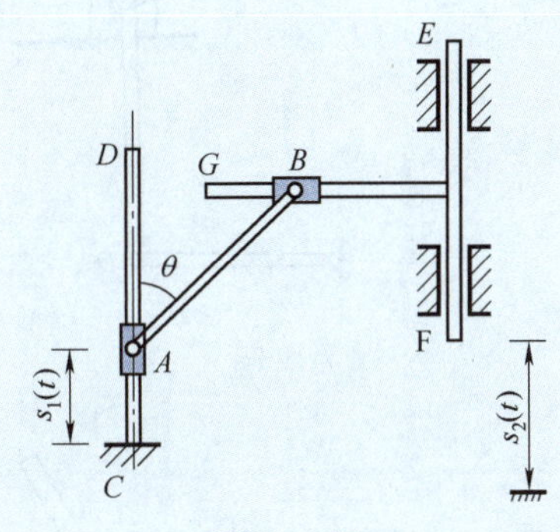

题7-14图

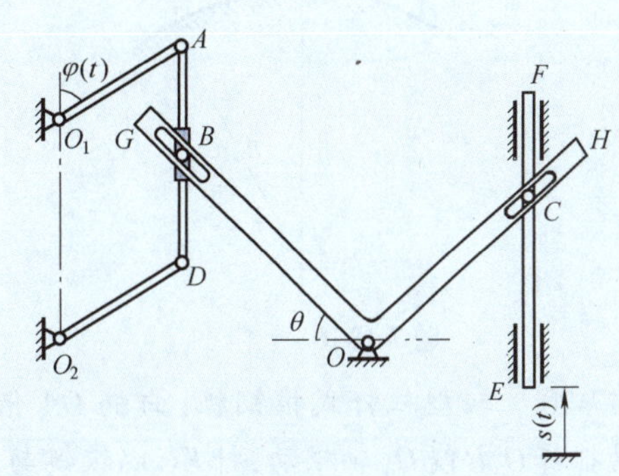

题7-15图

7-16　曲柄OA的长度为r，以匀角速度ω绕O轴作逆时针转动，通过长为l的连杆AB带动半径为R的轮子在水平直线轨道上做纯滚动。在题图所示瞬时，曲柄OA位于铅垂位置，$OA\perp OB$。试求该瞬时轮子的角速度与角加速度。[$\omega_C=r\omega/2R,\alpha_C=(4R-r)r^2\omega^2/8R^2\sqrt{l^2-r^2}$]

7-17　如图所示平面机构，连杆BC一端与滑块C铰接，另一端铰接于半径$r=12.5$ cm的圆盘的边缘B点。圆盘在一半径$R=3r$的凹形圆弧槽内作纯滚动。在图示瞬时，滑块C的速度$v_C=50$ cm/s，加速度$a_C=75$ cm/s^2，圆弧槽圆心O_1、B点及圆盘中心O在同一铅垂线上。试求该瞬时圆盘的角速度与角加速度。($\omega_O=2$ rad/s，$\alpha_O=3.75$ rad/s^2)

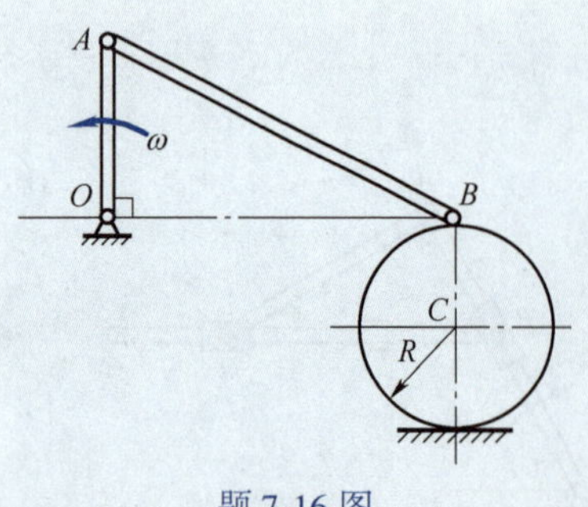

题 7-16 图

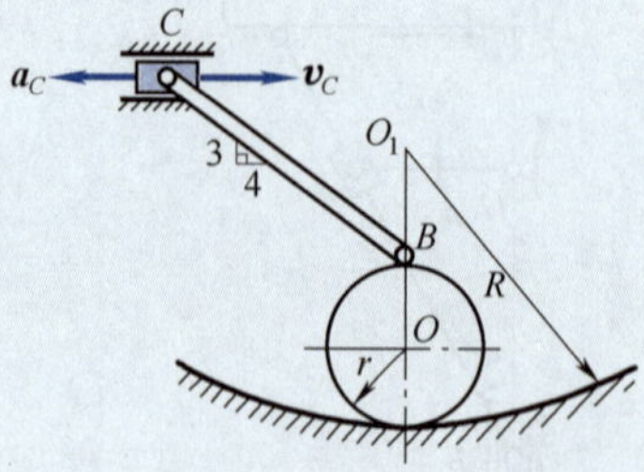

题 7-17 图

7-18　平面机构如图所示。曲柄 OA 作匀角速度转动,通过连杆 AB 带动轮 B 在固定轮 O_1 上作纯滚动。已知:$OA=r=10\ \text{cm}$,$\omega=10\ \text{rad/s}$,$AB=40\ \text{cm}$,$R=40\ \text{cm}$。试求图示位置轮 B 的角速度和角加速度。($\omega_B=10\ \text{rad/s}$,$\alpha_B=20.7\ \text{rad/s}^2$)

7-19　在图示机构中,已知各杆长 $OA=30\ \text{cm}$,$AB=30\sqrt{3}\ \text{cm}$,$BD=60\ \text{cm}$,$O_1D=40\ \text{cm}$,杆 OA 以匀角速度 $\omega_0=10\ \text{rad/s}$ 转动。机构在图示位置时,杆 O_1D 处于水平位置,BD 杆处于铅垂位置,$\angle OAB=90°$。求:(1) 杆 BD 的角速度 ω_{BD};(2) 杆 AB 的角速度 ω_{AB};(3) 滑块 B 的加速度 a_B 和连杆 AB 的角加速度 α_{AB}。[(1)$\omega_{BD}=5.77\ \text{rad/s}$;(2)$\omega_{AB}=3.33\ \text{rad/s}$;(3)$a_B=6.67\ \text{m/s}^2$,$\alpha_{AB}=5.13\ \text{rad/s}^2$]

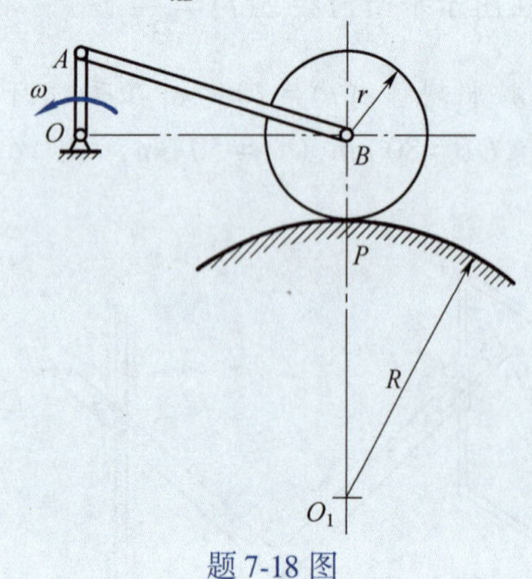

题 7-18 图

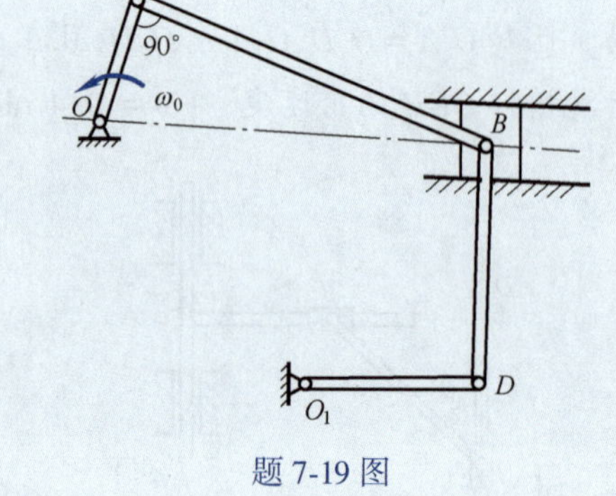

题 7-19 图

7-20　轻型杠杆式推钢机,曲柄 OA 借连杆 AB 带动摇杆 O_1B 绕 O_1 轴摆动,杆 EC 以铰链与滑块 C 相连,滑块 C 可沿杆 O_1B 滑动;摇杆摆动时带动杆 EC 推动钢材,如图所示。

已知 $OA=r$,$AB=\sqrt{3}r$,$O_1B=\dfrac{2}{3}l$($r=0.2\ \text{m}$,$l=1\ \text{m}$),$\omega_{OA}=\dfrac{1}{2}\text{rad/s}$,$\alpha_{OA}=0$。在图示位置时,$BC=\dfrac{4}{3}l$。求:(1) 滑块 C 的绝对速度和相对于摇杆 O_1B 的速度;(2) 滑块 C 的绝对加速度和相对于摇杆 O_1B 的加速度。

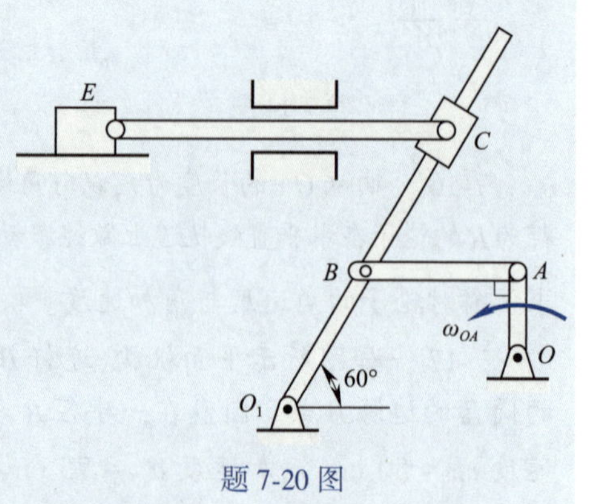

题 7-20 图

7-21　图示平面机构，曲柄通过滑块 B、连杆 BC 带动圆盘 C 沿水平面滚动而不滑动，连杆沿水平导槽运动。在图示瞬时，杆 OA 和水平直线夹角为 φ，其角速度为 ω_0，角加速度为 α_0。已知圆盘半径为 r，求此时圆盘 C 的角速度 ω、角加速度 α 和圆盘顶点 D 的速度和加速度。[$\omega=\omega_0/\sin^2\varphi, \alpha=(\alpha_0-2\omega_0^2\cot\varphi)/\sin^2\varphi, v_D=2r\omega_0/\sin^2\varphi, a_{Dx}=2r(\alpha_0-2\omega_0^2\cot\varphi)/\sin^2\varphi, a_{Dy}=r\omega_0^2/\sin^2\varphi$]

7-22　在图示平面机构中，曲柄 OA 长为 r，以匀角速度 ω 沿逆时针方向转动，杆 OA 和 AB、AB 和 BE 分别在 A、B 铰接，$AB=BE=l$，杆 CD 与套筒 C 铰接，套筒 C 可沿杆 BE 滑动，在图示瞬时，$AB\perp BE$，$OA\perp OB$，$BC=CE$。试求该瞬时杆 BE 的角速度和角加速度，以及杆 CD 沿水平导槽滑动的速度。$\left(\omega_{BE}=\dfrac{\sqrt{3}}{4}\omega, \alpha_{BE}=\dfrac{3\omega^2}{16}, v_{CD}=\dfrac{1}{2}r\omega\right)$

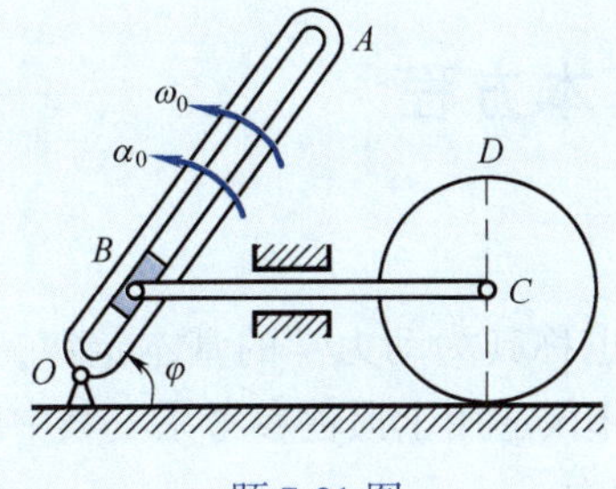

题 7-21 图

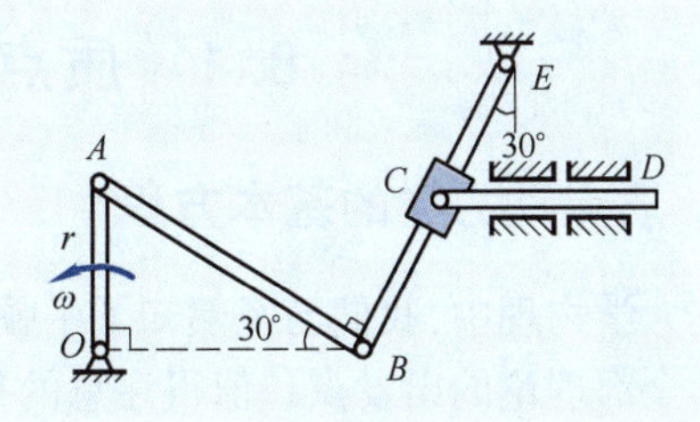

题 7-22 图

第三篇　动　力　学

第 8 章　质点的运动微分方程

动力学研究物体的机械运动与作用力之间的关系,分为质点动力学和质点系动力学。本章根据动力学基本定律得出质点动力学的基本方程,推出质点的运动微分方程,运用微积分方法,求解质点动力学的两类问题。

8.1　质点动力学的基本方程

1. 质点动力学的基本方程

在大学物理中,我们已经熟知了牛顿三个基本定律,也称其为动力学的基本定律,它们是动力学全部理论的出发点。值得注意的是动力学基本定律仅适用于惯性参考系。其中的牛顿第二定律描述了质点的受力与加速度之间的关系,可表示为

$$m\boldsymbol{a} = \boldsymbol{F} \tag{8-1}$$

式中,m 为质点的质量;$\boldsymbol{a}$ 为质点的加速度;$\boldsymbol{F}$ 表示作用于质点上所有力的合力,即质点的质量与加速度的乘积,等于作用于质点的力的大小,加速度的方向与力的方向相同。式(8-1) 称为质点动力学的基本方程。

式(8-1) 表明,质点的质量越大,其运动状态越不容易改变,也就是质点的惯性越大。因此,质量是惯性的度量。

在地球表面,任何物体都受到重力 $\boldsymbol{P}$ 的作用。在重力作用下得到的加速度称为重力加速度,用 $\boldsymbol{g}$ 表示。根据式(8-1) 有

$$\boldsymbol{P} = m\boldsymbol{g} \text{ 或 } m = \frac{P}{g} \tag{8-2}$$

值得注意,虽然物体的质量和重量存在着上述关系,但是它们的意义完全不同。质量是物体惯性的度量,是不变的量;而重量是物体所受重力的大小,根据国际计量委员会规定的标准,重力加速度的数值为 9. 806 65 m/s^2,一般取为 9. 81 m/s^2。实际上在不同纬度的地区,及同一地区山顶和山谷的 g 的数值皆有些微小的差别,因此物体的重量在地面各处也略有不同。

2. 国际单位制

在国际单位制(SI) 中,长度、质量和时间的单位是基本单位,分别取为 m(米)、kg(千克)和 s(秒);力的单位是导出单位,根据牛顿第二定律可得:质量为 1 kg 的质点,获得1 m/s^2 的加速度时,作用于该点的力为 1 N(牛顿),即

$$1\ \text{N} = 1\ \text{kg} \times 1\ \text{m/s}^2$$

8.2 质点运动微分方程

质点受到 n 个力 $\boldsymbol{F}_1,\boldsymbol{F}_2,\cdots,\boldsymbol{F}_n$ 作用时，由质点动力学的基本方程，有

$$m\boldsymbol{a}=\sum_{i=1}^{n}\boldsymbol{F}_i \tag{8-3}$$

为了求解不同问题，根据质点运动学中描述点的运动的三种基本方法，可将质点动力学基本方程表示为不同形式的微分方程。

1. 矢量形式的质点运动微分方程

由运动学知

$$\boldsymbol{a}=\frac{\mathrm{d}\boldsymbol{v}}{\mathrm{d}t}=\frac{\mathrm{d}^2\boldsymbol{r}}{\mathrm{d}t^2}$$

代入式(8-3)后则得

$$m\frac{\mathrm{d}^2\boldsymbol{r}}{\mathrm{d}t^2}=\sum_{i=1}^{n}\boldsymbol{F}_i \tag{8-4}$$

这就是矢量形式的质点运动微分方程。

2. 直角坐标形式的质点运动微分方程

设矢径 $\boldsymbol{r}$ 在直角坐标轴上的投影分别为 x、y、z，力 $\boldsymbol{F}_i$ 在轴上的投影分别为 F_{xi}、F_{yi}、F_{zi}，则式(8-4)在直角坐标轴上的投影为

$$m\frac{\mathrm{d}^2x}{\mathrm{d}t^2}=\sum_{i=1}^{n}F_{xi},\quad m\frac{\mathrm{d}^2y}{\mathrm{d}t^2}=\sum_{i=1}^{n}F_{yi},\quad m\frac{\mathrm{d}^2z}{\mathrm{d}t^2}=\sum_{i=1}^{n}F_{zi} \tag{8-5}$$

式(8-5)为直角坐标形式的质点运动微分方程。

3. 自然坐标形式的质点运动微分方程

将式(8-3)在自然轴系的切线方向、主法线方向、副法线方向投影可得自然坐标形式的质点运动微分方程为

$$m\frac{\mathrm{d}v}{\mathrm{d}t}=\sum_{i=1}^{n}F_{\mathrm{t}i},\quad m\frac{v^2}{\rho}=\sum_{i=1}^{n}F_{\mathrm{n}i},\quad 0=\sum_{i=1}^{n}F_{\mathrm{b}i} \tag{8-6}$$

式中，$F_{\mathrm{t}i}$、$F_{\mathrm{n}i}$ 和 $F_{\mathrm{b}i}$ 分别是作用于质点的各力在切线、主法线和副法线上的投影；ρ 为轨迹的曲率半径。

质点运动微分方程除以上三种基本形式外，还可以有极坐标形式、柱坐标形式等。

8.3 质点动力学两类问题

应用质点运动微分方程，可以求解质点动力学两类问题。第一类是已知质点的运动，求作用于质点的力；第二类是已知作用于质点的力，求质点的运动。

求解第一类基本问题比较简单，解题步骤与静力学相近。所不同的是，除了分析受力以

外,还要分析运动,然后将质点的运动方程求两次导数得到质点的加速度,代入质点的运动微分方程即可求解。求解第二类基本问题在数学上属于解微分方程或求积分问题,为此它要对作用力的函数规律进行积分,及由具体问题的运动条件再来确定积分常数,才能求解出未知量,因此,此类问题比较复杂。此外,有些动力学问题是第一类与第二类问题的综合。

【例 8-1】 设质量为 m 的质点 M 在 Oxy 平面内运动,如图 8-1 所示,其运动方程为

$$\begin{cases} x = a\cos kt \\ y = b\sin kt \end{cases}$$

式中,a、b 及 k 都是常数,求作用于质点上的力。

【解】 取质点 M 为研究对象,在其运动方程中消去时间 t,则得其运动轨迹方程为

$$\frac{x^2}{a^2} + \frac{y^2}{b^2} = 1$$

显然这是椭圆方程。

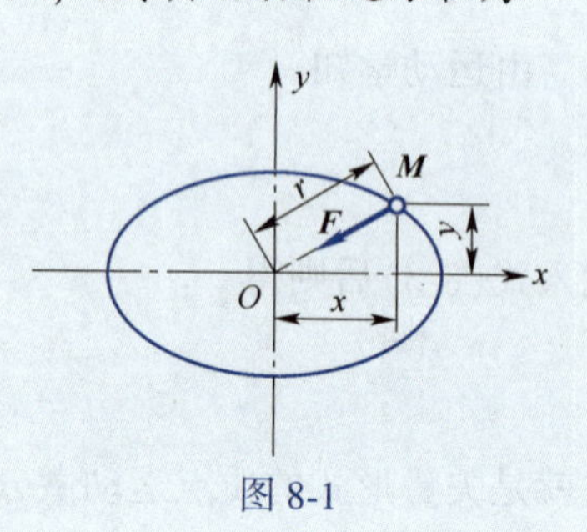

图 8-1

将运动方程微分两次得

$$\frac{\mathrm{d}^2x}{\mathrm{d}t^2} = -k^2a\cos(kt) = -k^2x$$

$$\frac{\mathrm{d}^2y}{\mathrm{d}t^2} = -k^2b\sin(kt) = -k^2y$$

对上式各乘以该质点的质量 m,则得到作用于质点上的力 $\boldsymbol{F}$ 的投影为

$$F_x = m\frac{\mathrm{d}^2x}{\mathrm{d}t^2} = -k^2mx$$

$$F_y = m\frac{\mathrm{d}^2y}{\mathrm{d}t^2} = -k^2my$$

可求得力 $\boldsymbol{F}$ 的大小及方向余弦为

$$F = \sqrt{F_x^2 + F_y^2} = k^2m\sqrt{x^2 + y^2} = k^2mr$$

$$\cos(\boldsymbol{F},\boldsymbol{i}) = \frac{F_x}{F} = -\frac{x}{r}$$

$$\cos(\boldsymbol{F},\boldsymbol{j}) = \frac{F_y}{F} = -\frac{y}{r}$$

式中,$r = \sqrt{x^2 + y^2}$ 是由椭圆中心 O 引向质点 M 的矢径 $\boldsymbol{r}$ 的大小,而矢径 $\boldsymbol{r}$ 的方向余弦为

$$\cos(\boldsymbol{r},\boldsymbol{i}) = \frac{F_x}{F} = \frac{x}{r}$$

$$\cos(\boldsymbol{r},\boldsymbol{j}) = \frac{F_y}{F} = \frac{y}{r}$$

可见力 $\boldsymbol{F}$ 与矢径 $\boldsymbol{r}$ 成比例,而方向相反,如图 8-1 所示,即力 $\boldsymbol{F}$ 的方向恒指向椭圆中心 O,可表示为

$$\boldsymbol{F} = -k^2m\boldsymbol{r}$$

这种力称为有心力。

【例 8-2】 桥式起重机上跑车吊悬一重为 P 的重物，沿水平横梁做匀速运动，如图 8-2(a) 所示，其速度为 v_0，重物的重心至悬挂点 O 的距离为 l；由于突然急刹车，重物因惯性绕悬挂点 O 向前摆动，求钢绳的最大拉力。

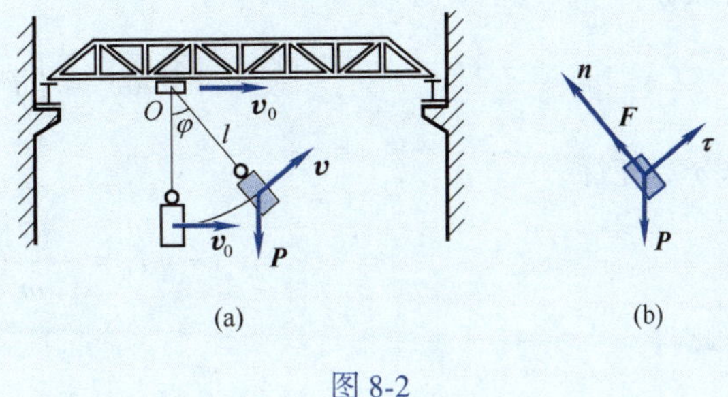

图 8-2

【解】 取重物为研究对象。将重物视为质点，作用于其上的力有重力 $\boldsymbol{P}$ 和绳的拉力 $\boldsymbol{F}$。刹车前，重物以速度 $\boldsymbol{v}_0$ 做匀速直线运动即处于平衡状态，这时重力 $\boldsymbol{P}$ 与绳拉力 $\boldsymbol{F}$ 的大小相等。

刹车后，重物沿以悬挂点 O 为圆心，l 为半径的圆弧向前摆动，考虑绳与铅垂线成 φ 角的任意位置时，由于运动轨迹已知，故如图 8-2(b) 取自然坐标形式应用式(8-6)，列运动微分方程

$$\frac{P}{g}\frac{\mathrm{d}v}{\mathrm{d}t}=-P\sin\varphi \tag{1}$$

$$\frac{P}{g}\frac{v^2}{l}=F-P\cos\varphi \tag{2}$$

于是得

$$F=P\left(\cos\varphi+\frac{v^2}{gl}\right)$$

其中，v 及 $\cos\varphi$ 均为变量。由式(1) 知重物作减速运动，故可由式(2) 判断出初始位置 $\varphi=0$ 时绳的拉力最大为

$$F_{\max}=P\left(1+\frac{v_0^2}{gl}\right) \tag{3}$$

式(3) 中第 1 项为刹车前绳拉力即静反力为 $F_0=P$，其第 2 项为由质点具有加速度而产生的反力称为附加动反力，工程实际上常用动荷系数 $K_\mathrm{d}=\dfrac{F_{\max}}{F_0}$ 表示，此处

$$K_\mathrm{d}=1+\frac{v_0^2}{gl}$$

可见，为了避免绳中产生过大的附加动反力，跑车的行走速度不能太大，及在不影响安全工作的条件下，绳应尽量长些，从而可减小动荷系数。

以上两个例题均属于第一类问题。

【例 8-3】 质量为 m 的质点在已知力 $F_x=F\sin\omega t$ 的作用下沿 x 轴运动，在初瞬时 $t=0$，$x=x_0$，$v_x=v_0$，求该质点的运动。

【解】 取质点为研究对象，质点的运动微分方程为

$$m\frac{\mathrm{d}v_x}{\mathrm{d}t}=F\sin\omega t$$

分离变量得

$$m\mathrm{d}v_x = F\sin \omega t\mathrm{d}t$$

取积分得

$$\int_{v_0}^{v_x} m\mathrm{d}v_x = \int_0^t F\sin \omega t\mathrm{d}t$$

积分后可得

$$mv_x - mv_0 = -\frac{F}{\omega}(\cos \omega t - 1)$$

由此得

$$v_x = v_0 + \frac{F}{m\omega}(1 - \cos \omega t)$$

再以 $v_x = \dfrac{\mathrm{d}x}{\mathrm{d}t}$ 代入上式,并分离变量得

$$\mathrm{d}x = v_0\mathrm{d}t + \frac{F}{m\omega}(1 - \cos \omega t)\mathrm{d}t$$

积分后得

$$x = \underbrace{x_0 + \left(v_0 + \frac{F}{m\omega}\right)t}_{(1)} - \underbrace{\frac{F}{m\omega^2}\sin \omega t}_{(2)}$$

上式表明质点的运动可视为由两部分组成:第一部分是匀速运动,第二部分是简谐运动。

此例属于第二类问题。在有些问题中可能两类问题同时出现,如下例。

【例 8-4】 如图 8-3(a)所示,一物块在没有初速度的情况下,从半径为 R 的光滑半圆柱体的顶点下滑。已知物块质量为 m,求物块离开圆柱体的角度 φ。

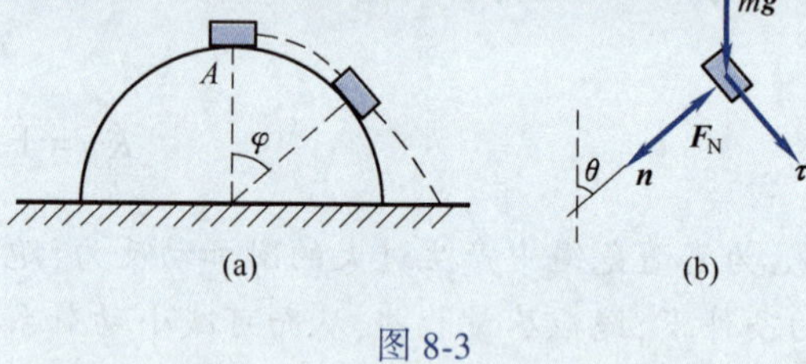

图 8-3

【解】 取物块 A 为研究对象,在物块离开圆柱体之前,物块受重力 $m\boldsymbol{g}$ 和法向反力 $\boldsymbol{F}_{\mathrm{N}}$ 作用,物块沿圆柱体做圆周运动,用 θ 来描述物块在任意时刻的位置,如受力图 8-3(b)取自然坐标形式,应用式(8-6)列运动微分方程

$$m\frac{\mathrm{d}v}{\mathrm{d}t} = mg\sin \theta \tag{1}$$

$$m\frac{v^2}{R} = mg\cos \theta - F_{\mathrm{N}} \tag{2}$$

当 $F_{\mathrm{N}} = 0$ 时,物块离开圆柱体,由式(2) 可得到离开时有

$$F_{\mathrm{N}} = mg\cos \varphi - m\frac{v_1^2}{R} = 0 \tag{3}$$

式中 φ 为离开时的角度，v_1 为物块离开时的速度。下面由式(1) 得到离开时的速度 v_1。在式(1) 中，应用 $\frac{dv}{dt}=\frac{dv}{d\theta}\times\frac{d\theta}{dt}=\frac{v}{R}\times\frac{dv}{d\theta}$，然后从初时到离开时积分得

$$\int_0^{v_1} mv\mathrm{d}v=\int_0^{\varphi} mgR\sin\theta\mathrm{d}\theta$$

$$\frac{1}{2}mv_1^2=mgR(1-\cos\varphi) \tag{4}$$

联立式(3) 和式(4) 得

$$mgR(1-\cos\varphi)=\frac{1}{2}mgR\cos\varphi$$

解得

$$\varphi=\arccos\frac{2}{3}$$

此例中，由式(2) 得式(3) 属于第一类问题，由式(1) 得式(4) 属于第二类问题。

思　考　题

8-1　已知自由质点的运动方程，就一定可以求出作用于质点上的力；已知作用于质点上的力，就一定能确定质点的运动方程。此说法是否正确？为什么？

8-2　在图 8-4 中，$P_1=2$ kN，$P_2=1$ kN。图 8-4(a) 中绳子拉力 $F=2$ kN，不计滑轮和绳的质量，绳和滑轮无相对滑动，则两种情况下重物 B 的加速度及两边绳的拉力分别为多少？

8-3　如图 8-5 所示，在铅直面内的一块圆板上刻有三道直槽 AO、BO 和 CO，三个质量相等的小球 M_1、M_2、M_3 在重力作用下自静止开始同时从 A、B、C 三点分别沿各槽运动，不计摩擦，则哪个球先到达 O 点？

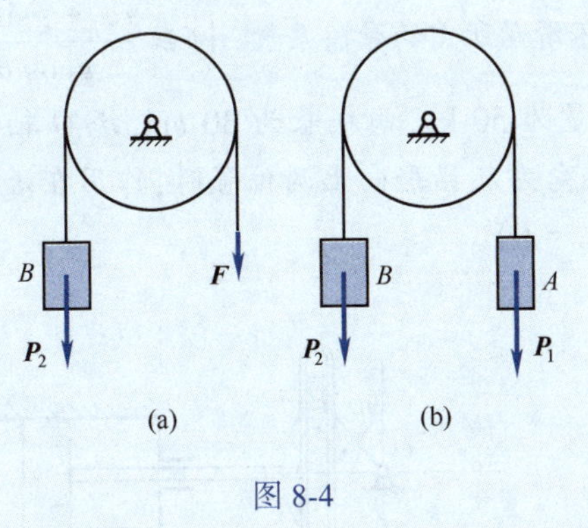

图 8-4

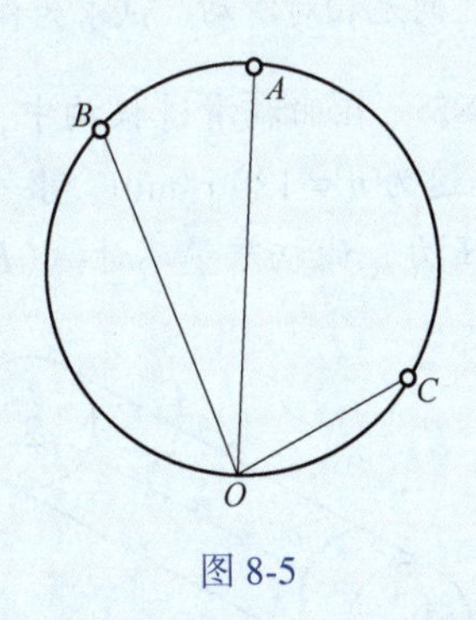

图 8-5

8-4　如图 8-6 所示，3 个质量相同的质点，受相同的力 $\boldsymbol{F}$ 作用。若初始位置都在坐标原点 O，但初速度不同，则 3 个质点的运动微分方程是否相同？3 个质点的运动方程是否相同？

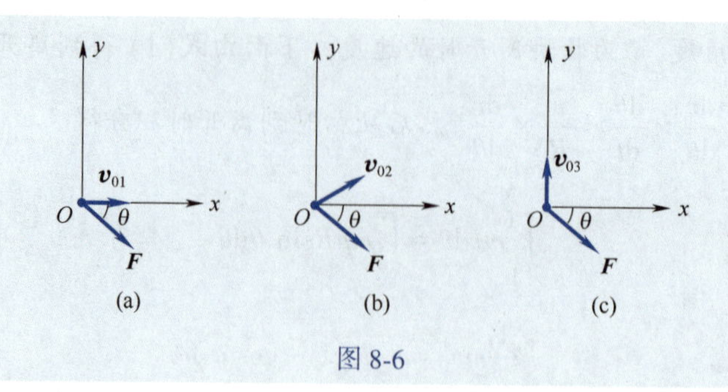

图 8-6

习　题

8-1　电梯的质量为 480 kg，上升时的速度变化如图所示。求在下列三个时间间隔内，悬挂电梯的绳索中的张力 F_1、F_2、F_3。(1) 由 $t=0$ s 到 $t=2$ s；(2) 由 $t=2$ s 到 $t=8$ s；(3) 由 $t=8$ s 到 $t=10$ s。[(1)$F_1=5.91$ kN；(2) $F_2=4.71$ kN；(3)$F_3=3.51$ kN]

8-2　汽车的质量为 1500 kg，以速度 $v=10$ m/s 驶过拱桥，如图所示。桥在中点处的曲率半径为 $\rho=50$ m。求汽车经过拱桥中点时对桥面的压力。($F_N=10.715$ kN)

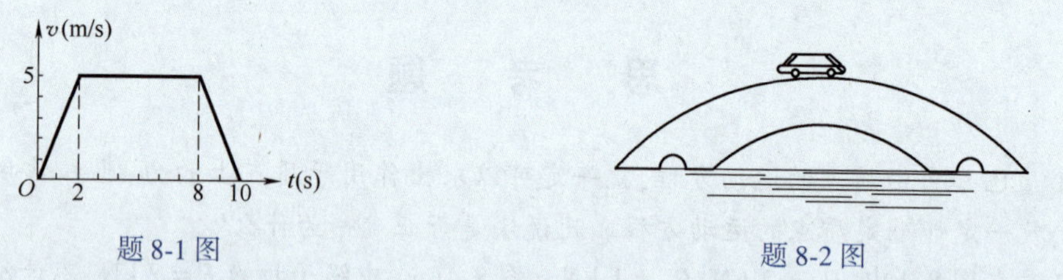

题 8-1 图　　题 8-2 图

8-3　为了使列车对铁轨的压力垂直于路基，在铁道弯曲部分，外轨要比内轨稍为提高。试就以下的数据求外轨高于内轨的高度 h。轨道的曲率半径为 $\rho=300$ m，列车的速度为 $v=12$ m/s，内、外轨道间的距离为 $b=1.6$ m。

8-4　运送碎石的胶带运输机，其胶带与水平成 θ 角，轮 A 与轮 B 的半径均为 r，角加速度为 α，胶带与轮之间无相对滑动。试求为保证碎石在胶带上不滑动所需的摩擦系数。$\left(f\geqslant\dfrac{r\alpha+g\sin\theta}{g\cos\theta}\right)$

8-5　在曲柄滑道机构中，滑杆与活塞的质量为 50 kg，曲柄长为 30 cm，绕 O 轴匀速转动，转速为 $n=120$ r/min。求当曲柄运动至水平向右及铅垂向上两位置时，作用在活塞上的气体压力。曲柄质量不计。($F_1=-2.37$ kN，$F_2=0$)

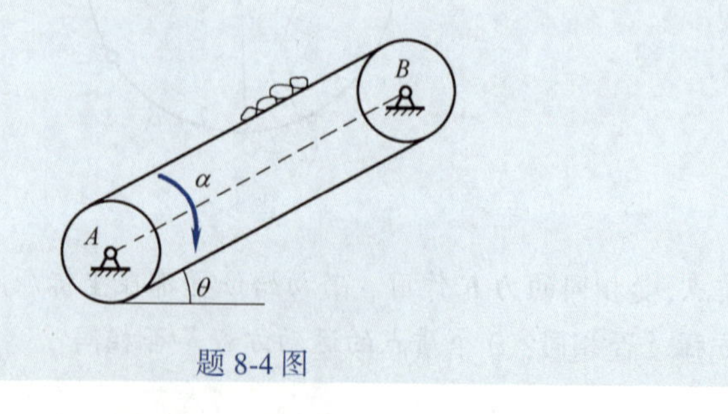

题 8-4 图

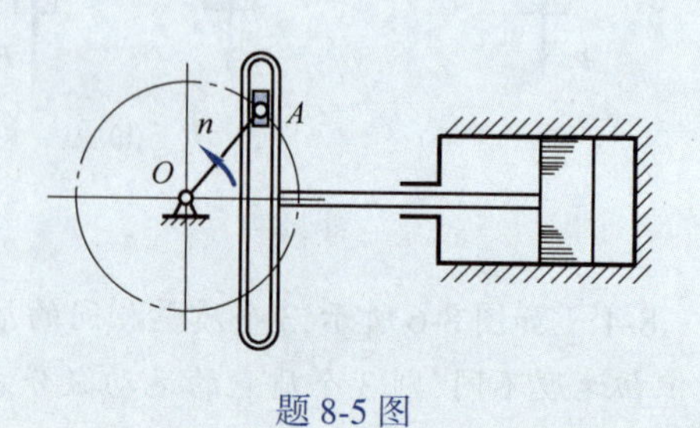

题 8-5 图

8-6 重为P的球用两根各长为l的杆支撑如图。球和杆一起以匀角速度ω绕铅垂轴AB转动。如$AB=2b$，杆的两端均为铰接，不计杆重，求杆所受的力。[$F_{AM}=Pl(\omega^2b+g)/2bg$，$F_{BM}=Pl(\omega^2b-g)/2bg$]

8-7 半径为R的偏心轮绕轴O以匀角速度ω转动，推动导板沿铅直轨道运动，如图所示。导板顶部放有一质量为m的物块A，偏心距$OC=e$，开始时OC沿水平线。求：(1) 物块对导板的最大压力；(2) 使物块不离开导板的ω最大值。$\left[(1)F_{\text{Nmax}}=m(g+e\omega^2);(2)\omega_{\max}=\sqrt{\dfrac{g}{e}}\right]$

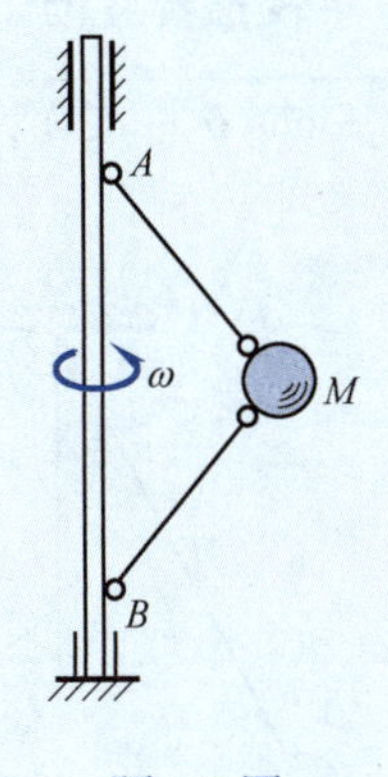

题8-6图

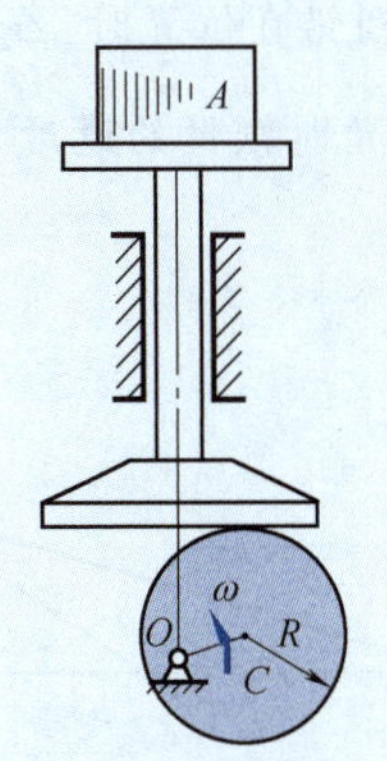

题8-7图

8-8 图示套管A的质量为m，受绳子牵引沿铅直杆向上滑动。绳子的另一端绕过离杆距离为l的滑车B而缠在鼓轮上。当鼓轮转动时，其边缘上各点的速度为v_0。求绳子拉力与距离x之间的关系。$\left[F=m\left(g+\dfrac{l^2v_0^2}{x^3}\right)\sqrt{1+\left(\dfrac{l}{x}\right)^2}\right]$

8-9 一物体质量为$m=10$ kg，在变力$F=100(1-t)$ N作用下运动。设物体初速度为$v_0=0.2$ m/s，开始时，力的方向与速度方向相同。问经过多少时间后物体速度为零，此前走了多少路程？($t=2.02$ s；$s=7.07$ m)

8-10 图示质点M的质量为m，受指向原点O的力$F=kr$作用，力与质点到点O的距离成正比。如初瞬时质点的坐标为$x=x_0$，$y=0$，而速度分量为$v_x=0$，$v_y=v_0$。求质点的轨迹。$\left(\text{椭圆}\dfrac{x^2}{x_0^2}+\dfrac{k}{m}\dfrac{y^2}{v_0^2}=1\right)$

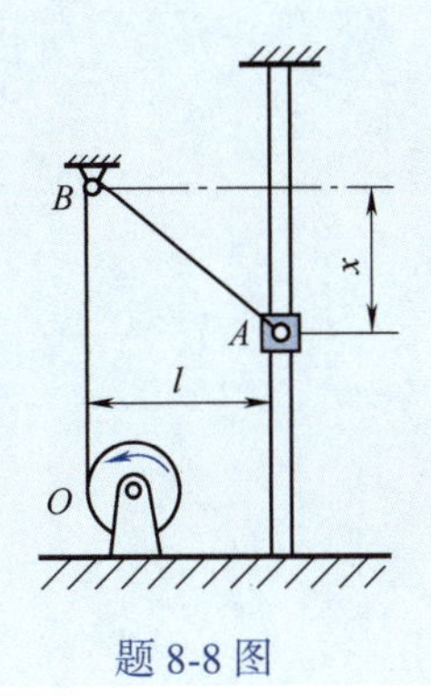

题8-8图

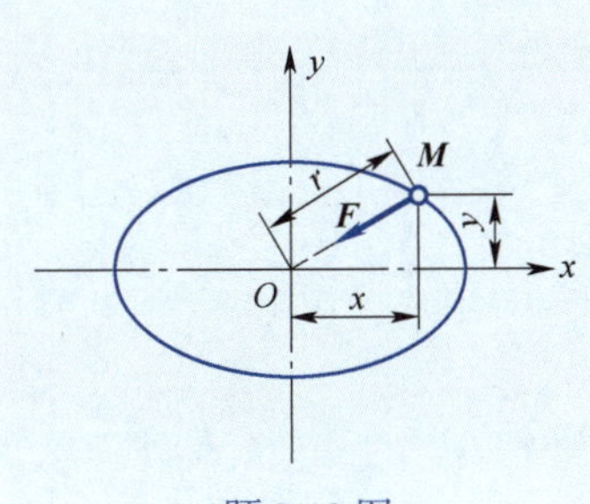

题8-10图

8-11　重为 P、初速为 v_0 的车厢沿平直轨道前进，受有与其速度的平方成正比的空气阻力，比例常数为 k，假定摩擦阻力系数为 f，求车厢停止前所经过的路程。$\left[s=\dfrac{P}{2gk}\ln\left(1+\dfrac{kv_0^2}{fP}\right)\right]$

8-12　一人站在高度 $h=2$ m 的河岸上，用绳子拉动质量 $m=40$ kg 的小船，如图所示。设他所用力 $F=150$ N，且大小不变。开始时，小船位于 B 点，$OB=b=7$ m，初速度为零。已知 $OC=c=3$ m，水的阻力忽略不计。求小船被拉至 C 点时所具有的速度。

8-13　图示单摆的悬线长为 l，摆锤质量是 m。单摆自偏离铅垂线 30° 的位置 OA 无初速地释放，当摆到铅直位置时，线的中点被木钉 C 挡住，只有下半段继续摆动。求当摆线升到与铅直线成 θ 角时摆锤的速度以及线中的拉力。[$v=\sqrt{gl(1+\cos\theta-\sqrt{3})}$，$F_{\mathrm{T}}=mg(3\cos\theta+2-2\sqrt{3})$]

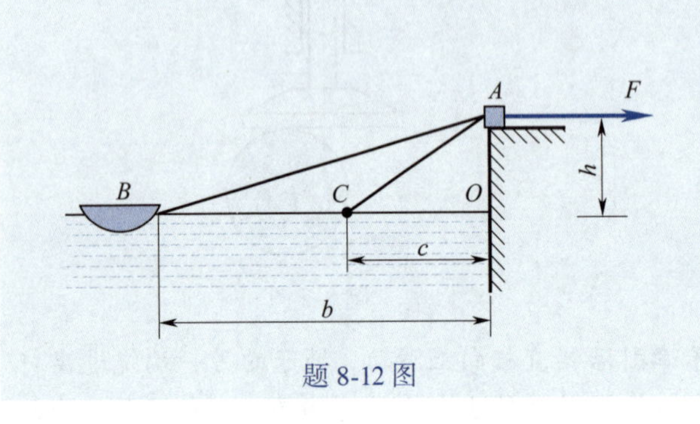

题 8-12 图

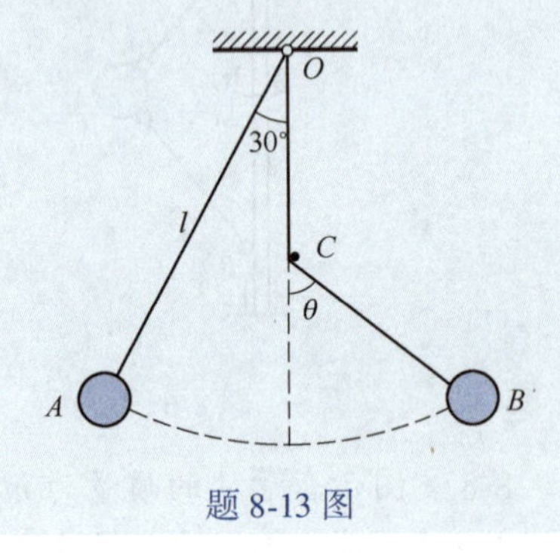

题 8-13 图

扫一扫

教学要点

第9章 动量定理

对于质点系，可以逐个质点列出其动力学基本方程，但联立求解很复杂甚至不能求解。所以需寻求其他方法。动量、动量矩和动能定理统称为动力学普遍定理，它们从不同的侧面揭示了质点和质点系总体的运动变化与其受力之间的关系。本章研究动量定理，这个定理建立了质点系的动量的变化与作用于质点系上的外力系的主矢之间的关系。在解决流体在管道中流动时对管壁的附加动反力、变质量质点系的动力学问题以及碰撞问题时，应用此定理非常方便。此外，由动量定理推导出的质心运动定理，给我们提供了刚体平动时的运动方程，在理论和实际应用中都有很重要的价值。

9.1 动量与冲量

1. 动　　量

(1)质点的动量

设质量为 m 的质点相对于某一惯性参考系以速度 $\boldsymbol{v}$ 作运动。质点的动量等于质点的质量与其速度的乘积，即 $m\boldsymbol{v}$。动量是矢量，它的方向与质点速度的方向一致。动量的单位在国际单位制中为 kg · m/s。

(2)质点系的动量

质点系内各质点动量的矢量和称为质点系的动量，即

$$\boldsymbol{p}=\sum_{i=1}^{n} m_i\boldsymbol{v}_i \tag{9-1}$$

式中，n 为质点系内的质点数；m_i 为第 i 个质点的质量；$\boldsymbol{v}_i$ 为该质点的速度。由式(9-1)求质点系的动量是很麻烦的，以下将借助于质点系的质量中心(质心)来推导另一种求质点系动量的公式。

质点系中任一质点 M_i 的矢径为 $\boldsymbol{r}_i$，$m=\sum m_i$ 为质点系的总质量，质点系的质心 C 的矢径为 $\boldsymbol{r}_C$，由静力学中求质心的公式得

$$\boldsymbol{r}_C=\frac{\sum m_i\boldsymbol{r}_i}{\sum m_i}$$

可改写上式为

$$m\boldsymbol{r}_C=\sum m_i\boldsymbol{r}_i \tag{9-2}$$

上式两边对时间 t 求导，注意到 $\frac{\mathrm{d}\boldsymbol{r}_C}{\mathrm{d}t}$ 是质心的速度 $\boldsymbol{v}_C$，$\frac{\mathrm{d}\boldsymbol{r}_i}{\mathrm{d}t}$ 是第 i 个质点的速度 $\boldsymbol{v}_i$，从而得

$$m\boldsymbol{v}_C=\sum m_i\boldsymbol{v}_i \tag{9-3}$$

比较式(9-1) 与式(9-3) 得

$$\boldsymbol{p} = m\boldsymbol{v}_C \tag{9-4}$$

即质点系的动量等于质点系的质量与其质心速度的乘积。质点系动量的方向与质心速度方向一致。

(3)刚体的动量

对于质量均匀分布的规则刚体,质心即是其几何中心,用式(9-4)计算刚体的动量是非常方便的。例如,质量为 m 均质圆轮,如图 9-1(a) 所示在水平面上作平面运动,其轮心速度为 $\boldsymbol{v}_C$,则其动量为 $m\boldsymbol{v}_C$,与其是否是纯滚动及其他点的速度无关;如图 9-1(b)所示轮绕质心 C 作定轴转动,则其动量为 0,而与转速无关;如图 9-1(c)所示轮绕 O 做定轴转动,转轴 O 到质心的距离为 e,则其动量为 $me\omega$,方向与 $\boldsymbol{v}_C$ 方向相同。

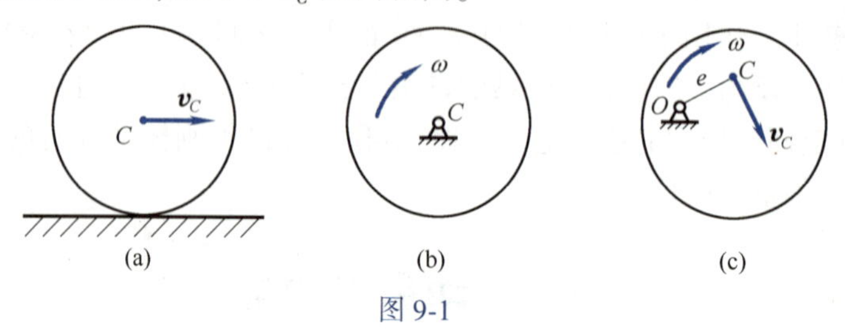

图 9-1

对于由多个刚体组成的系统,设 m_i 为第 i 个刚体的质量,$\boldsymbol{v}_{Ci}$ 为该刚体质心的速度,则整个系统的动量可用下式计算:

$$\boldsymbol{p} = \sum m_i \boldsymbol{v}_{Ci} \tag{9-5}$$

以上各式均为矢量式,具体应用时可用投影式,式(9-5)的投影式为

$$p_x = \sum m_i v_{Cix} = \sum m_i \dot{x}_{Ci}, \quad p_y = \sum m_i v_{Ciy} = \sum m_i \dot{y}_{Ci}, \quad p_z = \sum m_i v_{Ciz} = \sum m_i \dot{z}_{Ci}$$

【例 9-1】 两物块 A 和 B 的质量分别为 m_A 和 m_B,物块 A 以速度 v_1 向右平动,物块 B 相对于物块 A 以速度 v_2 沿斜面运动,如图 9-2 所示。试求两物块构成的质点系的动量。

【解】 建立图 9-2 所示的坐标系,设 x、y 轴的单位矢量为 $\boldsymbol{i}$ 和 $\boldsymbol{j}$,则物块 A 的动量为

$$\boldsymbol{p}_A = m_A \boldsymbol{v}_1 = m_A v_1 \boldsymbol{i}$$

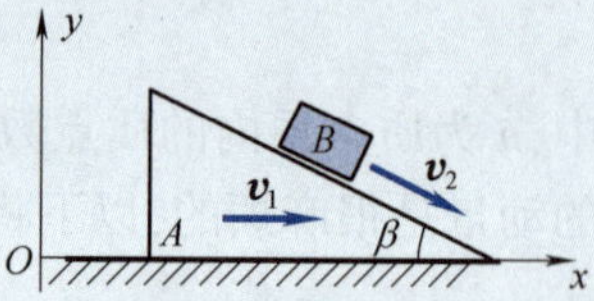

物块 B 的绝对速度为

$$\boldsymbol{v}_B = \boldsymbol{v}_1 + \boldsymbol{v}_2 = (v_1 + v_2\cos\beta)\boldsymbol{i} - v_2\sin\beta\boldsymbol{j}$$

图 9-2

于是,质点系的动量为

$$\boldsymbol{p} = \boldsymbol{p}_A + \boldsymbol{p}_B = [m_A v_1 + m_B(v_1 + v_2\cos\beta)]\boldsymbol{i} - m_B v_2 \sin\beta\boldsymbol{j}$$

2. 冲　　量

物体在力的作用下引起的运动变化,不仅与力的大小和方向有关,还与力作用的时间的长短有关。如果作用力是常量,我们用力与作用时间的乘积来衡量力在这段时间内积累的作 用。作用力与作用时间的乘积称为常力的冲量。以 $\boldsymbol{F}$ 表示此常力,作用的时间为 t,则此力的冲量为

$$\boldsymbol{I} = \boldsymbol{F}t \tag{9-6}$$

冲量是矢量,它的方向与常力的方向一致。

如果作用力 $\boldsymbol{F}$ 是变量,在微小时间间隔 $\mathrm{d}t$ 内,力 $\boldsymbol{F}$ 的冲量称为元冲量,即

$$\mathrm{d}\boldsymbol{I} = \boldsymbol{F}\mathrm{d}t$$

在时间间隔(t_1,t_2)内的冲量可通过积分求得,即

$$\boldsymbol{I} = \int_{t_1}^{t_2} \boldsymbol{F}\mathrm{d}t \tag{9-7}$$

在国际单位制中,冲量的单位是 N · s(牛 · 秒)。

9.2　动量定理简介

1. 质点的动量定理

根据动力学基本方程有

$$m\boldsymbol{a} = m\frac{\mathrm{d}\boldsymbol{v}}{\mathrm{d}t} = \boldsymbol{F}$$

因为质点的质量 m 为常量,则上式亦可写为

$$\frac{\mathrm{d}}{\mathrm{d}t}(m\boldsymbol{v}) = \boldsymbol{F} \tag{9-8}$$

或

$$\mathrm{d}(m\boldsymbol{v}) = \boldsymbol{F}\mathrm{d}t \tag{9-9}$$

即质点的动量的微分,等于作用在质点上的力的元冲量。式(9-8) 和式(9-9) 称为**微分形式的动量定理**。

对式(9-9) 积分,如时间由 t_1 到 t_2,速度由 $\boldsymbol{v}_1$ 变为 $\boldsymbol{v}_2$, 得

$$m\boldsymbol{v}_2 - m\boldsymbol{v}_1 = \int_{t_1}^{t_2} \boldsymbol{F}\mathrm{d}t = \boldsymbol{I} \tag{9-10}$$

即在某一时间间隔内,质点动量的改变等于作用在质点上的力在此段时间间隔内的冲量。式(9-10)称为**积分形式的动量定理**。

【例 9-2】　如图 9-3(a)所示,一质量为 75 kg 的跳伞运动员,从飞机中跳出后铅垂下降,待降落 100 m 时将伞张开,从这时起经过时间 $t = 3$ s 后降落速度变为5 m/s。求降落伞绳子拉力的合力(平均值)。

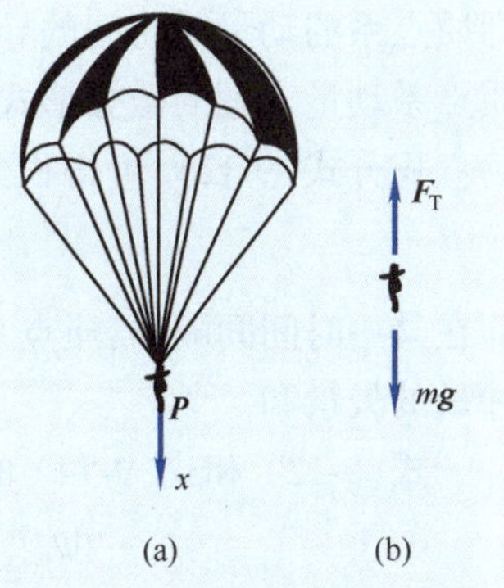

图 9-3

【解】　以人为研究对象,其运动包括两个不同阶段。

第一阶段为人从飞机上跳下至伞张开。在这个阶段中,可以不计空气阻力,认为人是自由降落。因而,下降 100m 时的速度由运动学知

$$v_1 = \sqrt{2gh} = \sqrt{2 \times 9.81 \times 100} = 44.3 \text{ m/s}$$

第二阶段为从伞张开至降落速度达到 $v_2 = 5$ m/s。在这个阶段中人不再自由降落,受力如图 9-3(b),他除了受重力 $\boldsymbol{P} = m\boldsymbol{g}$ 作用外,还受降落伞绳子拉力 $\boldsymbol{F}_{\mathrm{T}}$ 的作用。现在已知本阶段初始和终了两个瞬时的速度,因而可以算出在 $t = 3$ s 时间间隔内动量的变化。利用式(9-10) 可得

$$mv_2 - mv_1 = (mg - F_{\mathrm{T}}^{*})t$$

即
$$75\times5-75\times44.3=(75\times9.81-F_{\mathrm{T}}^{*})\times3$$
解得
$$F_{\mathrm{T}}^{*}=1\ 718\ \mathrm{N}=1.718\ \mathrm{kN}$$

事实上,降落伞绳子拉力的合力 $\boldsymbol{F}_{\mathrm{T}}$ 就是空气对降落伞的阻力(设伞重不计),而其大小是随降落速度的改变而改变:未张伞时,阻力为零,运动员向下作加速运动;张伞后,阻力由最大逐渐变小,运动员作减速运动;当速度减小到使阻力等于重力时,运动员做匀速运动。上面求得的平均值 F_{T}^{*} 则是按 F_{T} 为常量算得的。这个平均阻力 F_{T}^{*} 的值大于重力 $P=736\ \mathrm{N}=0.736\ \mathrm{kN}$。

2. 质点系的动量定理

对由 n 个质点组成的质点系中的任一质点,根据质点的动量定理公式(9-9),有
$$\mathrm{d}(m_i\boldsymbol{v}_i)=(\boldsymbol{F}_i^{(\mathrm{e})}+\boldsymbol{F}_i^{(\mathrm{i})})\mathrm{d}t=\boldsymbol{F}_i^{(\mathrm{e})}\mathrm{d}t+\boldsymbol{F}_i^{(\mathrm{i})}\mathrm{d}t$$
式中,m_i 和 $\boldsymbol{v}_i$ 分别为第 i 个质点的质量和速度;$\boldsymbol{F}_i^{(\mathrm{e})}$ 为外界物体对该质点作用的力(外力);$\boldsymbol{F}_i^{(\mathrm{i})}$ 为质点系内其他质点对该质点作用的力(内力)。将 n 个这样的方程两端分别相加,得
$$\sum\mathrm{d}(m_i\boldsymbol{v}_i)=\sum\boldsymbol{F}_i^{(\mathrm{e})}\mathrm{d}t+\sum\boldsymbol{F}_i^{(\mathrm{i})}\mathrm{d}t \tag{9-11}$$
因为质点系内质点相互作用的内力总是大小相等、方向相反地成对出现,因此内力冲量的矢量和等于零,即
$$\sum\boldsymbol{F}_i^{(\mathrm{i})}=0$$
又有 $\sum\mathrm{d}(m_i\boldsymbol{v}_i)=\mathrm{d}\sum(m_i\boldsymbol{v}_i)=\mathrm{d}\boldsymbol{p}$,于是式(9-11)可写为
$$\mathrm{d}\boldsymbol{p}=\sum\boldsymbol{F}_i^{(\mathrm{e})}\mathrm{d}t=\sum\mathrm{d}\boldsymbol{I}_i^{(\mathrm{e})} \tag{9-12}$$
即质点系动量的微分等于作用于质点系的外力元冲量的矢量和。

式(9-12)也可写为
$$\frac{\mathrm{d}}{\mathrm{d}t}\boldsymbol{p}=\sum\boldsymbol{F}_i^{(\mathrm{e})} \tag{9-13}$$
即质点系的动量对时间的导数等于作用于质点系的外力的矢量和。式(9-12)和式(9-13)为质点系动量定理的微分形式。

积分式(9-12),可得积分形式的质点系的动量定理如下:
$$\boldsymbol{p}_2-\boldsymbol{p}_1=\sum\boldsymbol{I}_i^{(\mathrm{e})} \tag{9-14}$$
即在某一时间间隔内,质点系动量的改变等于作用在质点系上所有外力在同一时间间隔内的冲量的矢量和。

式(9-12)和式(9-14)的投影式为
$$\frac{\mathrm{d}p_x}{\mathrm{d}t}=\sum F_x^{(\mathrm{e})},\quad \frac{\mathrm{d}p_y}{\mathrm{d}t}=\sum F_y^{(\mathrm{e})},\quad \frac{\mathrm{d}p_z}{\mathrm{d}t}=\sum F_z^{(\mathrm{e})} \tag{9-15}$$
和
$$p_{2x}-p_{1x}=\sum I_x^{(\mathrm{e})},\quad p_{2y}-p_{1y}=\sum I_y^{(\mathrm{e})},\quad p_{2z}-p_{1z}=\sum I_z^{(\mathrm{e})} \tag{9-16}$$

质点系的动量定理不包括内力,适合求解一些质点系内部相互作用复杂或中间过程复杂的问题,例如流体在管道中或叶片上的流动问题。下面举例说明。

【例 9-3】 电机的外壳固定于水平的基础上。定子的质量为 m_1，质心位于转轴的中心 O_1，转子的质量为 m_2，如图 9-4(a)所示。由于制造误差，转子的质心 O_2 到转轴 O_1 的距离为 e。已知转子以角速度 ω 匀速转动，$\varphi=\omega t$。求基础的水平及铅垂约束反力。

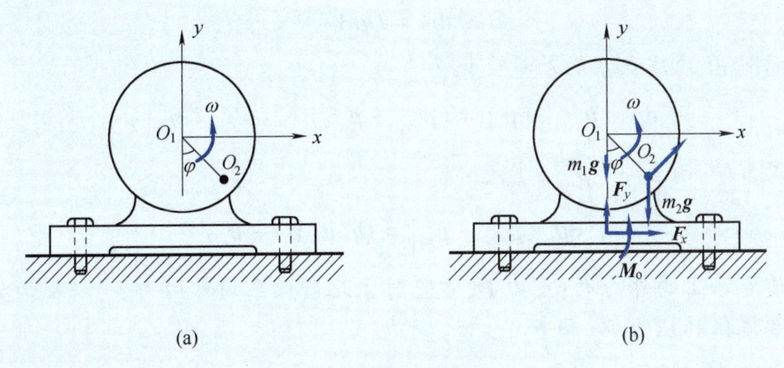

图 9-4

【解】 取整个电机为研究对象，受力如图 9-4(b)，质点系所受的外力有重力 $m_1\boldsymbol{g}$、$m_2\boldsymbol{g}$，基础对外壳的约束反力 $\boldsymbol{F}_x$、$\boldsymbol{F}_y$ 和反力偶 M。由于电机的外壳不动，所以质点系的动量就等于转子的动量。由式(9-4)得

$$\boldsymbol{p}=m_2\boldsymbol{v}_{O_2}=m_2e\omega(\cos\varphi\boldsymbol{i}+\sin\varphi\boldsymbol{j})=m_2e\omega(\cos\omega t\boldsymbol{i}+\sin\omega t\boldsymbol{j})$$

$$\begin{cases}p_x=m_2e\omega\cos\omega t\\p_y=m_2e\omega\sin\omega t\end{cases}\tag{1}$$

由式(9-15)得

$$\begin{cases}\dfrac{\mathrm{d}p_x}{\mathrm{d}t}=F_x\\\dfrac{\mathrm{d}p_y}{\mathrm{d}t}=F_y-m_1g-m_2g\end{cases}\tag{2}$$

把式(1)代入式(2)解得

$$\begin{cases}F_x=-m_2e\omega^2\sin\omega t\\F_y=m_1g+m_2g+m_2e\omega^2\cos\omega t\end{cases}\tag{3}$$

转子不转时，基础只有向上的静反力 m_1g+m_2g。当转子转动时，基础沿 x 方向引起了附加的动反力 $-m_2e\omega^2\sin\omega t$，沿 y 方向引起了附加的动反力 $m_2e\omega^2\cos\omega t$。此例中的附加动反力是简谐变力，因此将引起电动机和基础的振动。还可看出，附加动反力的大小与转子的角速度的平方成正比，当角速度较大时，此项力很大，容易导致轴承破坏。

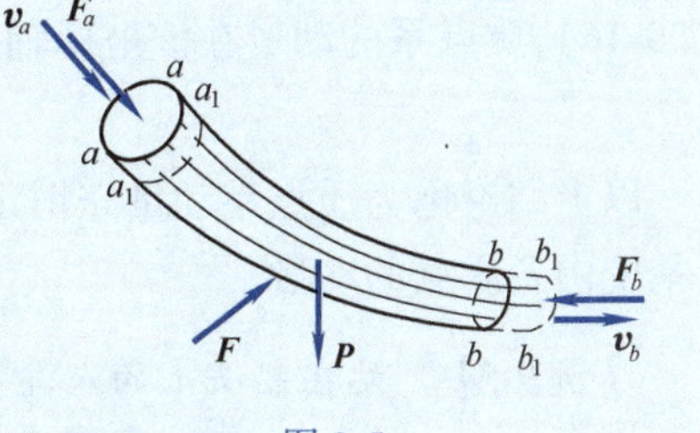

图 9-5

【例 9-4】 图 9-5 所示一不可压缩的流体在变截面弯曲管道中作定常流动，即流体流经管内每一点的速度都不随时间改变。管道中流体的密度 ρ 是常量，流量 Q 也是常量。流体流经截面 aa 和截面 bb 的速度分别为 $\boldsymbol{v}_a$ 和 $\boldsymbol{v}_b$，求流体由于流速的改变对管壁作用的附加动反力。

【解】 取管道中 aa 和 bb 两个截面之间的流体作为研究对象。设经过一段微小的时间 $\mathrm{d}t$,流体由 $aabb$ 位置流至 $a_1a_1b_1b_1$ 位置,如图 9-5 所示,则质点系在时间间隔 $\mathrm{d}t$ 内流过截面的质量为

$$\mathrm{d}m = Q\rho\mathrm{d}t$$

在时间间隔 $\mathrm{d}t$ 内质点系的动量变化为

$$\mathrm{d}\boldsymbol{p} = \boldsymbol{p}_{a_1b_1} - \boldsymbol{p}_{ab} = (\boldsymbol{p}_{bb_1} + \boldsymbol{p}_{a_1b}) - (\boldsymbol{p}'_{a_1b} + \boldsymbol{p}_{aa_1})$$

因为流动是定常的,有 $\boldsymbol{p}_{a_1b} = \boldsymbol{p}'_{a_1b}$,于是

$$\mathrm{d}\boldsymbol{p} = \boldsymbol{p}_{bb_1} - \boldsymbol{p}_{aa_1} = Q\rho\mathrm{d}t(\boldsymbol{v}_b - \boldsymbol{v}_a)$$

作用于质点系上的外力有:重力 $\boldsymbol{P}$,管壁对于此质点系的作用力 $\boldsymbol{F}$,以及两截面 aa 和 bb 上受到的相邻流体的压力 $\boldsymbol{F}_a$ 和 $\boldsymbol{F}_b$。

由动量定理有

$$Q\rho\mathrm{d}t(\boldsymbol{v}_b - \boldsymbol{v}_a) = (\boldsymbol{P} + \boldsymbol{F}_a + \boldsymbol{F}_b + \boldsymbol{F})\mathrm{d}t$$

若将管壁对于流体的约束力 $\boldsymbol{F}$ 分为 $\boldsymbol{F}'$ 和 $\boldsymbol{F}''$ 两部分:$\boldsymbol{F}'$ 为与外力 $\boldsymbol{P}$、$\boldsymbol{F}_a$ 和 $\boldsymbol{F}_b$ 相平衡的管壁静反力,$\boldsymbol{F}''$ 为由于流体的动量发生变化而产生的附加动反力,则 $\boldsymbol{F}'$ 满足平衡方程

$$\boldsymbol{P} + \boldsymbol{F}_a + \boldsymbol{F}_b + \boldsymbol{F}' = 0$$

而附加动反力由下式确定:

$$\boldsymbol{F}'' = Q\rho(\boldsymbol{v}_b - \boldsymbol{v}_a)$$

设截面 aa 和 bb 截面的面积分别为 A_a 和 A_b,由不可压缩流体的连续性定理知

$$Q = A_a v_a = A_b v_b$$

因此,只要知道流速和曲管的尺寸,即可求得附加动反力。流体对管壁的附加动作用力大小等于此附加动反力,但方向相反。

扫一扫

动量守恒动画

3. 质点系的动量守恒定律

如果作用于质点系的外力的主矢恒等于零,根据式(9-13)和式(9-14),质点系的动量保持不变,即

$$\boldsymbol{p} = \text{恒矢量}$$

如果作用于质点系的外力的主矢在某一坐标轴上的投影恒等于零,根据式(9-15)和式(9-16),质点系的动量在该坐标轴上的投影保持不变,例如,若 $\sum F_x^{(e)} = 0$,则

$$p_x = \text{恒量}$$

以上结论称为质点系动量守恒定律。应注意的是,内力虽不改变质点系的动量,但可以改变系统内各质点的动量。

【例 9-5】 站在船头上的人与小船以匀速 v_0 向右岸前进。已知小船和人的质量分别为 m_1 和 m_2,如图 9-6(a)所示。当船接近岸时,人相对小船以水平速度 v_r 向右跳去。求人跳离船后船的速度是多少?设水对船的阻力忽略不计。

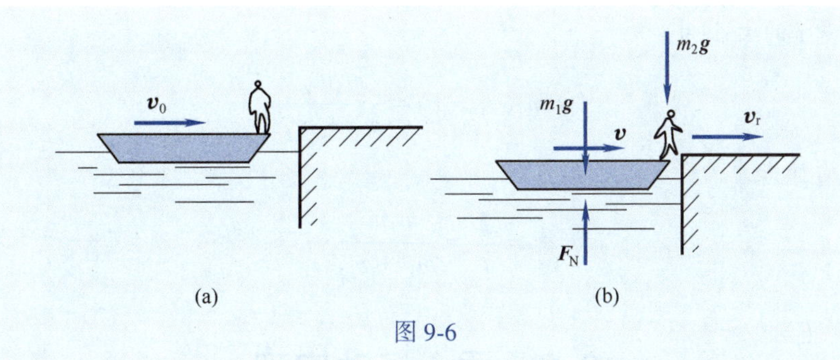

图 9-6

【解】　取小船与人组成的质点系为研究对象。质点系所受的外力有重力 $m_1\boldsymbol{g}$、$m_2\boldsymbol{g}$ 和水面对小船在铅垂方向上的反力 $\boldsymbol{F}_N$。这些外力在水平方向上投影的代数和为零。因此,质点系在水平方向动量守恒。在人跳离船之前,人与船在水平方向的动量为

$$p_{x1} = (m_1 + m_2)v_0$$

当人跳离船后,如图 9-6(b) 所示,设船向右的速度为 v,则此时质点系水平方向的动量为

$$p_{x2} = m_1 v + m_2(v + v_r) = (m_1 + m_2)v + m_2 v_r$$

有 $p_{x1} = p_{x2}$,解得

$$v = v_0 - \frac{m_2}{m_1 + m_2}v_r$$

【例 9-6】　机车的质量为 m_1,车辆的质量为 m_2,它们通过撞击而挂钩。若挂钩前,机车的速度为 v_1,车辆处于静止,如图 9-7(a) 所示。求:(1) 挂钩后的共同速度;(2) 在挂钩过程中相互作用的冲量和平均撞击力。设挂钩时间为 t 秒,轨道是光滑和水平的。

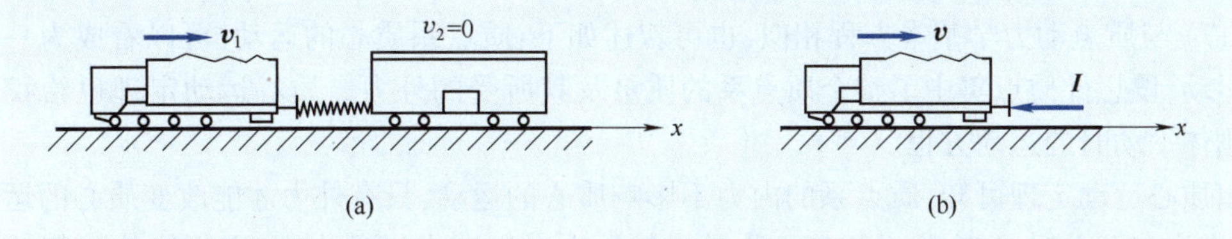

图 9-7

【解】　(1) 以机车和车辆为研究对象。它们在撞击时的相互作用力是内力,作用在系统上的外力除了铅垂方向的重力和轨道给车轮的法向反力外,无其他外力,故在挂钩过程中水平方向没有外力冲量,即系统的动量在水平轴 x 方向是守恒的,有

$$(m_1 + m_2)v = m_1 v_1$$

式中,v 为挂钩后机车和车辆的共同速度。由此可得

$$v = \frac{m_1}{m_1 + m_2}v_1$$

(2) 以机车为研究对象,如图 9-7(b) 所示,水平方向受车辆给它的冲量 $\boldsymbol{I}$。根据式(9-16)第 1 式,有

$$m_1 v - m_1 v_1 = -I$$

由此求得冲量 I 的大小为

$$I = m_1(v_1 - v) = \frac{m_1 m_2}{m_1 + m_2} v_1$$

从而求得平均撞击力为

$$F = \frac{I}{t} = \frac{m_1 m_2}{m_1 + m_2} \frac{v_1}{t}$$

9.3 质心运动定理

1. 质心运动定理

在前面我们已经介绍了质心的概念及质点系动量的求法,将式(9-4) 代入质点系动量定理的微分形式(9-13),可得

$$\frac{\mathrm{d}}{\mathrm{d}t}(m\boldsymbol{v}_C) = \sum \boldsymbol{F}^{(e)}$$

对于质量不变的质点系,上式可写为

$$m\frac{\mathrm{d}\boldsymbol{v}_C}{\mathrm{d}t} = \sum \boldsymbol{F}^{(e)}$$

或

$$m\boldsymbol{a}_C = \sum \boldsymbol{F}^{(e)} \tag{9-17}$$

式中,$\boldsymbol{a}_C$ 为质心的加速度。式(9-17) 称为质心运动定理(或质心运动微分方程)。质点系的质量与质心加速度的乘积,等于作用于质点系上所有外力的矢量和(外力系的主矢)。质心运动定理在动力学中有广泛的应用,在动力学中凡是求解约束反力的问题一般均用此定理。式(9-17) 与质点动力学基本方程相似,也可叙述如下:质点系质心的运动,可以看成为一个质点的运动,设想此质点集中了整个质点系的质量及其所受的外力。质心运动定理也给我们提供了刚体平动时的运动方程。

由质心运动定理可知,质点系的内力不影响质心的运动,只有外力才能改变质心的运动。例如,在汽车开动时,汽车发动机汽缸内的燃气压力对汽车来讲是内力,它不能使汽车的质心前进,只有当燃气压力推动活塞,通过传动机构转动主动轮,地面对主动轮作用了向前的摩擦力时,汽车才能前进。

在应用质心运动定理时一般取其投影式,直角坐标轴上的投影式为

$$ma_{Cx} = \sum F_x^{(e)}, \quad ma_{Cy} = \sum F_y^{(e)}, \quad ma_{Cz} = \sum F_z^{(e)} \tag{9-18}$$

自然轴上的投影式为

$$m\frac{\mathrm{d}v_C}{\mathrm{d}t} = \sum F_t^{(e)}, \quad m\frac{v_C^2}{\rho} = \sum F_n^{(e)}, \quad \sum F_b^{(e)} = 0 \tag{9-19}$$

对质量不变的质点系,当质点系的质心不易求出,但各质点或物体质心的加速度容易求出时,可将式(9-3) 对时间求导后代入式(9-18),得到另一种形式的质心运动定理,即

$$\sum m_i a_{ix} = \sum F_x^{(e)}, \quad \sum m_i a_{iy} = \sum F_y^{(e)}, \quad \sum m_i a_{iz} = \sum F_z^{(e)} \tag{9-20}$$

式中,m_i 和 a_{ix} 分别为第 i 个质点的质量和加速度在 x 轴的投影。

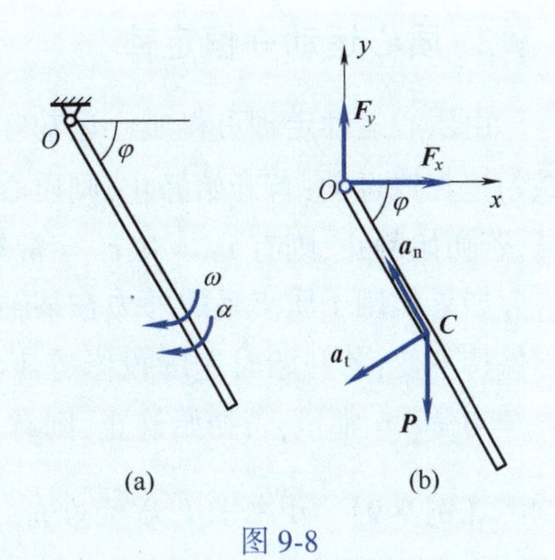

图 9-8

【例 9-7】　重为 P、长为 $2l$ 的均质杆 OA 绕定轴 O 转动，设在图示瞬时的角速度为 ω，角加速度为 α，求此时轴 O 对杆的约束反力。

【解】　取杆 OA 为研究对象，其受力有重力 $\boldsymbol{P}$ 和 O 处的约束反力 $\boldsymbol{F}_x$、$\boldsymbol{F}_y$，质心的加速度为法向加速度 $\boldsymbol{a}_n$ 和切向加速度 $\boldsymbol{a}_t$，建立如图 9-8(b) 所示坐标轴，应用式(9-18)，有

$$\frac{P}{g}(-a_n\cos\varphi - a_t\sin\varphi) = F_x$$

$$\frac{P}{g}(a_n\sin\varphi - a_t\cos\varphi) = F_y - P$$

其中，$a_n = l\omega^2$，$a_t = l\alpha$，于是可解得

$$F_x = -\frac{P}{g}(l\omega^2\cos\varphi + l\alpha\sin\varphi)(\leftarrow),\quad F_y = P + \frac{P}{g}(l\omega^2\sin\varphi - l\alpha\cos\varphi)(\uparrow)$$

【例 9-8】　应用质心运动定理求解例 9-3。

【解】　在图 9-4 中，质点系质心的坐标为

$$x_C = \frac{m_1\times 0 + m_2 e\sin\omega t}{m_1 + m_2} = \frac{m_2}{m_1 + m_2}e\sin\omega t$$

$$y_C = \frac{m_1\times 0 - m_2 e\cos\omega t}{m_1 + m_2} = -\frac{m_2}{m_1 + m_2}e\cos\omega t$$

质点系质心的加速度在 x、y 轴上的投影分别为

$$\frac{d^2x_C}{dt^2} = -\frac{m_2}{m_1 + m_2}e\omega^2\sin\omega t$$

$$\frac{d^2y_C}{dt^2} = \frac{m_2}{m_1 + m_2}e\omega^2\cos\omega t$$

由质心运动定理的投影式(9-18)得

$$(m_1 + m_2)\left(-\frac{m_2}{m_1 + m_2}e\omega^2\sin\omega t\right) = F_x$$

$$(m_1 + m_2)\left(\frac{m_2}{m_1 + m_2}e\omega^2\cos\omega t\right) = F_y - m_1 g - m_2 g$$

把上述两式化简整理得

$$F_x = -m_2 e\omega^2\sin\omega t$$

$$F_y = m_1 g + m_2 g + m_2 e\omega^2\cos\omega t$$

请读者自行直接用式(9-20)求解，也可得到同样的结果。

2. 质心运动守恒定律

由质心运动定理可得质心运动守恒定律:如果作用于质点系的外力主矢恒等于零,则质心做匀速直线运动;若开始静止,则质心位置始终保持不变。即若 $\sum \boldsymbol{F}^{(e)}=0$,则$\boldsymbol{a}_C=0,\boldsymbol{v}_C=$常矢量,若初始静止,则有 $\boldsymbol{v}_C=0,\boldsymbol{r}_C=$常矢量。

如果作用于质点系的外力在某轴上的投影的代数和恒等于零,则质心速度在该轴上的投影保持不变;若开始时速度投影等于零,则质心沿该轴的坐标保持不变,即若 $\sum F_x^{(e)}=0$,则 $a_{Cx}=0,v_{Cx}=$常量,若初始静止,则有 $v_{Cx}=0,x_C=$常量。

【例 9-9】 小船长 l,质量为 m_1,人的质量为 m_2,小船与人的质心分别在 C_1、C_2,小船靠岸时人站在船的一端,如图 9-9(a)所示。若不计水的阻力,当人走到小船另一端时,求小船向后退的距离。

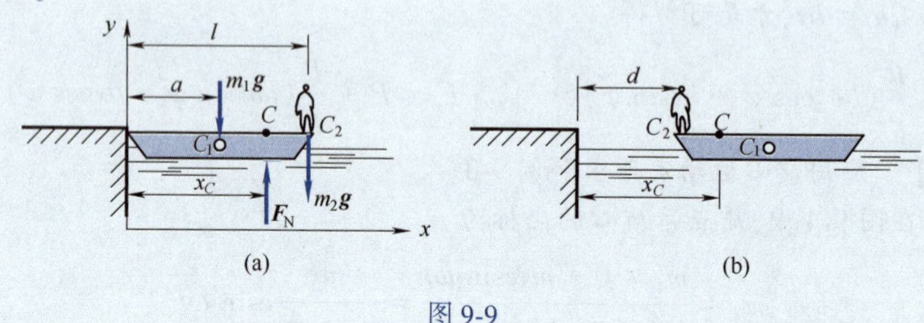

图 9-9

【解】 取人与船为研究对象。作用于该质点系的外力有人和船的重力 $m_1\boldsymbol{g}$、$m_2\boldsymbol{g}$ 及水对船的阻力 $\boldsymbol{F}_N$,显然各力在 x 轴上的投影的代数和等于零。此外人与船最初都是静止的,于是根据质心运动定理可知人与船的质心的坐标 x_C 保持不变。

当人在船的右端时,如图 9-9(a)所示,系统的质心坐标为

$$x_{C1}=\frac{m_1a+m_2l}{m_1+m_2}$$

当人走到另一端时,设小船向右移动的距离为 d,如图 9-9(b) 所示。此时,系统的质心坐标为

$$x_{C2}=\frac{m_1(d+a)+m_2d}{m_1+m_2}$$

由于 $x_{C1}=x_{C2}=$常量,于是得

$$\frac{m_1a+m_2l}{m_1+m_2}=\frac{m_1(d+a)+m_2d}{m_1+m_2}$$

由此求得船的位移为

$$d=\frac{m_2l}{m_1+m_2}=\frac{l}{1+m_1/m_2}$$

因此,人的质量越大,船后退的距离越大。对于人与船组成的质点系来说,人的鞋底与船板之间的摩擦力是内力,不能影响系统质心的运动,但却可使人前进,同时使船后退。

因 $\sum F_x^{(e)}=0$,动量 p_x 也应守恒。人走得越快,小船后退也越快,使 p_x 保持为零。

【例 9-10】　如图 9-10 所示，设电动机没用螺栓固定，各处摩擦不计，初始时电动机静止，求转子以匀角速度 ω 转动时电动机外壳的运动。

【解】　电动机在水平方向没有受到外力，且初始为静止，因此系统质心的坐标 x_C 保持不变。

取坐标轴如图所示。转子在静止时转子的质心 O_2 在最低点，设 $x_{C1}=a$。当转子转过角度 φ 时，定子应向左移动，设移动距离为 s，则质心坐标为

$$x_{C2}=\frac{m_1(a-s)+m_2(a+e\sin\varphi-s)}{m_1+m_2}$$

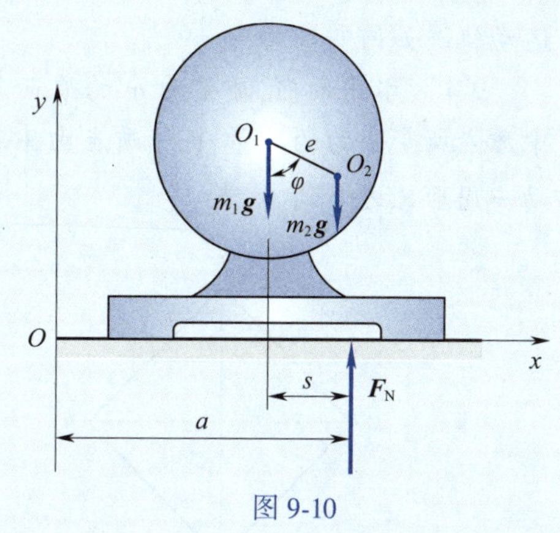

图 9-10

因为在水平方向质心守恒，所以有 $x_{C1}=x_{C2}$，解得

$$s=\frac{m_2}{m_1+m_2}e\sin\varphi$$

电机在水平面上往复运动。

顺便指出，支承面的法向约束力的最小值已由例 10-1 求得为

$$F_{y\min}=(m_1+m_2)g-m_2e\omega^2$$

当 $\omega>\sqrt{\dfrac{m_1+m_2}{m_2e}g}$ 时，有 $F_{y\min}<0$，如果电动机未用螺栓固定，将会跳起来。

思 考 题

9-1　计算图 9-11 所示系统的动量。图(a)中，已知 $OA=AB=l,\theta=45°,\omega$ 为常量，均质连杆 AB 的质量为 m，曲柄 OA 和滑块 B 的质量不计。图(b)中，已知均质杆 AB 质量为 m，长为 l，该瞬时 AB 杆的角速度为 ω；均质杆 BC 质量为 4m，长为 $2l$。

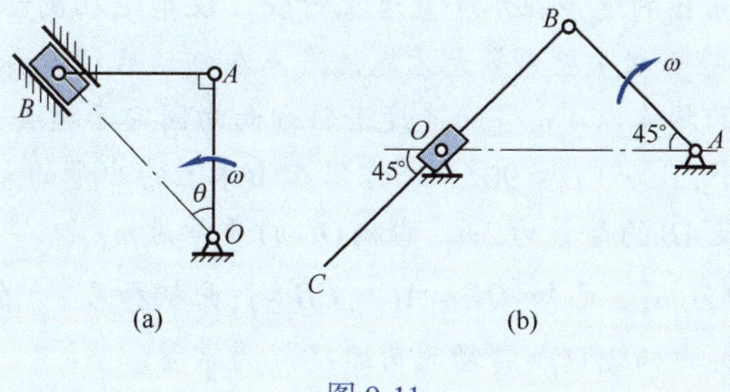

图 9-11

9-2　下列说法是否正确？(1) 质点系中各质点都处于静止时，质点系的动量为零。于是可知如果质点系的动量为零，则质点系中各质点必都静止。(2) 不管质点系作什么样的运动，也不管质总系内各质点的速度为何，只要知道质点系的总质量和质点系质心的速度，即可求得质点系的动量。

9-3 边长为 a 的均质正方形平板 $ABED$,位于铅垂平面内并置于光滑水平面上,如图 9-12 所示。若给平板一微小扰动,使其从图示位置开始倾倒,平板在倾倒过程中,其质心 C 点的运动轨迹如何?

9-4 水平面内,质量为 m 的质点 A 以匀速沿圆周运动,如图 9-13 所示。求在下列过程中质点所受合力的冲量:(1) 质点由 A_1 运动到 A_2;(2) 质点由 A_1 运动到 A_3;(3) 质点由 A_1 运动一周后又返回到 A_1 点。

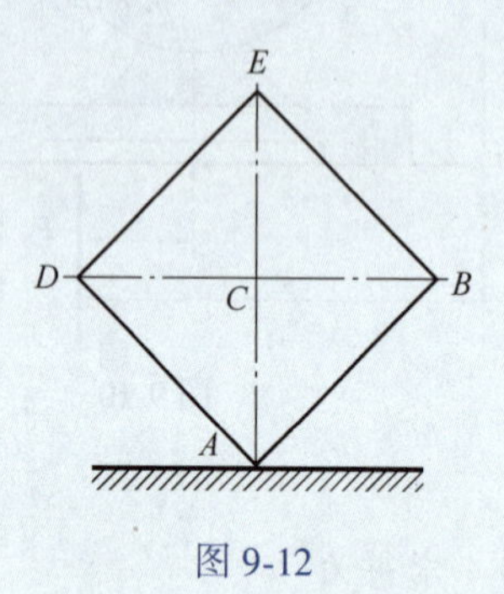

图 9-12

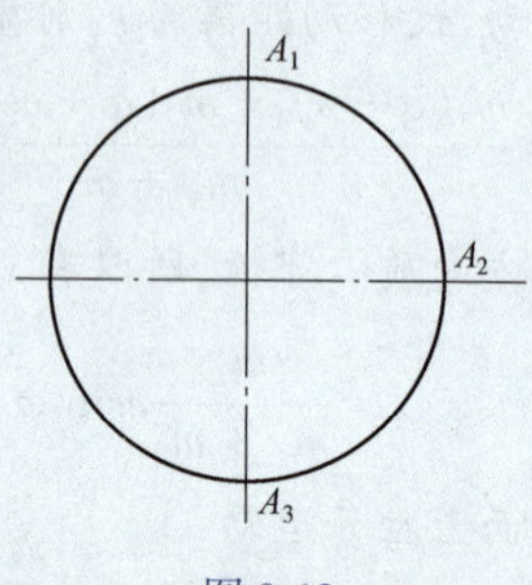

图 9-13

习 题

9-1 求图示各均质物体的动量。设各物体质量皆为 m,其尺寸见图。

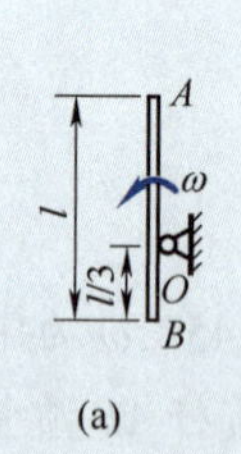

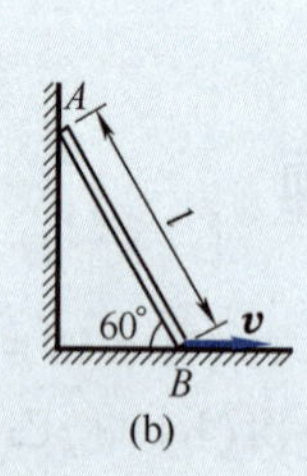

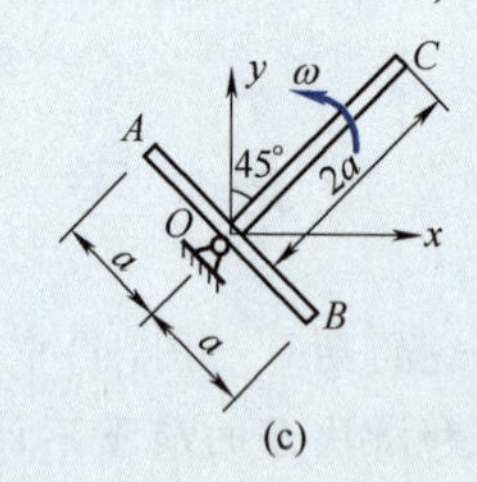

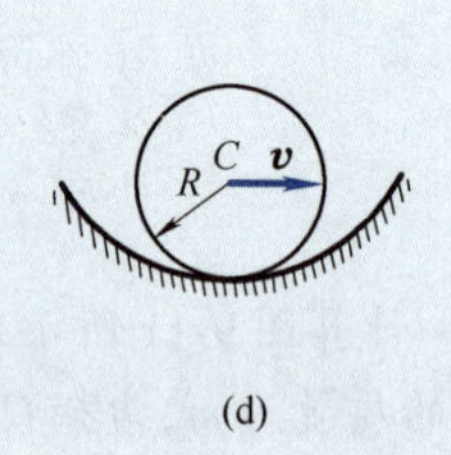

题 9-1 图

9-2 汽车以 36 km/h 的速度在水平直道上行驶。设车轮在制动后立即停止转动。问车轮对地面的动滑动摩擦系数 f 应为多大方能使汽车在制动后经 6 s 停止。($f = 0.17$)

9-3 质量为 1 kg 的物体以 4 m/s 的速度沿斜方向向固定面撞去,设物体弹回的速度仅改变了方向,未改变大小,且 $\theta + \beta = 90°$。求作用在物体上的冲量的大小。($I = 5.66\ \mathrm{N \cdot s}$)

9-4 图示椭圆规尺 AB 的质量为 $2m_1$,曲柄 OC 的质量为 m_1,而滑块 A 和 B 的质量均为 m_2。已知:$OC = AC = CB = l$;曲柄和尺的质心分别在其中点上;曲柄绕 O 轴转动的角速度 ω 为常量。当开始时,曲柄水平向右,求此时质点系的动量。$\left[p = \dfrac{l\omega}{2}(5m_1 + 4m_2)(\uparrow)\right]$

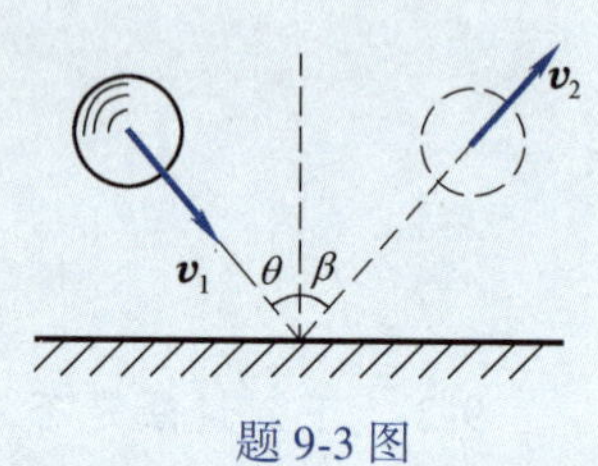

题 9-3 图

9-5 水以 $v = 2$ m/s 的速度沿直径 $d = 300$ mm 的水管而流动,求在弯头处支座上所受的附加压力的水平分力。($F_x = 283$ N)

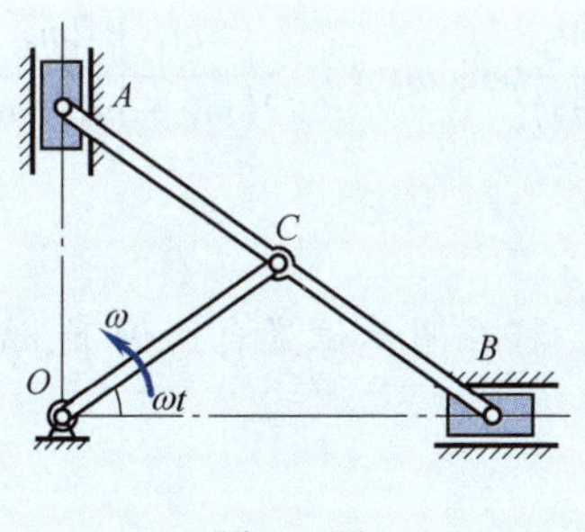

题 9-4 图

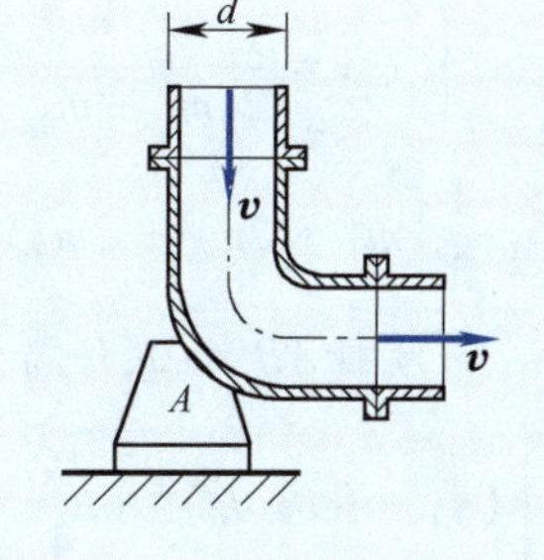

题 9-5 图

9-6　水力采煤就是利用水枪在高压下喷射出的强力水流冲击煤壁而落煤。已知水枪的水柱直径为 30 mm，水速为 56 m/s，求水柱给煤壁的动水压力。(F = 2 215 N)

9-7　图示传送带的运煤量为 20 kg/s，胶带速度恒为 1.5 m/s。求胶带对煤块作用的水平总推力。(F_x = 30 N)

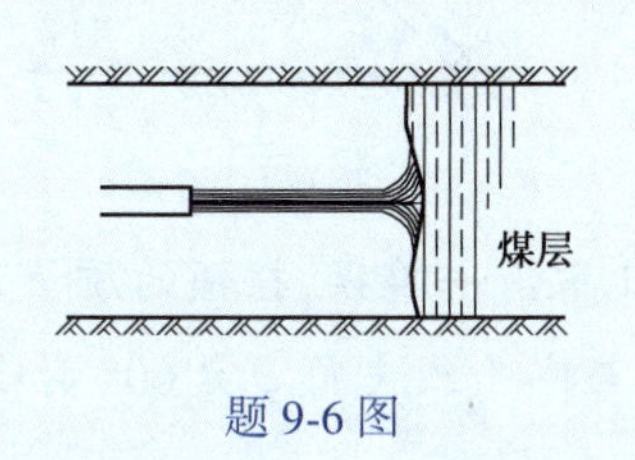

题 9-6 图

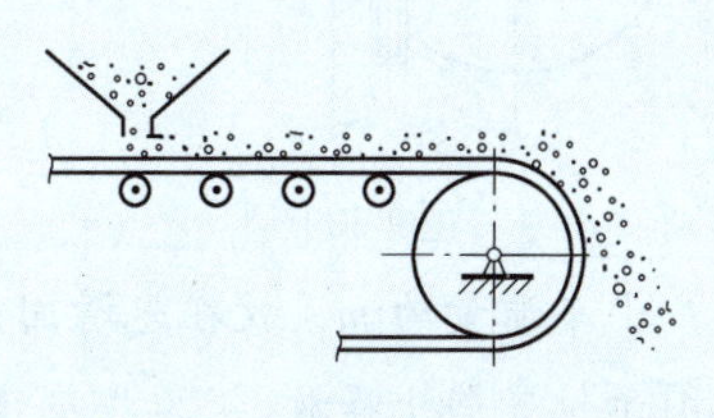

题 9-7 图

9-8　图示浮动起重机举起质量 m_1 = 2 000 kg 的重物。设起重机质量 m_2 = 20 000 kg，杆长 OA = 8 m，开始时杆与铅直位置成 60° 角，水的阻力和杆重均略去不计。当起重杆 OA 转到与铅直位置成 30° 时，求起重机的位移。(左移 0.266 m)

9-9　扫雪车(俯视如图所示)以 4.5 m/s 的速度行驶在水平路上，每分钟把 50 t 雪扫至路旁，若雪受推后相对于铲雪刀 AB 以 2.5 m/s 的速度离开，试求轮胎与道路间的侧向力 F_R 和驱动扫雪车工作时的牵引力 F_T。

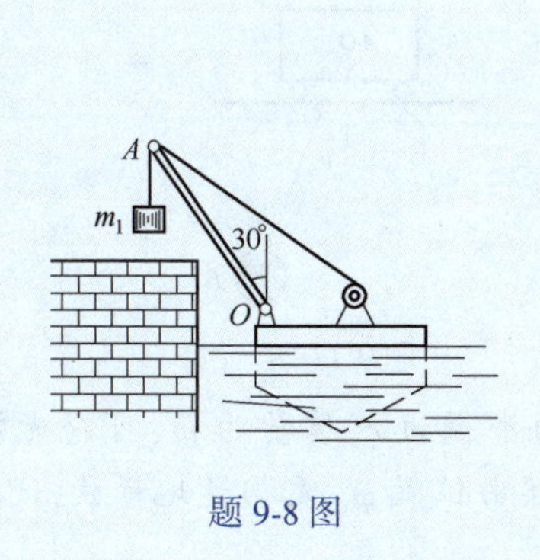

题 9-8 图

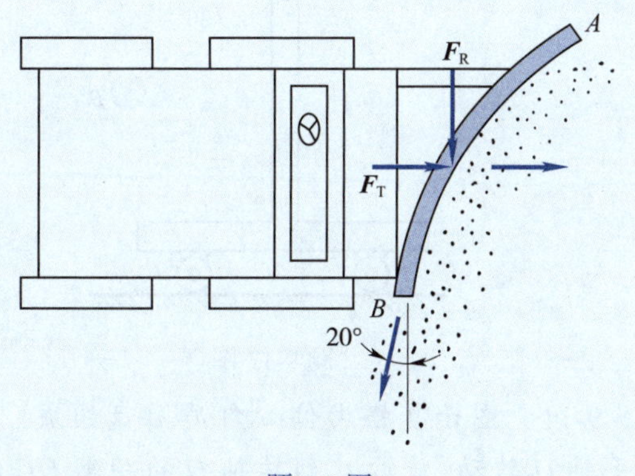

题 9-9 图

9-10　在图示曲柄滑杆机构中，曲柄以等角速度 ω 绕 O 轴转动。开始时，曲柄 OA 水平向右。已知：曲柄的质量为 m_1，滑块 A 的质量为 m_2，滑杆的质量为 m_3，曲柄的质心在 OA 的中点，$OA = l$，滑杆的质心在点 C。求：(1) 机构质量中心的运动方程；(2) 作用在轴 O 的最大水平约束力。$\left[(1)x=\dfrac{m_3 l}{2(m_1+m_2+m_3)}+\dfrac{m_1+2m_2+2m_3}{2(m_1+m_2+m_3)}l\cos\omega t, y=\dfrac{m_1+2m_2}{2(m_1+m_2+m_3)}\sin\omega t;\right.$
$\left.(2)F_{x\max}=\dfrac{1}{2}(m_1+2m_2+2m_3)l\omega^2\right]$

9-11　匀质杆 AB 长 $2l$，B 端放置在光滑水平面上。杆在图示位置自由倒下，试求 A 点轨迹方程。$\left[(x_A-l\cos\theta_0)^2+\dfrac{y_A^2}{4}=l^2\right]$

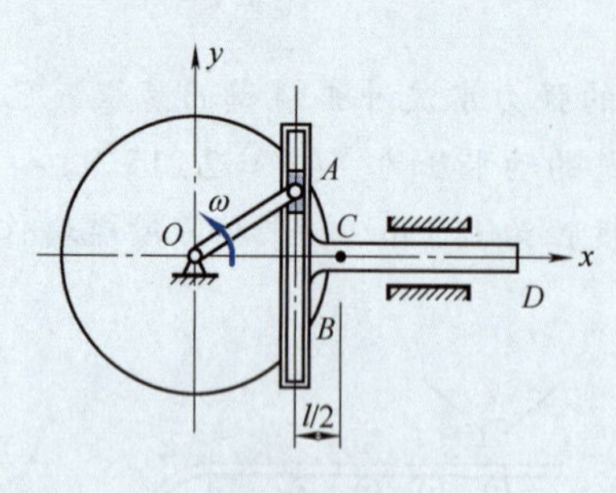

题 9-10 图

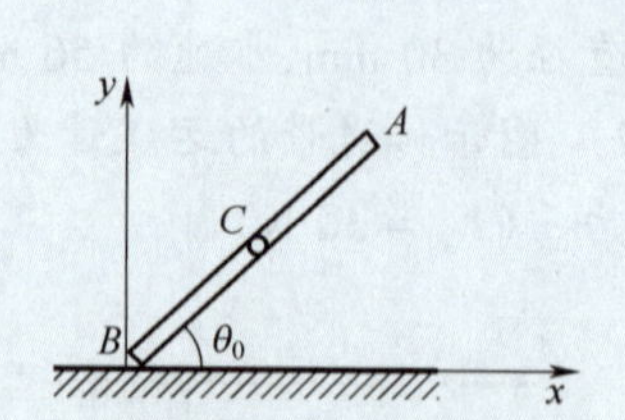

题 9-11 图

9-12　小车质量为 m_1，放在光滑固定水平面上，车上装有一单摆，摆锤的质量为 m_2，摆长为 l，在图示位置静止释放，求单摆从图示位置运动到与水平线夹角 $\varphi=60°$ 时小车的位移。车轮质量和各处摩擦都不计。$\left[\Delta=\dfrac{(\sqrt{3}-1)m_2}{2(m_1+m_2)}l\right]$

9-13　质量为 m_1 的小车 A，悬挂一单摆，摆锤 B 的质量为 m_2，摆长为 l，且按 $\varphi=\varphi_0\sin kt$ 规律摆动，其中 k 为常数。不计摩擦及绳索 AB 的质量，求小车的运动方程。$\left[x=\dfrac{m_2}{m_1+m_2}l\sin(\varphi_0\sin kt)\right]$

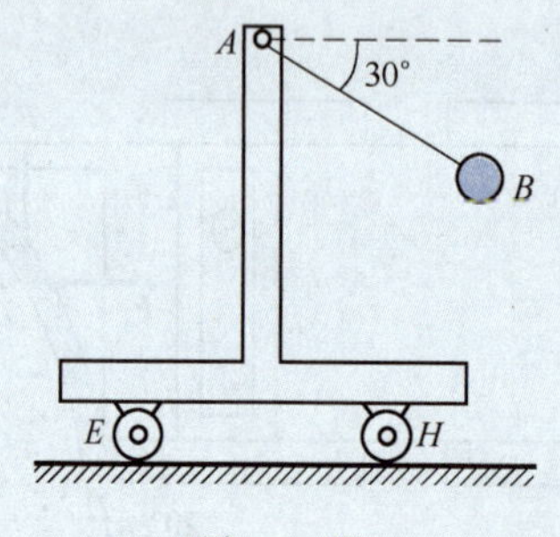

题 9-12 图

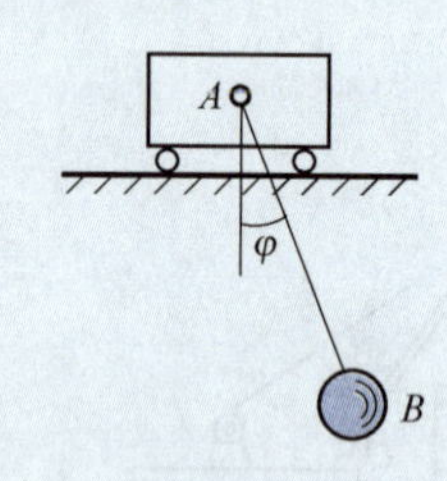

题 9-13 图

9-14　图示复摆由偏心匀质圆盘组成。匀质圆盘的半径为 r，质量为 m，可绕光滑水平轴 O 转动，质心 C 到转轴 O 的距离 $OC=b$。如果摆由位置 φ_0 无初速地释放，试求支承 O 的反力与角 φ 的关系。$\left(F_{Ox}=\dfrac{2b^2\sin\varphi}{r^2+2b^2}(2\cos\varphi_0-3\cos\varphi)mg, F_{Oy}=mg\left\{1+\dfrac{2b^2}{r^2+2b^2}[-\sin^2\varphi+2\cos\varphi(\cos\varphi-\cos\varphi_0)]\right\}\right)$

9-15 图示机车以速度 $v = 72$ km/h 沿直线轨道行驶。平行杆 ABC 质量为 200 kg，其质量可视为沿长度均匀分布。曲柄长 $r = 0.3$ m，质量不计。车轮半径 $R = 1$ m，车轮只滚动而不滑动。求车轮施加于铁轨的动压力的最大值。

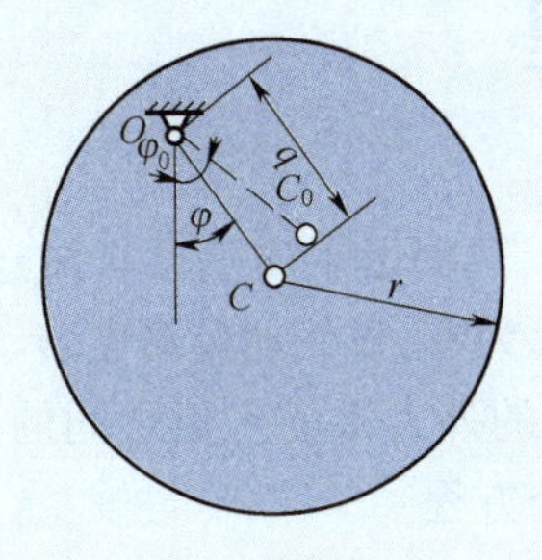

题 9-14 图

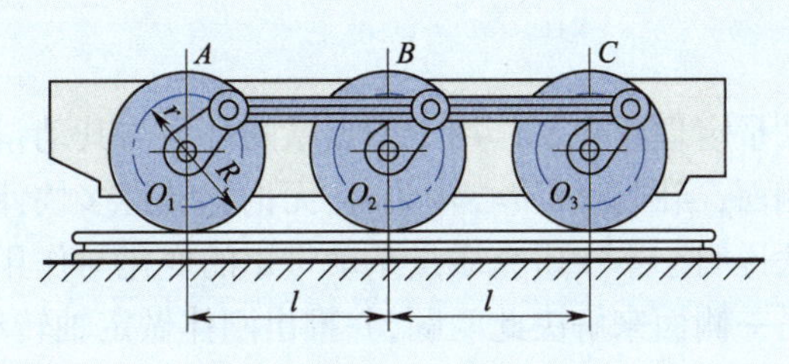

题 9-15 图

第 10 章 动量矩定理

动量定理建立了作用于质点系的外力与其动量变化的关系,只揭示了质点系机械运动的一个侧面,当圆盘绕质心转动时,无论它转得多快,圆盘的动量总为零,显然动量对它转动的规律无法说明。本章研究质点系动量矩的变化与作用在质点系上的外力系的主矩之间的关系,可从另一侧面来解决此问题,并推出刚体做定轴转动的运动微分方程。

10.1 动 量 矩

1. 质点的动量矩

对比力对点的矩 $\boldsymbol{M_O}(\boldsymbol{F})=\boldsymbol{r}\times\boldsymbol{F}$,若将力 $\boldsymbol{F}$ 替换为质点在某瞬时的动量 $m\boldsymbol{v}$,则可得质点 Q 的动量对某点 O 的矩,定义为质点对于点 O 的动量矩,即

$$\boldsymbol{M}_O(m\boldsymbol{v})=\boldsymbol{r}\times m\boldsymbol{v} \tag{10-1}$$

与力对点的矩一样,在三维空间对点的动量矩是矢量;对轴的动量矩是代数量,如图 10 - 1,它们之间的关系如下:

$$\begin{cases}[\boldsymbol{M}_O(m\boldsymbol{v})]_x=M_x(m\boldsymbol{v})=m(yv_z-zv_y)\\ [\boldsymbol{M}_O(m\boldsymbol{v})]_y=M_y(m\boldsymbol{v})=m(zv_x-xv_z)\\ [\boldsymbol{M}_O(m\boldsymbol{v})]_z=M_z(m\boldsymbol{v})=m(xv_y-yv_x)\end{cases} \tag{10-2}$$

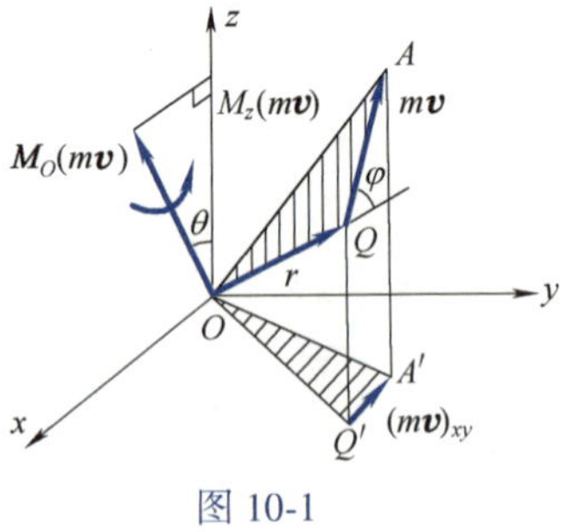

图 10-1

其中 x、y 和 z 为质点的位置坐标。而质点在平面上运动时,动量矩是代数量。

在国际单位制中动量矩的单位为 $\mathrm{kg}\cdot\mathrm{m^2/s}$。

2. 质点系的动量矩

质点系对某点 O 的动量矩等于质点系中各质点对同一点 O 的动量矩的矢量和,或称为质点系动量对点 O 的主矩,即

$$\boldsymbol{L}_O=\sum\boldsymbol{M}_O(m_i\boldsymbol{v}_i)=\sum(\boldsymbol{r}_i\times m_i\boldsymbol{v}_i) \tag{10-3}$$

质点系对某轴 z 的动量矩等于各质点对同一 z 轴动量矩的代数和,即

$$L_z=\sum_{i=1}^{n}M_z(m_i\boldsymbol{v}_i)=\sum_{i=1}^{n}m_i(x_iv_{iy}-y_iv_{ix}) \tag{10-4}$$

利用式(10-2),得

$$[\boldsymbol{L}_O]_z=L_z \tag{10-5}$$

即质点系对某点 O 的动量矩矢在通过该点的 z 轴上的投影等于质点系对于该轴的动量矩。

对照静力学的力系简化中的主矢和主矩的概念，我们可更好地理解动量和动量矩的概念。动量是质点系的动量矢量系的主矢，而动量矩是主矩。动量与简化中心无关，永远等于 $m\boldsymbol{v}$，而动量矩与矩心有关，同一系统对不同矩心的动量矩是不同的。

对于刚体这一特殊的不变质点系，根据其运动特性可如下计算其动量矩。

(1) 刚体平动

刚体平动时，由于刚体上每个质点的速度均相等，可将全部质量集中于质心，作为一个质点计算其动量矩。

(2) 刚体做定轴转动

刚体作定轴转动时，由于刚体上任意一点的速度为 $r_i\omega$，于是绕 z 轴转动的刚体（如图 10-2 所示），它对转轴的动量矩为

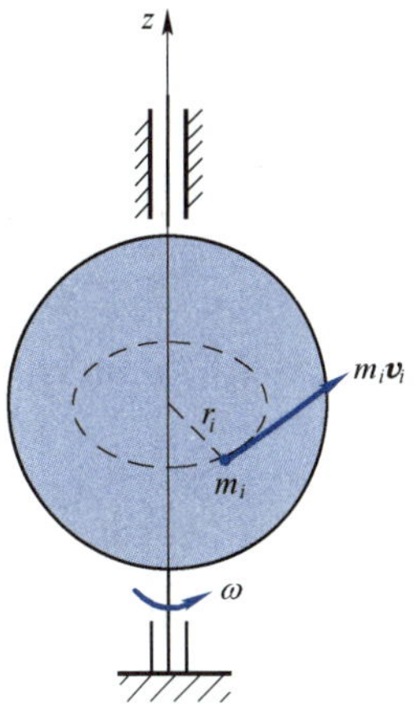

图 10-2

$$L_z = \sum_{i=1}^{n} M_z(m_i\boldsymbol{v}_i) = \sum_{i=1}^{n} m_i v_i r_i = \sum_{i=1}^{n} m_i \omega r_i^2 = \omega \sum_{i=1}^{n} m_i r_i^2$$

令 $\sum_{i=1}^{n} m_i r_i^2 = J_z$，称为刚体对于 z 轴的转动惯量。于是有

$$L_z = J_z\omega \tag{10-6}$$

即绕定轴转动的刚体对其转轴的动量矩等于刚体对转轴的转动惯量与转动角速度的乘积。

(3) 刚体做平面运动

刚体作平面运动时，对除质心以外的其他点的动量矩，即

$$L_O = M_O(m\boldsymbol{v}_C) + J_C\omega$$

【例 10-1】 如图 10-3 所示系统，已知滑轮 A 质量为 m_1，半径为 R_1，转动惯量为 J_1，滑轮 B 质量为 m_2，半径为 R_2，$R_1 = 2R_2$，转动惯量为 J_2，物体 C 质量为 m_3，运动情况如图，物体 C 平移的速度为 v_3，绳与滑轮之间不打滑。求系统对 O 轴的动量矩。

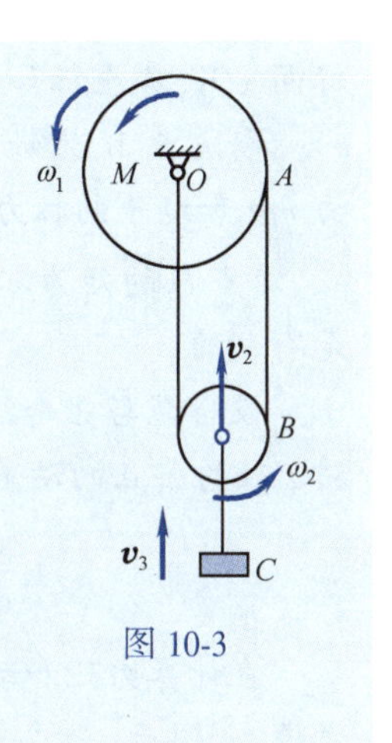

图 10-3

【解】 滑轮 A 做定轴转动，其动量矩为 $L_{OA} = J_1\omega_1$，物体 C 作平动，其对轴 O 的动量矩为 $L_{OC} = m_3v_3R_2$，滑轮 B 做平面运动，其动量矩为 $L_{OB} = J_2\omega_2 + m_2v_2R_2$。

因为有 $v_3 = v_2 = R_2\omega_2 = 0.5R_1\omega_1$，所以，系统对 O 轴的动量矩为

$$L_O = \left(\frac{J_1}{R_2^2} + \frac{J_2}{R_2^2} + m_2 + m_3\right)R_2v_3$$

10.2　动量矩定理简介

1. 质点的动量矩定理

设质点 Q 对固定点 O 的动量矩为 $\boldsymbol{M}_O(m\boldsymbol{v})$，作用于质点的力 $\boldsymbol{F}$ 对同一点的矩为 $\boldsymbol{M}_O(\boldsymbol{F})$，

如图 10-4 所示。将质点对固定点 O 的动量矩对时间求一次导数,得

$$\frac{\mathrm{d}}{\mathrm{d}t}\boldsymbol{M}_O(m\boldsymbol{v})=\frac{\mathrm{d}}{\mathrm{d}t}(\boldsymbol{r}\times m\boldsymbol{v})=\frac{\mathrm{d}\boldsymbol{r}}{\mathrm{d}t}\times m\boldsymbol{v}+\boldsymbol{r}\times\frac{\mathrm{d}(m\boldsymbol{v})}{\mathrm{d}t}$$

由于点 O 是固定点,所以有 $\mathrm{d}\boldsymbol{r}/\mathrm{d}t=\boldsymbol{v}$,另外由动量定理$\mathrm{d}(m\boldsymbol{v})/\mathrm{d}t=\boldsymbol{F}$,故有

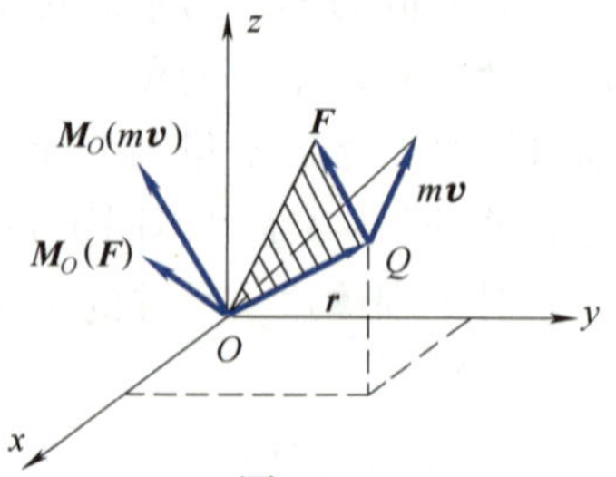

$$\frac{\mathrm{d}}{\mathrm{d}t}\boldsymbol{M}_O(m\boldsymbol{v})=v\times m\boldsymbol{v}+\boldsymbol{r}\times\boldsymbol{F}$$

图 10-4

因为 $\boldsymbol{v}\times m\boldsymbol{v}=0$,$\boldsymbol{r}\times\boldsymbol{F}=\boldsymbol{M}_O(\boldsymbol{F})$,于是得

$$\frac{\mathrm{d}}{\mathrm{d}t}\boldsymbol{M}_O(m\boldsymbol{v})=\boldsymbol{M}_O(\boldsymbol{F}) \tag{10-7}$$

式(10-7) 称为质点的动量矩定理,即质点对任一固定点的动量矩对时间的一阶导数,等于作用于质点的力对同一点的力矩。其投影式为

$$\frac{\mathrm{d}M_x(m\boldsymbol{v})}{\mathrm{d}t}=M_x(\boldsymbol{F}),\quad \frac{\mathrm{d}M_y(m\boldsymbol{v})}{\mathrm{d}t}=M_y(\boldsymbol{F}),\quad \frac{\mathrm{d}M_z(m\boldsymbol{v})}{\mathrm{d}t}=M_z(\boldsymbol{F}) \tag{10-8}$$

【例 10-2】 一质点 M 系在不可伸长的软绳上,绳长为 l,绳重不计,绳的另一端悬挂在固定点 O。开始时质点的速度与绳子在同一铅垂面内,如图 10-5 所示,求质点的运动规律。

【解】 将开始时质点速度与绳子所在的铅垂面取为坐标面 xOy,各坐标如图示。设质点质量为 m。

取质点 M 为研究对象,画质点的受力图。所受力有重力 $m\boldsymbol{g}$ 和绳子的拉力 $\boldsymbol{F}_\mathrm{T}$。$\boldsymbol{F}_\mathrm{T}$ 力为未知力,但它始终通过 O 点,对点 O 的矩为零,故应用对 O 点(或 z 轴) 的动量矩定理是有利的。

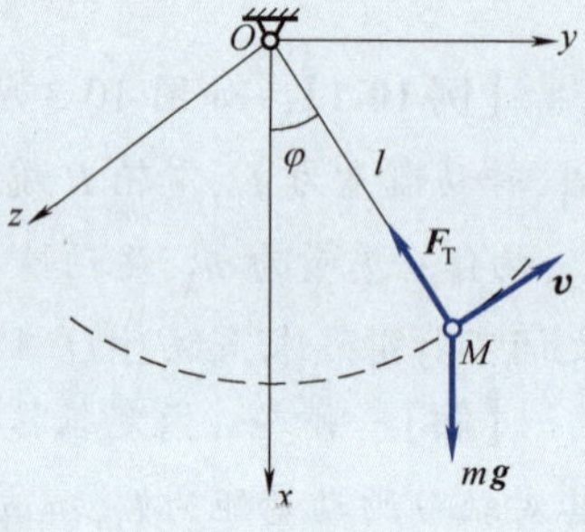

设当绳与铅垂线 Ox 的夹角为 φ 时,质点速度为 v,则由对 z 轴的质点的动量矩定理得

图 10-5

$$\frac{\mathrm{d}}{\mathrm{d}t}(mvl)=-mgl\sin\varphi$$

在计算力矩和动量矩时,必须注意它的正负。为了推导公式的方便,φ 和 $\ddot{\varphi}$ 均应按正值考虑,如图示。

因 $v=l\omega=l\dot{\varphi}$,上式可写为

$$l\dot{\varphi}=-g\sin\varphi \quad 或 \quad \dot{\varphi}+\frac{g}{l}\sin\varphi=0$$

设 φ 值限于微小量,则 $\sin\varphi\approx\varphi$,上式可写为

$$\dot{\varphi}+\frac{g}{l}\varphi=0$$

这是一个常系数二阶微分方程,它的解为

$$\varphi = A\sin\left(\sqrt{\frac{g}{l}}t + \varphi_0\right)$$

式中,A、φ_0 为积分常数,可由质点运动的初始条件定出。

由此可见,φ 是周期性函数,周期 $T = 2\pi\sqrt{\frac{l}{g}}$,与初始条件无关。质点在振幅 A 的范围内往复摆动,图 10-5 所示装置称为单摆(或数学摆)。其摆动周期与初始条件无关,称为单摆的等时性,当然,这一结果是在单摆作微小摆动的情况下得到的。

2. 质点系的动量矩定理

对由 n 个质点组成的质点系中的任一质点,根据质点的动量矩定理有

$$\frac{\mathrm{d}}{\mathrm{d}t}\boldsymbol{M}_O(m_i\boldsymbol{v}_i) = \boldsymbol{M}_O(\boldsymbol{F}_i^{(e)}) + \boldsymbol{M}_O(\boldsymbol{F}_i^{(i)}) \quad (i = 1,2,\cdots,n)$$

其中,m_i 和 $\boldsymbol{v}_i$ 分别为第 i 个质点的质量和速度,$\boldsymbol{F}_i^{(e)}$ 为外力,$\boldsymbol{F}_i^{(i)}$ 为 内力。将 n 个这样的方程两端分别相加,得

$$\sum \frac{\mathrm{d}}{\mathrm{d}t}\boldsymbol{M}_O(m_i\boldsymbol{v}_i) = \sum \boldsymbol{M}_O(\boldsymbol{F}_i^{(e)}) + \sum \boldsymbol{M}_O(\boldsymbol{F}_i^{(i)})$$

由于质点系内质点间相互作用的内力总是大小相等、方向相反地成对出现,因此内力对点 O 的力矩的矢量和等于零,即 $\sum M_O(\boldsymbol{F}_i^{(i)}) = 0$,又 $\sum \frac{\mathrm{d}}{\mathrm{d}t}\boldsymbol{M}_O(m_i\boldsymbol{v}_i) = \frac{\mathrm{d}}{\mathrm{d}t}\sum \boldsymbol{M}_O(m_i\boldsymbol{v}_i) = \frac{\mathrm{d}\boldsymbol{L}_O}{\mathrm{d}t}$,于是得

$$\frac{\mathrm{d}\boldsymbol{L}_O}{\mathrm{d}t} = \sum \boldsymbol{M}_O(\boldsymbol{F}_i^{(e)}) \tag{10-9}$$

即质点系对某固定点 O 的动量矩对时间的导数等于作用于质点系的所有外力对同一点矩的矢量和(外力对 O 点的主矩)。式(10-9)称为**质点系的动量矩定理**。

应用时,取投影式

$$\frac{\mathrm{d}}{\mathrm{d}t}L_x = \sum M_x(\boldsymbol{F}_i^{(e)}),\quad \frac{\mathrm{d}}{\mathrm{d}t}L_y = \sum M_y(\boldsymbol{F}_i^{(e)}),\quad \frac{\mathrm{d}}{\mathrm{d}t}L_z = \sum M_z(\boldsymbol{F}_i^{(e)}) \tag{10-10}$$

注意,上述的动量矩定理仅适用于对固定点或固定轴。对一般的动点或动轴,式(10-9)和式(10-10) 不成立。

【例 10-3】 半径为 r 的定滑轮可绕过质心的固定轴 Oz 转动,该轮对轴 Oz 的转动惯量为 J_z。在滑轮上绕一柔软的绳子,其两端各系一重为 $\boldsymbol{P}_1$ 和 $\boldsymbol{P}_2$ 的重物 A 和 B,且 $P_1 > P_2$,如图 10-6(a) 所示。求此两重物的加速度和滑轮的角加速度。

【解】 取系统为研究对象,设重物 A 和 B 的速度大小为 v,则质点系对于轴 Oz 的动量矩为

$$L_z = J_z\frac{v}{r} + \frac{P_1}{g}vr + \frac{P_2}{g}vr = \left(\frac{J_z}{r} + \frac{P_1 r}{g} + \frac{P_2 r}{g}\right)v$$

作用于质点系的外力有重力 $\boldsymbol{P}_1$、$\boldsymbol{P}_2$ 和轴承反力 $\boldsymbol{F}_x$、$\boldsymbol{F}_y$，其受力如图 10-6(b)。轴承反力未知，如对轴 Oz 用动量矩定理，则此反力之矩为零，即

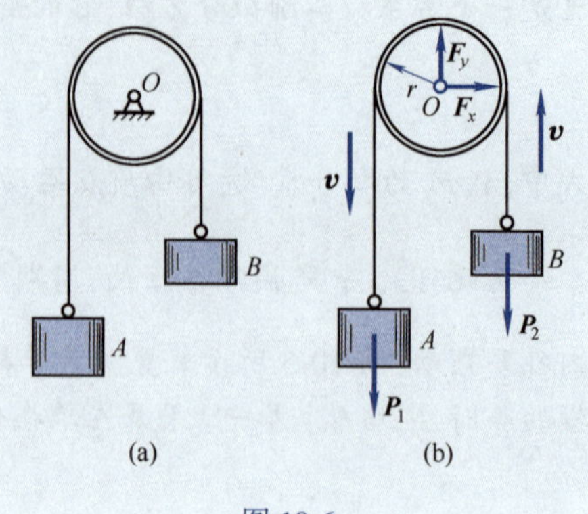

图 10-6

$$\sum M_z(\boldsymbol{F}^{(e)}) = (P_1 - P_2)r$$

由质点系的动量矩定理得

$$\left(\frac{J_z}{r} + \frac{P_1 r}{g} + \frac{P_2 r}{g}\right)\frac{dv}{dt} = (P_1 - P_2)r$$

于是两重物的加速度为

$$a = \frac{dv}{dt} = \frac{P_1 - P_2}{\dfrac{J_z g}{r^2} + P_1 + P_2}g$$

而轮的角加速度为

$$\alpha = \frac{a}{r} = \frac{P_1 - P_2}{\dfrac{J_z g}{r^2} + P_1 + P_2} \cdot \frac{g}{r}$$

请读者思考：(1) 轮两边的绳子的拉力大小相等吗？(2) 如果把重物 B 去掉，代之以大小为 P_2 的竖直向下的力，还能得到如上的计算结果吗？

【例 10-4】 求例 10-1 中物块 C 的加速度。已知主动力偶矩 M。

【解】 取系统为研究对象，所受外力有主动力偶矩 M、重力及轴 O 处的反力 $\boldsymbol{F}_x$、$\boldsymbol{F}_y$，受力如图 10-7。在例 10-1 中已经求出了系统的动量矩为

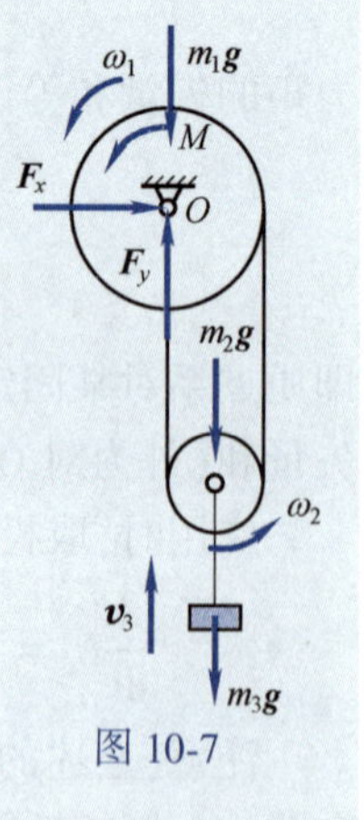

图 10-7

$$L_O = \left(\frac{J_1}{R_2^2} + \frac{J_2}{R_2^2} + m_2 + m_3\right)R_2 v_3$$

而系统所受外力对 O 的矩为 $\sum M_O(\boldsymbol{F}^{(e)}) = M - (m_2 + m_3)gR_2$，由质点系的动量矩定理有

$$\frac{dL_O}{dt} = \left(\frac{J_1}{R_2^2} + \frac{J_2}{R_2^2} + m_2 + m_3\right)R_2\frac{dv_3}{dt} = M - (m_2 + m_3)gR_2$$

于是可得物块 C 的加速度为

$$a_3 = \frac{M - (m_2 + m_3)gR_2}{\left(\dfrac{J_1}{R_2^2} + \dfrac{J_2}{R_2^2} + m_2 + m_3\right)R_2} = \frac{MR_2 - (m_2 + m_3)gR_2^2}{J_1 + J_2 + (m_2 + m_3)R_2^2}$$

3. 动量矩守恒定律

(1) 质点动量矩守恒定律

如果作用于质点的力对某固定点 O 的矩恒等于零，则由式(10-7) 知，质点对该点的动量

矩保持不变，即

$$\boldsymbol{M}_O(m\boldsymbol{v}) = \text{恒矢量}$$

如果作用于质点的力对某固定轴的矩恒等于零，例如 $M_z(\boldsymbol{F}) = 0$，则质点对 z 轴的动量矩保持不变，即

$$M_z(m\boldsymbol{v}) = \text{恒量}$$

以上的结论称为质点动量矩守恒定律。

【例 10-5】 行星 M 沿椭圆轨道绕太阳运行，太阳位于椭圆的焦点 S 处，如图 10-8 所示。已知椭圆的长半轴为 a，偏心率为 e，即 $OS = ae$，行星质量为 m，行星在 A 点的速度为 $\boldsymbol{v}_1$，求行星行至 B 点时的速度 $\boldsymbol{v}_2$。

【解】 行星 M 在任意瞬时所受的力就是太阳的引力 $\boldsymbol{F}$（有心力），力心即为焦点 S。根据质点的动量矩守恒定律，则知行星对于 S 点动量矩保持不变。在 A、B 两点的速度与椭圆长轴垂直，如图 10-8 所示。

$$SA = a - ae = a(1 - e)$$

$$SB = a + ae = a(1 + e)$$

得

$$mv_1 a(1 - e) = mv_2 a(1 + e)$$

由此求出行星至 B 点时的速度为 $v_2 = \dfrac{1 - e}{1 + e} v_1$。

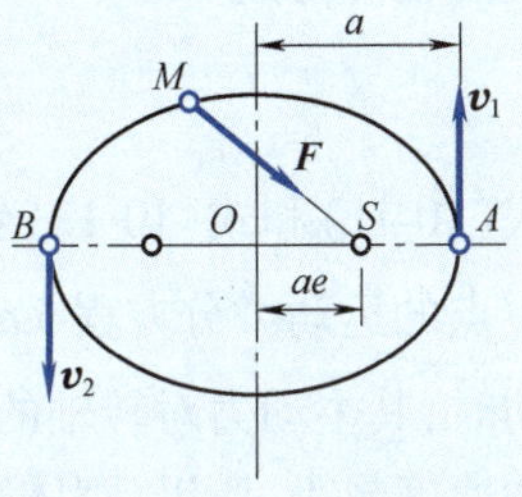

图 10-8

(2) 质点系动量矩守恒定律

由式(10-9) 可知，质点系的内力不能改变质点系的动量矩。

当外力对于某固定点（或某固定轴）的主矩等于零时，质点系对于该点（或该轴）的动量矩保持不变，这就是质点系动量矩守恒定律，即

$$\boldsymbol{L}_O = \text{恒矢量} \quad \text{或} \quad L_z = \text{恒量}$$

【例 10-6】 小球 A、B 以细绳相连，质量皆为 m，其余构件质量不计。忽略摩擦，系统绕铅垂轴 z 自由转动，初始时系统的角速度为 ω_0，如图 10-9(a)。当细绳拉断后，求各杆与铅垂线成 θ 角时系统的角速度 ω。

【解】 画此系统的受力图，如图 10-9(b) 所示，可见此系统所受的重力和轴承的约束力对于转轴的矩皆等于零，因此系统对于转轴的动量矩守恒。

初始时，$\theta = 0$，动量矩

$$L_{z1} = 2ma\omega_0 a = 2ma^2\omega_0$$

当绳拉断后，θ 角时，有

$$L_{z2} = 2m(a + l\sin\theta)^2\omega$$

由 $L_{z1} = L_{z2}$ 得

$$\omega = \frac{a^2}{(a + l\sin\theta)^2}\omega_0$$

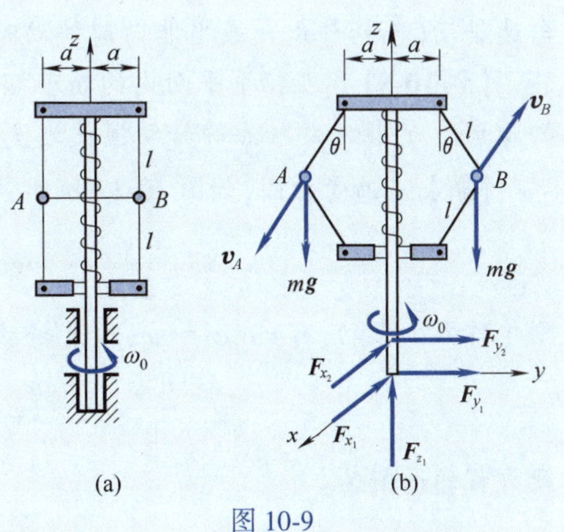

图 10-9

10.3 刚体的定轴转动微分方程

设定轴转动刚体上作用有主动力 $\boldsymbol{F}_1,\boldsymbol{F}_2,\cdots,\boldsymbol{F}_n$ 和轴承约束反力 $\boldsymbol{F}_{N1},\boldsymbol{F}_{N2}$，如图10-10所示。刚体对 z 轴的转动惯量为 J_z，角速度为 ω，则对 z 轴的动量矩为 $J_z\omega$。若不计轴承中的摩擦，轴承约束反力对于 z 轴的力矩等于零，根据质点系对于 z 轴的动量矩定理有

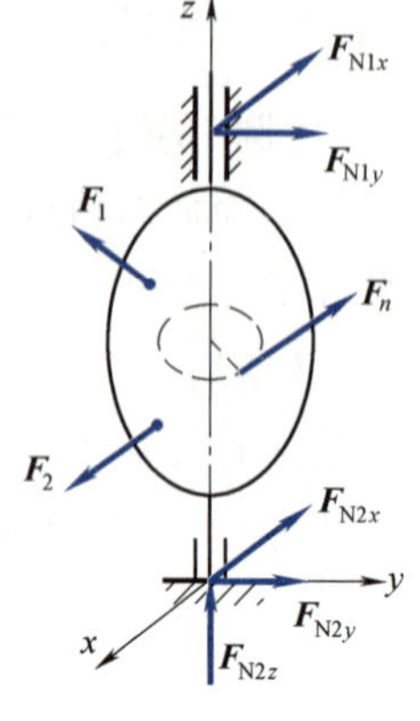

图 10-10

$$\frac{\mathrm{d}}{\mathrm{d}t}(J_z\omega)=\sum M_z(\boldsymbol{F}_i)$$

或

$$J_z\frac{\mathrm{d}\omega}{\mathrm{d}t}=\sum M_z(\boldsymbol{F}_i) \tag{10-11}$$

上式也可写成

$$J_z\alpha=J_z\frac{\mathrm{d}^2\varphi}{\mathrm{d}t^2}=\sum M_z(\boldsymbol{F}) \tag{10-12}$$

式(10-11)和式(10-12)皆称为刚体的定轴转动微分方程，其形式上与质点的运动微分方程 $m\boldsymbol{a}=\sum \boldsymbol{F}$ 相似，由式(10-12)可见，刚体绕定轴转动时，其主动力对转轴的矩使刚体转动状态发生变化。如力矩相同，刚体转动惯量越大，则角加速度越小，所以，刚体转动惯量的大小表现了刚体转动状态改变的难易程度，即转动惯量是刚体转动惯性的度量。

【例10-7】 如图10-11所示，已知定滑轮半径为 r，转动惯量为 J_O，带动定滑轮的胶带拉力为 F_{T1} 和 F_{T2}。求定滑轮的角加速度 α。

图 10-11

【解】 由刚体的定轴的转动微分方程，有

$$J_O\alpha=(F_{T1}-F_{T2})r$$

可得

$$\alpha=\frac{(F_{T1}-F_{T2})r}{J_O}$$

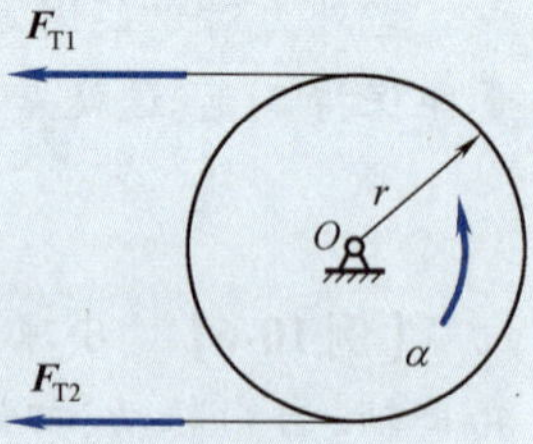

由此可见，欲使跨过定滑轮的胶带拉力相等，只有当定滑轮为匀速转动(包括静止)，或当非匀速转动时可忽略定滑轮的转动惯量的条件下才能实现。

【例10-8】 在铅垂平面内的物理摆(或称复摆)的质量为 m，C 为其质心，C 到悬挂点 O 的距离为 a，摆对悬挂点的转动惯量为 J_O。求复摆微小摆动的周期。

【解】 画受力图，如图10-12所示，摆的转动微分方程为

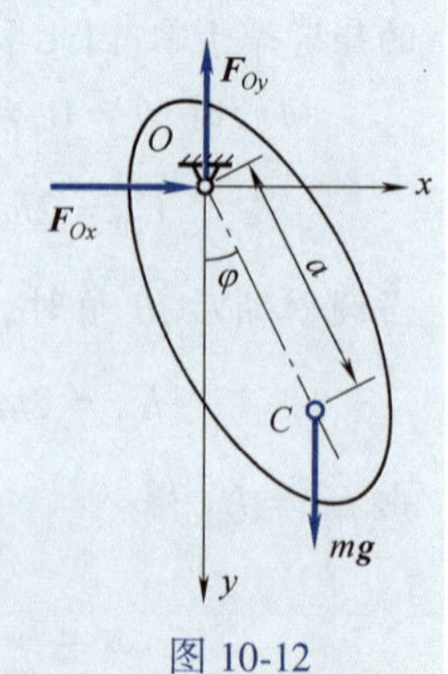

图 10-12

$$J_O\frac{\mathrm{d}^2\varphi}{\mathrm{d}t^2}=-mga\sin\varphi$$

刚体作微小摆动，有 $\sin\varphi\approx\varphi$，于是转动微分方程可写为

$$\frac{\mathrm{d}^2\varphi}{\mathrm{d}t^2}+\frac{mga}{J_O}\varphi=0$$

此方程的通解为

$$\varphi=\varphi_0\sin\left(\sqrt{\frac{mga}{J_O}}t+\theta\right)$$

φ_0 称为角振幅，θ 是初相位，可由运动初始条件确定。

摆动周期为
$$T = 2\pi\sqrt{\frac{J_O}{mga}}$$
工程中可用上式，通过测定零件（如曲柄、连杆等）的摆动周期，以计算其转动惯量。

10.4　刚体对轴的转动惯量

刚体的转动惯量是刚体转动时惯性的度量，刚体对任意轴的转动惯量定义为
$$J_z = \sum m_i r_i^2 \tag{10-13}$$
可见，转动惯量的大小不仅与质量大小有关，而且与质量分布情况有关。同等质量的刚体，质量分布距轴越远，转动惯量越大；质量分布距轴越近，转动惯量越小，也可以说转动惯量描述了刚体的质量关于轴的分布情况。在国际单位制中其单位为 $\mathrm{kg \cdot m^2}$。

在工程中，我们经常通过调整转动惯量来达到某些目的，例如冲床、剪床等，为了使其运动稳定，常在其转轴上安装一个大飞轮，在飞轮设计中除采用必要的轮辐外，着重加厚轮缘，以增加飞轮对轴的转动惯量。又如，仪器仪表中的某些零件必须有较高的灵敏度，以提高仪器的精度，为此，在设计中要保证这些零件的转动惯量尽可能地小，常采用轻金属制成的零件，且尽量减小其体积。

确定刚体对于轴的转动惯量，常用计算方法和实验方法进行测定。

1. 简单规则形状物体的转动惯量的计算

对于简单的规则形状的刚体，可以应用转动惯量的定义，采用积分的方法求得。

(1) 均质细直杆（图 10-13）对于 z 轴的转动惯量

设杆长为 l，单位长度的质量为 ρ，取杆上一微段 $\mathrm{d}x$，其质量 $m=\rho\mathrm{d}x$，则此杆对于 z 轴的转动惯量为
$$J_z = \int_0^l \rho\mathrm{d}x \cdot x^2 = \rho \cdot \frac{l^3}{3} = \frac{1}{3}ml^2$$

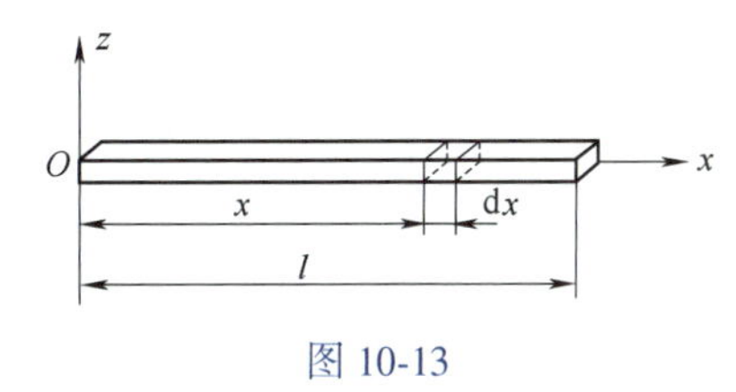

图 10-13

(2) 均质薄圆环（图 10-14）对于中心轴的转动惯量

设圆环质量为 m，质量 m_i 到中心轴的距离都等于半径 R，所以圆环对于中心轴 z 的转动惯量为
$$J_z = \sum m_i R^2 = R^2 \sum m_i = mR^2$$

(3) 均质圆板（图 10-15）对于中心轴的转动惯量

设圆板的半径为 R，质量为 m。将圆板分为无数同心的薄圆环，任一圆环的半径为 r_i，宽度为 $\mathrm{d}r_i$，则薄圆环的质量为
$$m_i = 2\pi r_i \mathrm{d}r_i \cdot \rho_A$$
式中，$\rho_A = \dfrac{m}{\pi R^2}$，是均质板单位面积的质量。

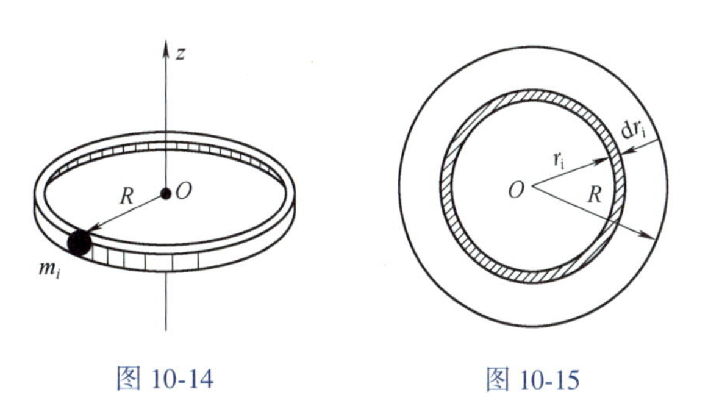

图 10-14　　图 10-15

因此圆板对于中心轴的转动惯量为

$$J_O = \int_0^R 2\pi r\rho_A \mathrm{d}r \cdot r^2 = 2\pi\rho_A \frac{R^4}{4} = \frac{1}{2}mR^2$$

2. 回转半径(或惯性半径)

由以上可见,几何形状相同而材质不同的物体,比值 J_z/m 是相同的,令

$$\rho_z = \sqrt{\frac{J_z}{m}} \tag{10-14}$$

并称为**回转半径**或**惯性半径**。对于形状相同的均质物体,惯性半径是一样的。若已知物体对轴的惯性半径 ρ_z,则物体对轴的转动惯量为

$$J_z = m\rho_z^2 \tag{10-15}$$

相当于把刚体所有的质量集中于距转轴 ρ_z 的一点时的转动惯量。

表 10-1 列出了一些常见均质物体的转动惯量和惯性半径。

表 10-1　均质物体的转动惯量和惯性半径

物体的形状	简　图	转动惯量	惯性半径	体积
细直杆	z, z_C, O, C	$J_{z_C} = \frac{m}{12}l^2$ $J_z = \frac{m}{3}l^2$	$\rho_{z_C} = \frac{l}{2\sqrt{3}}$ $\rho_z = \frac{l}{\sqrt{3}}$	
薄壁圆筒	R, h, O, z, l	$J_z = mR^2$	$\rho_z = R$	$2\pi Rlh$
圆柱	l/2, x, l/2, R, C, O, z, y	$J_z = \frac{1}{2}mR^2$ $J_x = J_y = \frac{m}{12}(3R^2 + l^2)$	$\rho_z = \frac{R}{\sqrt{2}}$ $\rho_x = \rho_y = \sqrt{\frac{1}{12}(3R^2 + l^2)}$	$\pi R^2 l$
空心圆柱	R, r, C, z, l	$J_z = \frac{m}{2}(R^2 + r^2)$	$\rho_z = \sqrt{\frac{1}{2}(R^2 + r^2)}$	$\pi l(R^2 - r^2)$
薄　壁 空心球	z, h, C, R	$J_z = \frac{2}{3}mR^2$	$\rho_z = \sqrt{\frac{2}{3}}R$	$\frac{3}{2}\pi Rh$

续上表

物体的形状	简　图	转动惯量	惯性半径	体积
实心球		$J_z=\dfrac{2}{5}mR^2$	$\rho_z=\sqrt{\dfrac{2}{5}}R$	$\dfrac{4}{3}\pi R^3$
圆锥体		$J_z=\dfrac{3}{10}mr^2$ $J_x=J_y$ $=\dfrac{3}{80}m(4r^2+l^2)$	$\rho_z=\sqrt{\dfrac{3}{10}}r$ $\rho_x=\rho_y$ $=\sqrt{\dfrac{3}{80}(4r^2+l^2)}$	$\dfrac{\pi}{3}r^2l$
圆环		$J_z=m\left(R^2+\dfrac{3}{4}r^2\right)$	$\rho_z=\sqrt{R^2+\dfrac{3}{4}r^2}$	$2\pi^2r^2R$
椭圆形薄板		$J_z=\dfrac{m}{4}(a^2+b^2)$ $J_y=\dfrac{m}{4}a^2$ $J_x=\dfrac{m}{4}b^2$	$\rho_z=\dfrac{1}{2}\sqrt{a^2+b^2}$ $\rho_y=\dfrac{a}{2}$ $\rho_x=\dfrac{b}{2}$	πabh
长方体		$J_z=\dfrac{m}{12}(a^2+b^2)$ $J_y=\dfrac{m}{12}(a^2+c^2)$ $J_x=\dfrac{m}{12}(b^2+c^2)$	$\rho_z=\sqrt{\dfrac{1}{12}(a^2+b^2)}$ $\rho_y=\sqrt{\dfrac{1}{12}(a^2+c^2)}$ $\rho_x=\sqrt{\dfrac{1}{12}(b^2+c^2)}$	abc
矩形薄板		$J_z=\dfrac{m}{12}(a^2+b^2)$ $J_y=\dfrac{m}{12}a^2$ $J_x=\dfrac{m}{12}b^2$	$\rho_z=\sqrt{\dfrac{1}{12}(a^2+b^2)}$ $\rho_y=0.289a$ $\rho_x=0.289b$	abh

3. 平行轴定理

定理　刚体对于任一轴的转动惯量，等于刚体对于通过质心，并与该轴平行的轴的转动惯量，加上刚体的质量与两轴间距离平方的乘积，即

$$J_z=J_{z_C}+md^2 \tag{10-16}$$

证明 如图 10-16 所示，点 C 为刚体的质心，刚体对于通过质心的轴 z_1 的转动惯量为 J_{z_C}，刚体对于平行于该轴的另一轴 z 的转动惯量为 J_z，两轴间距离为 d。分别以 C、O 两点为原点，作直角坐标系 $Cx_1y_1z_1$ 和 $Oxyz$，不失一般性，可令轴 y 与轴 y_1 重合。由图可见

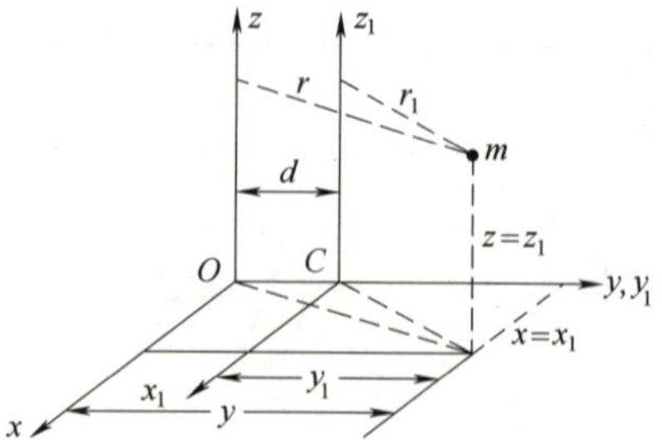

$$J_{z_C}=\sum m_i r_1^2=\sum m_i(x_1^2+y_1^2),$$

$$J_z=\sum m_i r^2=\sum m_i(x^2+y^2)$$

图 10-16

因为 $x=x_1$，$y=y_1+d$，于是

$$J_z=\sum m_i[x_1^2+(y_1+d)^2]=\sum m_i(x_1^2+y_1^2)+2d\sum m_i y_1+d^2\sum m_i$$

由质心坐标公式

$$y_C=\frac{\sum m_i y_1}{\sum m_i}$$

当坐标原点取在质心 C 时，$y_C=0$，$\sum m_i y_i=0$，又有 $\sum m_i=m$，于是得

$$J_z=J_{z_C}+md^2$$

定理证毕。

根据平行轴定理，我们可以找出刚体对相互平行的轴的转动惯量之间的关系，且以通过质心的轴的转动惯量为最小。

有了平行轴定理，我们可以像求重心一样，用组合法来求组合体的转动惯量。

【例 10-9】 图 10-17 中为已简化的钟摆。已知均质细杆和均质圆盘的质量分别为 m_1 和 m_2，杆长为 l，圆盘直径为 d。求摆对于通过悬挂点 O 的水平轴的转动惯量。

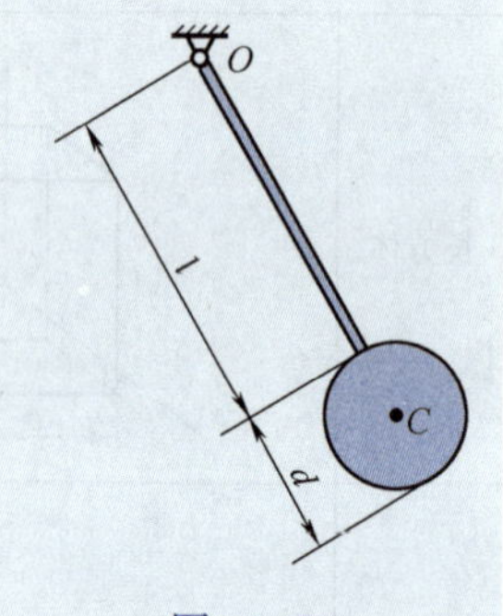

图 10-17

【解】 摆对于水平轴 O 的转动惯量

$$J_O=J_{O杆}+J_{O盘}$$

式中

$$J_{O杆}=\frac{1}{3}m_1l^2$$

设 J_C 为圆盘对于中心 C 的转动惯量，由平行移轴定理，有

$$J_{O盘}=J_C+m_2\left(l+\frac{d}{2}\right)^2=\frac{1}{2}m_2\left(\frac{1}{2}d\right)^2+m_2\left(l+\frac{d}{2}\right)^2=m_2\left(\frac{3}{8}d^2+l^2+ld\right)$$

于是得

$$J_O=\frac{1}{3}m_1l^2+m_2\left(\frac{3}{8}d^2+l^2+ld\right)$$

【例 10-10】 图 10-18 中一均质空心圆柱体，其质量为 m，外径为 R_1，内径为 R_2，求其对于中心轴 z 的转动惯量。

【解】 空心圆柱可看成由两个实心圆柱体组成，外圆柱体的转动惯量为 J_1，内圆柱体的转动惯量 J_2 取负值，即

$$J_z=J_1-J_2$$

设 m_1、m_2 分别为外、内圆柱体的质量，则

$$J_1 = \frac{1}{2}m_1R_1^2, \quad J_2 = \frac{1}{2}m_2R_2^2$$

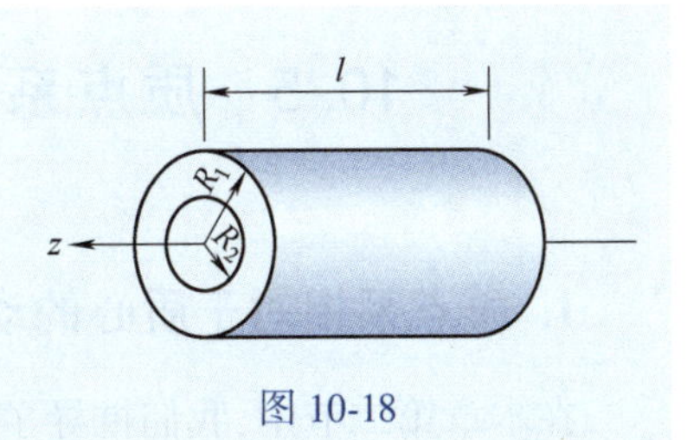

图 10-18

于是 $$J_z = \frac{1}{2}m_1R_1^2 - \frac{1}{2}m_2R_2^2$$

设单位体积的质量为 ρ，则

$$m_1 = \rho\pi R_1^2 l, \quad m_2 = \rho\pi R_2^2 l$$

代入前式，得

$$J_z = \frac{1}{2}\rho\pi l(R_1^4 - R_2^4) = \frac{1}{2}\rho\pi l(R_1^2 - R_2^2)(R_1^2 + R_2^2)$$

注意到 $\rho\pi l(R_1^2 - R_2^2) = m$，则得

$$J_z = \frac{1}{2}m(R_1^2 + R_2^2)$$

工程中，对于几何形状复杂的物体，可用实验的方法测定其转动惯量。

例如，欲求曲柄对于轴 O 的转动惯量，可将曲柄在轴 O 悬挂起来，并使其作微幅摆动，如图 10-19 所示。由例 10-8，有

$$T = 2\pi\sqrt{\frac{J_O}{mgl}}$$

式中，mg 为曲柄重量；l 为重心 C 到轴心 O 的距离。可首先测出 mg，l 和摆动周期 T，则曲柄对于轴 O 的转动惯量可按下式计算：

$$J_O = \frac{T^2 mgl}{4\pi^2}$$

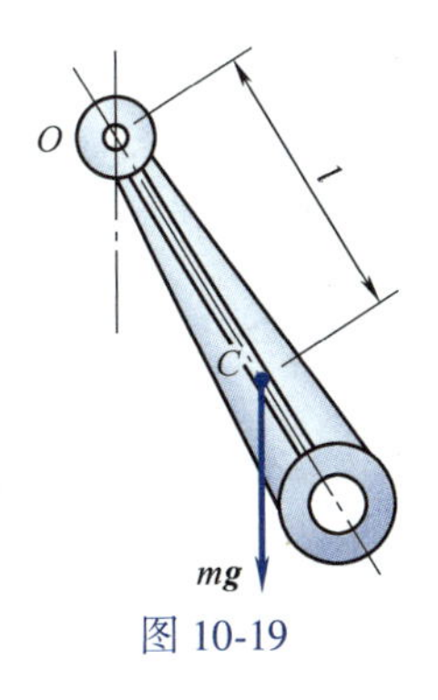

图 10-19

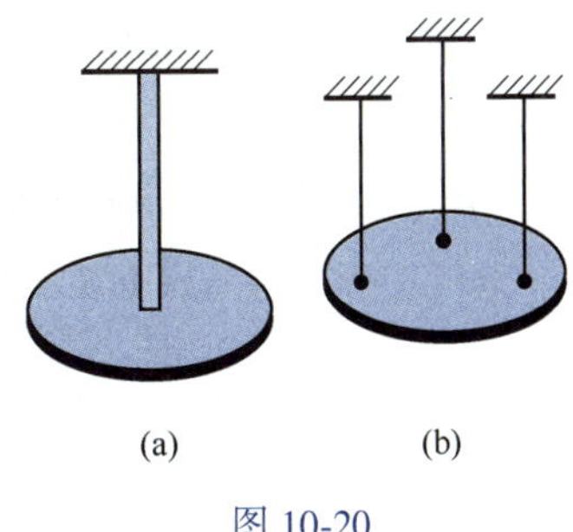

图 10-20

又如，欲求圆轮对于中心轴的转动惯量，可用单轴扭振[图 10-20(a)]、三线悬挂扭振[图 10-20(b)]等方法测定扭振周期，根据周期与转动惯量之间的关系计算转动惯量。

10.5 质点系相对于质心的动量矩定理·刚体平面运动微分方程

1. 质点系相对于质心的动量矩定理

在本章第二节中,我们推导了质点系对固定点的动量矩定理如式(10-9),一般地,对于非固定点,式(10-9)不成立,但对于某些特殊点(质心 C、加速度过质心 C 的点),有相同形式的动量矩定理。

例如,对质心 C 有质点系动量矩定理

$$\frac{\mathrm{d}\boldsymbol{L}_C}{\mathrm{d}t}=\sum \boldsymbol{M}_C(\boldsymbol{F}^{(e)}) \tag{10-17}$$

即质点系相对于质心的动量矩对时间的导数,等于作用于质点系的外力对质心的主矩。该定理在形式上与质点系对于固定点的动量矩定理完全一样。

在本书中没有给出严格的证明,感兴趣者可以参考其他教材。

2. 刚体的平面运动微分方程

在运动学中研究刚体的平面运动时,用基点法把刚体的运动分解为随基点的平动和绕基点的转动。由于对质心 C 有质点系动量矩定理式(10-17),所以取质心 C 为基点,随质心 C 平动的运动方程可由质心运动定理提供,而绕质心转动的运动方程可由对质心 C 的质点系动量矩定理提供。于是刚体平面运动微分方程为

$$m\boldsymbol{a}_C=\sum \boldsymbol{F}^{(e)},\ \frac{\mathrm{d}}{\mathrm{d}t}(J_C\omega)=J_C\alpha=\sum M_C(\boldsymbol{F}^{(e)}) \tag{10-18}$$

式中,m 为刚体质量;$\boldsymbol{a}_C$ 为质心加速度;$\alpha=\dfrac{\mathrm{d}\omega}{\mathrm{d}t}$ 为刚体角加速度。应用时一般用投影式。

【例 10-11】 半径为 r,质量为 m 的均质圆柱体从静止开始沿倾角为 θ 的斜面无滑动地滚下,如图 10-21(a) 所示。不计滚动摩擦,求质心 C 的加速度、斜面的法向反力和摩擦力。

【解】 取均质圆柱体为研究对象,画受力图如图 10-21(b),如图建立坐标系。由刚体的平面运动微分方程可列出如下 3 个方程:

$$ma_{Cy}=0=F_N-mg\cos\theta$$

$$ma_{Cx}=ma_C=mg\sin\theta-F_s$$

$$J_C\alpha=\frac{1}{2}mr^2\cdot\frac{a_C}{r}=F_s r$$

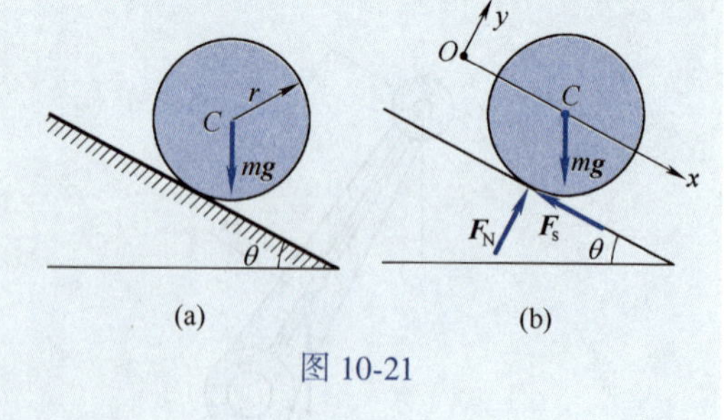

图 10-21

解得

$$a_C=\frac{2}{3}g\sin\theta,\quad F_N=mg\cos\theta,\quad F_s=\frac{1}{3}mg\sin\theta$$

可见圆柱体与斜面间的静摩擦系数应满足 $f_s\geqslant\dfrac{F_s}{F_N}=\dfrac{1}{3}\tan\theta$ 方能无滑动地滚下。

【例 10-12】　在图 10-22(a) 中,均质轮的圆筒上缠一绳索,并作用一水平方向的力 200 N,轮和圆筒的总质量为 50 kg,对其质心的回转半径为 70 mm。已知轮与水平面间的静、动摩擦因数分别为 $f_s = 0.20$ 和 $f = 0.15$,求轮心 O 的加速度和轮的角加速度。

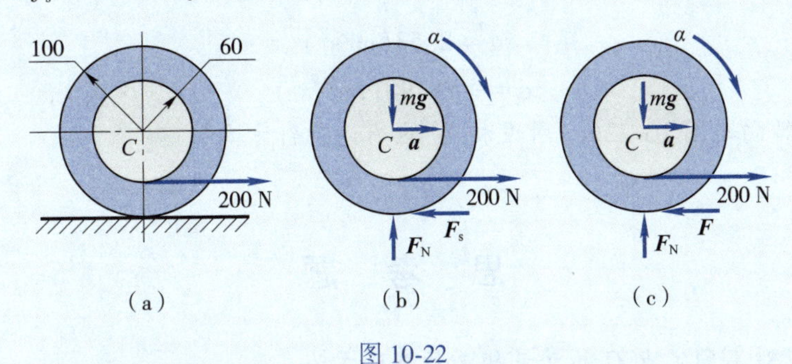

图 10-22

【解】　先假设轮子做纯滚动,其受力分析如图 10-22(b) 所示。此时,摩擦力 F_s 为静摩擦力,$F_s \leqslant f_s F_N$,设轮心的加速度为 $\boldsymbol{a}$,角加速度为 α。由于滚动而不滑动,有 $a = R\alpha$,即 $a = 0.1\alpha$。建立圆轮的平面运动方程,得

$$Ma_{Cx} = \sum F_x,\quad 50(\mathrm{kg})a = 200(\mathrm{N}) - F_s \tag{a}$$

$$Ma_{Cy} = \sum F_y,\quad 50(\mathrm{kg}) \times 0 = F_N - 50(\mathrm{kg}) \times 9.80(\mathrm{m/s^2}) \tag{b}$$

$$I_C\alpha = M_C,\quad 50(\mathrm{kg}) \times 0.07^2(\mathrm{m})\alpha = F_s \times 0.1(\mathrm{m}) - 200(\mathrm{N}) \times 0.06(\mathrm{m}) \tag{c}$$

补充方程式为

$$a_{Cx} = a = R\alpha,\quad a = 0.1\alpha \tag{d}$$

联立式(a)~式(d),解出

$$F_N = 490(\mathrm{N}) \tag{e}$$

$$\alpha = 10.74(\mathrm{rad/s^2}) \tag{f}$$

$$f_s = 146.3(\mathrm{N}) \tag{g}$$

这个计算是在假设轮子只滚不滑的情形下得到的,是否合乎实际,还要用 $F_s \leqslant f_s F_N$ 来判断。现在,$F_{smax} = f_s F_N = 0.20 \times 490\ \mathrm{N} = 98\ \mathrm{N}$。由式(g) 知,计算所得的亦即保证只滚不滑所需的摩擦力 $F_s = 146.3\ \mathrm{N}$,超过了水平面能为圆轮提供的最大摩擦力 $F_{smax} = 98\ \mathrm{N}$,所以,轮子不可能只滚不滑。

考虑轮子又滚又滑的情形:圆轮受力分析如图 10-22(c) 所示。在有滑动的情况下,动滑动摩擦力为 $F = fF_N$,而质心加速度 a 和角加速度 α 是两个独立的未知量,列平面运动方程为

$$Ma_{Cx} = \sum F_x,\quad 50(\mathrm{kg})a = 200(\mathrm{N}) - F \tag{h}$$

$$Ma_{Cy} = \sum F_y,\quad 50(\mathrm{kg}) \times 0 = F_N - 50(\mathrm{kg}) \times 9.80(\mathrm{m/s^2}) \tag{i}$$

$$J_C\alpha = M_C,\quad 50(\mathrm{kg}) \times (0.07\ \mathrm{m})^2\alpha = F \times 0.1(\mathrm{m}) - 200(\mathrm{N}) \times 0.06(\mathrm{m}) \tag{j}$$

此时力的补充方程为

$$F = fF_N \tag{k}$$

联立求解式(h)~式(k),得

$$F_N = 490(\mathrm{N})$$

$$F = fF_N = 0.15 \times 490(\mathrm{N}) = 73.5(\mathrm{N})$$

$$a = 2.53(\mathrm{m/s^2})$$

$$\alpha = -18.98(\mathrm{rad/s^2})$$

负号说明 α 的转向与图 10-22(c) 所设相反,应为逆时针方向。

思 考 题

10-1　质点对某固定点 O 的动量矩矢量表达式为

$$\boldsymbol{L}_O = 6t^2\boldsymbol{i} + (8t^3 + 5)\boldsymbol{j} - (t - 7)\boldsymbol{k}$$

则作用于此质点上的力对固定点 O 的力矩等于什么?

10-2　如图 10-23 所示为两个完全相同的均质轮。图(a) 中绳的一端挂一重物,重量等于 $\boldsymbol{P}$,图(b) 中绳的一端受拉力 $\boldsymbol{F}$,且 $F = P$,问两轮的角加速度是否相同?绳中的拉力是否相同?为什么?

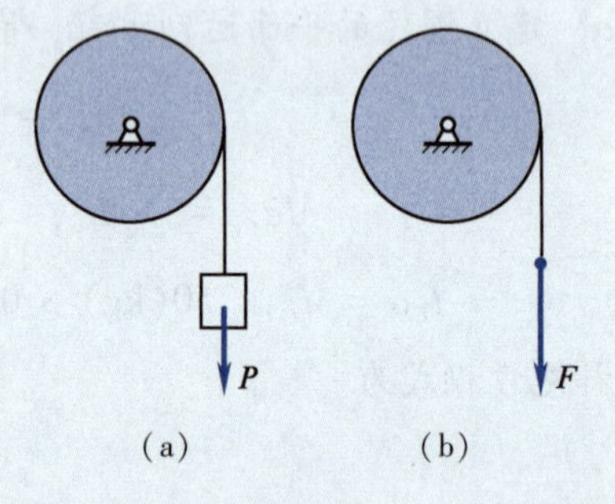

图 10-23

10-3　质量为 m 的均质圆盘,平放在光滑的水平面上,其受力情况如图 10-24 所示。开始时,圆盘静止,且 $R = 2r$。则各圆盘将如何运动?

10-4　图 10-25 中杆 OA 长为 l,质量不计,均质圆盘半径为 R,质量为 m,圆心在 A 点。已知杆 OA 以匀角速度 ω 绕 O 轴转动,试求如下几种情况下圆盘对定点 O 的动量矩:(1) 圆盘固结于 OA 杆;(2) 圆盘绕轴 A 相对于杆以角速度 ω 转动;(3) 圆盘以绝对角速度 ω 绕 A 轴转动。

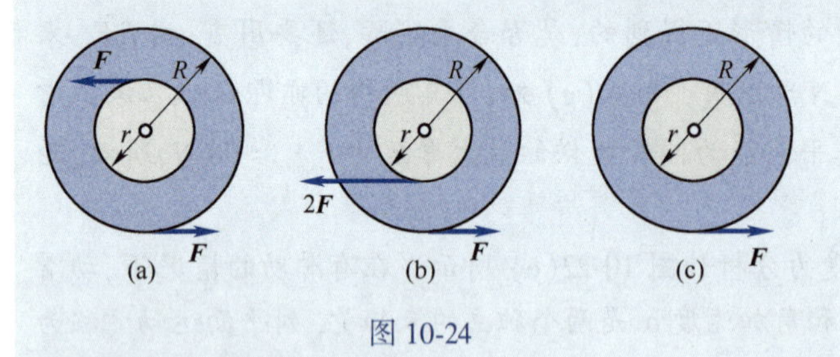

图 10-24　　图 10-25

10-5　铅垂面内有三个均质圆盘,尺寸形状及质量都完全相同,大、小圆半径的关系为 $R = 2r$。各圆盘受力大小皆为 $\boldsymbol{F}$,力的作用点及方向如图 10-26 所示。若三个圆盘皆在水平面上作纯滚动,问哪一个圆盘的质心加速度最大?

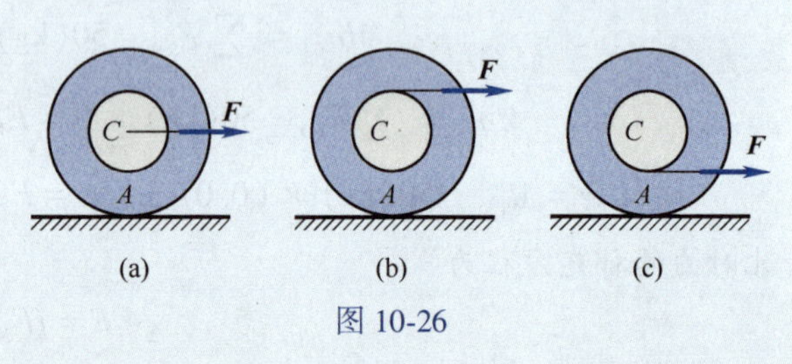

图 10-26

习　题

10-1　计算下列情况下物体对转轴 O 的动量矩:(1) 均质圆盘半径为 r,重为 $\boldsymbol{P}$,以角速度 ω 转动;(2) 均质杆长 l,重为 $\boldsymbol{P}$,以角速度 ω 转动;(3) 均质圆盘半径为 r,转轴 O 到质心 C 的距离为 e,重为 $\boldsymbol{P}$,以角速度 ω 转动。

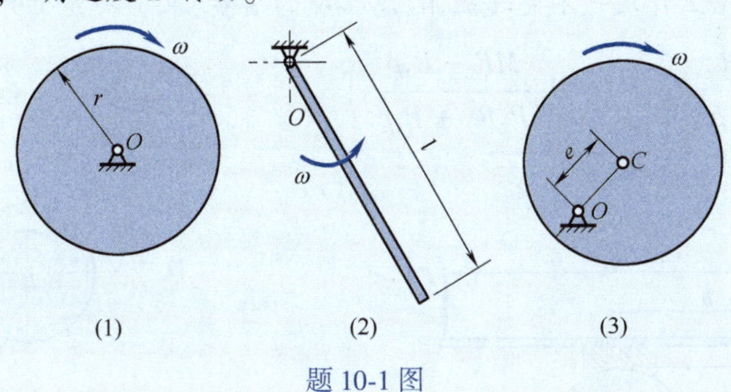

题 10-1 图

10-2　重为 P 的小球系于细绳的一端,绳的另一端穿过光滑水平面上的小孔 O,令小球在此水平面上沿半径为 r 的圆周做匀速运动,其速度为 v_0。如将绳下拉,使圆周半径缩小为 $r/2$,求此时小球的速度 v_1 和绳的拉力。$\left(v_1 = 2v_0, F_T = 8\dfrac{Pv_0^2}{gr}\right)$

10-3　图示通风机的转动部分以初角速度 ω_0 绕中心轴转动,空气阻力矩与角速度成正比,即 $M = k\omega$,其中 k 为常数。如转动部分对其轴转动惯量为 J,问经过多少时间其角速度减少为初角速度的一半,又在此时间内共转过多少转?

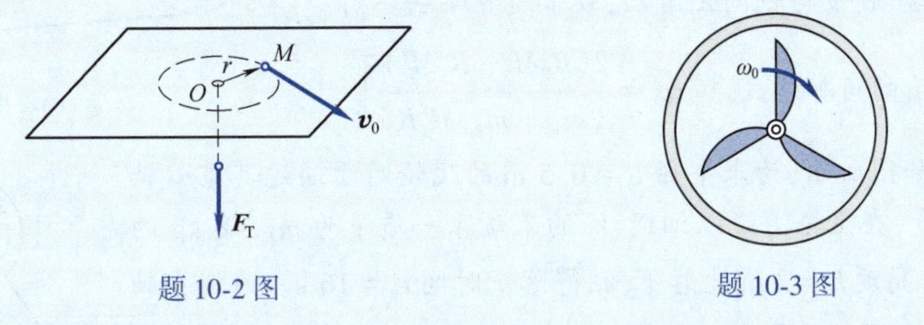

题 10-2 图　　　　题 10-3 图

10-4　图示 A 为离合器,开始时轮 2 静止,轮 1 具有角速度 ω_0。当离合器接合后,依靠摩擦使轮 2 启动。已知轮 1 和轮 2 的转动惯量分别为 J_1 和 J_2。求(1) 当离合器接合后,两轮共同转动的角速度;(2) 若经过 t 秒两轮的转速相同,求离合器应有多大的摩擦力矩。$\left[\omega = \dfrac{J_1\omega_0}{J_1 + J_2}, M_f = \dfrac{J_1J_2\omega_0}{(J_1 + J_2)t}\right]$

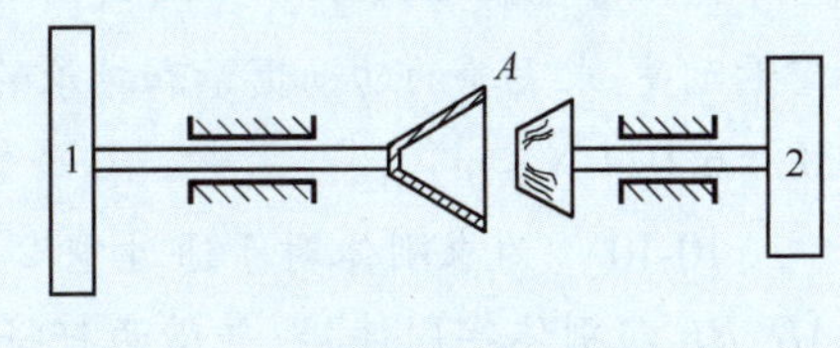

题 10-4 图

10-5　为了测定轴承中的摩擦力矩,在轴上装一质量 $m = 500$ kg,回转半径 $\rho = 1.5$ m 的飞轮,使飞轮有 $n = 240$ r/min 的转速而任其自转,飞轮在 10 min 后停止。设摩擦力可视为一常数,试求其矩。($M = 47.1$ N·m)

10-6　均质圆轮重为 $\boldsymbol{P}$,半径为 r,对转轴的回转半径为 ρ,以角速度 ω_0 绕水平轴 O 转动。今用闸杆制动,要求在 t 秒钟内停止,求需加多大的铅垂力 F。设动摩擦系数 f 是常数,轴承摩擦略去不计。$\left(F=\dfrac{P\rho^2 b\omega_0}{gfrlt}\right)$

10-7　滑轮重 P_1,半径为 R,对转轴 O 的回转半径为 ρ,一绳绕在滑轮上,另一端系一重为 $\boldsymbol{P}_2$ 的物体 A,滑轮上作用一不变转矩 M,忽略绳的质量,求重物 A 上升的加速度和绳的拉力。$\left(a=\dfrac{M-P_2R}{P_2R^2+P_1\rho^2}Rg, F_{\mathrm{T}}=P_2\dfrac{MR+P_1\rho^2}{P_2R^2+P_1\rho^2}\right)$

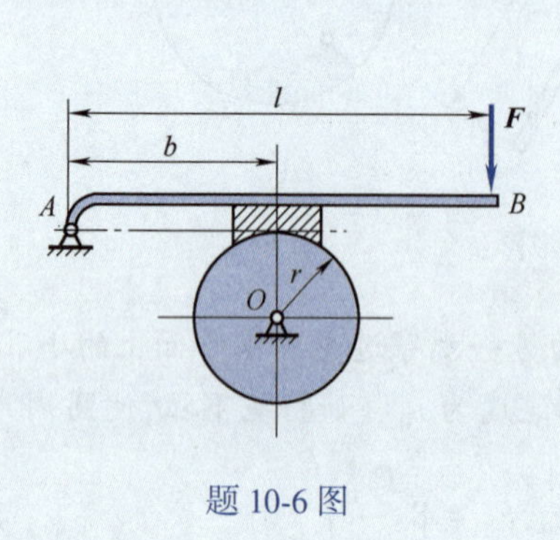

题 10-6 图

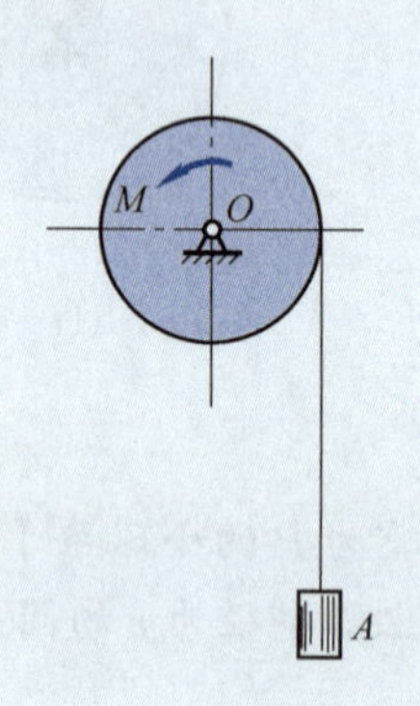

题 10-7 图

10-8　图示两轮的半径各为 R_1 和 R_2,其质量各为 m_1 和 m_2,两轮以胶带相连接,各绕两平行的固定轴转动。如在第一个带轮上作用矩为 M 的主动力偶,在第二个带轮上作用矩为 M' 的阻力偶。带轮可视为均质圆盘,胶带与轮间无滑动,胶带质量略去不计。求第一个带轮的角加速度。$\left[\alpha_1=\dfrac{2(R_2M-R_1M')}{(m_1+m_2)R_1^2R_2}\right]$

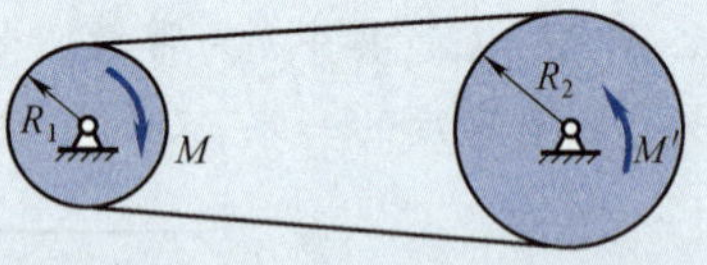

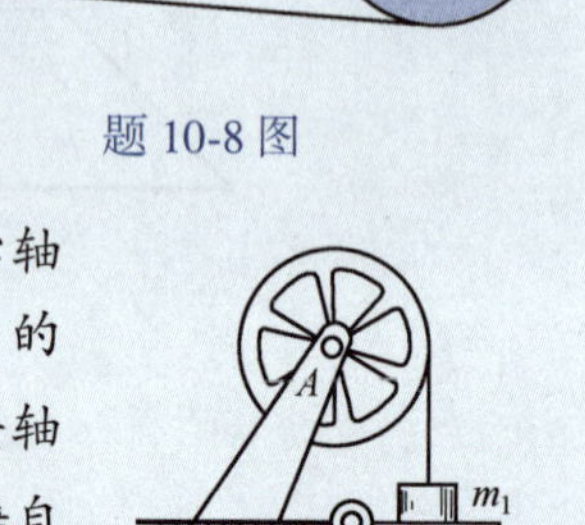

题 10-8 图

10-9　如图所示,为求半径 $R=0.5$ m 的飞轮对于通过其重心轴 A 的转动惯量,在飞轮上绕以细绳,绳的末端系一质量为 $m_1=8$ kg 的重锤,重锤自高度 $h=2$ m 处落下,测得落下时间 $t_1=16$ s。为消去轴承摩擦的影响,再用质量为 $m_2=4$ kg 的重锤作第二次实验,此重锤自同一高度落下的时间为 $t_2=25$ s。假定摩擦力矩为一常数,且与重锤的重量无关,求飞轮的转动惯量和轴承的摩擦力矩。($J=1\ 060\ \mathrm{kg\cdot m^2}$, $M_{\mathrm{f}}=6.024\ \mathrm{N\cdot m}$)

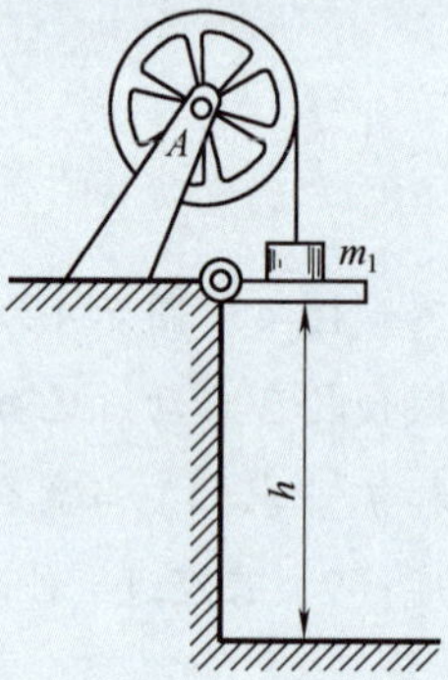

题 10-9 图

10-10　为求刚体对于通过重心 G 的轴 AB 的转动惯量,用两杆 AD、BE 与刚体牢固连接,并借两杆将刚体活动地挂在水平轴 DE 上,如图所示。轴 AB 平行于 DE,然后使刚体绕轴 DE 作微小摆动,求出振动周期 T。如果刚体的质量为 m,轴 AB 与 DE 间的距离为 h,杆 AD 和 BE 的质量忽略不计。求刚体对轴 AB 的转动惯量。$\left[J_{AB}=mgh\left(\dfrac{T^2}{4\pi^2}-\dfrac{h}{g}\right)\right]$

10-11　如图所示，匀质细杆 OA 和 EC 的质量分别为 50 kg 和 100 kg，并在点 A 焊成一体。若此结构在图示位置（铅垂平面内）由静止状态释放，试计算刚释放时，杆的角加速度及铰链 O 处的约束力。不计铰链摩擦。（$\alpha = 8.17\ \text{rad/s}^2, F_{Ox} = 0, F_{Oy} = 449\ \text{N}$）

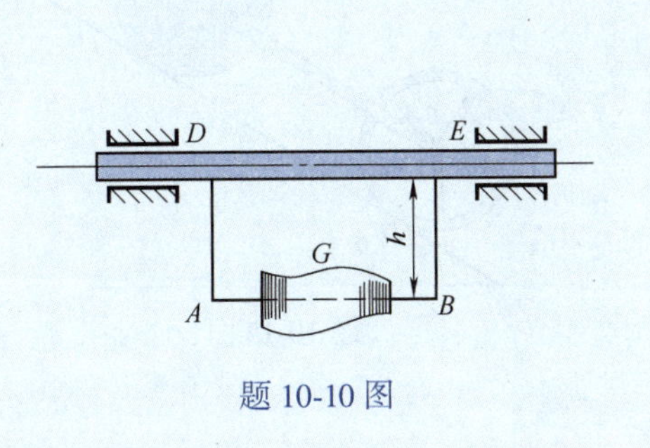

题 10-10 图

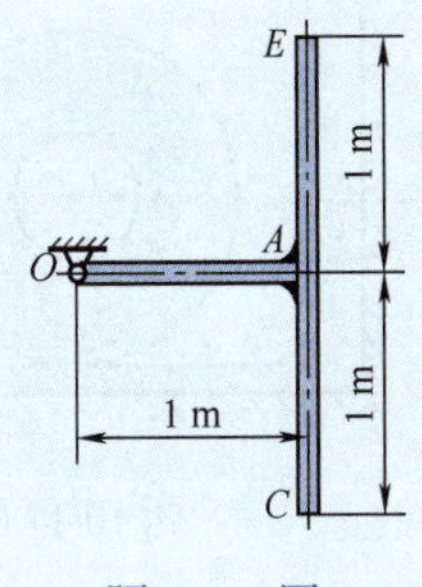

题 10-11 图

10-12　均质细杆长 $2l$，质量为 m，放在两个支承 A 和 B 上，如图所示。杆的质心 C 到两支承的距离相等，即 $AC = CB = e$。现突然移去支承 B，求在刚移去支承 B 瞬时支承 A 上压力的改变量 ΔF_A。$\left[\Delta F_A = \dfrac{3e^2 - l^2}{2(l^2 + 3e^2)}mg\right]$

10-13　均质细长杆 AB，质量为 m，长为 l，$CD = b$，与铅直墙间的夹角 θ，D 角是光滑的，在图示位置静止释放，试求初瞬时，质心 C 的加速度和 D 点的约束反力。$\left(a_{Cx} = g\cos\theta,\ a_{Cy} = -\dfrac{12gb^2\sin\theta}{12b^2 + l^2}, F_D = \dfrac{mgl^2\sin\theta}{12b^2 + l^2}\right)$

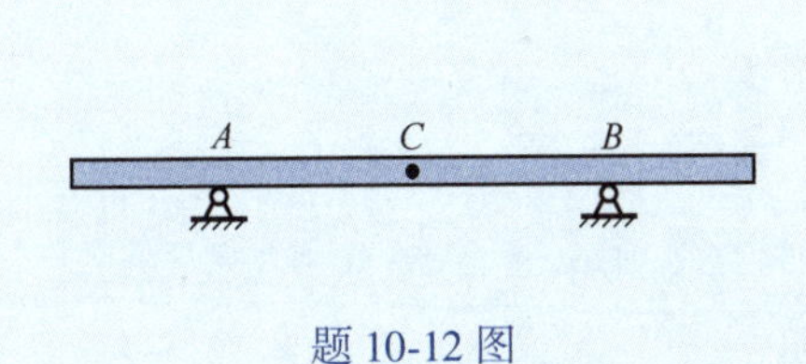

题 10-12 图

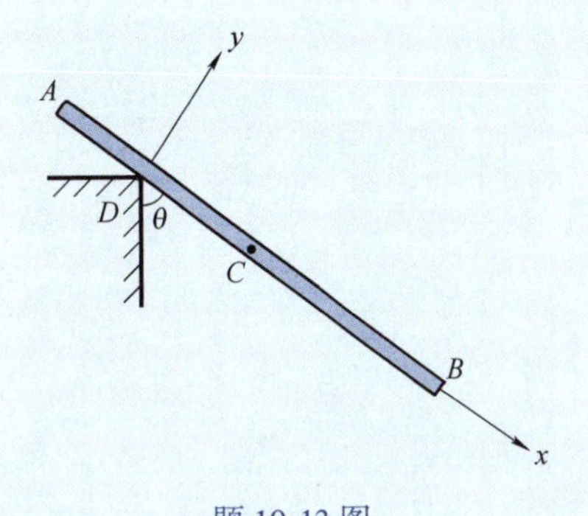

题 10-13 图

10-14　如图所示，圆轮 A 的半径为 R，与其固连的轮轴半径为 r，两者的重力共为 $\boldsymbol{P}$，对质心 C 的回转半径为 ρ，缠绕在轮轴上的软绳水平地固定于点 D。均质平板 BE 的重力为 $\boldsymbol{P}_1$，可在光滑水平面上滑动，板与圆轮间无相对滑动。若在平板上作用一水平力 $\boldsymbol{F}$，试求平板 BE 的加速度。$\left[a_{BE} = \dfrac{F(R - r)^2 g}{P_1(R - r)^2 + P(\rho^2 + r^2)}\right]$

10-15　均质实心圆柱体 A 和薄铁环 B 均重 $\mathbf{W}$,半径均等于 r。两者用无重刚杆 AB 相连,无滑动地沿斜面滚下,斜面与水平面的夹角为 α,求 AB 的加速度和杆的内力。

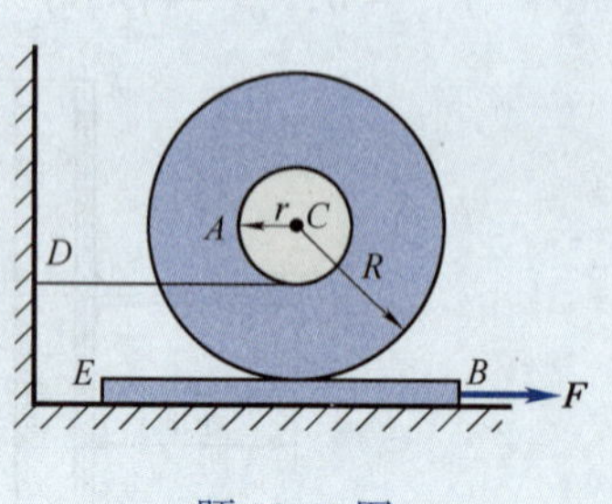

题 10-14 图

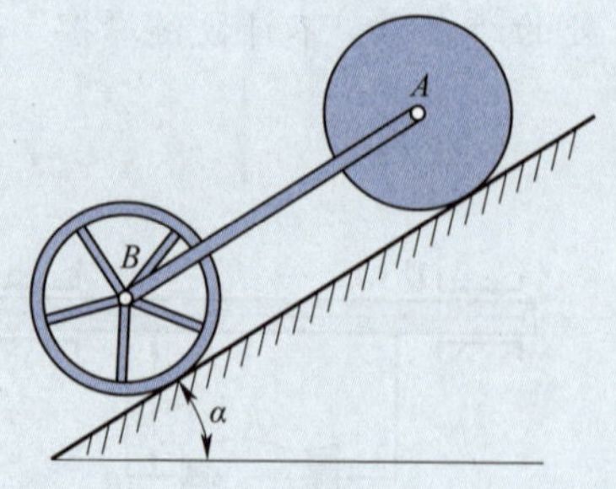

题 10-15 图

扫一扫

教学要点

第 11 章　动能定理

动量定理和动量矩定理已经给我们提供了解决刚体做平动、定轴转动和平面运动的运动方程，它们都是矢量式。本章从能量的角度来分析质点和质点系的动力学问题，通过动能与功的关系来表达机械运动与其他运动形式的能量之间的传递和转化的规律。动能定理是标量式，但与动量定理和动量矩定理尚有不同之处，即内力的作用除特殊情况外一般是不可能互相抵消的。

11.1　力　的　功

对力的作用效应可以有各种度量，如力的冲量是力对时间的积累效应的度量。力的功是力对路程积累效应的度量。

1. 常力在直线运动中的功

若质点 M 在常力 $\boldsymbol{F}$ 作用下沿直线走过路程 s，如图 11-1 所示，则力 $\boldsymbol{F}$ 在这段路程上的功为

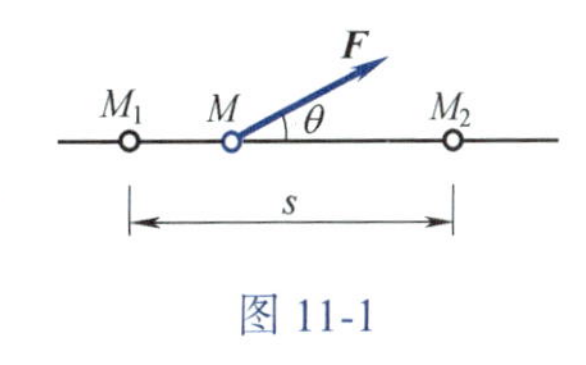

图 11-1

$$W = F\cos\theta \times s \tag{11-1}$$

式中，θ 为力 $\boldsymbol{F}$ 与位移方向的夹角。功是代数量，在国际单位制中，功的单位为 J（焦），1 J 表示 1 N 的力在 1 m 路程上所做的功，即 1 J = 1 N · m。

2. 变力在曲线运动中的功

若质点 M 在变力 $\boldsymbol{F}$ 作用下沿曲线运动，如图 11-2 所示。力 $\boldsymbol{F}$ 在无限小位移 $\mathrm{d}\boldsymbol{r}$ 中可视为常力，经过的一小段弧长 $\mathrm{d}s$ 可视为直线，$\mathrm{d}\boldsymbol{r}$ 可视为沿点 M 的切线。在无限小位移中力作的功称为元功，以 δW 记，于是有

$$\delta W = F\cos\theta\mathrm{d}s \tag{11-2}$$

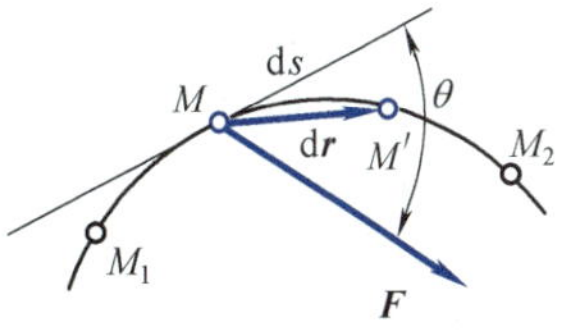

通过积分可求力在全路程上做的功为

$$W = \int_0^s F\cos\theta\mathrm{d}s \tag{11-3}$$

图 11-2

式(11-2) 和式(11-3) 也可写为矢量点乘的形式

$$\delta W = \boldsymbol{F} \cdot \mathrm{d}\boldsymbol{r} \tag{11-4}$$

或

$$W_{12} = \int_{M_1}^{M_2} \boldsymbol{F} \cdot \mathrm{d}\boldsymbol{r} = \int_{M_1}^{M_2} F_x\mathrm{d}x + F_y\mathrm{d}y + F_z\mathrm{d}z \tag{11-5}$$

式(11-5) 称为功的解析表达式。

3. 常见力的功

(1) 重力的功

重量为 P 的重物的重心由 M_1 运动到 M_2,由式(11-5),容易得出,重力 P 的功为

$$W_{12}=\int_{z_1}^{z_2}(-P)\mathrm{d}z=P(z_1-z_2) \tag{11-6}$$

式(11-6)表明,重力所做的功,等于重力与重物的重心在始末位置高度差的乘积。可见,重力所做的功仅与重心的始末位置有关,而与重心走过的路径无关。

(2) 弹性力的功

物体受到弹性力的作用,在弹簧的弹性极限内,弹性力的大小与其变形量成正比,即

$$F=k\delta$$

式中比例系数 k 称为弹簧刚度系数,在国际单位制中,k 的单位为 N/m 或 N/mm。$\boldsymbol{F}$ 指向弹簧具有原长的位置,这是恢复力的特点。

设质点 M 在弹簧力的作用下沿曲线运动,如图 11-3(a)。求弹性力在路程 M_1M_2 中所做的功。

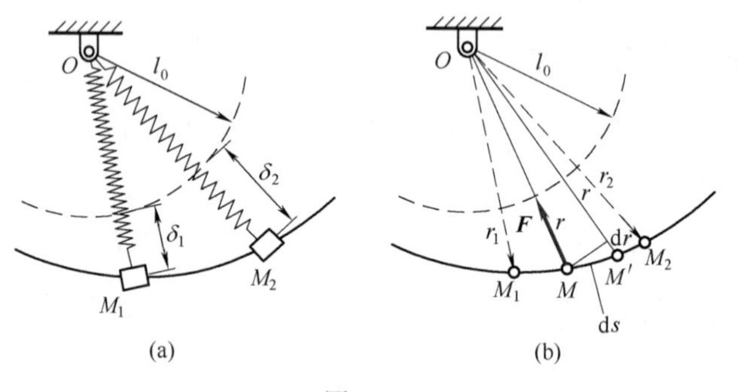

图 11-3

设弹簧的原长为 l_0,M_1、M_2 至固定点 O 的距离分别为 r_1、r_2,质点在一般位置 M 时到 O 点距离为 r,如图 11-3(b),则弹性力

$$F=k(r-l_0)$$

在用式(11-1)计算力的功时,可以将力投影到位移方向上,乘以位移大小;也可以将位移投影到力的方向上,乘以力的大小。两种方法的结果是相同的。质点位移 $\boldsymbol{MM'}$ 在力 $\boldsymbol{F}$ 方向上的投影为 $\mathrm{d}r$,与 $\boldsymbol{F}$ 的方向相反,故力 $\boldsymbol{F}$ 在路程 M_1M_2 中所做的功为

$$W_{12}=\int_{r_1}^{r_2}-F\mathrm{d}r=\int_{r_1}^{r_2}-k(r-l_0)\mathrm{d}r=\frac{k}{2}[(r_1-l_0)^2-(r_2-l_0)^2]$$

但 r_1-l_0、r_2-l_0 分别为质点在 M_1、M_2 时弹簧的伸长,可分别以 δ_1、δ_2 表示,故最后弹性力在路程 M_1M_2 中所做的功为

$$W_{12}=\frac{k}{2}(\delta_1^2-\delta_2^2) \tag{11-7}$$

值得指出,式(11-7) 中只包含 δ_1、δ_2,无论质点沿任何轨迹自 M_1 运动至 M_2,甚或无论质点自半径为 r_1 的球面上任何一点运动至半径为 r_2 的球面上任何一点,弹性力的功都不变。弹性力所做的功只与弹簧在始末位置的变形有关,与力作用点的轨迹无关。

(3) 作用在定轴转动刚体的力的功,力偶的功

设力 $\boldsymbol{F}$ 与力作用点 A 处的轨迹切线之间的夹角为 θ,如图 11-4 所示,则力 $\boldsymbol{F}$ 在切线上的投影为

$$F_t = F\cos\theta$$

当刚体绕定轴转动时,转角 φ 与弧长 s 的关系为

$$ds = Rd\varphi$$

式中 R 为力作用点 A 到轴的垂直距离。力 $\boldsymbol{F}$ 元功为

$$\delta W = \boldsymbol{F}\cdot d\boldsymbol{r} = F_t ds = F_t R d\varphi$$

因为 $F_t R$ 等于力 $\boldsymbol{F}$ 对于转轴 z 的力矩 M_z,于是

$$\delta W = M_z d\varphi \tag{11-8}$$

$$W_{12} = \int_{\varphi_1}^{\varphi_2} M_z d\varphi \tag{11-9}$$

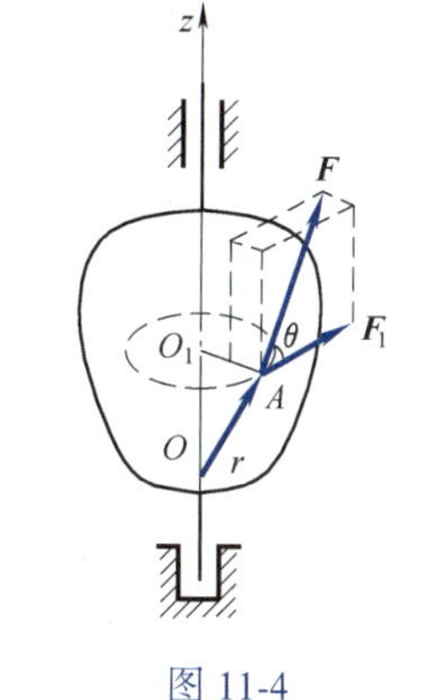

图 11-4

式(11-9) 为力矩的功的计算式。功的正负号将由力矩的转向与刚体的转向来决定,若同向为正,反之为负。

如果刚体上作用一力偶,则力偶所做的功仍可用上式计算,其中 M_z 为力偶对转轴的矩。

4. 理想约束反力的功

对于光滑固定面和一端固定的绳索等约束,其约束力都垂直于力作用点的位移,约束力不做功。约束力做功等于零的约束称为**理想约束**。常见的理想约束有:光滑固定面约束、活动铰支座和固定铰支座、刚体沿固定面做纯滚动、联结刚体的光滑铰链、柔索约束(不可伸长的绳索) 等。

5. 质点系内力的功

作用于质点系的力既有外力,也有内力,在某些情形下,内力虽然等值而反向,但做功的和并不等于零。例如,由两个相互吸引的质点 M_1 和 M_2 组成的质点系,两质点相互作用的力 $\boldsymbol{F}_{12}$ 和 $\boldsymbol{F}_{21}$ 是一对内力,位移 ds_1、ds_2 如图11-5 所示。虽然内力的矢量和等于零。但当两质点相互趋近或离开时,两力所做的功的和都不等于零。又如,汽车发动机的汽缸内膨胀的气体对活塞和汽缸的作用力都是内力,但内力功的和不等于零。

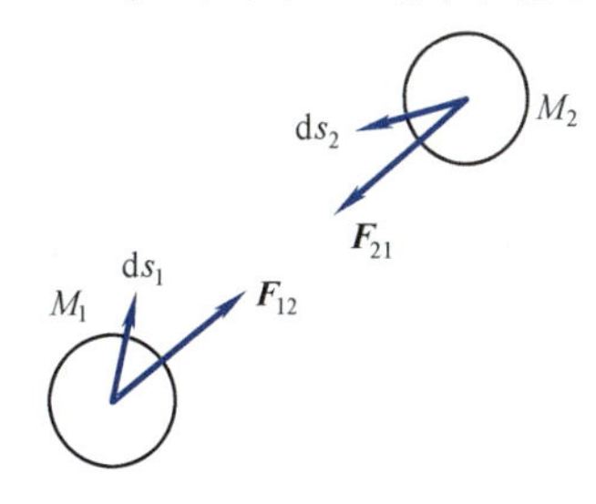

图 11-5

在不少情况下,内力做功的和等于零。例如,刚体内两质点相互作用的力是内力,两力大小相等、方向相反。因为刚体上任意两点的距离保持不变,沿这两点连线的位移必定相等,其中一力做正功,另一力做负功,这对力所做的功的和等于零。于是可得结论:刚体的内力不做功。

11.2 动能的计算

1. 质点的动能

质量为 m,速度为 v 的质点,其动能定义为

$$T=\frac{1}{2}mv^2$$

动能是标量,恒为正值。在国际单位制中动能的单位为 J(焦耳)。

2. 质点系的动能

质点系内各质点动能的和称为质点系的动能,且质点的动能只能是正值,故质点系的动能即为各质点的动能的算术和

$$T=\sum\frac{1}{2}m_iv_i^2$$

刚体作不同运动时,其上各点的速度关系不同,刚体的动能需用不同的公式计算。

(1)作平动刚体的动能

刚体作平动时,其上各点的速度都相同,用质心的速度 $\boldsymbol{v}_C$ 代表,于是得平动刚体的动能为

$$T=\sum\frac{1}{2}m_iv_i^2=\frac{1}{2}v_C^2\sum m_i=\frac{1}{2}mv_C^2 \tag{11-10}$$

式中,$m=\sum m_i$ 是刚体的质量。

(2)做定轴转动刚体的动能

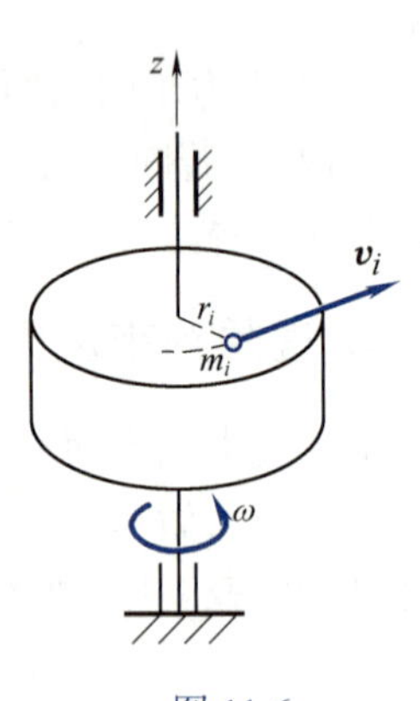

图 11-6

刚体绕定轴 z 转动时,如图 11-6 所示,其上任一点 m_i 的速度为

$$v_i=r_i\omega$$

式中,ω 为刚体转动的角速度;r_i 是质点 m_i 到转轴的垂直距离。于是绕定轴转动刚体的动能为

$$T=\sum\frac{1}{2}m_iv_i^2=\sum\frac{1}{2}m_ir_i^2\omega^2=\frac{1}{2}\omega^2\sum m_ir_i^2=\frac{1}{2}J_z\omega^2 \tag{11-11}$$

式中,J_z 为刚体对转轴的转动惯量。

(3)作平面运动刚体的动能

在运动学中,研究刚体的速度问题可用速度瞬心法,把刚体的平面运动看作为绕瞬心 P 的定轴转动,可用定轴转动的求动能的公式来计算动能,故刚体平面运动在这一瞬时的动能

$$T=\frac{1}{2}J_P\omega^2 \tag{11-12}$$

式中,J_P 是刚体对于瞬心的转动惯量;ω 是刚体平面运动的角速度。

另外一种方法,把刚体的平面运动分解为随质心的平动和绕质心的转动,于是其动能等于随质心平动的动能与绕质心转动的动能的算术和,即

$$T=\frac{1}{2}mv_C^2+\frac{1}{2}J_C\omega^2 \tag{11-13}$$

两种计算方法是一致的，因为由计算转动惯量的平行移轴定理有

$$J_P = J_C + md^2$$

代入动能计算公式(11-12)，有

$$T = \frac{1}{2}(J_C + md^2)\omega^2 = \frac{1}{2}J_C\omega^2 + \frac{1}{2}m(d\omega)^2$$

因为 $d\omega = v_C$，于是得式(11-13)。

【例 11-1】　求例 10-1 所示系统的动能。系统如图 11-7 所示。

【解】　滑轮 A 做定轴转动，其动能为

$$T_A = \frac{1}{2}J_1\omega_1^2$$

物体 C 做平动，其动能为

$$T_C = \frac{1}{2}m_3 v_3^2$$

滑轮 B 做平面运动，其动能为

$$T_B = \frac{1}{2}m_2 v_2^2 + \frac{1}{2}J_2\omega_2^2$$

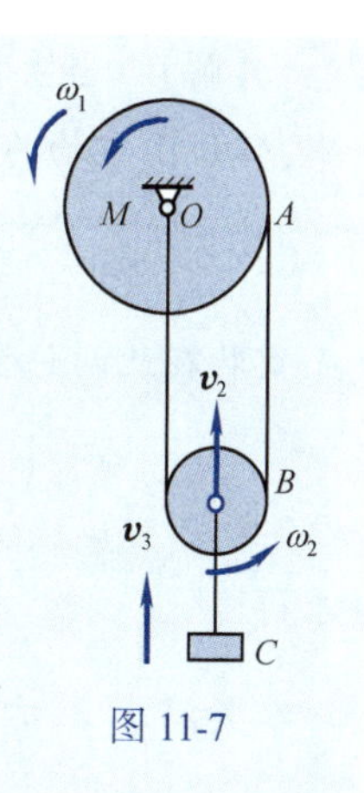

图 11-7

代入运动学关系 $v_3 = v_2 = R_2\omega_2 = 0.5R_1\omega_1$，系统的动能为

$$T = \frac{1}{2}\left(\frac{J_1}{R_2^2} + \frac{J_2}{R_2^2} + m_3 + m_2\right)v_3^2$$

11.3　动能定理简介

1. 质点的动能定理

质点的动能定理可由动力学第二定律推出，质点运动微分方程的矢量形式为

$$m\frac{\mathrm{d}\boldsymbol{v}}{\mathrm{d}t} = \boldsymbol{F}$$

在方程两边点乘 $\mathrm{d}\boldsymbol{r}$，得

$$m\frac{\mathrm{d}\boldsymbol{v}}{\mathrm{d}t}\cdot \mathrm{d}\boldsymbol{r} = \boldsymbol{F}\cdot \mathrm{d}\boldsymbol{r}$$

因为 $\mathrm{d}\boldsymbol{r} = \boldsymbol{v}\mathrm{d}t$，于是上式可写成

$$m\boldsymbol{v}\cdot \mathrm{d}\boldsymbol{v} = \boldsymbol{F}\cdot \mathrm{d}\boldsymbol{r}$$

或

$$\mathrm{d}\left(\frac{1}{2}mv^2\right) = \delta W \tag{11-14}$$

式(11-14)称为质点动能定理的微分形式，即质点动能的微分等于作用在质点上力的元功。积分上式，得

$$\int_{v_1}^{v_2}\mathrm{d}\left(\frac{1}{2}mv^2\right) = W_{12}$$

或
$$\frac{1}{2}mv_2^2 - \frac{1}{2}mv_1^2 = W_{12} \tag{11-15}$$

式(11-15)称为质点动能定理的积分形式:在质点运动的某个过程中,质点动能的改变量等于作用在质点的力所做的功。

【例 11-2】 质量为 m 的重物在刚性系数为 k 的弹簧原长处悬挂并突然放手,如图 11-8 所示。求弹簧的最大变形 δ_{max}。

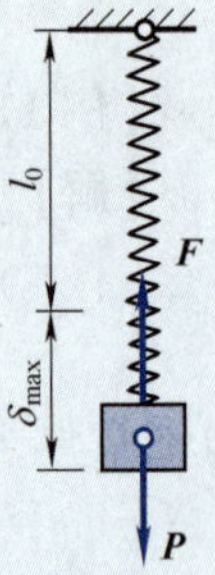

【解】 当重物由弹簧原长 l_0 处运动至弹簧最大变形即 $l_0 + \delta_{max}$ 处的过程中,作用于重物的重力 $\boldsymbol{P}$ 和弹性力 $\boldsymbol{F}$ 所做的功之和为

$$W = P\delta_{max} + \frac{1}{2}k(0 - \delta_{max}^2) = mg\delta_{max} - \frac{k}{2}\delta_{max}^2$$

而重物在此两位置的速度为零,由质点的动能定理得

$$0 - 0 = mg\delta_{max} - \frac{k}{2}\delta_{max}^2$$

求得
$$\delta_{max} = 2\frac{mg}{k}$$

图 11-8

如以 δ_s 表示重物在平衡位置时弹簧的变形,即静伸长,则有

$$\delta_s = \frac{mg}{k}$$

上述结果表明,弹性体受到突加荷载时的最大变形,比受同样大小的静荷载时的变形大一倍。因此,在工程设计时,应考虑这种突加荷载的影响。

2. 质点系的动能定理

质点系内任一质点,质量为 m_i,速度为 v_i,根据质点的动能定理的微分形式,有

$$\mathrm{d}\left(\frac{1}{2}m_iv_i^2\right) = \delta W_i$$

式中,δW_i 表示作用于这个质点的力所作的元功。

对质点系中的每个质点都可列出一个如上的方程,将所有方程相加,得

$$\sum \mathrm{d}\left(\frac{1}{2}m_iv_i^2\right) = \sum \delta W_i$$

或
$$\mathrm{d}\left[\sum\left(\frac{1}{2}m_iv_i^2\right)\right] = \sum \delta W_i$$

式中,$\sum \frac{1}{2}m_iv_i^2$ 是质点系的动能,用 T 表示。于是上式可写成

$$\mathrm{d}T = \sum \delta W_i \tag{11-16}$$

式(11-16)为质点系动能定理的微分形式:质点系的动能的微分等于作用于质点系全部力所作的元功的和。

对上式积分,得

$$T_2 - T_1 = \sum W_i \tag{11-17}$$

上式中 T_1 和 T_2 分别是质点系在某一段运动过程的起点和终点的动能。式(11-17)为质点系动能定理的积分形式:质点系在某一段运动过程中,起点和终点的动能的改变量等于作用于质点系的全部力在这段过程中所作功的和。

【例 11-3】 图 11-9 所示系统中,滚子 A、滑轮 B 均质,重量和半径均为 P_1 及 r,滚子沿倾角为 α 的斜面向下滚动而不滑动,借跨过滑轮 B 的不可伸长的绳索提升重力 P 的物体,同时带动滑轮 B 绕 O 轴转动,求滚子质心 C 的加速度 a_C。

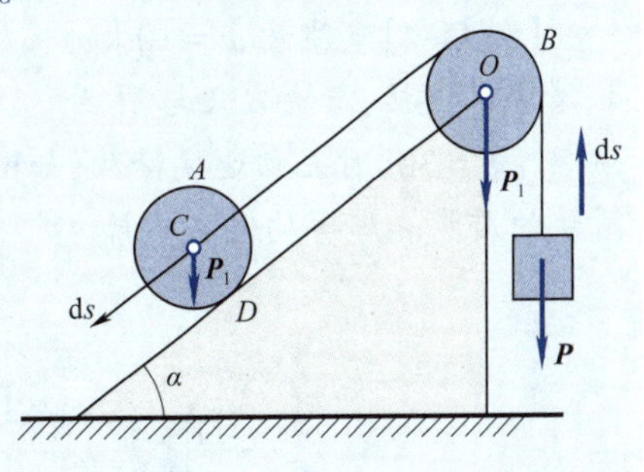

图 11-9

【解】 方法一　求加速度宜用动能定理的微分形式

$$dT = \sum \delta W_F \tag{a}$$

先写出系统在运动过程中任意位置的动能表达式

$$T = \frac{1}{2}\frac{P_1}{g}v_C^2 + \frac{1}{2}J_C\omega_A^2 + \frac{1}{2}J_O\omega_B^2 + \frac{1}{2}\frac{P}{g}v_P^2 \tag{b}$$

A 轮纯滚动,D 为 A 轮瞬心,所以

$$\omega_A = \frac{v_C}{r}$$

又 $\omega_B = \dfrac{v_C}{r}, v_P = v_C, J_C = \dfrac{1}{2}\dfrac{P_1}{g}r^2, J_0 = \dfrac{1}{2}\dfrac{P_1}{g}r^2$,代入式(b),得

$$T = \frac{P + 2P_1}{2g}v_C^2 \tag{c}$$

$$dT = \frac{P + 2P_1}{g}v_C dv_C \tag{d}$$

主动力 P_1、P 的元功

$$\sum \delta W_F = (P_1 \sin\alpha - P)ds \tag{e}$$

因纯滚动,滑动摩擦力 F 不做功,将式(d)及式(e)代入式(a),两边再除以 dt,且知 $\dfrac{ds}{dt} = v_C$,得

$$\frac{P + 2P_1}{g}v_C\frac{dv_C}{dt} = (P_1 \sin\alpha - P)v_C$$

$$a_C = \frac{dv_C}{dt} = \frac{p_1 \sin\alpha - P}{P + 2P_1}g$$

方法二　此题亦可用动能定理的积分形式,求出任意瞬时的速度表达式,再对时间求一阶导数,得到加速度。

由该系统在任意位置的动能表达式(c),设系统的初始动能为 T_0,它是一个定值,设从初始至任意位置,圆轮质心 C 走过距离 s,得

$$\frac{P + 2P_1}{2g}v_C^2 - T_0 = (P_1 \sin\alpha - P)s \tag{f}$$

这里v_C和s均为变量，将式(f)两边对时间求一阶导数，得

$$2v_C \frac{P+2P_1}{2g}\frac{\mathrm{d}v_C}{\mathrm{d}t} - 0 = (P_1 \sin\alpha - P)\frac{\mathrm{d}s}{\mathrm{d}t}$$

同样得到

$$a_C = \frac{P_1 \sin\alpha - P}{P+2P_1} g$$

【例 11-4】 质量$m = 10$ kg，长$l = 0.4$ m的均质杆AB两端分别与水平、铅垂槽中的滑块A、滑块B铰接，滑块B又与刚性系数$k = 800$ N/m的弹簧相连，$\theta = 0$时，弹簧无变形，设将均质杆于$\theta = 30°$时无初速度释放，如图11-10(a)所示。试求$\theta = 0°$时AB杆的端点B的速度。滑块的质量和摩擦均略去不计。

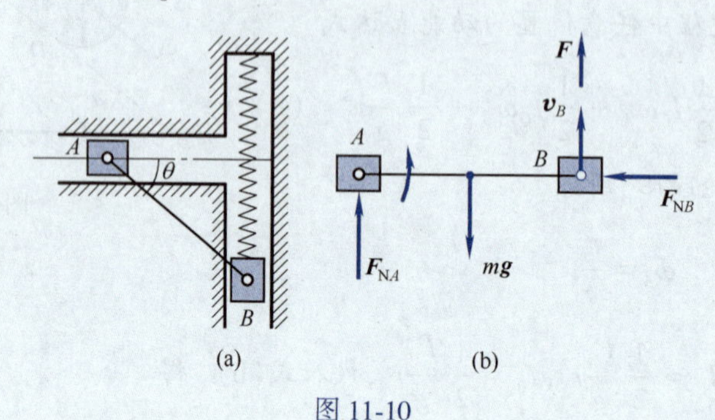

图 11-10

【解】 取AB为研究对象，AB作平面运动。因在$\theta = 30°$时，无初速度释放即初动能$T_1 = 0$；在$\theta = 0$即AB杆转至水平位置时，设其角速度为ω，B点的速度为v_B，由运动学知：作A、B两点速度的垂线得交点A，则A点为AB杆的瞬时速度中心，根据式(11-12)可知该瞬时杆的动能为

$$T_2 = \frac{1}{2}J_A\omega^2 = \frac{1}{2}\times\frac{1}{3}ml^2\left(\frac{v_B}{l}\right)^2 = \frac{1}{6}mv_B^2$$

AB杆的受力如图11-10(b)所示，光滑接触面为理想约束，$\boldsymbol{F}_{NA}$、$\boldsymbol{F}_{NB}$做功为零，弹簧为非理想约束，弹性力可视为主动力，故重力和弹性力做功之和为

$$\sum W = -mg\frac{l}{4} + \frac{k}{2}\left[\left(\frac{l}{2}\right)^2 - 0\right] = -\frac{l}{4}mg + \frac{k}{8}l^2$$

根据动能定理，有

$$\frac{1}{6}mv_B^2 - 0 = -\frac{l}{4}mg + \frac{k}{8}l^2$$

解得 $$v_B = \sqrt{\frac{3l(kl-2mg)}{4m}} = \sqrt{\frac{3\times 0.4(800\times 0.4 - 2\times 10\times 9.8)}{4\times 10}} = 1.93(\mathrm{m/s})$$

以上例题属于求解作用于系统的主动力和运动量关系的例题，由于理想约束反力做功之和为零，不出现在方程中，简化了计算过程，因此应用动能定理求解受理想约束系统的主动力与运动变化关系就比较方便。当然，另一方面若问题中还需求不做功的理想约束反力，就必须和其他定理联合求解了。

11.4　动力学普遍定理的综合应用

动力学的普遍定理包括动量定理、动量矩定理、动能定理。动量定理和动量矩定理为矢量式,而动能定理是标量式。

质心运动定理与动量定理一样,也是矢量式,常用来分析质点系受力与质心运动的关系,它与相对于质心的动量矩定理联合,共同描述了质点系机械运动的总体情况,特别是联合应用于刚体,可建立起刚体运动的基本方程,如平面运动微分方程。应用动量定理和动量矩定理时,质点系的内力不能改变系统的动量和动量矩,只需考虑质点系所受的外力。

动能定理是标量形式,在很多实际问题中约束力又不做功,因而应用动能定理分析系统的速度变化是比较方便的。对动能定理求导也可求解加速度。

基本定理提供了解决动力学问题的一般方法,而在求解比较复杂的问题时,往往需要根据各定理的特点,联合运用各定理。

【例 11-5】　用动能定理再解例 10-11。

【解】　取均质圆柱体为研究对象,显然它作平面运动,初始位置时为静止,所以

$$T_1 = 0$$

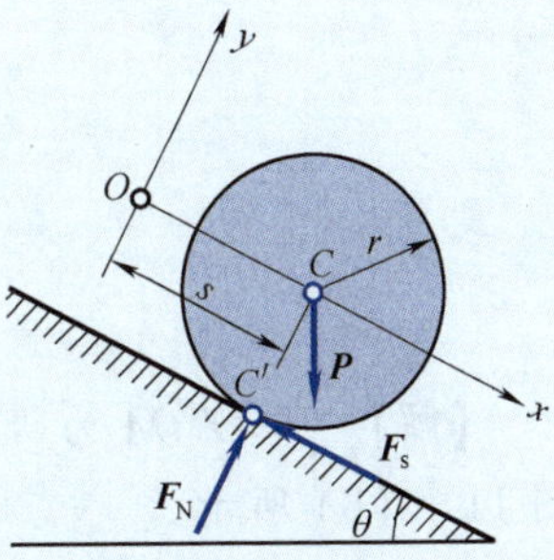

设质心沿斜面向下运动 s 时的速度为 v_C,动能为

$$T_2 = \frac{1}{2}\frac{P}{g}v_C^2 + \frac{1}{2}J_C\omega^2$$

因 $v_C = r\omega$, $J_C = \frac{1}{2}\frac{P}{g}r^2$,代入后可得

$$T_2 = \frac{3}{4}\frac{P}{g}v_C^2$$

斜面对圆柱体的约束为理想约束,不做功。所以只有重力做功为

$$W_{12} = Ps\sin\theta$$

由动能定理有

$$\frac{3}{4}\frac{P}{g}v_C^2 - 0 = Ps\sin\theta$$

将上式两边对于时间求导,并注意 $v_C = \frac{\mathrm{d}s}{\mathrm{d}t}$ 及 $a_C = \frac{\mathrm{d}v_C}{\mathrm{d}t}$ 的关系,则得

$$\frac{3}{4}\frac{P}{g}2v_C a_C = Pv_C\sin\theta$$

所以

$$a_C = \frac{2}{3}g\sin\theta$$

图 11-11

取坐标系如图 11-11 所示,应用质心运动定理得

$$ma_{Cy} = 0 = F_N - mg\cos\theta$$

$$ma_{Cx} = ma_C = mg\sin\theta - F_s$$

解得

$$F_{\mathrm{N}}=mg\cos\theta,\quad F_{\mathrm{s}}=\frac{1}{3}mg\sin\theta$$

显然,先用动能定理避免了解联立方程。

【例 11-6】 冲击摆由摆杆和摆锤组成,如图 11-12(a) 所示。摆杆 OA 长为 l,质量为 m_1,摆锤 A 的质量为 m_2,且 $m_1=m_2=m$。设摆杆可看作均质等截面杆,摆锤可看作质点。系统在图示平面内绕 O 轴摆动。开始时,摆 OA 静止在水平位置,然后自由下摆。求摆在水平位置开始下摆及摆至铅垂位置这两个瞬时的角加速度、角速度和轴承 O 处的反力。

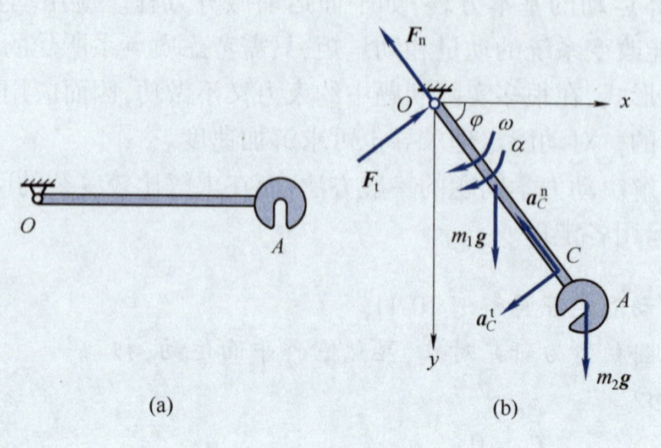

图 11-12

【解】 取摆 OA 为研究对象。先分析摆处于转角为任意的位置 φ 时的情况,受力如图 11-12(b) 所示。

(1) 角速度

利用积分形式的动能定理求解。考虑摆从水平静止位置运动到转角为 φ 的位置这一过程,于是

$$T_1=0,\quad T_2=\frac{1}{2}J_O\omega^2=\frac{1}{2}\left(\frac{1}{3}m_1l^2+m_2l^2\right)\omega^2=\frac{2}{3}ml^2\omega^2$$

而在此过程中只有重力做功,即

$$W_{12}=m_1g\left(\frac{l}{2}\sin\varphi\right)+m_2gl\sin\varphi=\frac{3}{2}mgl\sin\varphi$$

根据动能定理有

$$\frac{2}{3}ml^2\omega^2-0=\frac{3}{2}mgl\sin\varphi \tag{1}$$

故

$$\omega=\frac{3}{2}\sqrt{\frac{g}{l}\sin\varphi} \tag{2}$$

(2) 角加速度

方法一:动能定理求导解题。

对上面的式(1) 两边对时间求导可得

$$\frac{2}{3}ml^2 2\omega\frac{\mathrm{d}\omega}{\mathrm{d}t}-0=\frac{3}{2}mgl\cos\varphi\frac{\mathrm{d}\varphi}{\mathrm{d}t}$$

因为 $\omega = \dfrac{d\varphi}{dt}$,所以

$$\alpha = \frac{9g}{8l}\cos\varphi \tag{3}$$

方法二:用定轴转动微分方程解题。

由刚体绕定轴转动微分方程有

$$J_O\alpha = m_1 g\left(\frac{l}{2}\cos\varphi\right) + m_2 gl\cos\varphi = \frac{3}{2}mgl\cos\varphi$$

因为

$$J_O = \frac{1}{3}m_1 l^2 + m_2 l^2 = \frac{4}{3}ml^2$$

可解得

$$\alpha = \frac{9g}{8l}\cos\varphi$$

(3) 轴承处 O 的约束反力

为方便计,将约束反力 $\boldsymbol{F}$ 分解为沿着杆和垂直于杆的两个分力 $\boldsymbol{F}_N$ 和 $\boldsymbol{F}_t$,应用质心运动定理求解。摆的质心 C 到转轴 O 的距离 r_C 为

$$r_C = \frac{m_1\dfrac{l}{2} + m_2 l}{m_1 + m_2} = \frac{3}{4}l \tag{4}$$

而质心的加速度为

$$a_C^n = r_C\omega^2,\quad a_C^t = r_C\alpha$$

质心运动定理在 OA 和垂直于 OA 两个方向上的投影方程为

$$ma_C^n = \sum F_n$$

$$ma_C^t = \sum F_t$$

故有

$$F_n - (m_1 + m_2)g\sin\varphi = (m_1 + m_2)r_C\omega^2$$

$$-F_t - (m_1 + m_2)g\cos\varphi = (m_1 + m_2)r_C\cdot\alpha$$

将式(2)、式(3)、式(4) 代入以上两式,得

$$F_n = \frac{43}{8}mg\sin\varphi \tag{5}$$

$$F_t = \frac{5}{16}mg\cos\varphi \tag{6}$$

(4) 具体结果

将 $\varphi = 0°$ 及 $\varphi = 90°$ 代入式(2)、式(3)、式(5)、式(6) 可得

当 $\varphi = 0°$ 时,有

$$\alpha = \frac{9g}{8l},\quad \omega = 0,\quad F_n = 0,\quad F_t = \frac{5}{16}mg$$

当 $\varphi = 90°$ 时,有

$$\alpha = 0,\quad \omega = \frac{3}{2}\sqrt{\frac{g}{l}},\quad F_n = \frac{43}{8}mg,\quad F_t = 0$$

由上例可知:(1) 有些动力学问题只用一个定理不能求得全部结果,而需要用几个定理联合求解,本题就是动力学普遍定理的综合应用。(2) 有时一个问题不一定只能用一个定理求解,而是有多种解法。(3) 动能定理可对一般位置应用,也可对特殊位置应用。例如本例中上面的解法中,就是对一般位置应用的动能定理,此时可对动能定理求导来求加速度问题。也可以只考虑水平、铅垂两个特殊瞬时,而此时不能再用对动能定理求导的方法来求解加速度问题了。请读者试用此法求解此题。

【例 11-7】 如图 11-13 所示,重为 $\boldsymbol{P}_1$,长为 l 的均质杆 AB 与重为 $\boldsymbol{P}_2$ 的均质楔块用光滑铰链 B 相连,楔块置于光滑的水平面上。初始 AB 杆处于铅直位置,整个系统静止,在微小扰动下,杆 AB 绕铰链 B 摆动,楔块则沿水平面移动。当 AB 杆摆至水平位置时,求:(1)AB 杆的角加速度;(2) 铰链 B 对 AB 杆的约束力在铅直方向的大小。

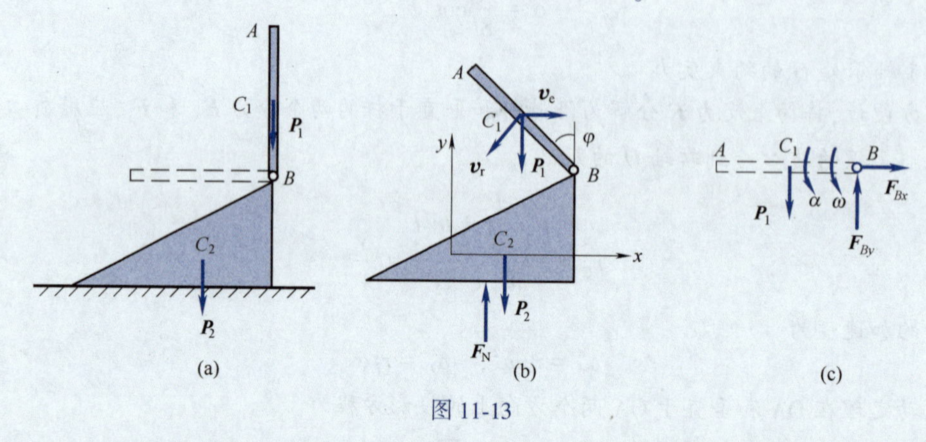

图 11-13

【解】 (1) 当杆 AB 摆至任意位置时,如图 11-13(b) 所示。设楔块底边长为 b,取初始时楔块质心 C_2 处为坐标原点。设此时楔块的位移为 x,由于系统水平方向不受力,且系统初始静止,则有

$$\frac{P_2}{g}x+\frac{P_1}{g}\left(x+\frac{b}{3}-\frac{l}{2}\sin\varphi\right)=0$$

得

$$x=\frac{P_1\left(l\sin\varphi-\dfrac{2}{3}b\right)}{2(P_1+P_2)}$$

相应地有

$$\dot{x}=\frac{P_1 l}{2(P_1+P_2)}\dot{\varphi}\cos\varphi,\quad \ddot{x}=\frac{P_1 l}{2(P_1+P_2)}(\ddot{\varphi}\cos\varphi-\dot{\varphi}^2\sin\varphi) \tag{1}$$

动系固结于楔块,杆 AB 质心 C_1 为动点,则有

$$v_e=\dot{x},\quad v_r=\frac{l}{2}\dot{\varphi}$$

由动能定理 $T_2-T_1=W_{12}$,得

$$\frac{1}{2}\frac{P_2}{g}\dot{x}^2+\frac{1}{2}\frac{P_1}{g}\left(\dot{x}^2+\frac{l^2}{4}\dot{\varphi}^2-2\dot{x}\cdot\frac{l}{2}\dot{\varphi}\cos\varphi\right)+\frac{1}{2}\cdot\frac{P_1}{12g}l^2\dot{\varphi}^2=P_1\cdot\frac{l}{2}(1-\cos\varphi)$$

整理后,有

$$\frac{P_1+P_2}{2g}\dot{x}^2+\frac{P_1l^2}{6g}\dot{\varphi}^2-\frac{P_1l}{2g}\dot{x}\dot{\varphi}\cos\varphi=\frac{P_1l}{2}(1-\cos\varphi) \tag{2}$$

当 AB 杆摆至水平位置时,即 $\varphi=\dfrac{\pi}{2}$,由式(1)知 $\dot{x}=0$,再由式(2)得

$$\omega=\dot{\varphi}=\sqrt{\frac{3}{l}g}$$

将上式代入式(1)有

$$\ddot{x}=-\frac{3P_1}{2(P_1+P_2)}g$$

将式(2)两端对时间求导,得

$$\frac{P_1+P_2}{g}\dot{x}\ddot{x}+\frac{P_1l^2}{3g}\dot{\varphi}\ddot{\varphi}-\frac{P_1l}{2g}(\ddot{x}\dot{\varphi}\cos\varphi+\dot{x}\ddot{\varphi}\cos\varphi-\dot{x}\dot{\varphi}^2\sin\varphi)=\frac{P_1l}{2}\dot{\varphi}\sin\varphi$$

将 $\varphi=\dfrac{\pi}{2}$ 时的 $\dot{x}$、$\ddot{x}$ 和 $\dot{\varphi}$ 代入上式,得 AB 杆摆至水平位置时 AB 杆的角加速度为

$$\alpha=\ddot{\varphi}=\frac{3g}{2l}$$

(2) 在水平位置时,AB 杆受力如图 11-13(c) 所示。由质心运动定理,有

$$\frac{P_1}{g}\times\left(-\frac{l}{2}\alpha\right)=F_{By}-P_1$$

解得

$$F_{By}=\frac{P_1}{4}$$

即铰链 B 对 AB 杆的约束力在铅直方向的大小为 $\dfrac{P_1}{4}$。

由上例可知:(1) 动能定理只有一个方程,因此必须建立各个速度及角速度之间的关系才能求解;(2) 只有用函数关系表达的方程才能对时间求导,因此一定要用任意位置时的角度 φ 来建立动能定理的方程,否则不能用来求导,无法求加速度;(3) 杆 AB 作平面运动,只能对其质心应用动量矩定理,对其他动点动量矩定理一般不成立。

讨论:应用其他定理能否求解?

思 考 题

11-1 计算图 11-14 所示系统的动能。(1) 质量为 m_1 的均质杆 OA,一端铰接在质量为 m_2 的均质圆盘中心,另一端放在水平面上,圆盘在地面上做纯滚动,圆心速度为 v;(2) 均质杆长为 l、质量为 m,端点 B 的速度为 v。

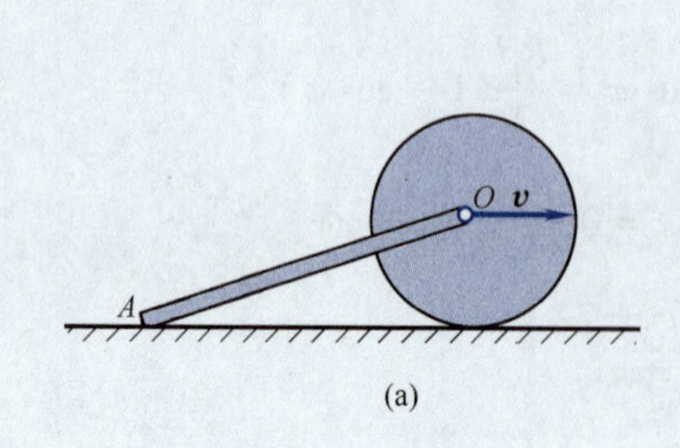

图 11-14

11-2 下列说法是否正确?(1)当质点作匀速圆周运动时,质点的动量、动能和对圆心的动量矩都保持不变;(2)内力既不能改变质点系的动量和动量矩,也不能改变质点系的动能。

11-3 如图 11-15 所示,自然长度为 $2R$,弹簧常数为 k 的弹簧,其一端固定于 O,另一端系在小环 M 上,当 M 沿半径为 R 的固定圆环由 A 到 B 和由 B 到 D 时,弹性力的功分别等于多少?

11-4 如图 11-16 所示,半径为 R 的圆轮与半径为 r 的圆轮固接在一起形成鼓轮,在半径为 r 的圆轮上绕以细绳,并作用力 $\boldsymbol{F}$,鼓轮做纯滚动,则鼓轮向左运动还是向右运动?当轮心 C 移动距离 s 时,如何计算力 $\boldsymbol{F}$ 的功比较方便?又力 $\boldsymbol{F}$ 做的功为多少?

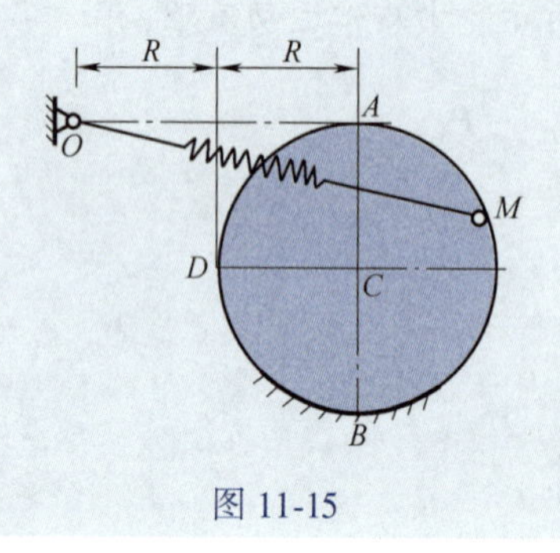

图 11-15

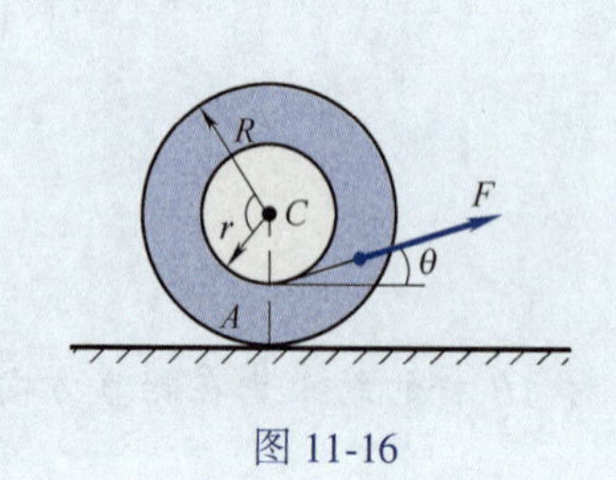

图 11-16

习　题

11-1 圆盘的半径 $r = 0.5$ m,可绕水平轴 O 转动。在绕过圆盘的绳上吊有两物块 A、B,质量分别为 $m_A = 3$ kg,$m_B = 2$ kg。绳与盘之间无相对滑动。在圆盘上作用一力偶,力偶矩按 $M = 4\varphi$ 的规律变化(M 以 N · m 计,φ 以 rad 计)。求由 $\varphi = 0$ 到 $\varphi = 2\pi$ 时,力偶 M 与物块 A、B 的重力所做的功之总和。($W = 109.7$ J)

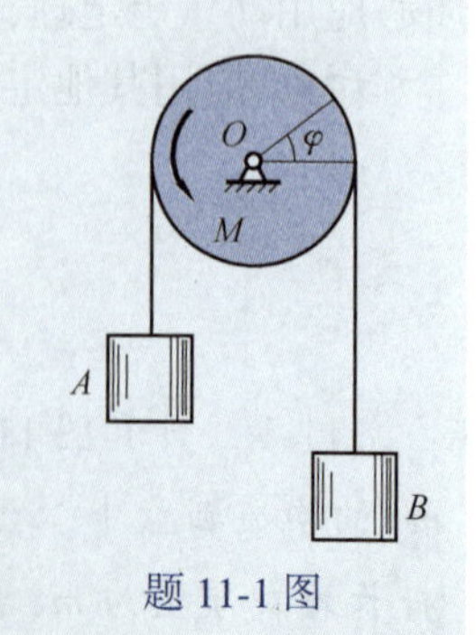

题 11-1 图

11-2 计算下列情况下各物体的动能:(1)重为 P,长为 l 的均质直杆以角速度 ω 绕轴 O 转动;(2)重为 P,半径为 r 的均质圆盘以角速度 ω 绕轴 O 转动;(3)重为 P,半径为 r 的均质圆轮在水平面上做纯滚动，质心C的速度为v；(4) 重为P，长为l的均质杆以角速度ω绕球铰O转动，杆与铅垂线的夹角为θ(常数)。$\left[(4)T=\frac{P}{6g}l^2\omega^2\sin^2\theta\right]$

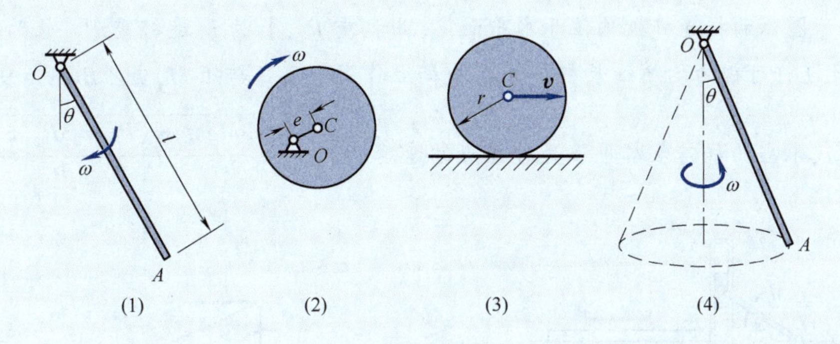

题 11-2 图

11-3 图示坦克的履带质量为m，两个车轮的质量均为m_1。车轮可视为均质圆盘，半径为R，两车轮间的距离为πR。设坦克前进速度为v，计算此质点系的动能。$\left[T=\frac{1}{2}(3m_1+2m)v^2\right]$

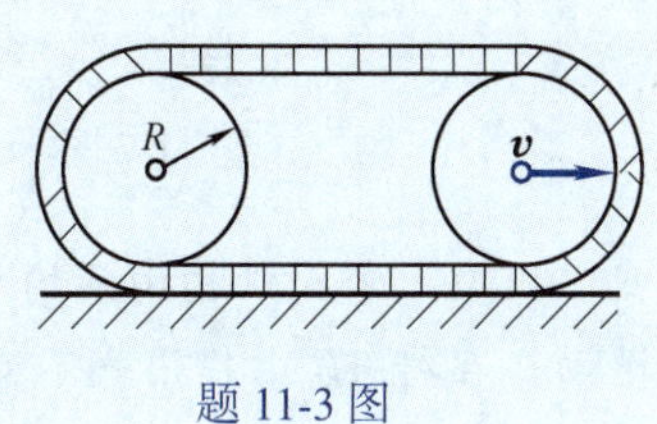

题 11-3 图

11-4 质量为3 kg的质点以5 m/s的速度沿水平直线向左运动。今对其施以水平向右的常力，此力的作用经30 s而停止，这时质点的速度水平向右，大小为55 m/s。求此力的大小及其所做的功。($F=6$ N，$W=4\ 500$ J)

11-5 自动弹射器如图放置，弹簧在未受力时的长度为200 mm，恰好等于筒长。欲使弹簧改变10 mm，需力2 N。如弹簧被压缩到100 mm，然后让质量为30 g的小球自弹射器中射出。求小球离开弹射器筒口时的速度。($v=8.1$ m/s)

11-6 滑轮重P_1，半径为R，对转轴O的回转半径为ρ，一绳绕在滑轮上。绳的另一端系一重为P_2的物体A，滑轮上作用一不变转矩M，使系统由静止而运动。不计绳的质量，求重物上升距离为s时的速度及加速度。$\left(v=\sqrt{2gs\frac{M/R-P_2}{P_2+P_1\rho^2/R^2}},a=\frac{(M/R-P_2)g}{P_2+P_1\rho^2/R^2}\right)$

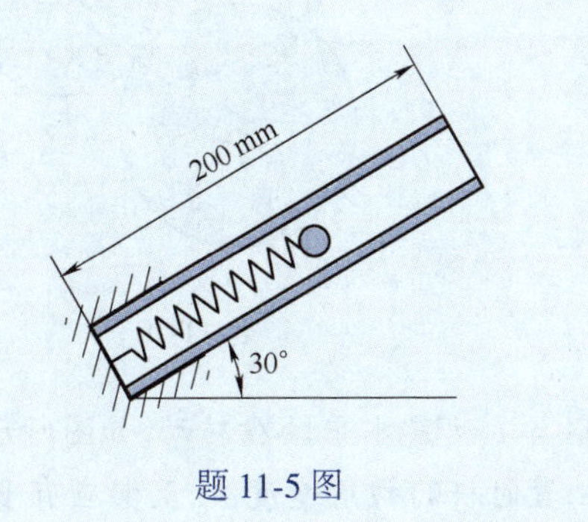

题 11-5 图

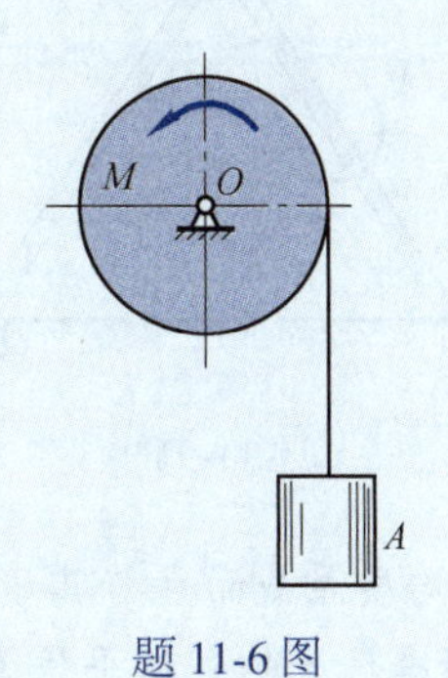

题 11-6 图

11-7 图示滑道连杆机构，位于水平面内。曲柄长r，对转轴的转动惯量为J，滑道连杆重P，连杆与导轨间的摩擦力可认为等于常值F,滑块A的质量不计。今在曲柄上作用一不变转矩M,初瞬时系统处于静止,且$\angle AOC=\varphi_0$。求曲柄转一周后的角速度。$\left(\omega=\sqrt{2g\dfrac{2\pi M-4rF}{Jg+Pr^2\sin^2\varphi_0}}\right)$

11-8　图示曲柄连杆机构位于水平面内,曲柄重P_1,长为r,连杆重P_2,长为l,滑块重P_3,曲柄及连杆可视为均质细长杆。今在曲柄上作用一不变转矩M,当$\angle BOA=90°$时点A的速度为v,求当曲柄转至水平位置时A点的速度。$\left(v_A=\sqrt{\dfrac{3Mg\pi+(P_1+3P_2+3P_3)v^2}{P_1+P_2}}\right)$

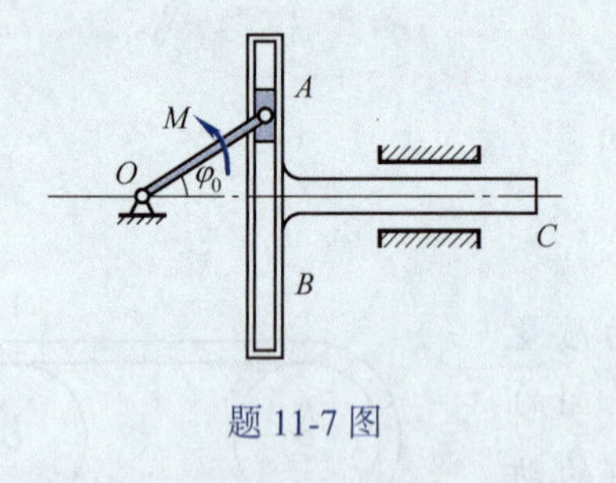

题 11-7 图

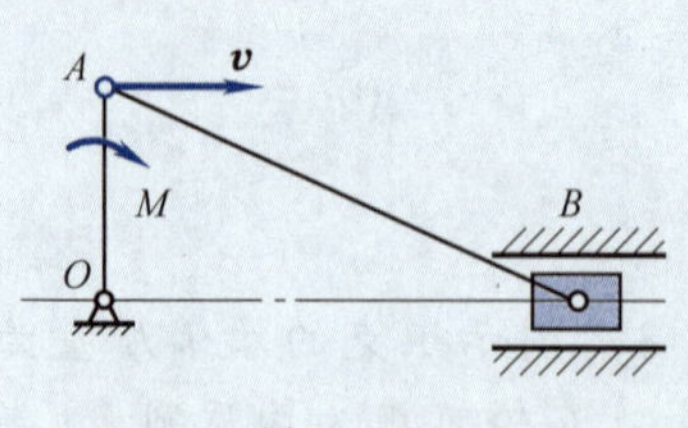

题 11-8 图

11-9　平面机构由两均质杆AB、BO组成,两杆的质量均为m,长度均为l,在铅垂平面内运动。在杆AB上作用一不变的力偶矩M,从图示位置由静止开始运动,不计摩擦。求当杆端A即将碰到铰支座O时杆端A的速度。$\left(v_A=\sqrt{\dfrac{3}{m}[M\theta-mgl(1-\cos\theta)]}\right)$

11-10　周转齿轮传动机构放在水平面内,如图所示。已知齿轮半径为r,质量为m_1,可看成为均质圆盘;曲柄OA质量为m_2,可看成为均质杆;定齿轮半径为R。在曲柄上作用一不变的力偶,其矩为M,使此机构由静止开始运动。求曲柄转过φ角后的角速度和角加速度。

$$\left[\omega=\frac{2}{R+r}\sqrt{\frac{3M\varphi}{9m_1+2m_2}},\alpha=\frac{6M}{(R+r)^2(9m_1+2m_2)}\right]$$

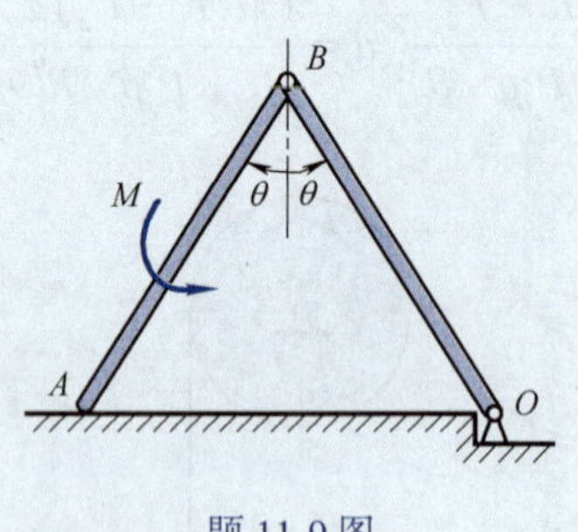

题 11-9 图

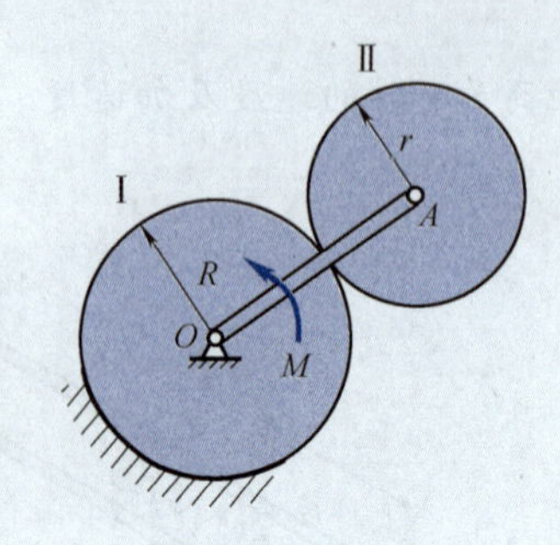

题 11-10 图

11-11　均质等截面直杆其质量为m,长$OA=l$,可绕水平轴O转动,如图所示。(1) 为使杆能从图示铅垂位置转到水平位置,则在铅垂位置时杆的初角速度ω_0至少应有多大?(2) 若杆在铅垂位置时初角速度 $\omega_0=\sqrt{6g/l}$,求杆在初始铅垂位置和通过水平位置这两瞬时支座 O 处的约束反力。$\left[(1)\omega_0=\sqrt{\dfrac{3g}{l}};(2)\right.$ 铅垂位置时,$F_{Ox}=0,F_{Oy}=4mg$;水平位置时,$F_{Ox}=\left.\dfrac{3}{2}mg,F_{Oy}=\dfrac{1}{4}mg\right]$

11-12　在图示机构中,已知:匀质圆柱质量为 m,半径为 r,初始时静止在台边上,且角 $\beta=0°$,受微小扰动后无滑动地滚下。试求圆柱体离开水平台时角度 β 和此时的角速度。$\left(\beta=55.15°,\ \omega=2\sqrt{\dfrac{g}{7r}}\right)$

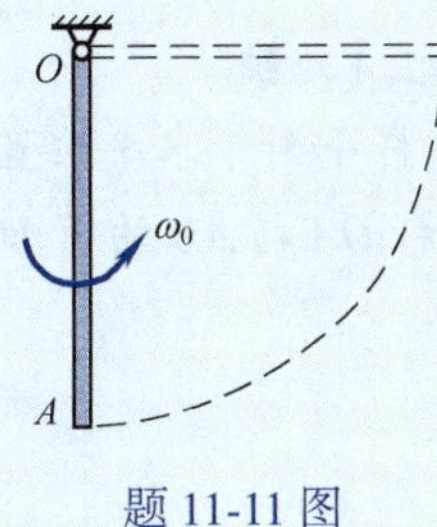

题 11-11 图

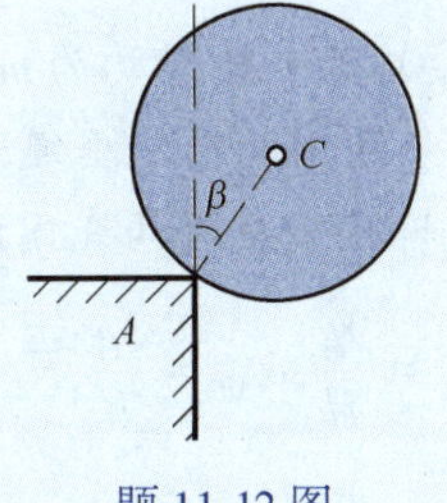

题 11-12 图

11-13　图示机构中,物块 A、B 质量均为 m,均质圆盘 C、D 质量均为 $2m$,半径均为 R。C 轮铰接于长为 $3R$ 的无重悬臂梁 CK 上,D 为动滑轮,绳与轮之间无相对滑动。系统由静止开始运动,试求:(1) 物块 A 上升的加速度;(2) HE 段绳的张力;(3) 固定端 K 处的约束力。$\left(a_A=\dfrac{1}{6}g;F_{HE}=\dfrac{4}{3}mg;F_{Kx}=0,F_{Ky}=4.5mg,M_K=13.5mgR\right)$

11-14　如图所示,均质杆长 $l=0.5$ m,质量 $m=50$ kg,A 端搁在光滑水平面上,B 端以绳系在 D 点,且 ABD 在铅垂面内,当绳处于水平时,杆由静止开始运动,试求在该瞬时绳 BD 的拉力,及 A 点的支反力,绳长 $b=1$ m,B 点的高度 $h=2$m。($F_T=176.58$ N,$F_N=358.07$ N)

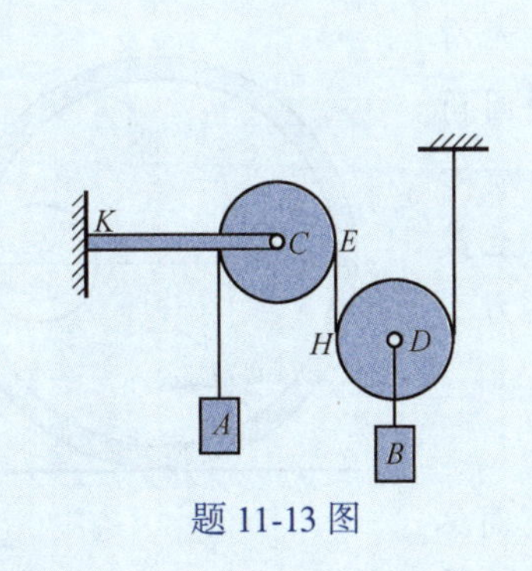

题 11-13 图

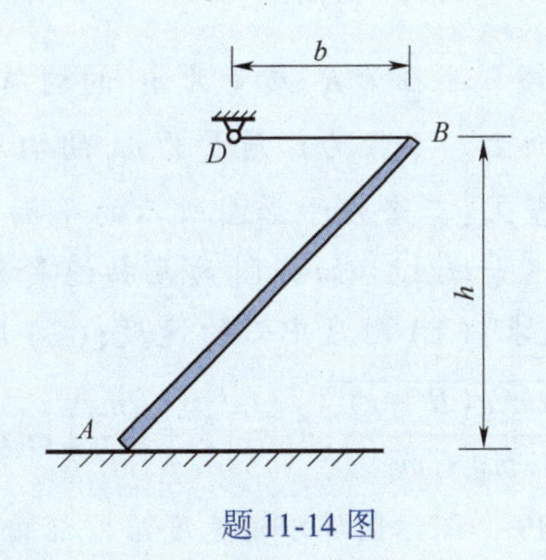

题 11-14 图

11-15　缠绕在半径为 $2r$ 的定滑轮 O 上的细绳,跨过半径为 r 的动滑轮 C,另一端固定在 A 点,绳子的伸出段均铅直如图示。定滑轮和动滑轮均可视为质量为 m 的均质圆盘。动滑轮的轮心 C 上悬挂一质量也为 m 的物块 D。假设绳子与滑轮间无相对滑动,轴承 O 处的摩擦和绳子的重量均忽略不计。若在轮 O 上作用一力偶矩为 M 的常值力偶,试求:(1) 物块 D 的加速度;(2) 绳

子 AB 段的拉力。$\left[a_D = \dfrac{2}{9mr}(M - 2mgr), F_{AB} = \dfrac{M}{6r} + \dfrac{2}{3}mg\right]$

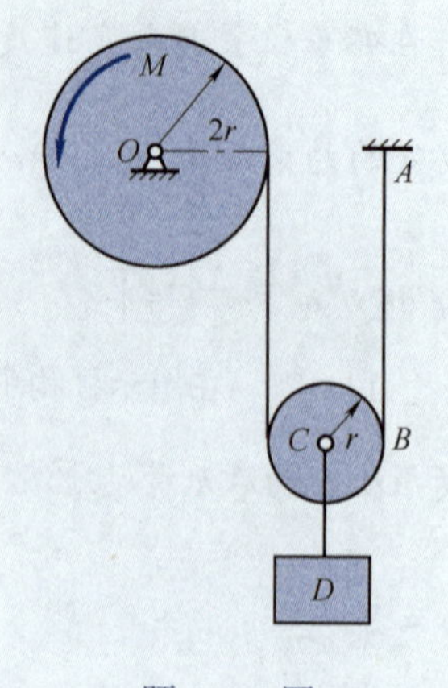

题 11-15 图

11-16　图示不可伸长的细绳绕过半径为 R 的定滑轮 A，两端分别系于半径为 r 的轮子 B 和刚度系数为 k 的弹簧。轮 A、B 可视为质量各为 m_1、m_2 的匀质圆盘，轮子 B 沿倾角为 θ 的固定斜面作纯滚动，绳与滑轮间无相对滑动。假设在弹簧无变形时将系统由静止释放，试求轮子中心 C 沿斜面下移距离 s 时，轮心 C 的加速度及斜面与滚子间的摩擦力。不计绳重及轴承 O 的摩擦。$\left[a_C = \dfrac{2(m_2 g\sin\theta - ks)}{m_1 + 3m_2}, F = \dfrac{m_2(m_2 g\sin\theta - ks)}{m_1 + 3m_2}\right]$

11-17　长度均为 l，质量均为 m 的匀质杆 OA 与 AB 在 A 处铰接，AB 杆的两端分别用两根铅垂绳悬挂，使 DA 杆与 AB 杆平衡于水平位置如图所示。不计各处摩擦。设某瞬时突然将两绳同时剪断，试求该瞬时杆 OA 与 AB 的角加速度，以及铰链 A 处的反力。$\left(\alpha_{OA} = \dfrac{9g}{7l}, \alpha_{AB} = \dfrac{3g}{7l}, F_{Ax} = 0, F_{Ay} = \dfrac{1}{14}mg\right)$

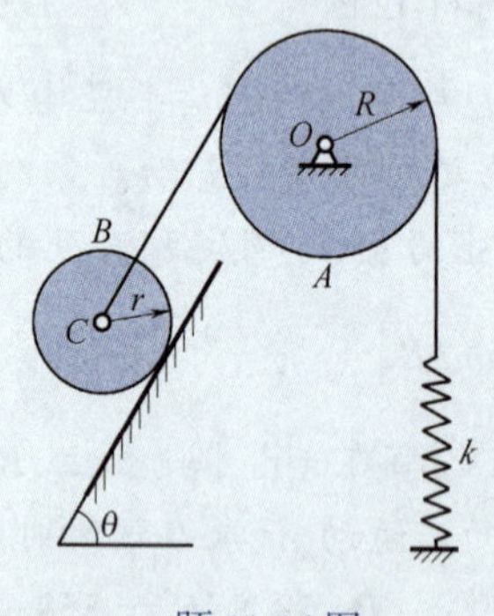

题 11-16 图

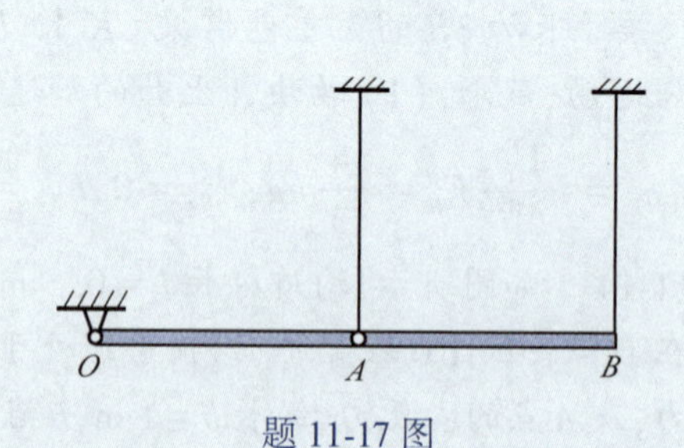

题 11-17 图

11-18　半径为 R、质量为 m_1 的均质薄壁圆筒，置于光滑的水平面上。半径为 r_1 质量为 m_2 的均质圆盘靠在薄壁圆筒光滑内壁上，二者处于如图所示的平面内，且筒与盘的质心在一条水平线上。如将圆盘无初速释放，当圆盘运动至最低点时，求：(1) 圆盘中心的速度；(2) 圆筒对圆盘的反力。

$\left[v = \sqrt{\dfrac{2m_1 g(R - r)}{m_1 + m_2}}, F_N = \left(3 + \dfrac{2m_2}{m_1}\right)m_2 g\right]$

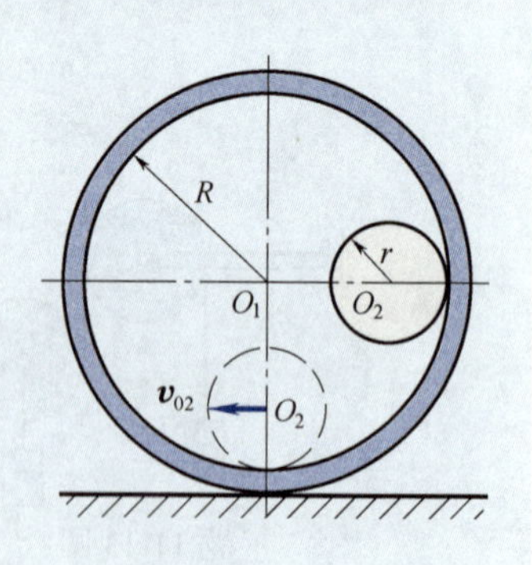

题 11-18 图

11-19　图示圆环以角速度 ω 绕铅垂轴 AC 自由转动，圆环的半径为 R，对转轴的转动惯量为 J；在圆环中的 A 点放一质量为 m 的小球。设由于微小的干扰，小球离开 A 点。忽略一切摩擦，求当小球达到 B 点和 C 点时，圆环的角速度和小球速度的大小。

11-20　图示机构中，均质圆盘 A 和鼓轮 B 的质量分别为 m_1 和 m_2，半径均为 R。斜面倾角为β。圆盘沿斜面做纯滚动,不计滚动摩阻并略去软绳的质量。如在鼓轮上作用一力矩为M的不变的力偶,求:(1) 鼓轮的角加速度;(2) 轴承O的水平约束力。

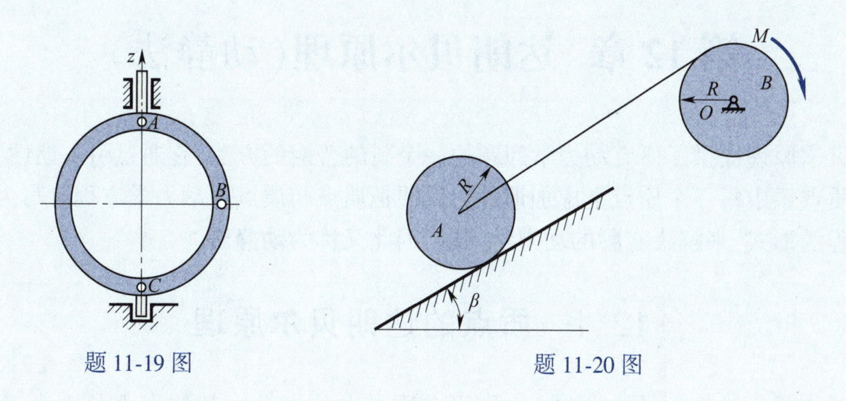

题 11-19 图　　题 11-20 图

第12章　达朗贝尔原理(动静法)

达朗贝尔原理提供了研究动力学问题的一个新的普遍的方法,它通过引入惯性力的概念,在质点和质点系中每一个质点上虚加惯性力以便把质点与质点系动力学方程改写为如静力学中平衡方程的形式,来解决实际的动力学问题,因此又称为**动静法**。

12.1　质点的达朗贝尔原理

设一质点的质量为 m,加速度为 $\boldsymbol{a}$,作用在质点上的主动力和约束力分别为 $\boldsymbol{F}$ 和 $\boldsymbol{F}_N$,如图12-1所示。根据牛顿第二定律,有

$$\boldsymbol{F} + \boldsymbol{F}_N = m\boldsymbol{a} \tag{12-1}$$

将上式改写为

$$\boldsymbol{F} + \boldsymbol{F}_N + (-m\boldsymbol{a}) = 0 \tag{12-2}$$

若引入

$$\boldsymbol{F}_I = -m\boldsymbol{a} \tag{12-3}$$

则式(12-2)写为

$$\boldsymbol{F} + \boldsymbol{F}_N + \boldsymbol{F}_I = 0 \tag{12-4}$$

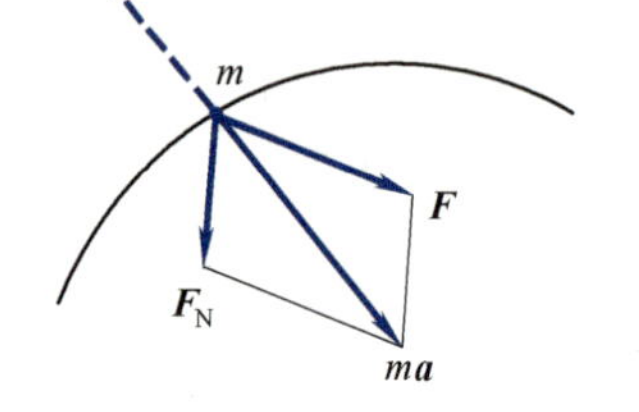

图 12-1

式中,$\boldsymbol{F}_I$ 的大小为质点的质量与加速度的乘积,具有力的量纲,其方向与质点加速度的方向相反。实际上它是当质点的运动状态改变时,由于惯性,质点对施力物体的反作用力,$\boldsymbol{F}_I$ 称为质点的**惯性力**。式(12-4)可表述为:作用在质点上的主动力、约束力和虚加的惯性力在形式上组成平衡力系,这即为质点的**达朗贝尔原理**。

在具体求解动力学问题时,虚加惯性力的大小,按质量与加速度的乘积来计算。因惯性力是虚加在质点上,故在受力图上以虚线表示 $\boldsymbol{F}_I$,其方向与加速度方向相反。再根据静力学中力系的平衡条件列出平衡方程求解它们中的未知量。这种方法既直观又简便,为此在工程技术中应用比较广泛。

【例12-1】　一质量为 $m = 0.1$kg 的小球系于长为 $l = 0.3$ m 的绳子下端,并以匀角速度绕铅垂线回转,如图12-2所示。如绳与铅垂线成 $\theta = 60°$,求绳子的张力和小球的速度。

【解】　视小球为质点,其受重力 $m\boldsymbol{g}$ 与绳子张力 $\boldsymbol{F}_T$ 作用,如图12-2所示。由于质点作匀角速度回转,故

$$F_I^t = ma_t = 0,\quad F_I^n = ma_n = m\frac{v^2}{l\sin\theta}$$

根据质点的达朗贝尔原理,$m\boldsymbol{g}$、$\boldsymbol{F}_T$、$\boldsymbol{F}_I^n$ 三力在形式上组成平衡力系,即

$$m\boldsymbol{g} + \boldsymbol{F}_T + \boldsymbol{F}_I^n = 0$$

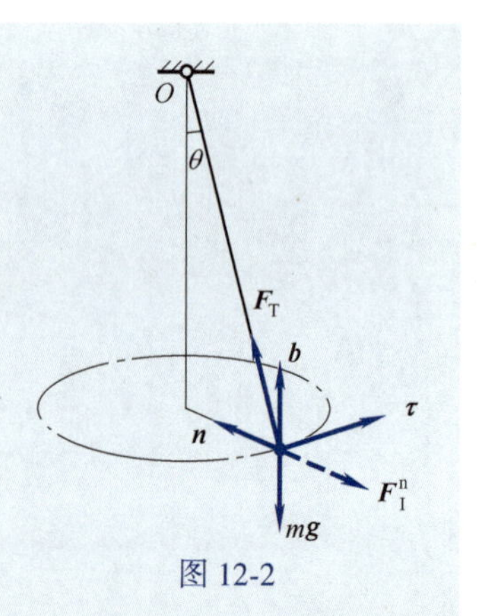

图 12-2

上式取投影,有

$$\sum F_{\mathrm{b}} = 0,\quad F_{\mathrm{T}}\cos\theta - mg = 0 \tag{1}$$

$$\sum F_{\mathrm{n}} = 0,\quad F_{\mathrm{T}}\sin\theta - F_{\mathrm{I}}^{\mathrm{n}} = 0 \tag{2}$$

由式(1)、式(2)解得

$$F_{\mathrm{T}} = 1.96\ \mathrm{N},\quad v = 2.1\ \mathrm{m/s}$$

12.2 质点系的达朗贝尔原理

设有n个质点组成的质点系,其中任一质点i的质量为m_i,加速度为$\boldsymbol{a}_i$,把作用于此质点上的所有力分为主动力$\boldsymbol{F}_i$、约束力的合力$\boldsymbol{F}_{\mathrm{N}i}$,对该质点虚加的惯性力$\boldsymbol{F}_{\mathrm{I}i} = -m_i\boldsymbol{a}_i$,则由质点的达朗贝尔原理,有

$$\boldsymbol{F}_i + \boldsymbol{F}_{\mathrm{N}i} + \boldsymbol{F}_{\mathrm{I}i} = 0 \quad (i = 1,2,\cdots,n) \tag{12-5}$$

上式表明,在质点系运动的任一瞬时,作用于每一个质点上的主动力、约束力和虚加的惯性力组成平衡力系,这就是**质点系的达朗贝尔原理**。

若将第i个质点上作用的所有力分为外力的合力$\boldsymbol{F}_i^{(\mathrm{e})}$和内力的合力$\boldsymbol{F}_i^{(\mathrm{i})}$,则式(12-5)可改写为

$$\boldsymbol{F}_i^{(\mathrm{e})} + \boldsymbol{F}_i^{(\mathrm{i})} + \boldsymbol{F}_{\mathrm{I}i} = 0 \quad (i = 1,2,\cdots,n)$$

即质点系中每个质点上作用的外力、内力和它的惯性力在形式上组成平衡力系。对于空间任意力系,其平衡的充分必要条件是力系的主矢和对于任一点的主矩等于零,即

$$\sum \boldsymbol{F}_i^{(\mathrm{e})} + \sum \boldsymbol{F}_i^{(\mathrm{i})} + \sum \boldsymbol{F}_{\mathrm{I}i} = 0$$

$$\sum M_O(\boldsymbol{F}_i^{(\mathrm{e})}) + \sum \boldsymbol{M}_O(\boldsymbol{F}_i^{(\mathrm{i})}) + \sum \boldsymbol{M}_O(\boldsymbol{F}_{\mathrm{I}i}) = 0$$

又$\sum \boldsymbol{F}_i^{(\mathrm{i})} = 0$,$\sum \boldsymbol{M}_O(\boldsymbol{F}_{\mathrm{i}}^{(i)}) = 0$,故有

$$\begin{cases} \sum \boldsymbol{F}_i^{(\mathrm{e})} + \sum \boldsymbol{F}_{\mathrm{I}i} = 0 \\ \sum \boldsymbol{M}_O(\boldsymbol{F}_i^{(\mathrm{e})}) + \sum \boldsymbol{M}_O(\boldsymbol{F}_{\mathrm{I}i}) = 0 \end{cases} \tag{12-6}$$

上式表明,作用在质点系上的所有外力与虚加在质点系上的惯性力在形式上组成平衡力系,这是质点系达朗贝尔原理的另一种表述。

【例 12-2】 图 12-3 中所示的定滑轮半径为r,质量$m = 20$ kg,均匀分布在轮缘上,绕水平轴转动。跨过滑轮两端挂有重物A和B,重物A的质量$m_A = 100$ kg,加速度$a_A = 0.9\ \mathrm{m/s^2}$,绳的质量不计,绳子不可伸长,绳与轮间不打滑,轴承摩擦忽略不计。求重物B的质量m_B。

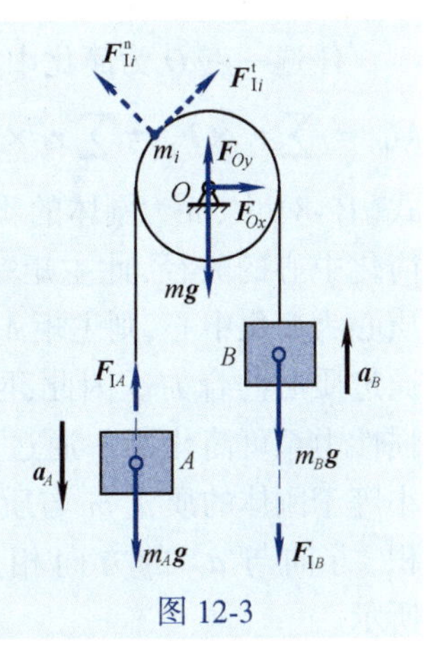

图 12-3

【解】 取滑轮与重物A、B组成的质点系为研究对象。作用于质点系上的主动力有:m_Ag、m_Bg、mg,轴承的约束力$\boldsymbol{F}_{Ox}$、$\boldsymbol{F}_{Oy}$,两重物的惯性力如图示,大小分别为

$$F_{\mathrm{I}B} = m_B\boldsymbol{a}_B$$

$$F_{\mathrm{I}A} = m_A\boldsymbol{a}_A$$

设轮缘上任一微段的质量为 m_i,惯性力方向如图所示,大小分别为

$$F_{\mathrm{I}i}^{\mathrm{t}} = m_i a_A$$

$$F_{\mathrm{I}i}^{\mathrm{n}} = m_i \frac{v_A^2}{r}$$

主动力、约束力及虚加的惯性力组成平衡力系,列平衡方程,有

$$\sum M_O(\boldsymbol{F}) = 0,\quad m_A g \times r - F_{\mathrm{I}A} \times r - \sum F_{\mathrm{I}i}^{\mathrm{t}} \times r - m_B g r - F_{\mathrm{I}B} \times r = 0$$

即

$$m_A g r - m_A a_A r - m a_A r - m_B g r - m_B a_A r = 0$$

求得 $m_B = \dfrac{m_A(g - a_A) - m a_A}{a_A + g} = \dfrac{100 \times (9.81 - 0.9) - 20 \times 0.9}{0.9 + 9.81} = 81.5\ \mathrm{kg}$

12.3 刚体惯性力系的简化及达朗贝尔原理的应用

应用达朗贝尔原理求解刚体或刚体系的动力学问题时,需要将惯性力系进行简化。根据静力学中的力系简化理论知,任一力系向已知点简化可得到一个作用于简化中心的力和一个力偶,它们由力系的主矢和对于简化中心的主矩决定。主矢的大小和方向与简化中心的位置无关,主矩一般与简化中心的位置有关。

若以 $\boldsymbol{F}_{\mathrm{IR}}$ 表示惯性力系的主矢,则由式(12-6)中第 1 式及质心运动定理,有

$$\boldsymbol{F}_{\mathrm{IR}} = -\sum \boldsymbol{F}_i^{(e)} = -m\boldsymbol{a}_C \tag{12-7}$$

上式表明,无论刚体做什么运动,惯性力系的主矢都等于刚体的质量与其质心加速度的乘积,方向与质心加速度的方向相反。

下面对刚体作平移、定轴转动、平面运动时惯性力系简化问题进行讨论。

1. 刚体做平移

刚体平移时,其内任一质点 i 的加速度 $\boldsymbol{a}_i$ 与质心 C 的加速度 $\boldsymbol{a}_C$ 在同一瞬时都相同,有 $\boldsymbol{a}_i = \boldsymbol{a}_C$,刚体的惯性力系分布如图 12-4(a) 所示。各质点上虚加的惯性力分别为

$$\boldsymbol{F}_{\mathrm{I}1} = -m_1\boldsymbol{a}_C,\quad \boldsymbol{F}_{\mathrm{I}2} = -m_2\boldsymbol{a}_C,\quad \boldsymbol{F}_{\mathrm{I}i} = -m_i\boldsymbol{a}_C,\cdots,\quad \boldsymbol{F}_{\mathrm{I}n} = -m_n\boldsymbol{a}_C$$

式中,$m_1, m_2, \cdots, m_n$ 为各质点的质量。

任选一点 O 为简化中心,如图 12-4(a) 所示,则主矢为 $\boldsymbol{F}_{\mathrm{IR}} = -m\boldsymbol{a}_C$,主矩为

$$\boldsymbol{M}_{\mathrm{I}O} = \sum \boldsymbol{r}_i \times \boldsymbol{F}_{\mathrm{I}i} = \sum \boldsymbol{r}_i \times (-m_i\boldsymbol{a}_i) = \sum \boldsymbol{r}_i \times (-m_i\boldsymbol{a}_C) = -\left(\sum m_i\boldsymbol{r}_i\right) \times \boldsymbol{a}_C = -m\boldsymbol{r}_C \times \boldsymbol{a}_C \tag{12-8}$$

式(12-8)中,m 为刚体的质量,$\boldsymbol{r}_C$ 为质心 C 到简化中心的矢径,此主矩一般不为零。若选质心为简化中心,则主矩 $\boldsymbol{M}_{\mathrm{I}C}$ 为零,简化为一通过质心的合力。因此,刚体平移时虚加的惯性力系可简化为一通过质心的合力,其大小等于刚体的质量 m 与质心加速度 $\boldsymbol{a}_C$ 的乘积,方向与 $\boldsymbol{a}_C$ 的方向相反,如图 12-4(b) 所示。

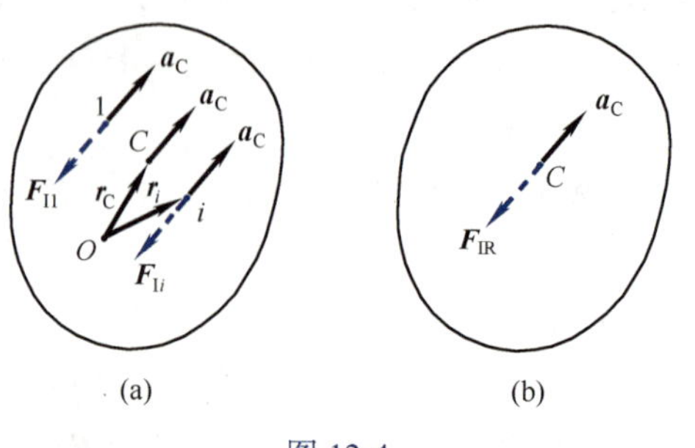

图 12-4

2. 刚体做定轴转动

考虑刚体有质量对称平面,且转轴垂直于此平面的情形。此时可将刚体的空间惯性力系简化为在对称平面内的平面力系,再将此惯性力系向对称平面与转轴的交点 O 简化,如图 12-5(a) 所示,则惯性力系的主矢和对于 O 点的主矩为

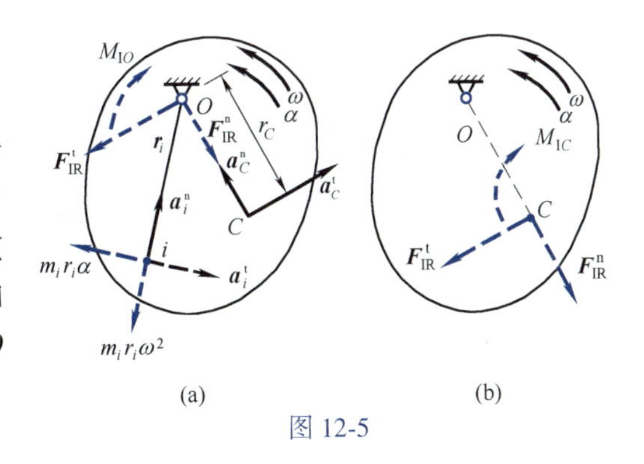

图 12-5

$$\begin{cases} \boldsymbol{F}_{IR} = -m\boldsymbol{a}_C \\ F_{IR}^{t} = -mr_C\alpha, F_{IR}^{n} = -mr_C\omega^2 \end{cases} \tag{12-9}$$

$$M_{IO} = \sum M_O(\boldsymbol{F}_{Ii}) = \sum M_O(F_{Ii}^{t}) = \sum(-m_ir_i\alpha)r_i = -(\sum m_ir_i^2)\alpha = -J_O\alpha$$

即刚体做定轴转动时,惯性力系简化为通过 O 点的一力和一力偶。

若向质心 C 简化,如图 12-5(b)所示,则有

$$\begin{cases} \boldsymbol{F}_{IR} = -m\boldsymbol{a}_C \\ M_{IC} = M_{IO} + F_{IR}^{t}r_C = -J_O\alpha + mr_C\alpha \cdot r_C = -(J_O - mr_C^2)\alpha = -J_C\alpha \end{cases} \tag{12-10}$$

3. 刚体做平面运动

仅考虑刚体具有质量对称平面且刚体平行于此平面运动的情况。此时,刚体的空间惯性力系可简化为在对称平面内的平面力系,再进一步将此平面力系向质心 C 简化,得到主矢、主矩分别为

$$\boldsymbol{F}_{IR} = -m\boldsymbol{a}_C, \quad M_{IC} = -J_C\alpha \tag{12-11}$$

上式表明,刚体作平面运动时,惯性力系简化为通过质心 C 的一个力和一个偶,如图 12-6 所示。

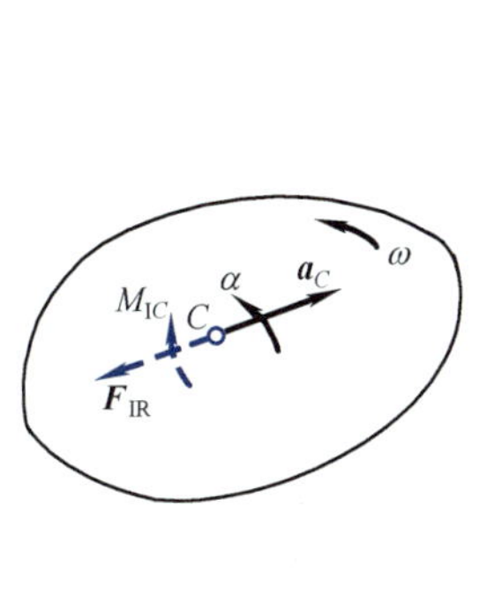

图 12-6

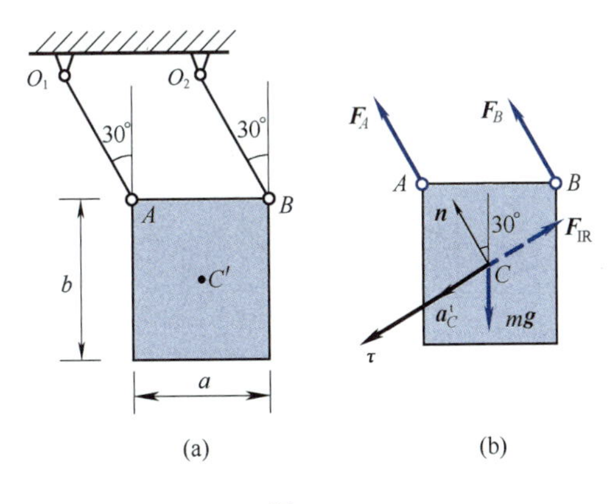

图 12-7

根据以上讨论可知,刚体的运动形式不同,惯性力系的简化结果也不同。因此,在求解问题时,首先应分析刚体的运动形式,正确地虚加惯性力系主矢、主矩,然后列出“平衡”方程。

【例 12-3】 质量为 $m=100\ \text{kg}$ 的均质平板用两根钢绳悬挂,已知 $a=0.9\ \text{m}$,$b=1.2\ \text{m}$,如图 12-7(a) 所示。两钢绳等长,质量略去不计,且不可伸长。在图示位置时无初速释放。试求:(1) 此瞬时平板中心的加速度;(2) 此瞬时两钢绳内的张力。

【解】 取平板为研究对象,因平板作平动,故在质心处虚加惯性力的合力并画在受力图上,如图 12-7(b) 所示。

初瞬时,$v_0=0$,故

$$a_{\mathrm{n}}=0$$

则

$$a_C=a_C^{\mathrm{t}}$$

相应地

$$F_{\mathrm{IR}}=ma_C^{\mathrm{t}}=ma_C$$

由达朗贝尔原理列方程,有

$$\sum F_{\mathrm{t}}=0,\quad -F_{\mathrm{IR}}+mg\sin 30^\circ=0$$

代入 F_{IR},解得

$$a_C=\frac{1}{2}g=4.9(\mathrm{m/s^2})$$

又

$$\sum M_A(\boldsymbol{F})=0,\quad F_B(\cos 30^\circ)\alpha-mg\times\frac{a}{2}+F_{\mathrm{IR}}\times\frac{a}{2}\cos 60^\circ+\frac{b}{2}F_{\mathrm{IR}}\sin 60^\circ=0$$

解得

$$F_B=99.5(\mathrm{N})$$

$$\sum F_{\mathrm{n}}=0,\quad F_A+F_B-mg\cos 30^\circ=0$$

即

$$F_A=mg\cos 30^\circ-F_B=749(\mathrm{N})$$

【例 12-4】 如图 12-8(a) 所示,均质圆柱体和薄铁环(可视为均质圆环)质量均为 m,半径均为 r,两者用直杆 AB 相连接,且两者皆作无滑动地沿斜面滚下,斜面与水平面成 θ 角。如杆的质量略去不计,试求 AB 杆的加速度 a 和杆的内力。

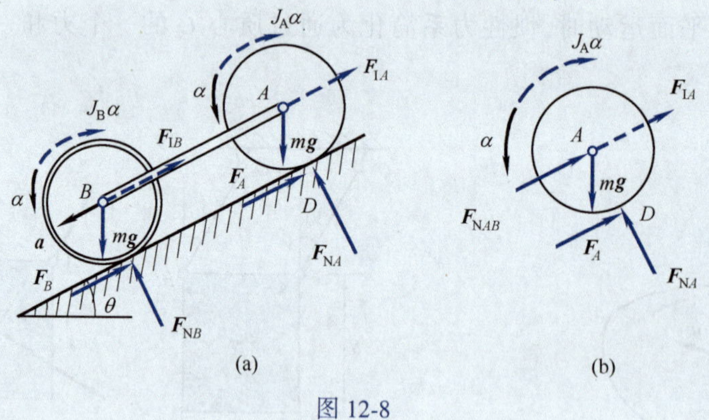

图 12-8

【解】 取整体为研究对象,在每一刚体上虚加惯性力,如图 12-8(a) 所示。设 AB 杆长 l,则有

$$F_{\mathrm{I}B}=ma=mr\alpha,\quad F_{\mathrm{I}A}=mr\alpha$$

$$J_A=\frac{1}{2}mr^2,\quad J_B=mr^2,F_{\mathrm{N}B}=mg\cos\theta$$

根据达朗贝尔原理列方程,有

$$\sum M_D(\boldsymbol{F})=0,\quad 2mgr\sin\theta-F_{IA}\times r-F_{IB}\times r-J_A\alpha-J_B\alpha+mg\times l\cos\theta-lF_{NB}=0$$

解得

$$a=\frac{4}{7}g\sin\theta$$

取轮 A 为研究对象,如图 12-8(b) 所示。列方程,有

$$\sum M_D(\boldsymbol{F})=0,\quad mgr\sin\theta-F_{NAB}\times r-F_{IA}\times r-J_A\alpha=0$$

解得

$$F_{NAB}=mg\sin\theta-\frac{4}{7}mg\sin\theta-\frac{2}{7}mg\sin\theta=\frac{1}{7}mg\sin\theta$$

【例 12-5】 图 12-9 所示的转子,质量 $m=20$ kg,转轴 AB 与转子的质量对称面垂直,转子的质心 C 不在转轴上,偏心距 $e=0.1$ mm。当转子以匀速 $n=12\,000$ r/min 转动时,求轴承 A、B 的约束力。

【解】 由于转轴 AB 与转子的质量对称面垂直,所以转轴 AB 是惯性主轴,且转子做匀速转动,$\alpha=0$,因此,惯性力系主矩为零。惯性力系主矢为

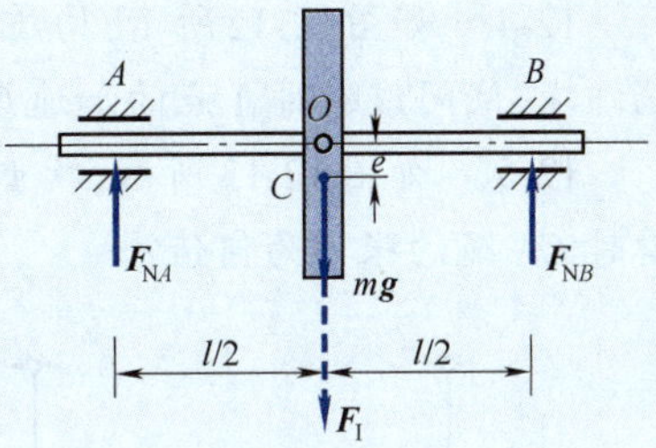

$$\boldsymbol{F}_I=-m\boldsymbol{a}_C$$

$$a_C=a_C^n=e\omega^2=\frac{0.1}{1\,000}\times\left(\frac{12\,000\pi}{30}\right)^2=158(\mathrm{m/s^2})$$

图 12-9

故惯性力的大小为

$$F_I=ma_C=20\times158=3\,160(\mathrm{N})$$

根据动静法列平衡方程有

$$F_A=F_B=\frac{1}{2}(mg+F_I)=\frac{1}{2}\times(20\times9.81+3160)=1\,680(\mathrm{N})$$

由上述可知,其轴承附加动约束力为 $F_I/2=1580$ N。可见,在高速转动下,0.1 mm 的偏心距所引起的附加动约束力,可达静约束力 $mg/2=98$ N 的 16 倍。转速越高,附加动约束力越大,转子对轴承的压力也越大。此外,由于 $\boldsymbol{F}_I$ 的方向随转子的旋转而周期性地变化,使轴承约束力 $\boldsymbol{F}_A$、$\boldsymbol{F}_B$ 的大小和方向也发生周期性地变化,引起机器的振动,因而会加速轴承的磨损。因此,应尽量减小或消除偏心距,以消除惯性力系的主矢,为此要将质心调到转轴上,使 $e=0$,以达到静平衡。但若转子形状不对称,虽然能达到静平衡,但由于惯性力系主矩不为零,转动时仍可使轴承产生较大的附加动约束力。减小或消除附加动约束力,要将转子放在平衡机上进行,即达到动平衡。

思　考　题

12-1　在图 12-10 所示平面机构中,$AC//BD$,且 $AC=BD=d$,均质杆 AB 的质量为 m,长为 l。试问 AB 杆虚加的惯性力系的简化结果如何?并在图上画出。

12-2　如图 12-11 所示,均质细长杆 OA,长为 l,重力为 P,某瞬时以角速度 ω、角加速度 α 绕水平轴 O 转动,则虚加的惯性力系向 O 点的简化结果如何?并在图上画出。

图 12-10　　图 12-11

12-3　下列说法是否正确?(1) 三个质量相同的质点,一个作自由落体运动,一个作垂直上抛运动,第三个作斜抛运动,这三个质点的虚加的惯性力大小、方向均相同;(2) 凡是运动着的质点都有虚加的惯性力。

12-4　如图 12-12 所示,均质细杆 AB 重 P,用两根铅直细绳悬挂成水平位置,突然剪断 B 端细绳,试问该瞬时 A 点的加速度为何值?

12-5　如图 12-13 所示,物重 P,用细绳 BA、CA 悬挂如图,$\theta = 60°$,若将 BA 绳剪断,则该瞬时 CA 绳的张力为何值?

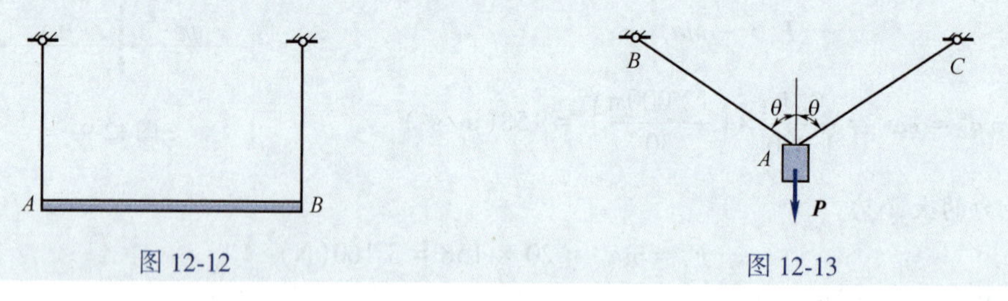

图 12-12　　图 12-13

习　题

12-1　质量 $m = 5$ kg 的小球 A,用长 $l = 2$ m 的绳子一端系于固定点 O,小球以匀速在水平面内作圆周运行。(1) 已知绳子与铅垂线间的夹角 $\theta = 40°$,求绳中的拉力和球的速度;(2) 若绳中最大允许拉力为 100 N,求小球最大允许速度和此时绳与铅垂线间的夹角 θ。[(1) $F_T = 64.0$ N,$v = 3.25$ m/s;(2) $v = 5.51$ m/s,$\theta = 60.6°$]

12-2　均质细杆 AB 长为 l,质量为 m,与铅垂轴固结成角 $\theta = 30°$,并以匀角速度转动。求惯性力系的合力的大小,并图示方向。$\left(F_{IR} = \dfrac{1}{4}ml\omega^2\right)$

12-3　直角形刚性弯杆 OAB,由 OA 与 AB 固结而成,其中 $AB = 2l$,$OA = l$,AB 杆的质量为 m,OA 杆的质量不计,图示瞬时杆绕 O 轴转动的角速度与角加速

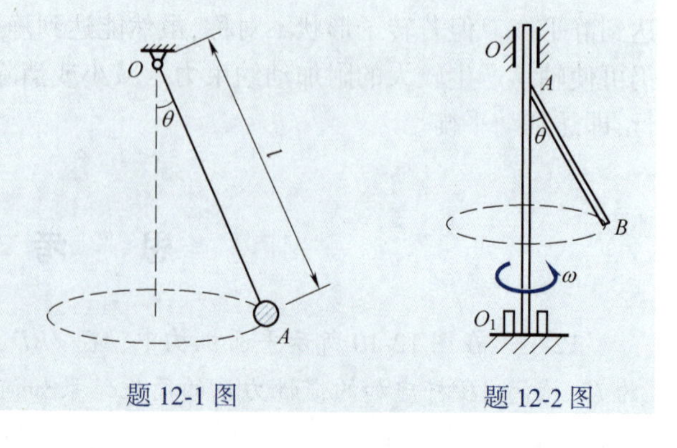

题 12-1 图　　题 12-2 图

度分别为 ω 与 α,试求均质杆 AB 的惯性力系向 O 点简化的结果,并图示方向。$\left(F_{\mathrm{I}}^{\mathrm{n}} = \sqrt{2}\, ml\omega^2, F_{\mathrm{I}}^{\mathrm{t}} = \sqrt{2}\, ml\alpha, M_{\mathrm{I}O} = \dfrac{7}{3}ml^2\alpha\right)$

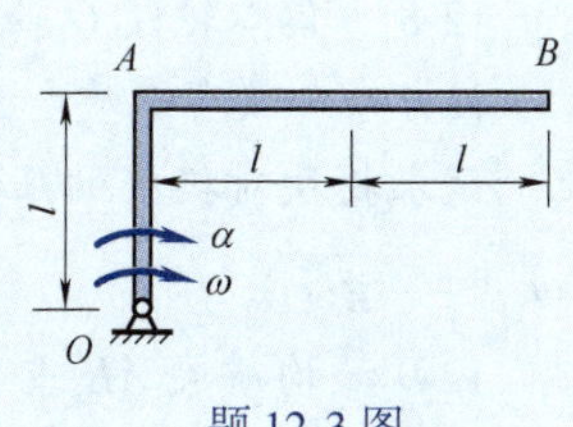

题 12-3 图

12-4　均质杆 AB 由三根等长细绳悬挂在水平位置,已知杆的质量为 m,在图示位置突然割断绳 O_1B,试求该瞬时杆 AB 的加速度,并图示方向。($a = g\cos\theta$,方向垂直于 O_1A,指向右下方)

12-5　水平均质细杆 AB 长 $l = 1$ m,质量 $m = 12$ kg,A 端为铰链支承,B 端用铅垂绳吊起,如图所示。突然把绳子剪断,试求刚剪断时杆 AB 的角加速度和铰链 A 的约束力。($\alpha = 14.7\ \mathrm{rad/s^2}$, $F_A = 29$ N)

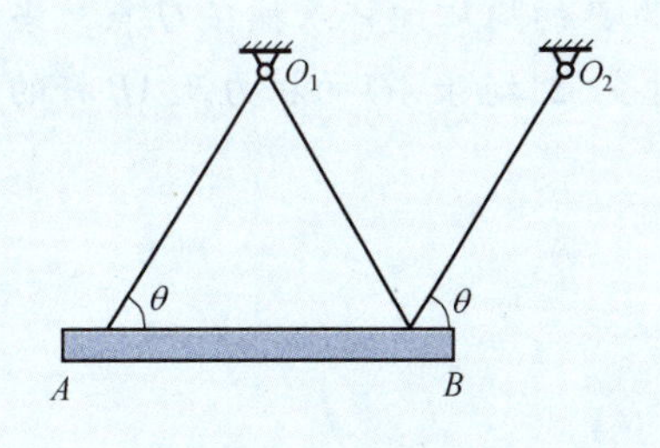

题 12-4 图

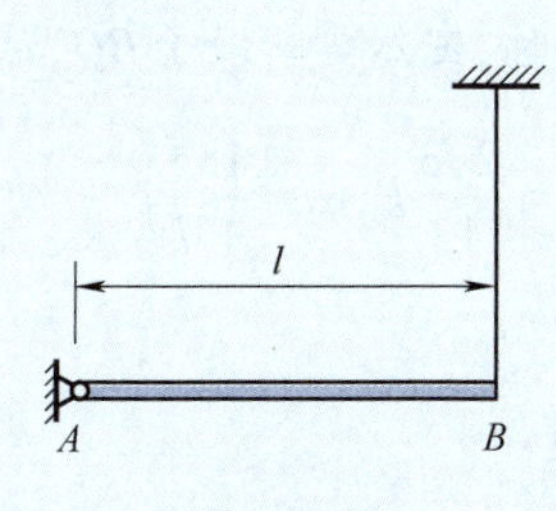

题 12-5 图

12-6　一均质圆柱体,其质量为 m,半径为 r,放在倾角为 $60°$ 的斜面上,一细绳绕在圆柱体上,其一端固定于 A 点,绳的引出部分与斜面平行。如果圆柱体与斜面间的摩擦系数为 $f = 1/3$。试求圆柱体的质心 C 沿斜面落下的加速度及绳中的拉力。($a = 0.356\ g$, $F_{\mathrm{T}} = 0.344\ mg$)

12-7　两个相同的滑轮,如图所示,半径为 R,质量均为 m,两滑轮可视为均质圆盘。如滑轮 C 由静止下落,试求:(1) 质心 C 的加速度 a;(2) 绳子的拉力;(3) 下降高度 h 时质心的速度。[(1) $a = 4g/5$;(2) $F_{\mathrm{T}} = mg/5$;(3) $v = \sqrt{8gh/5}$]

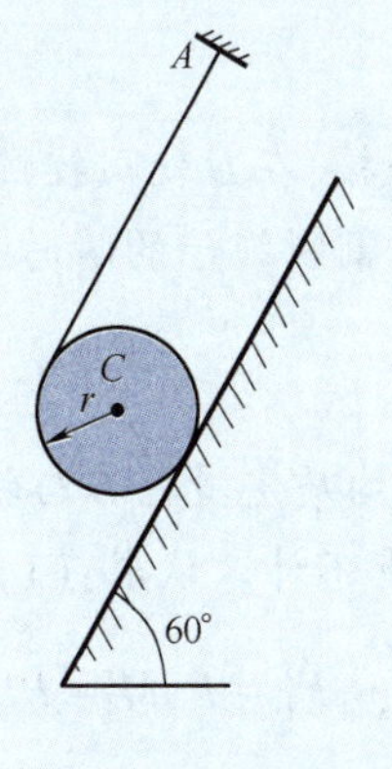

题 12-6 图

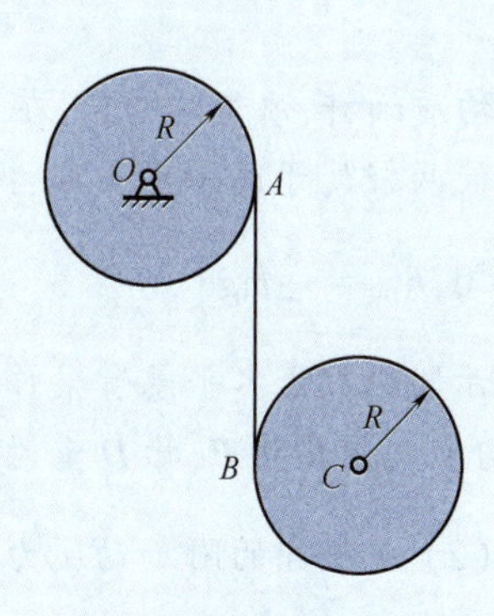

题 12-7 图

12-8　偏心轮绕 O 轴以匀角速度 ω 转动,推动挺杆 AB 沿铅垂方向滑动。挺杆顶部放有一质量为 m 的物体,设偏心距 $OC=e$,开始时在铅垂线上。试求物块对挺杆的压力以及要使物体不离开挺杆时 ω 的最大值。($\omega_{\max}=\sqrt{g/e}$)

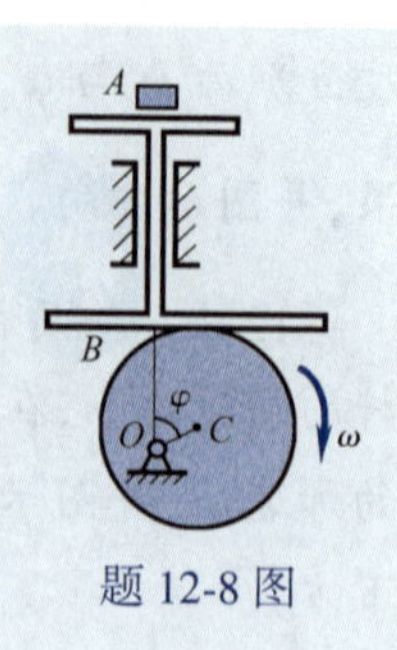

题 12-8 图

12-9　均质梁 AB 重 $\boldsymbol{P}$,中点系一绕在均质圆柱体上的不可伸长的绳子,如图所示。绳子质量不计,圆柱体的质量为 m,质心沿铅垂线向下运动,用动静法求梁支承点 A、B 处的反力。$\left(F_A=\dfrac{3P+mg}{6},F_B=\dfrac{3P+mg}{6}\right)$

12-10　用长为 l 的两绳 AO 和 BO 把长为 l,重为 $\boldsymbol{P}$ 的均质细杆悬挂在 O 点。当杆处于水平静止时,突然剪断绳子 BO,试用动静法求此瞬时变化,绳子 AO 的拉力及 AB 杆的角加速度。$\left(F_{AO}=\dfrac{2\sqrt{3}}{13}P,\alpha=\dfrac{18g}{13l}\right)$

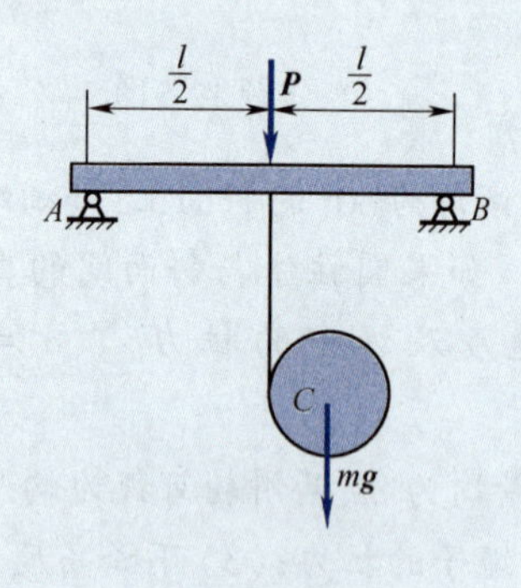

题 12-9 图

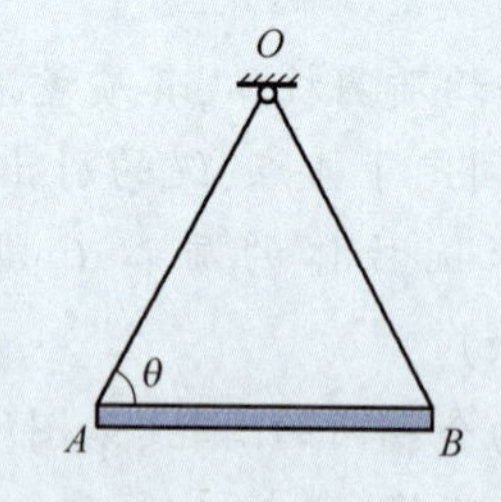

题 12-10 图

12-11　两均质细杆,质量均为 m,在 C 点由光滑铰链连接,在 D 处用铰链支座支承,在 E 点用绳子悬挂,使两杆处于同一水平线,尺寸如图。试求在割断绳子的瞬时,铰支座 D 的约束反力。$\left(F_{Dx}=0,F_{Dy}=\dfrac{8}{7}mg\right)$

12-12　图示圆轮 C 沿水平悬臂梁作纯滚动,用绳通过均质定滑轮 B 与物块 D 相连。已知两轮的半径均为 r,重均为 $\boldsymbol{P}$,物 D 重为 $2\boldsymbol{P}$,梁长为 L,自重不计。试求:(1) 重物 D 开始下落时的加速度;(2) 支座 A 的附加动反力。$\left(a_D=\dfrac{g}{2},F'_{Ax}=\dfrac{P}{2},F'_{Ay}=P,M'_A=PL+2Pr\right)$

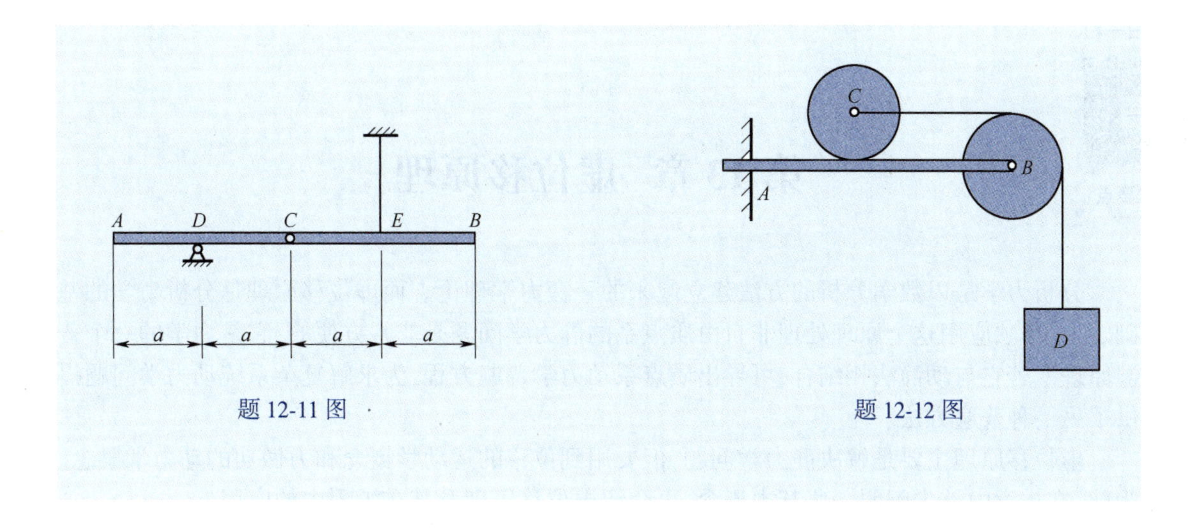

题 12-11 图

题 12-12 图

第13章 虚位移原理

分析力学是以数学分析的方法建立起来的一套力学理论。而虚位移原理是分析力学的基础之一,单独应用这个原理处理非自由质点系的静力学问题是非常方便的,它是力学的一个普遍原理。若它与动静法相结合,可导出质点系动力学普遍方程,为求解复杂系统动力学问题提供了另一种普遍方法。

虚位移原理主要是解决静力学问题,但要用到位移的运动学概念和力做功的动力学概念。为此,在本章中首先阐明一些基本概念,再介绍虚位移原理及其在工程中的应用。

13.1 基本概念

1. 约束及其分类

在静力学中,将限制物体运动的周围物体称为该物体的约束,约束对被约束物体的作用表现为约束力。在此,将**约束**定义为:限制质点和质点系自由运动的各种条件称为约束,表示这些限制条件的数学方程称为**约束方程**。

根据不同的约束形式,约束可按以下的情况进行分类。

(1)几何约束与运动约束

如图13-1所示的单摆,小球B受刚杆AB的约束,被限制在铅直平面内绕固定点A沿圆弧运动,圆弧半径为l,这时约束方程为

$$x^2+y^2=l^2$$

这种限制质点和质点系在空间的几何位置的条件称为**几何约束**。

又如图13-2所示的曲柄连杆机构,其曲柄销A只能做圆周运动,滑块B只能沿滑槽运动。这些限制条件可用以下约束方程来表示,即

$$x_1^2+y_1^2=r^2$$

$$(x_2-x_1)^2+(y_2-y_1)^2=l^2$$

$$y_2=0$$

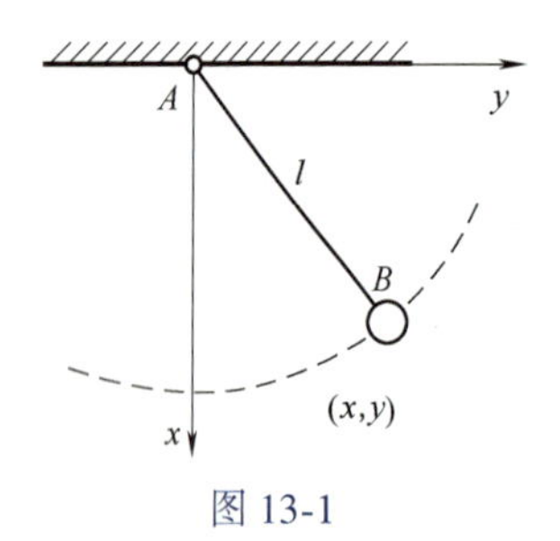

图13-1

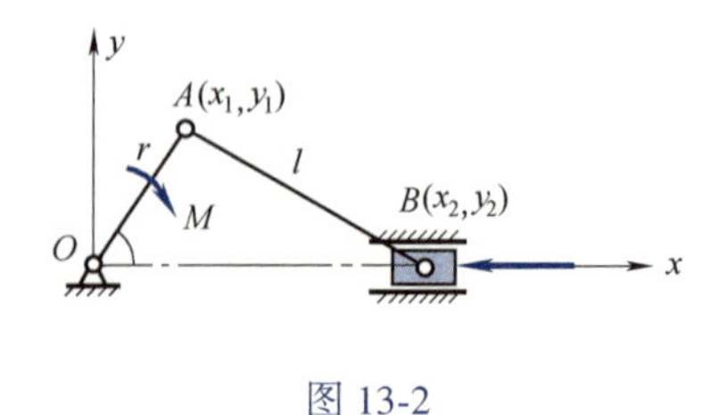

图13-2

对应于几何约束,将限制质点系运动情况的运动学条件称为**运动约束**。如图13-3所示的

车轮在地面上滚动而不滑动时，车轮除受到限制其轮心 A 始终与地面保持距离为 r 的几何约束 $y_A=r$ 外，还受到滚动而不滑动的运动学的限制，即每一瞬时有

$$v_A - r\omega = 0$$

上式即为运动约束的约束方程。

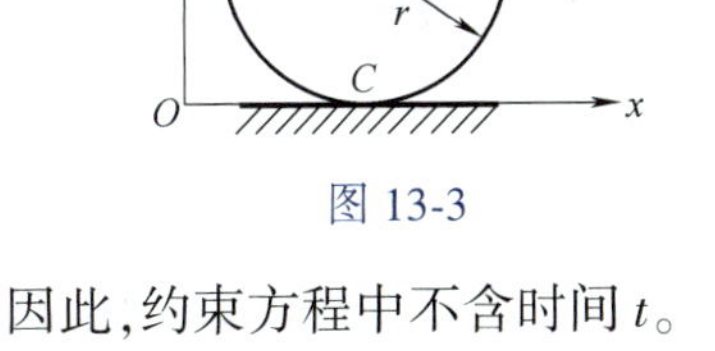

图 13-3

(2) 定常约束与非定常约束

若约束的性质不随时间而变化，则该类约束称为**定常约束**，因此，约束方程中不含时间 t。图 13-1 所示单摆的约束是定常约束，又如图 13-4 所示一质点 M 限制在某一倾角为 θ 的三棱体上运动，则约束方程为

$$x = y\cot\theta$$

式中不含时间 t，这样的约束是定常约束。若此三棱体以匀加速度 a 沿水平向右运动，如图 13-5 所示，其约束方程为

$$x = y\cot\theta + \frac{1}{2}at^2$$

式中显含时间 t，表明其约束性质随时间而变，这样的约束称为非定常约束。

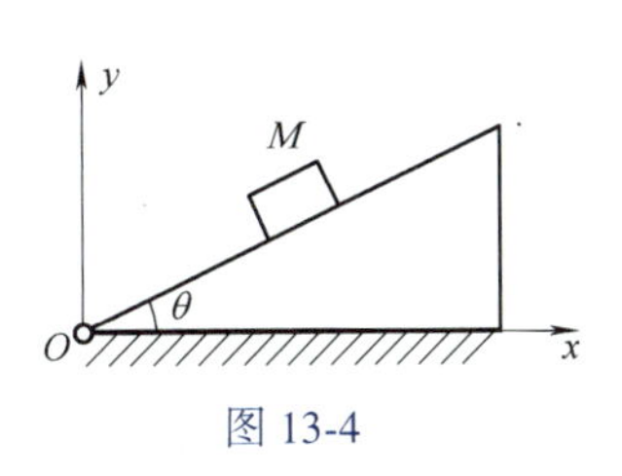

图 13-4

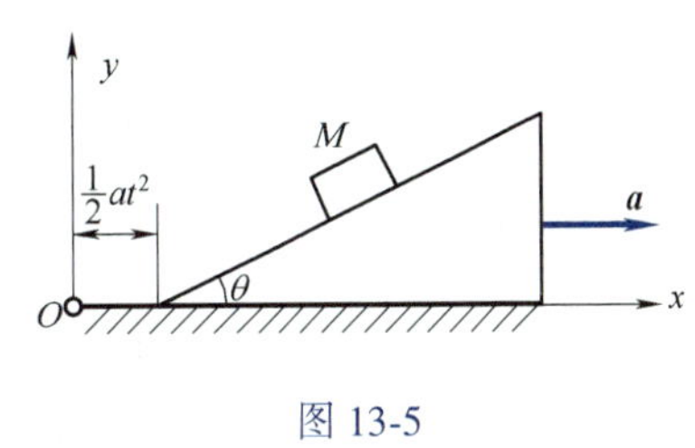

图 13-5

通常，定常约束的约束方程可表示为

$$f(x,y,z) = 0 \tag{13-1}$$

非定常约束的约束方程可表示为

$$f(x,y,z,t) = 0 \tag{13-2}$$

(3) 双面约束与单面约束

如果约束既能限制质点沿某一方向的运动，又能限制沿相反方向的运动，则称该类约束为**双面约束**。如图 13-1 中小球 B 所受的刚杆约束是双面约束。若约束只能限制质点某一方向的运动，而不能限制相反方向的运动，则称该类约束为**单面约束**。如将图 13-1 中的刚杆改为绳子，因绳子不能限制小球沿着使绳子松弛的方向运动，故成为单面约束，其约束方程为

$$x^2 + y^2 \leqslant l^2$$

一般地，双面约束的约束方程是等式，单面约束的方程是不等式。

(4) 完整约束与非完整约束

如果在约束方程中显含坐标对时间的导数，且不可积分，则这种约束称为**非完整约束**。非完整约束的约束方程总是微分方程的形式。反之，如果约束方程中不含坐标对时间的导数，或者约束方程中微分项可以积分为有限形式，这类约束称为**完整约束**。例如，图 13-3 中，若设 x_A 和 φ 分别是 A 的坐标和车轮的转角，则有 $v_A=\dot{x}_A$，$\omega=\dot{\varphi}$，其运动约束又可改写为

$$\dot{x}_A - r\dot{\varphi} = 0$$

上式虽是微分方程的形式,但它可以积分为有限形式,故仍是完整约束。

本章只讨论定常的双面几何约束。

2. 自由度和广义坐标

一个由 n 个质点组成的质点系在空间的位置,在直角坐标系中需用 $3n$ 个坐标来确定。如果质点系受有 s 个完整约束,则质点系的 $3n$ 个坐标必须满足 s 个约束方程,因此质点系只有 $k=3n-s$ 个坐标是独立的。在完整约束的条件下,用来确定质点系在空间的位置所需独立坐标的个数,称为质点系的**自由度**,简称**自由度**。例如,图 13-2 所示曲柄连杆机构,确定 A 点和 B 点位置的直角坐标有 4 个,而约束方程有 3 个,所以确定该机构的位置所需要的独立坐标只有一个,系统具有一个自由度。

显然,对于一个具有 n 个质点的非自由质点系,如果用 k 个独立变量来确定其位置,要比用 $3n$ 个独立直角坐标和 s 个约束方程来确定其位置方便得多,在实际应用中,不一定选取 k 个独立的直角坐标来确定质点系的位置,通常根据问题的具体情况可以选取一组独立参数唯一地确定系统的位置。这种唯一地确定质点系位置的独立参数,称为**广义坐标**。对于完整系统,广义坐标的数目就等于自由度数目。

一般来说,作为定位参数的广义坐标,可以是线位移,也可以是角位移,或其他参数。但所选的广义坐标不能破坏独立坐标的唯一性。

3. 虚 位 移

一个质点或质点系,由于受到约束的限制,其某些位移是可能在约束所允许的情况下发生。在某瞬时,质点或质点系在约束允许的条件下,可能实现的任何假想的无限小的位移,称为该质点或质点系的**虚位移**。虚位移可以是线位移,也可以是角位移。虚位移用变分符号 δ 表示,"变分"包含有无限小"变更"的意思。

例如,图 13-6 杠杆 AB 的虚位移是绕点 O 的微小转动,即由 AB 转过一微小角度 $\delta\theta$ 到 $A'B'$。杠杆上任一点 M 的虚位移 δr_M 是以点 O 为圆心、OM 为半径的圆上一段微小的弦 MM'。由于 $\delta\theta$ 是微小的,可以认为 δr_M 垂直于 AB,且有 $\delta r_M = MM'$。同样,A、B 两点的虚位移为 δr_A、δr_B,且也垂直于 AB。

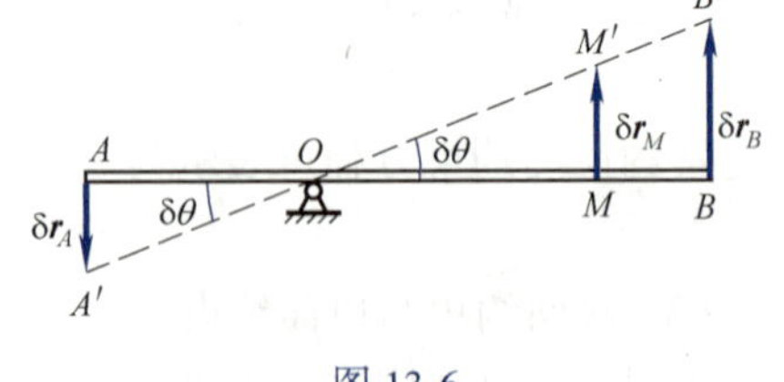

图 13-6

虚位移与真实运动发生的实位移有区别。(1) 虚位移是无限小的位移,它不改变原来的平衡条件,而实位移可以是无限小位移,也可以是有限的位移。(2) 虚位移可以有多个或在约束所允许下有无限多个,如质点 M 在曲面上运动,其虚位移包括在其切面的一切微小的位移。(3) 虚位移是假想的。(4) 虚位移决定于质点系所受的约束,而与质点系所受的力、时间以及质点系的运动情况无关。实位移不仅决定于质点系所受的约束,也和所受力、时间以及运动的初始条件有关。虚位移通常用符号 $\delta x, \delta s, \delta r, \delta\varphi, \cdots$ 表示,以此区别表示实位移的符号 dx, $ds, dr, d\varphi, \cdots$。(5) 质点系在定常完整约束条件下,它的无限小的实位移是它的虚位移之一。

4. 虚 功

如图 13-7 所示,设某质点受力 $\boldsymbol{F}$ 作用。假想给质点一虚位移 $\delta\boldsymbol{r}$,则力 $\boldsymbol{F}$ 在虚位移 $\delta\boldsymbol{r}$ 上作

的功称为虚功,可以表示为

$$\delta W = \boldsymbol{F} \cdot \delta \boldsymbol{r} \tag{13-3}$$

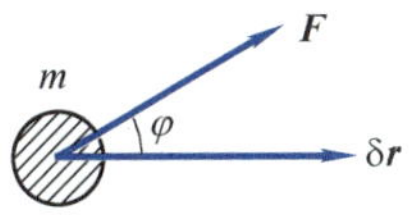

图 13-7

其解析表达式为

$$\delta W = F_x \delta x + F_y \delta y + F_z \delta z \tag{13-4}$$

式中,F_x、F_y、F_z 是力 $\boldsymbol{F}$ 在直角坐标轴上的投影;δx、δy、δz 是虚位移 $\delta \boldsymbol{r}$ 在直角坐标轴上的投影。

应该注意,因虚位移是假想的,不是真实发生的,因而虚功也是假想的,是虚的。

5. 理想约束

如果在质点系的任何虚位移中,所有约束力所作的虚功之和等于零,称这种约束为**理想约束**。在动能定理一章中已分析过光滑表面、光滑铰链、刚性杆以及不可伸长的绳索等约束,其约束反力都不做功或做功之和等于零。同样,这些约束也符合理想约束的要求,其约束反力 $\boldsymbol{F}_{\mathrm{N}i}$ 在虚位移 $\delta \boldsymbol{r}_i$ 中也不做虚功或虚功之和等于零,即

$$\delta W_{\mathrm{N}} = \sum_{i=1}^{n} \delta W_{\mathrm{N}i} = \sum_{i=1}^{n} \boldsymbol{F}_{\mathrm{N}i} \cdot \delta \boldsymbol{r}_i = 0 \tag{13-5}$$

13.2　虚位移原理及其应用

虚位移原理可表述为:具有理想约束的质点系处于平衡的必要和充分条件是:在质点系的任何虚位移中,所有主动力的元功之和等于零,即

$$\sum_{i=1}^{n} \boldsymbol{F}_i \cdot \delta \boldsymbol{r}_i = 0 \tag{13-6}$$

上式又称为虚功方程。式中 $\boldsymbol{F}_i$ 为质点 m_i 上所有主动力的合力,δr_i 为该质点的虚位移。

现证明条件的必要性。设有一质点系处于平衡状态,取质点系中任一质点 m_i,如图 13-8 所示,作用在该质点上的主动力的合力为 $\boldsymbol{F}_i$,约束反力的合力为 $\boldsymbol{F}_{\mathrm{N}i}$。因为质点系平衡,则这个质点处于平衡,故有

$$\boldsymbol{F}_i + \boldsymbol{F}_{\mathrm{N}i} = 0$$

若给质点系以某种虚位移,其中质点 m_i 的虚位移为 $\delta \boldsymbol{r}_i$,则作用在质点 m_i 上的力 $\boldsymbol{F}_i$ 和 $\boldsymbol{F}_{\mathrm{N}i}$ 的虚功之和为

$$\boldsymbol{F}_i \cdot \delta \boldsymbol{r}_i + \boldsymbol{F}_{\mathrm{N}i} \cdot \delta \boldsymbol{r}_i = 0$$

对于质点系内所有质点,都可以得到与上式同样的等式。将这些等式相加,得

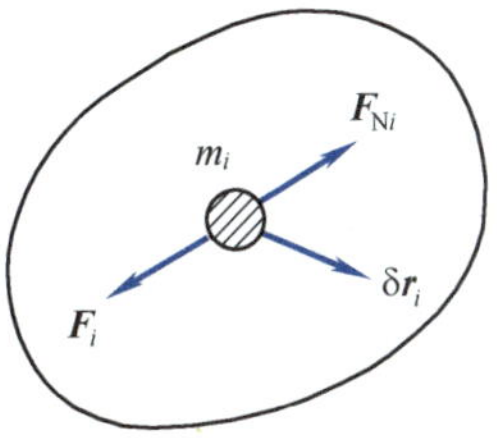

图 13-8

$$\sum_{i=1}^{n} \boldsymbol{F}_i \cdot \delta \boldsymbol{r}_i + \sum_{i=1}^{n} \boldsymbol{F}_{\mathrm{N}i} \cdot \delta \boldsymbol{r}_i = 0$$

如果质点系具有理想约束,则应有式(13-5)存在,代入上式,得到式(13-6)。

条件充分性的证明可参看相关书籍。

式(13-6)也可以写成解析表达式,即

$$\sum_{i=1}^{n} (F_{xi} \delta x_i + F_{yi} \delta y_i + F_{zi} \delta z_i) = 0 \tag{13-7}$$

式中,F_{xi}、F_{yi}、F_{zi} 为作用于质点 m_i 的主动力 $\boldsymbol{F}_i$ 在直角坐标轴上的投影;δx_i、δy_i、δz_i 为虚位移

$\delta \boldsymbol{r}_i$ 在直角坐标轴上的投影。

应该指出,虽然应用虚位移原理的条件是质点系应具有理想约束,但也可以用于有摩擦的情况,只要把摩擦力当作主动力,在虚功方程中计入摩擦力所作的虚功即可。

在工程实际中,虚位移原理可以用来求解以下静力学问题:

(1) 根据给定质点系的平衡位置,求各主动力之间的关系;

(2) 已知作用于质点系的主动力,求平衡位置;

(3) 已知作用于质点系给定平衡位置的主动力,求约束反力;

(4) 求平面构架内二力杆的内力。

【例 13-1】 一刚架如图 13-9(a) 所示,受力 $\boldsymbol{F}_1$、$\boldsymbol{F}_2$ 作用,尺寸已在图上标明。试用虚位移原理求平衡时力 $\boldsymbol{F}_1$ 与 $\boldsymbol{F}_2$ 之间的关系。

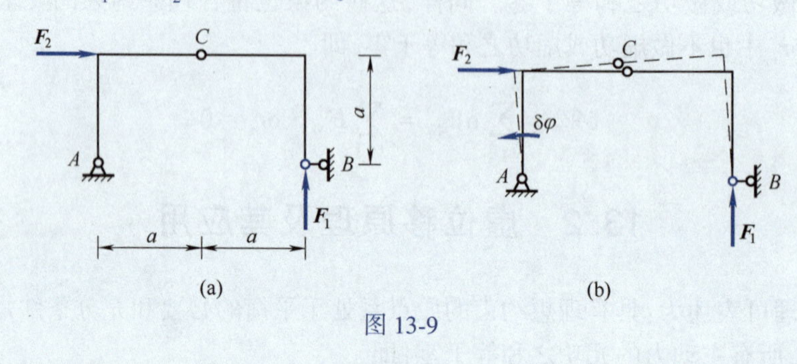

图 13-9

【解】 确定杆 AC 位置后,杆 BC 位置也随之确定。而杆 AC 能绕 A 点转动,有一个自由度,故质点系有一个自由度。

杆 AC 为定轴转动,给出的虚位移 $\delta\varphi$ 如图 13-9(b) 所示。杆 BC 是平面运动刚体,图示位置其速度瞬心与 A 点重合,其位移也是绕 A 点的无限小的角位移 $\delta\varphi$。力 $\boldsymbol{F}_1$ 作用点的虚位移铅垂向上,力 $\boldsymbol{F}_2$ 作用点的虚位移沿水平方向向左。

根据虚位移原理,有

$$M_A(\boldsymbol{F}_1)\delta\varphi + M_A(\boldsymbol{F}_2)\delta\varphi = 0$$

即

$$2F_1 a\delta\varphi - F_2 a\delta\varphi = 0$$

得

$$F_2 = 2F_1$$

【例 13-2】 在图 13-10 所示系统中除连接 H 点的二杆长度为 l 外,其余各杆长均为 $2l$,弹簧的刚度系数均为 k,当未加水平力 $\boldsymbol{F}$ 时弹簧不受力,且 $\theta = \theta_0$,不考虑各杆的重量与变形,求平衡于 θ 角位置时水平力 F 的大小。

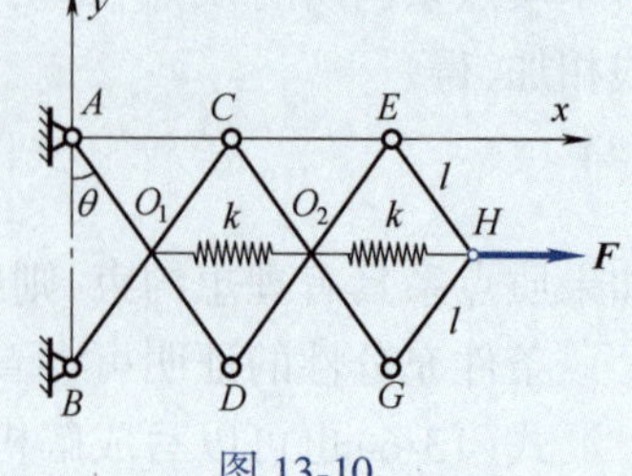

图 13-10

【解】 取坐标系如图所示,以 θ 为广义坐标,则各力作用点的坐标为

$$x_{O_1} = l\sin\theta,\quad x_{O_2} = 3l\sin\theta,\quad x_H = 5l\sin\theta$$

即各点位置均可确定,故系统有一个自由度。取变分得各点处虚位移为

$$\delta x_{O_1} = l\cos\theta\delta\theta,\quad \delta x_{O_2} = 3l\cos\theta\delta\theta,\quad \delta x_H = 5l\cos\theta\delta\theta$$

O_1O_2 弹簧的变形为 $2l(\sin\theta-\sin\theta_0)$，$HO_2$ 弹簧的变形为 $2l(\sin\theta-\sin\theta_0)$，则系统的虚功方程为

$$2kl(\sin\theta-\sin\theta_0)\delta x_{O_1}-2kl(\sin\theta-\sin\theta_0)\delta x_{O_2}+2kl(\sin\theta-\sin\theta_0)\delta x_{O_2}-$$
$$2kl(\sin\theta-\sin\theta_0)\delta x_H+F\delta x_H=0$$

整理有
$$2kl(\sin\theta-\sin\theta_0)[l\cos\theta\delta\theta-5l\cos\theta\delta\theta]+5Fl\cos\theta\delta\theta=0$$

解得
$$F=\frac{8kl}{5}(\sin\theta-\sin\theta_0)$$

【例 13-3】 在图 13-11(a) 所示机构中，已知：$AB=BC=l$，$BD=BE=b$，杆重不计，弹簧的刚度系数为 k。当 $AC=a$ 时，弹簧为原长。设在 C 处作用一水平力 $\boldsymbol{F}$，求系统处于平衡时，A、C 间的距离 x。

【解】 以整体为研究对象，取图 13-11(b) 所示坐标系。将弹簧断开后，点 D、E 的弹簧力分别为 $\boldsymbol{F}_D$、$\boldsymbol{F}_E$，且 $F_D=F_E$，则得虚功方程为

$$F\delta x_C+F_D\delta x_D-F_E\delta x_E=0 \tag{1}$$

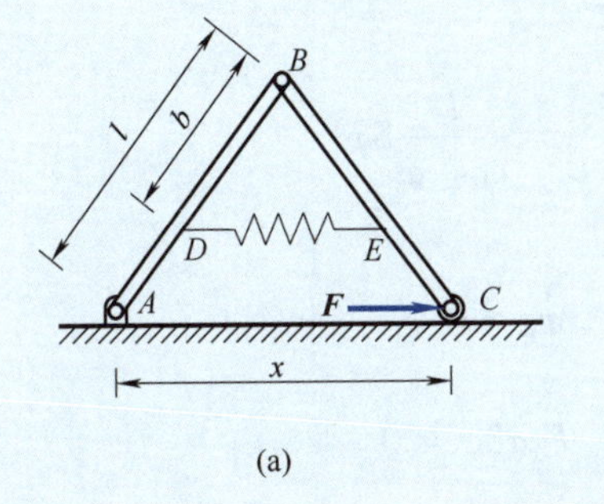

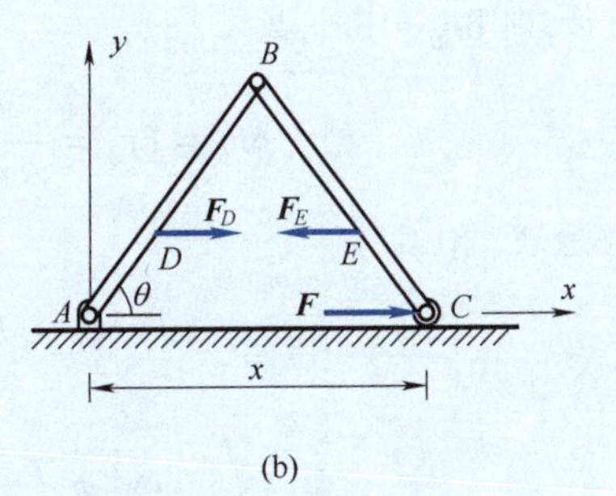

图 13-11

用解析法求解。以 θ 为广义坐标，则有

$$x_C=2l\cos\theta,\quad x_D=(l-b)\cos\theta,\quad x_E=(l+b)\cos\theta$$

故各点位置随之确定，系统有一个自由度。求坐标变分，有

$$\begin{cases}\delta x_C=-2l\sin\theta\delta\theta\\ \delta x_D=-(l-b)\sin\theta\delta\theta\\ \delta x_E=-(l+b)\sin\theta\delta\theta\end{cases} \tag{2}$$

弹簧拉力 F_D、F_E 为

$$F_D=F_E=k\Delta=k\left(\frac{xb}{l}-\frac{ab}{l}\right)=\frac{kb}{l}(x-a) \tag{3}$$

将式(2)、式(3) 代入式(1)，得

$$F(-2l\sin\theta\delta\theta)+\frac{kb}{l}(x-a)[-(l-b)\sin\theta\delta\theta]-\frac{kb}{l}(x-a)[-(l+b)\sin\theta\delta\theta]=0$$

解得
$$x=a+\frac{Fl^2}{kb^2}$$

【例 13-4】 在图 13-12 所示连杆机构中,当曲柄 OC 绕 O 轴摆动时,滑块 A 可沿 OC 滑动,从而带动 AB 杆在铅垂导槽 K 内滑动。已知 $OC=a$,$OK=l$,C 点垂直于曲柄作用一力 $\boldsymbol{F}_2$,在 B 点沿 BA 作用一力 $\boldsymbol{F}_1$。求机构平衡时,力 $\boldsymbol{F}_1$、$\boldsymbol{F}_2$ 应满足的关系。设各处摩擦不计。

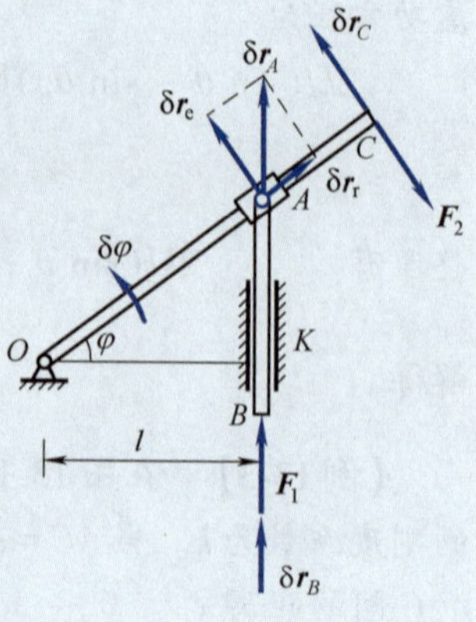

图 13-12

【解】 当 φ 确定时,系统的位置便完全确定,故系统具有一个自由度,取 φ 为广义坐标。给虚位移 $\delta\varphi$ 如图,则力 $\boldsymbol{F}_1$、$\boldsymbol{F}_2$ 作用点的虚位移分别为 $\delta\boldsymbol{r}_B$、$\delta\boldsymbol{r}_C$,又

$$\delta r_C = a\delta\varphi \tag{1}$$

由点的复合运动知识知,若把滑块 A 取作动点,曲柄 OC 取为动系,则滑块 A 的绝对虚位移 $\delta\boldsymbol{r}_A$、相对虚位移 $\delta\boldsymbol{r}_r$,牵连虚位移 $\delta\boldsymbol{r}_e$ 之间应有

$$\delta\boldsymbol{r}_A = \delta\boldsymbol{r}_e + \delta\boldsymbol{r}_r$$

又

$$\delta r_e = OA \times \delta\varphi = \frac{l}{\cos\varphi}\delta\varphi$$

而杆 AB 作平移,则 $\delta\boldsymbol{r}_B = \delta\boldsymbol{r}_A$,故

$$\delta r_B = \delta r_A = \frac{\delta r_e}{\cos\varphi} = \frac{l}{\cos^2\varphi}\delta\varphi \tag{2}$$

由虚位移原理,有

$$F_1\delta r_B - F_2\delta r_C = 0$$

即

$$F_1\frac{l}{\cos^2\varphi}\delta\varphi - F_2 a\delta\varphi = 0$$

解得

$$F_2 = \frac{F_1 l}{a\cos^2\varphi}$$

由以上数例可见,用虚位移原理求解系统的平衡问题,关键是找出各虚位移之间的关系。建立各虚位移之间关系的方法有多种,应灵活应用。

13.3 动力学普遍方程

虚位移原理只用于求解静力学问题,但若将虚位移原理与达朗贝尔原理相结合,则虚位移原理也可以用于求解动力学问题。

考察由几个质点组成的理想约束系统。根据达朗贝尔原理,系统中第 i 个质点的虚加惯性力与质点所受主动力和约束力组成平衡力系,即

$$\boldsymbol{F}_i + \boldsymbol{F}_{Ni} + \boldsymbol{F}_{Ii} = 0$$

又 $\boldsymbol{F}_{Ii}=-m_i\boldsymbol{a}_i$ 上式可写为

$$\boldsymbol{F}_i + \boldsymbol{F}_{Ni} - m_i\boldsymbol{a}_i = 0 \quad (i=1,2,\cdots,n)$$

式中,m_i、$\boldsymbol{a}_i$、$\boldsymbol{F}_i$ 和 $\boldsymbol{F}_{Ni}$ 分别为质点系中第 i 个质点的质量。加速度、所受主动力和约束力。若给

系统任一组虚位移 $\delta \boldsymbol{r}_i(i=1,\cdots,n)$，则系统的总虚功为

$$\sum(\boldsymbol{F}_i+\boldsymbol{F}_{\mathrm{N}i}-m_i\boldsymbol{a}_i)\cdot\delta\boldsymbol{r}_i=0$$

利用理想约束的条件

$$\sum\boldsymbol{F}_{\mathrm{N}i}\cdot\delta\boldsymbol{r}_i=0$$

则系统的总虚功变为

$$\sum(\boldsymbol{F}_i-m_i\boldsymbol{a}_i)\cdot\delta\boldsymbol{r}_i=0 \tag{13-8}$$

上式称为**动力学普遍方程**，即任一瞬时作用于理想、双面约束系统上的主动力与虚加的惯性力在该系统任意虚位移上的虚功之和为零。

若将式(13-8) 中的各矢量分别表示为直角坐标形式，即

$$\boldsymbol{F}_i=F_{ix}\boldsymbol{i}+F_{iy}\boldsymbol{j}+F_{iz}\boldsymbol{k}$$
$$\boldsymbol{a}_i=\ddot{x}_i\boldsymbol{i}+\ddot{y}_i\boldsymbol{j}+\ddot{z}_i\boldsymbol{k}$$
$$\delta\boldsymbol{r}_i=\delta x_i\boldsymbol{i}+\delta y_i\boldsymbol{j}+\delta z_i\boldsymbol{k}$$

则得到式(13-8) 的解析表达式

$$\sum\left[(F_{ix}-m_i\ddot{x}_i)\delta x_i+(F_{iy}-m_i\ddot{y}_i)\delta y_i+(F_{iz}-m_i\ddot{z}_i)\delta z_i\right]=0 \tag{13-9}$$

需要指出的是，式(13-8)适用于任何理想、双面约束系统，不论约束是否完整、是否定常，也不论作用力是否为有势力。

动力学普遍方程与静力学普遍方程一样，一切理想约束的约束力在方程中并不出现，有利于求解复杂的动力学问题。

【例 13-5】 如图 13-13(a)所示升降机的简图，被提升的物体 A 重为 $\boldsymbol{P}_1$，平衡锤重 $\boldsymbol{P}_2$；带轮 C 及 D 重均为 P，半径均为 r，可视为均质圆柱。设电机作用于轮 C 的转矩为 M，胶带的质量不计，求重物 A 的加速度。

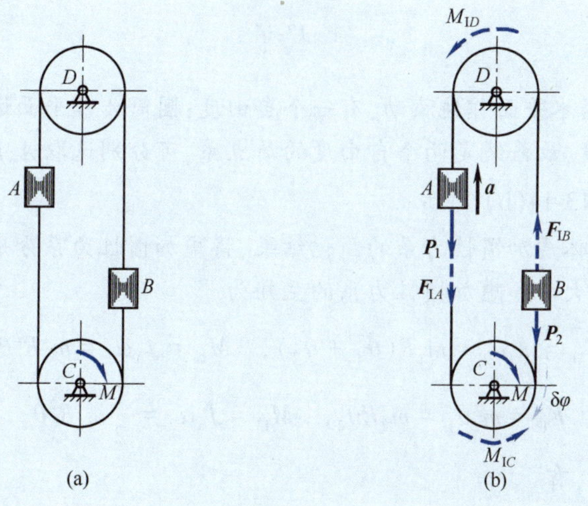

图 13-13

【解】 以系统为研究对象，设重物 A 的加速度为 $\boldsymbol{a}$，取 C 轮的转角 φ 为广义坐标，则系统中其余物体的位置就能确定，故系统只有一个自由度。现在每一物体上虚加惯性力，如图 13-13(b) 所示，有

$$F_{IA}=\frac{P_1}{g}a,\quad F_{IB}=\frac{P_2}{g}a,\quad M_{IC}=M_{ID}=\frac{1}{2}\frac{P}{g}r^2\cdot\frac{a}{r}$$

若设带轮 C 有虚转角 $\delta\varphi$,则根据动力学普遍方程

$$M\cdot\delta\varphi-M_{IC}\cdot\delta\varphi-(P_1+F_{IA})\cdot r\cdot\delta\varphi-M_{ID}\cdot\delta\varphi+(P_2-F_{IB})\cdot r\cdot\delta\varphi=0$$

整理得

$$\left[M-(P_1-P_2)r-\frac{P+P_1+P_2}{g}ra\right]\delta\varphi=0$$

因 $\delta\varphi\neq 0$,得

$$a=\frac{M+(P_2-P_1)r}{(P_1+P_2+P)r}g$$

【例 13-6】 在如图 13-14 所示的系统中,已知均质薄壁圆筒 A 质量为 m_1,半径为 R;均质圆柱 B 质量为 m_2,半径亦为 R。圆柱 B 沿水平面作纯滚动,其上作用有力偶矩为 M 的力偶。假设不计滑轮 C 的质量。(1) 试建立系统的运动微分方程;(2) 求圆筒 A 和圆柱 B 的角加速度 α_1 和 α_2。

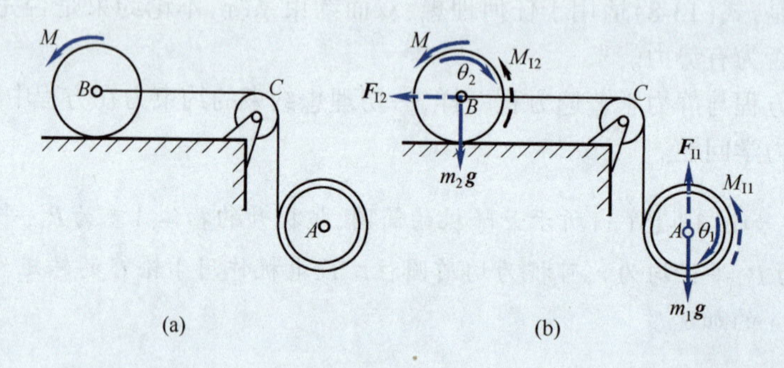

图 13-14

【解】 圆柱 B 沿水平面作纯滚动,有一个自由度;圆筒 A 作平面运动,但由于绳索的约束,也只有一个自由度,故系统是两个自由度的质点系,可分别选取 A、B 的刚体的转角 θ_1 和 θ_2 为广义坐标,如图 13-14(b) 所示。

根据平面运动刚体虚加惯性力系的简化结果,将虚加惯性力系分别向 A、B 两点简化,其虚加惯性力系的主矢大小和虚加惯性力系的主矩为

$$F_{I1}=m_1a_A=m_1R(\ddot{\theta}_1+\ddot{\theta}_2),\quad M_{I1}=J_A\alpha_1=m_1R^2\ddot{\theta}_1$$

$$F_{I2}=m_2a_B=m_2R\ddot{\theta}_2,\quad M_{I2}=J_B\alpha_2=\frac{1}{2}m_2R^2\ddot{\theta}_2$$

应用动力学普遍方程,有

$$(m_1g-F_{I1})\delta r_A-M_{I1}\delta\theta_1-F_{I2}\delta r_B-(M+M_{I2})\delta\theta_2=0$$

由运动分析,得

$$\delta r_A=R(\delta\theta_1+\delta\theta_2),\quad \delta r_B=R\delta\theta_2$$

代入动力学普遍方程,有

$$[m_1 g - m_1 R(\ddot{\theta}_1 + \ddot{\theta}_2)] \times R(\delta\theta_1 + \delta\theta_2) - m_1 R^2 \ddot{\theta}_1 \delta\theta_1 - m_2 R^2 \ddot{\theta}_2 \delta\theta_2 - \left(M + \frac{1}{2} m_2 R^2 \ddot{\theta}_2\right) \delta\theta_2 = 0$$

整理后,得

$$[m_1 gR - m_1 R^2(\ddot{\theta}_1 + \ddot{\theta}_2) - m_1 R^2 \ddot{\theta}_1]\delta\theta_1 + [m_1 gR - m_1 R^2(\ddot{\theta}_1 + \ddot{\theta}_2) - m_2 R^2 \ddot{\theta}_2 - M - \frac{1}{2} m_2 R^2 \ddot{\theta}_2]\delta\theta_2 = 0$$

由于 $\delta\theta_1$ 和 $\delta\theta_2$ 是相互独立的虚位移,故系统运动微分方程为

$$m_1 gR - m_1 R^2(\ddot{\theta}_1 + \ddot{\theta}_2) - m_1 R^2 \ddot{\theta}_1 = 0$$

$$m_1 gR - m_1 R^2(\ddot{\theta}_1 + \ddot{\theta}_2) - m_2 R^2 \ddot{\theta}_2 - M - \frac{1}{2} m_2 R^2 \ddot{\theta}_2 = 0$$

由运动微分方程组,解得

$$\alpha_1 = \ddot{\theta}_1 = \frac{(4m_1 + 3m_2)Rg - 2M}{2(m_1 + 3m_2)R^2}$$

$$\alpha_2 = \ddot{\theta}_2 = \frac{2M - 3m_1 Rg}{(m_1 + 3m_2)R^2}$$

即为圆筒 A 和圆柱 B 的角加速度。

思 考 题

13-1 下列说法是否正确?(1) 虚位移是假想的,极微小的位移,它与时间、主动力以及运动的初始条件无关;(2) 质点系的虚位移是由约束条件所决定的,具有任意性,与所受力及时间无关。

13-2 如图 13-15 所示曲柄连杆机构,已知曲柄 OA 长 l,质量不计,连杆 AB 长 $2l$,重 $\boldsymbol{P}$,且机构受力偶矩为M的力偶和水平力$\boldsymbol{F}$的作用,在图示位置平衡。若用虚位移原理求解,则必要的虚位移之间的关系是什么?力 $\boldsymbol{F}$ 的大小为多少?

13-3 如图 13-16 所示,为了用虚位移原理求解系统 B 处约束力,需将 B 支座解除,代之以适当的约束力,此时 B、D 点虚位移之比值是什么?若已知 $F = 50$ N,则 B 处约束力的大小为多少?

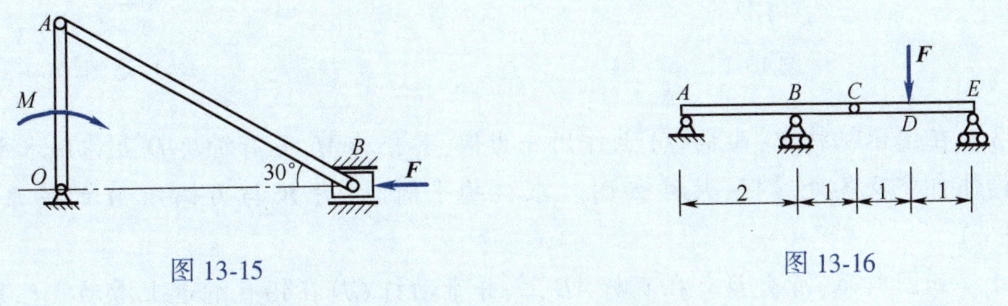

图 13-15　　图 13-16

13-4 图 13-17 中 $ABCD$ 组成一平行四边形,$FE \mathbin{/\mkern-6mu/} AB$,且 $AB = EF = l$,E 为 BC 中点;B、C、E 处为铰接。设 B 点虚位移为 δr_B,试确定 C 点、E 点、F 点的虚位移。

13-5　图13-18所示平面机构,CD连线铅直,杆$BC=BD$。在图示瞬时,角$\varphi=30°$,杆AB水平,则该瞬时点A和点C的虚位移大小之间的关系如何?并在图上画出A、B、C的虚位移。

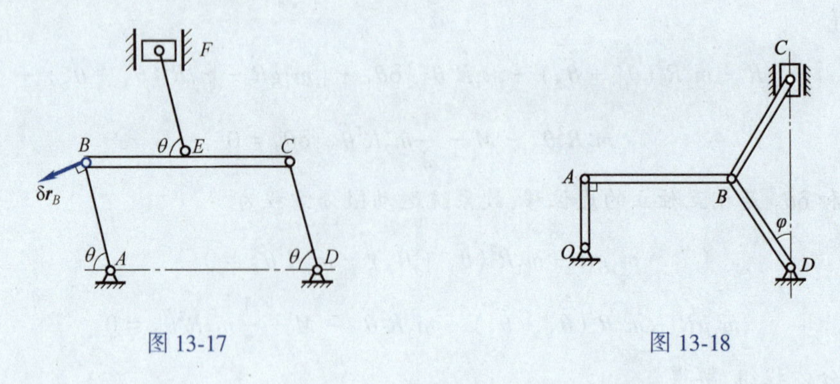

图13-17　　图13-18

习　题

13-1　图示机构中两连杆OA、AB各长l,重量不计。求在铅垂力$\boldsymbol{F}_1$和水平力$\boldsymbol{F}_2$作用下机构保持平衡时,φ的值是多少?不计摩擦。$\left[\theta=\arctan\left(\dfrac{F_1}{2F_2}\right)\right]$

13-2　图示曲柄式压榨机在销钉B上作用有水平力$\boldsymbol{F}$,此力位于平面ABC内,作用线平分$\angle ABC$,$AB=BC$,各处摩擦及杆重不计,求对物体的压力。$\left(F_{\mathrm{N}}=\dfrac{1}{2}F\tan\theta\right)$

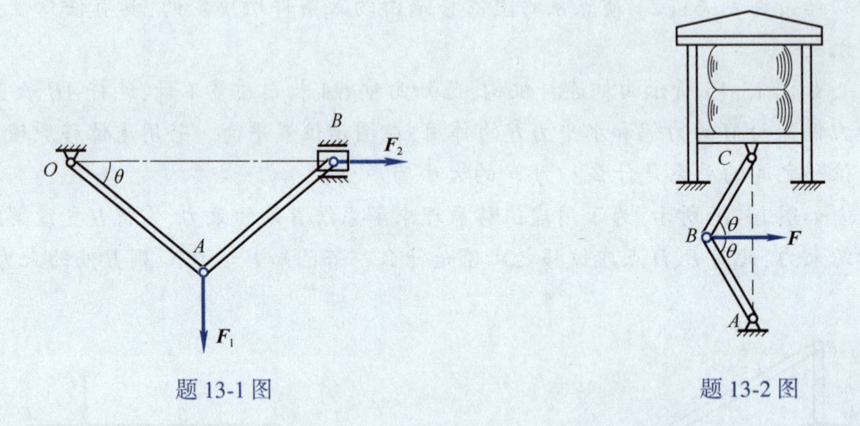

题13-1图　　题13-2图

13-3　在图示机构中,曲柄OA上作用一力偶,其矩为M,另有滑块D上作用水平力$\boldsymbol{F}$。不计各构件自重及各处摩擦,尺寸如图。求机构平衡时,力$\boldsymbol{F}$与力偶矩M的关系。($F=M\cot 2\theta/a$)

13-4　如图所示,滑套D套在直杆AB上,并带动杆CD在铅直滑道上滑动。已知$\theta=0°$时弹簧为原长,弹簧刚度系数为5 kN/m,不计各构件自重及各处摩擦。求在任意位置平衡时,应加多大的力偶矩M?$[M=450\sin\theta(1-\cos\theta)/\cos^3\theta\ \mathrm{N\cdot m}]$

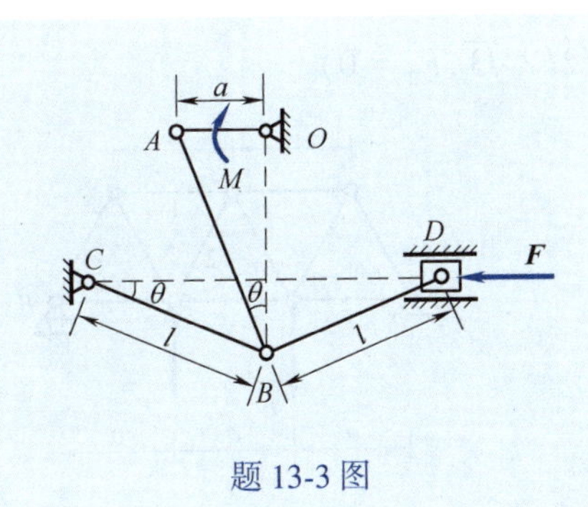

题13-3图

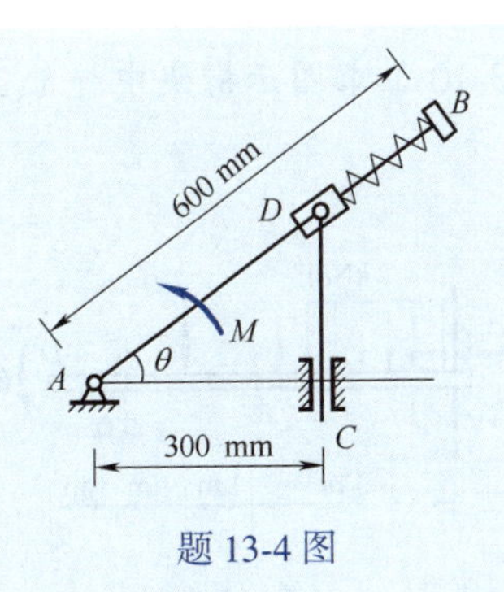

题13-4图

13-5　图示机构在力 $\boldsymbol{F}_1$ 与 $\boldsymbol{F}_2$ 作用下在图示位置平衡，不计各构件自重与各处摩擦。已知：$OD = BD = l_1$，$AD = l_2$。求 F_1/F_2 的值。$\left[\dfrac{F_1}{F_2} = \dfrac{2l_1 \sin\theta}{l_2 + l_1(1 - 2\sin^2\theta)}\right]$

13-6　如图所示，杆系在铅垂面内平衡，$AB = BC = l$，$CD = DE$，且 AB、CE 为水平，CB 为铅垂。均质杆 CE 和刚度系数为 k_1 的拉压弹簧相连，重量为 $\boldsymbol{P}$ 的均质杆 AB 左端有一刚度系数为 k_2 的螺线弹簧。在 BC 杆上作用有水平的线性分布载荷，其最大载荷集度为 q。不计 BC 杆和 CE 杆的重量，求水平弹簧的变形量 δ 和螺线弹簧的扭转角 φ。$(\delta = -ql/6k_1, \varphi = Pl/2k_2)$

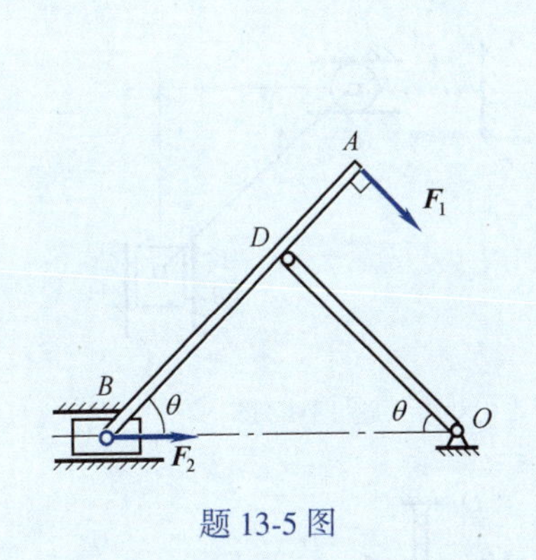

题13-5图

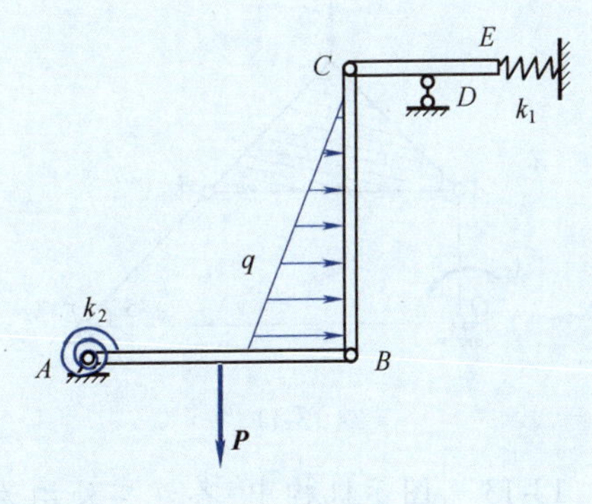

题13-6图

13-7　用虚位移原理求图示桁架中杆3的内力。$(F_3 = F)$

13-8　多跨静定梁载荷分布如图所示。已知跨度 $l = 8$ m，$F = 4.9$ kN，$q = 2.45$ kN/m，力偶矩 $M = 4.9$ kN·m。求支座约束反力。$(F_A = -2.45$ kN，$F_B = 14.7$ kN，$F_E = 2.45$ kN$)$

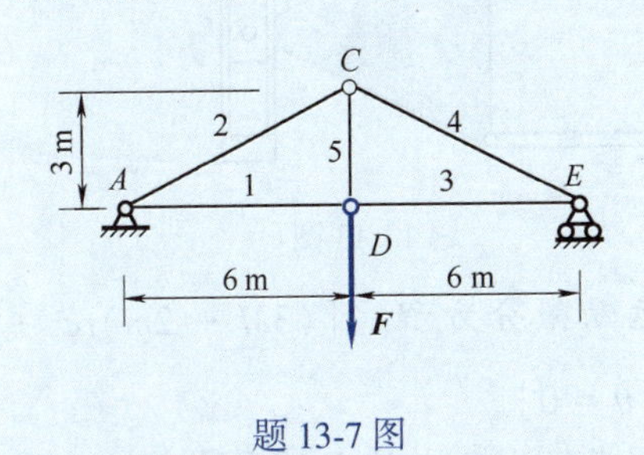

题13-7图

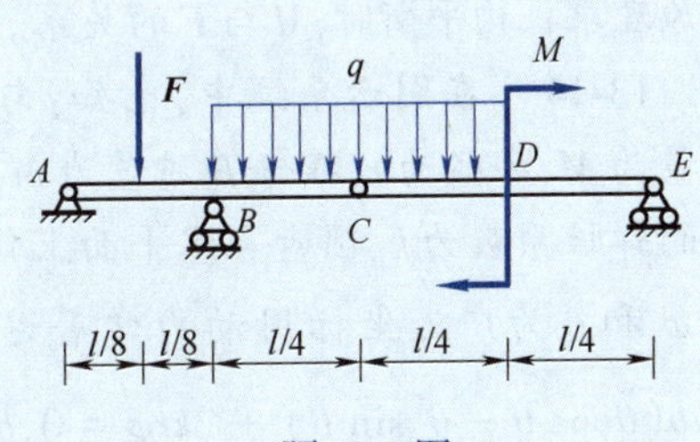

题13-8图

13-9　多跨静定梁支承及载荷如图所示。求各支座的约束反力。$(M_A = 15$ kN·m，$F_A = 8$ kN，$F_C = 8$ kN$)$

13-10　求图示桁架中杆1、2的内力。($F_1 = -2F/\sqrt{3}, F_2 = 0$)

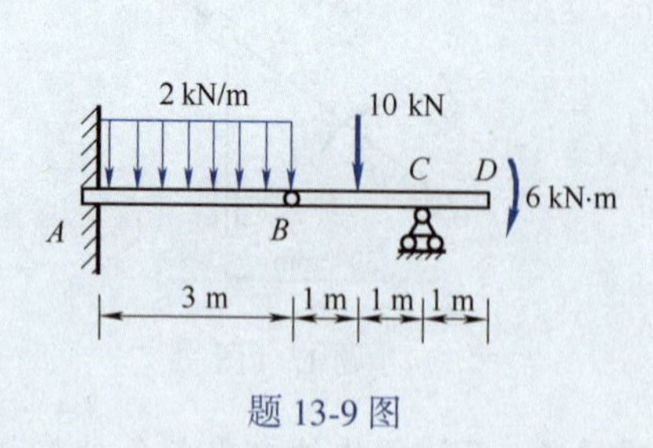

题13-9图

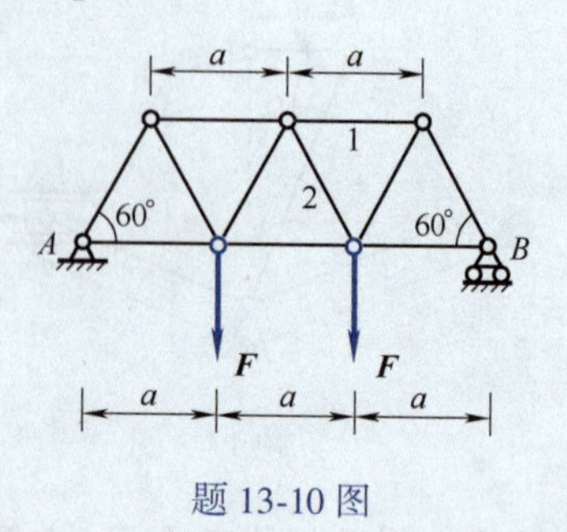

题13-10图

13-11　如图所示 OA 杆、BE 杆及等腰直角三角形 ABC 平板的重量均不计，且 $AC = BC = BE = l, OA = r$，OA 杆上作用一力偶，其力偶矩大小为 M，C 点作用一铅垂力 $\boldsymbol{F}$，求解图示位置系统平衡时 M、$\boldsymbol{F}$ 之间的关系。($M = Pr/2$)

13-12　如图所示系统，杆 AB 长为 l，A 端可在水平滑道中运动，B 端在铅垂滑道中运动。A 端系一刚性系数为 k 的弹簧。杆 AB 处于水平时，弹簧力为零，B 端系一质量为 m 的重物。略去杆和轮子的质量及各处摩擦。求系统平衡时的 θ 角。($\tan\theta - \sin\theta = mg/kl$)

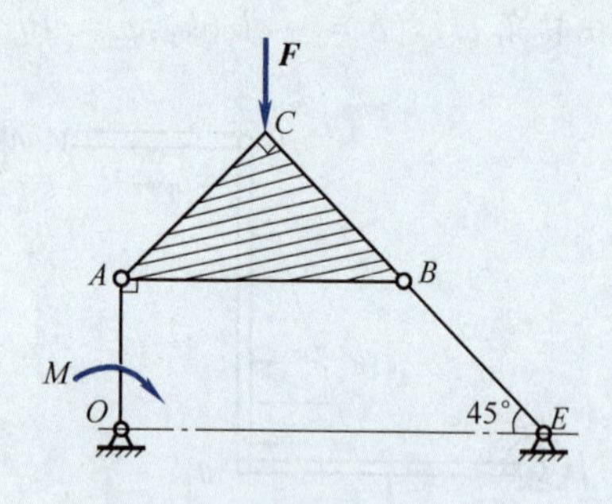

题13-11图

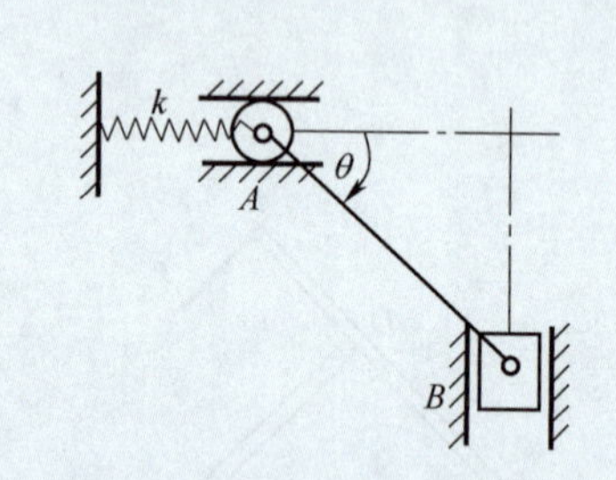

题13-12图

13-13　图示机构中，各连接处均为铰链，滑道杆 DEF 可以沿水平导槽运动，滑块 C 可沿铅直滑槽内滑动，ABC 为等边三角形。图示位置时，O_1A 铅直，O_2B 水平，且 O_1、A、B 在同一铅直线上，已知：$O_1A = l$，不计各处摩擦和各杆重量。用虚位移原理求机构平衡时，M 与 $\boldsymbol{F}$ 的关系。($P = 2M/l$)

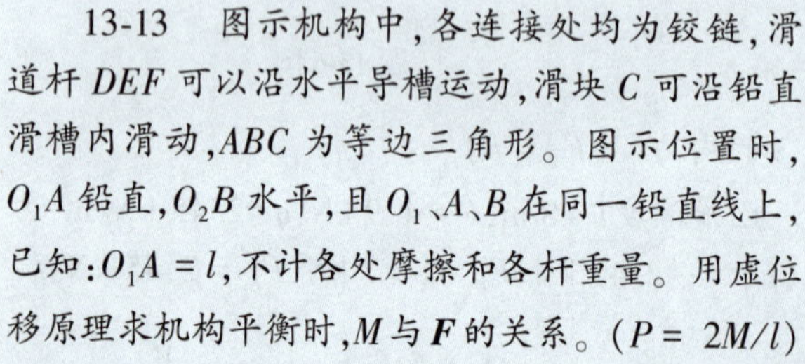

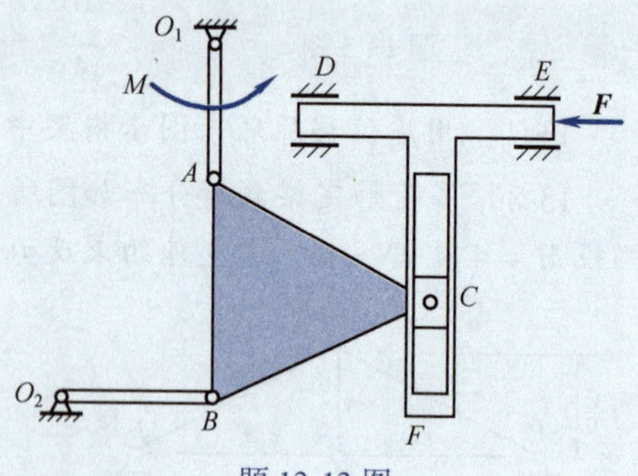

题13-13图

13-14　在图示系统中，已知：匀质圆盘 A 的质量为 M、半径为 r，摆锤 B 质量为 m、摆长为 b，弹簧的弹性系数为 k，圆盘在水平面上作纯滚动。试以 φ 和 θ 为广义坐标用动力学普遍方程建立系统的运动微分方程。[$(3M + 2m)r\ddot{\varphi} + 2mb(\ddot{\theta}\cos\theta - \dot{\theta}^2\sin\theta) + 2kr\varphi = 0, b\ddot{\theta} + r\ddot{\varphi}\cos\theta + g\cos\theta = 0$]

13-15　在图示系统中，已知：均质圆柱 A 的质量为 M、半径为 R，物块 B 的质量为 m，光滑斜面的倾角为 β，滑轮质量忽略不计，并假设斜绳段平行斜面。若以 θ 和 y 为广义坐标，试用动力学普遍方程求：(1) 系统的运动微分方程；(2) 圆柱 A 的角加速度和物块 B 的加速度。

$\left[(1)(m+M)\ddot{y}-MR\ddot{\theta}+(M\sin\beta-m)g=0,\frac{3}{2}R\ddot{\theta}-\ddot{y}-g\sin\beta=0;(2)\alpha_A=\frac{2(1+\sin\beta)mg}{(M+3m)R},a_B=\frac{(3m-M\sin\beta)g}{M+3m}\right]$

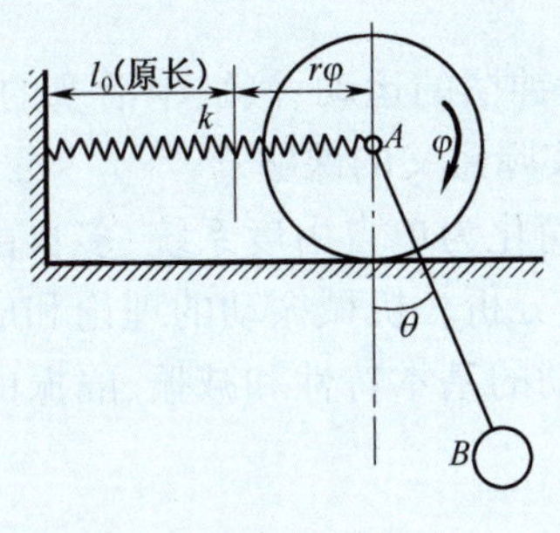

题 13-14 图

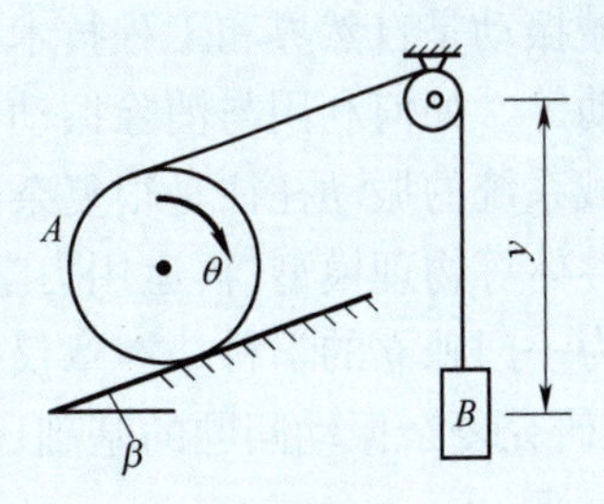

题 13-15 图

第 14 章　机械振动基础

机械振动是自然界和工程技术中普遍存在的现象,如钟摆的运动、汽缸中活塞的运动、车辆的振动等。如何利用与消除振动已成为当前具有重要实际意义的课题。

机械系统的振动往往是很复杂的,应根据具体情况,简化为单自由度系统、多自由度系统以至弹性体等物理模型,再运用力学原理和数学工具进行分析。机械振动的理论和应用研究已经成为一门独立的学科。本章仅介绍单自由度系统振动的基本特性和减振、隔振的基本概念,作为研究复杂振动问题的基础。

14.1　概　　述

当质点或质点系处于稳定平衡时,若稍微离开其平衡位置,则它将在平衡位置附近作往复运动,这就是振动。许多振动系统可简化为一个质量和一个弹簧的弹簧质量系统,即为简单的振动例子,如图 14-1 所示。图中的振动物体 A 称为振体,其质量为 m,弹簧刚度系数为 k。此时系统只用一个独立坐标就能描述振体的运动规律,即系统具有一个自由度。因此,这种系统称为单自由度振动系统。若振动系统需要 n 个独立坐标才能确定振体的运动规律,则称该系统为 n 个自由度振动系统。

一般来说,各种机器设备及其零部件以及基础,都可视为弹性系统,在一定条件下就会发生振动。例如,旋转机械由于振子不平衡产生的振动,桥梁在风载作用下的振动。实际工程中的振动问题往往很复杂,为便于研究,需将振动系统抽象和简化为动力学模型。如图 14-2(a)所示电动机和支承它的梁所组成的系统可简化为图 14-2(b)所示的力学模型。

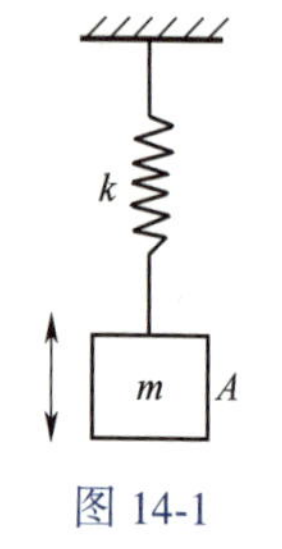

图 14-1

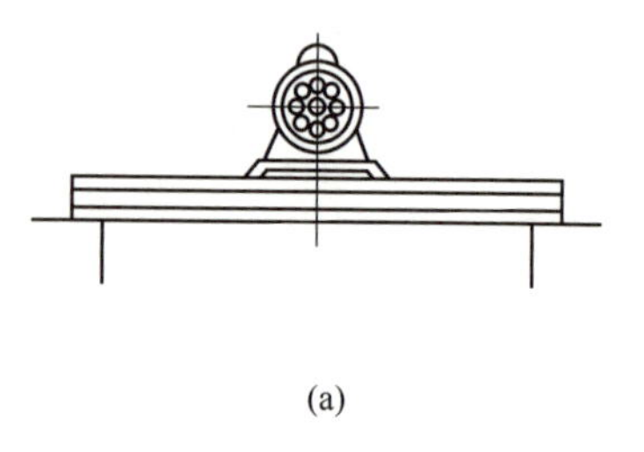

(a)

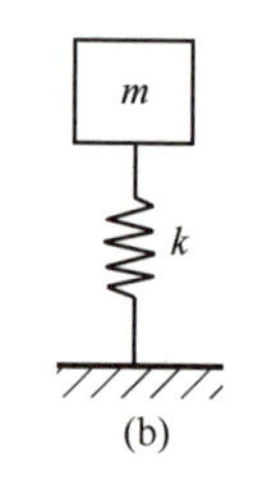

(b)

图 14-2

系统受到初始激励而产生的振动称为自由振动。其特点是一次获得必需的能量输入,若不存在阻尼,则系统保持机械能守恒,即振动将持续地进行下去;若存在阻尼,则系统的振动不断衰减。如果系统在持续的外激励作用下产生振动,则该振动称为受迫振动。

若按是否考虑阻尼的影响,则振动可分为无阻尼振动和有阻尼振动。若按系统自由度分类,则振动可分为单自由度系统振动、多自由度系统振动和弹性体振动。若按激励的性质分类,则振动可分为简谐振动、随机振动和瞬态振动。根据描述振动系统微分方程的线性和非线性性质，振动可分为线性振动和非线性振动。

本章主要讨论单自由度系统的线性振动。

14.2　单自由度系统的自由振动

系统在初始时受到外界激励（初位移或初速度）后，靠系统本身的能量维持的振动，称为**自由振动**。单自由度系统的振动是比较简单的振动，但它却是进一步研究多自由度系统振动问题的基础。

1. 无阻尼自由振动

如图 14-3 所示的弹簧-质量系统，设振体的质量为 m，弹簧原长为 l_0，质量不计，弹簧的刚度系数为 k。若不计振体与水平面间的摩擦，以平衡位置 O 为原点建立坐标轴 Ox。在任一瞬时，振体的坐标为 x，则弹簧的弹性力 $F=-kx$，式中负号表示弹簧力 $\boldsymbol{F}$ 的方向恒与 x 方向相反。从图 14-3 可见，此力作用使振动物体回到平衡位置，常称它为**恢复力**，故弹簧的弹性力也是恢复力，于是根据牛顿定律，振体的运动微分方程为

$$m\ddot{x}+kx=0 \tag{14-1}$$

引入参数 $\omega_0^2=k/m$，则上式可写为

$$\ddot{x}+\omega_0^2x=0 \tag{14-2}$$

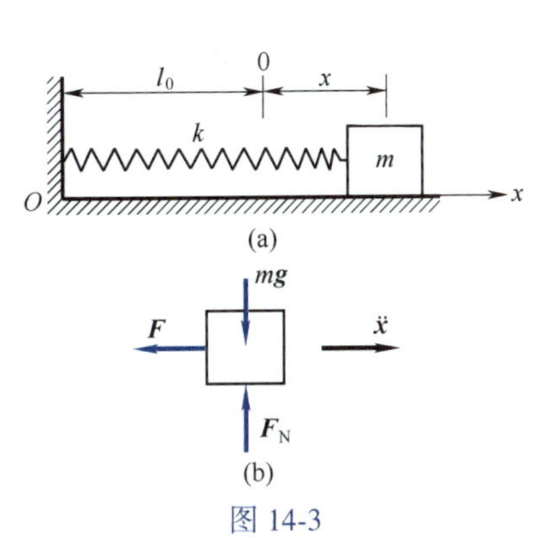

图 14-3

上式为一常系数线性齐次二阶微分方程，求解此方程的方法如下：

设其解为 $x=\mathrm{e}^{rt}$，则其特征方程为

$$r^2+\omega_0^2=0$$

即

$$r=\pm\mathrm{i}w_0$$

由此求得方程的通解为

$$x=C_1\cos\omega_0t+C_2\sin\omega_0t \tag{14-3}$$

式中，C_1、C_2 为待定常数，由初始条件确定。若设 $t=0$ 时，$x=x_0$，$\dot{x}=\dot{x}_0$，则得

$$C_1=x_0,\quad C_2=\dot{x}_0/\omega_0$$

引入参数 A 和 θ，即

$$A=\sqrt{x_0^2+\left(\frac{\dot{x}_0}{\omega_0}\right)^2},\theta=\arctan\left(\frac{\omega_0x_0}{\dot{x}_0}\right) \tag{14-4}$$

于是方程的通解可改写为

$$x=A\sin(\omega_0t+\theta) \tag{14-5}$$

式中，A 称为振幅；θ 称为初相角；ω_0 称为固有角频率。由此可见，振体在恢复力作用下的无阻尼自由振动是以平衡位置为中心的简谐运动，如图 14-4 所示。即

$$\omega_0 = \sqrt{\frac{k}{m}} \tag{14-6}$$

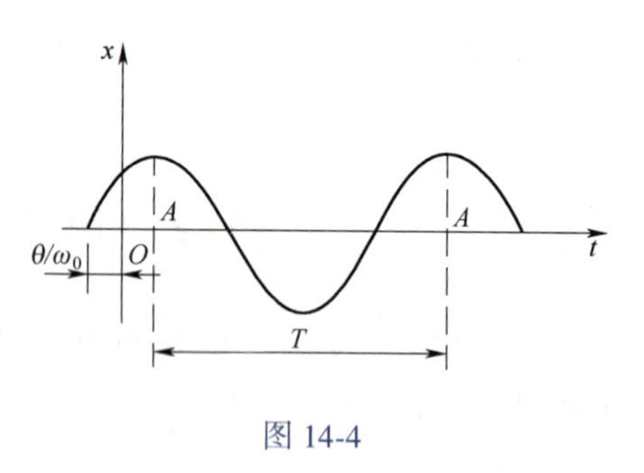

图 14-4

固有频率 f 和周期 T 分别为

$$f = \frac{\omega_0}{2\pi}, \quad T = \frac{2\pi}{\omega_0} \tag{14-7}$$

由以上的分析可见:(1) 系统自由振动的振幅 A 和初位相由系统运动的初始条件 x_0、$\dot{x}_0$ 确定。(2) 系统自由振动的周期和频率由系统本身的物理性质(惯性、弹性)决定,与初始条件无关。

【例 14-1】 图 14-5(a)、(b) 分别为弹簧的并联与串联系统。已知两弹簧的刚度系数分别为 k_1 和 k_2,悬挂于弹簧上物块的质量为 m。试求其等效刚性系数及固有角频率。

【解】 (1) 弹簧并联

物体在重力 mg 作用下作铅垂平移,如图 14-5(a) 所示。设静伸长为 δ_{st},则

$$F_1 = k\delta_{st}, F_2 = k_2\delta_{st}$$

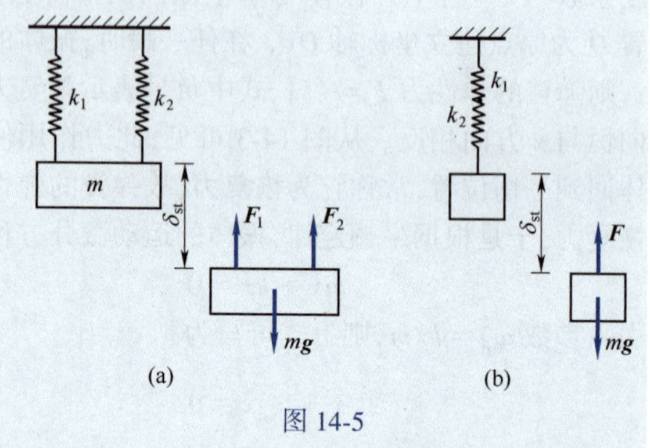

图 14-5

故

$$mg = F_1 + F_2 = (k_1 + k_2)\delta_{st}$$

引入等效弹簧刚度系数,有

$$mg = k_{eq}\delta_{st} = (k_1 + k_2)\delta_{st}$$

即

$$k_{eq} = k_1 + k_2$$

所得弹簧系数 k_{eq} 称为两并联弹簧的等效弹簧刚度系数。

于是得系统的固有角频率为

$$\omega_0 = \sqrt{\frac{k_{eq}}{m}} = \sqrt{\frac{k_1 + k_2}{m}}$$

(2) 弹簧串联

两个弹簧所受的拉力大小都等于所悬挂物体的重量 mg,如图 14-5(b) 所示,故二者的静伸长分别为

$$\delta_{st1} = \frac{mg}{k_1}, \quad \delta_{st2} = \frac{mg}{k_2}$$

则两串联弹簧的总静伸长 δ_{st} 为

$$\delta_{st} = \delta_{st1} + \delta_{st2} = mg\left(\frac{1}{k_1} + \frac{1}{k_2}\right)$$

若用一个刚度系数为 k_{eq} 的弹簧代替原来的两个串联弹簧,使两个系统在相等的重力 mg 作用下具有相同的静伸长 δ_{st},则有

$$\delta_{st} = \frac{mg}{k_{eq}} = mg\left(\frac{1}{k_1} + \frac{1}{k_2}\right)$$

得
$$k_{eq}=\frac{k_1k_2}{k_1+k_2}$$
于是系统的固有角频率为
$$\omega_0=\sqrt{\frac{k_{eq}}{m}}=\sqrt{\frac{k_1k_2}{m(k_1+k_2)}}$$

【例 14-2】　如图 14-6 所示,匀质圆截面弹性直杆下端固结一水平匀质圆盘,圆盘被扭转一个角度后突然释放,圆盘将在水平面内作自由扭转振动。已知圆盘对转轴的转动惯量为 J,直杆的扭转刚度系数为 k_t。求系统的固有角频率及振动方程的解。

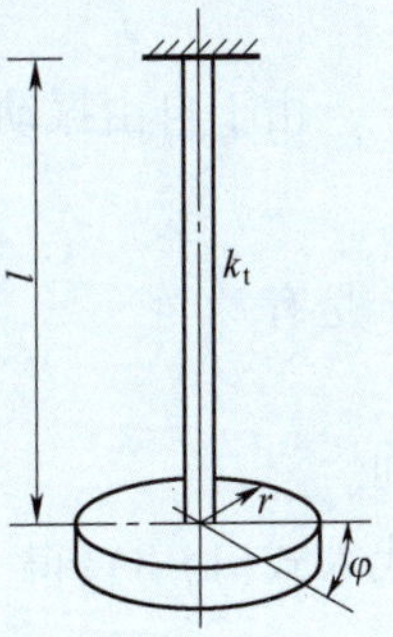

【解】　设 φ 为圆盘的扭转角,则作用于圆盘上的恢复扭矩 $M=-k_t\varphi$,式中负号表示恢复扭矩的符号恒与扭转角符号相反。

根据刚体绕定轴转动的微分方程,有
$$J\ddot{\varphi}=-k_t\varphi$$
令
$$\omega_0^2=\frac{k_t}{J}$$
则
$$\ddot{\varphi}+\omega_0^2\varphi=0$$

图 14-6

上式即为圆盘自由扭转振动的微分方程。此方程与式(14-2)的形式相似,其解为
$$\varphi=\Phi\sin(\omega_0t+\theta)$$
式中 Φ 为角振幅,θ 为初相角,它们由运动的初始条件确定。

系统扭转振动的固有角频率为
$$\omega_0=\sqrt{\frac{k_t}{J}}$$

2. 计算固有频率的能量法

对于单自由度的保守系统,固有频率还可以用机械能守恒定律求得。此方法称为求固有频率的能量法。

考察图 14-3 所示的弹簧 — 质量系统,系统中略去弹簧的质量,只考虑振体的质量。由于其恢复力是保守力,所以系统的机械能是守恒的,则可表示为
$$T+V=\text{常量}$$
设平衡位置为坐标原点,若振体运动到任意位置 x 时,其速度为 $\dot{x}$,则系统的动能和势能分别为
$$T=\frac{1}{2}m\dot{x}^2,\quad V=\frac{1}{2}kx^2$$
在振动过程中,当振体到达平衡位置时,系统的势能为零,但振体的速度最大,其动能最大。此时系统的机械能就等于最大动能,即

$$T_{max} = \frac{1}{2}m\dot{x}^2_{max}$$

当系统运动到极限位置 x_{max} 时,其速度为零,此时系统动能为零,而系统的势能达到最大值且等于全部机械能,即

$$V_{max} = \frac{1}{2}kx^2_{max}$$

根据机械能守恒 $T_{max} = V_{max}$,得

$$\frac{1}{2}m\dot{x}^2_{max} = \frac{1}{2}kx^2_{max} \tag{14-8}$$

由于自由振动中振体作简谐运动,其运动方程为

$$x = A\sin(\omega_0 t + \theta)$$

于是有

$$\dot{x} = A\omega_0\cos(\omega_0 t + \theta)$$

即

$$x_{max} = A, \quad \dot{x}_{max} = A\omega_0$$

代入式(14-8),得

$$\omega_0 = \sqrt{\frac{k}{m}}$$

由此可知,利用能量法同样可求得单自由度系统的固有频率。

【例 14-3】 图 14-7 所示的仪器,是用来记录竖直振动的,图中带有重物 P 的刚性框架 OAB,可以绕通过 O 点且垂直于图平面的轴线转动。略去框架和弹簧的质量,试用能量法确定该系统在微小竖直振动时的角频率。

【解】 当刚性框架 OAB 绕 O 点转动一微小角度 ϕ 时,弹簧变形的近似值为

$$\Delta_1 = \frac{a}{\cos\theta}\cdot\phi\cdot\cos\theta = a\phi$$

$$\Delta_2 = \frac{a}{\cos\theta}\cdot\phi\cdot\sin\theta = a\phi\tan\theta$$

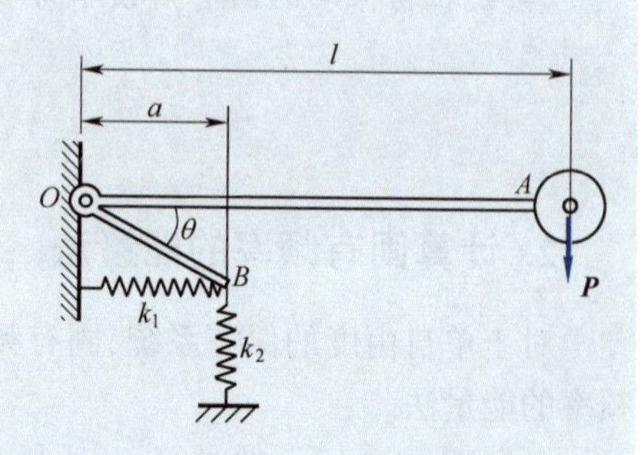

图 14-7

则该系统的动能和势能为

$$T_{max} = \frac{1}{2}\frac{P}{g}(l\dot{\phi}_{max})^2 = \frac{1}{2}\frac{P}{g}(l\omega_0\phi_m)^2$$

$$V_{max} = \frac{1}{2}k_1(a\phi_m)^2 + \frac{1}{2}k_2(a\phi_m\tan\theta)^2$$

由 $T_{max} = V_{max}$,得

$$\omega_0 = \sqrt{\frac{g[k_1a^2 + k_2a^2(\tan\theta)^2]}{Pl^2}} = \frac{a}{l}\sqrt{\frac{g}{P}(k_1 + k_2\tan^2\theta)}$$

即系统在微小竖直振动时的角频率为$\frac{a}{l}\sqrt{\frac{g}{P}(k_1 + k_2\tan^2\theta)}$。

3. 有阻尼的自由振动

无阻尼自由振动的规律是简谐运动,一旦发生振动,其振幅不随时间改变,振动将无限地持续下去。但是,实际发生的振动却并非如此,它的振幅随着时间的增加而逐渐减少乃至停息。这是由于阻尼的存在,使系统的能量不断消耗,致使振动逐渐衰减乃至完全停止。

不同的阻尼有各自不同的性质,在线性振动范围内仅考虑与速度一次方成正比的阻尼力,即有

$$F_d = c\dot{x} \tag{14-9}$$

式中 c 称为黏阻系数。这种阻尼称为黏性阻尼。考虑阻尼对自由振动的影响时,称为有阻尼自由振动,其力学模型如图 14-8 所示。

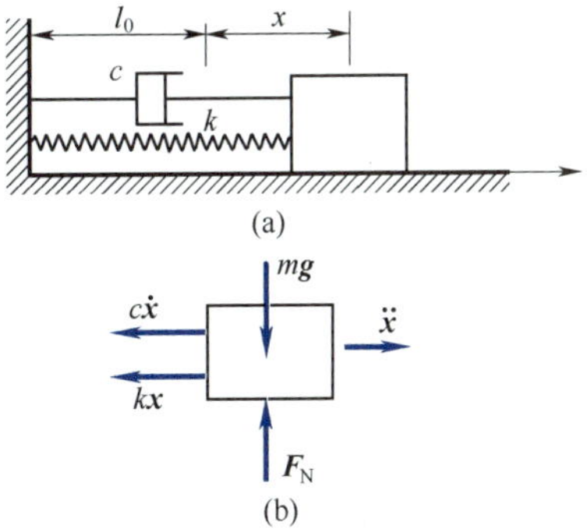

图 14-8

根据牛顿第二定律可列出振体的运动微分方程,有

$$m\ddot{x} + c\dot{x} + kx = 0 \tag{14-10}$$

引入无阻尼固有频率 ω_0 和阻尼系数 δ,即

$$\omega_0 = \sqrt{\frac{k}{m}}, \quad \delta = \frac{c}{2m}$$

于是式(14-10)可写成

$$\ddot{x} + 2\delta\dot{x} + \omega_0^2 x = 0 \tag{14-11}$$

上式为一常系数线性齐次微分方程,此微分方程的通常解法是,设其解为 $x = e^{rt}$,代入上式得特征方程为

$$r^2 + 2\delta r + \omega_0^2 = 0 \tag{14-12}$$

引入 $\zeta = \dfrac{\delta}{\omega_0}$,解得(14-12)的特征根为

$$r = -\zeta\omega_0 \pm \omega_0\sqrt{\zeta^2 - 1}$$

根据阻尼的大小不同,其解有三种情况,现进行讨论。

(1) 欠阻尼情况($\zeta < 1$)

此时,方程(14-9)的通解为

$$x = e^{-\zeta\omega_0 t}(C_1\cos\omega_d t + C_2\sin\omega_d t)$$

或

$$x = Ae^{-\zeta\omega_0 t}\sin(\omega_d t + \theta) \tag{14-13}$$

式中,$\omega_d = \omega_0\sqrt{1 - \zeta^2}$,称为有阻尼自由振动的固有角频率,$Ae^{-\zeta\omega_0 t}$ 和 θ 分别称为有阻尼自由振动的振幅和初相角,由初始条件 x_o 和 $\dot{x}_0$ 确定。

由于阻尼的作用,有阻尼自由振动的振幅 $Ae^{-\zeta\omega_0 t}$ 随时间不断衰减,系统的振动不再是等幅的简谐振动,而是振幅被限制在曲线 $Ae^{-\zeta\omega_0 t}$ 内的衰减振动,如图 14-9 所示。

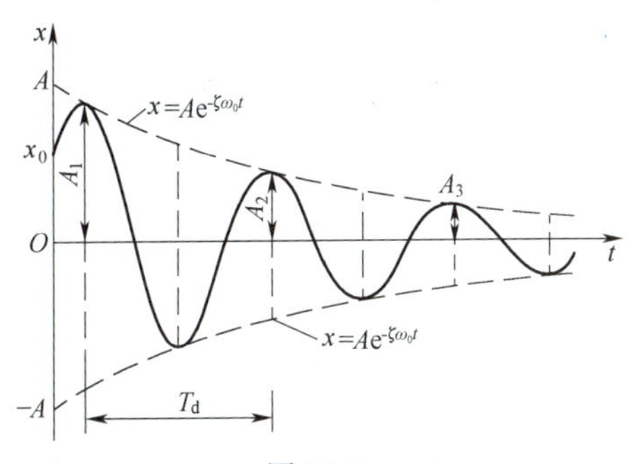

图 14-9

相邻两个振幅之比称为减缩因数,表示为

$$\eta = \frac{A_1}{A_2} = \frac{A\mathrm{e}^{-\zeta\omega_0 t}}{A\mathrm{e}^{-\delta\omega_0(t+T_\mathrm{d})}} = \mathrm{e}^{\zeta\omega_0 T_\mathrm{d}} \tag{14-14}$$

式中,T_d 为有阻尼自由振动周期,即

$$T_\mathrm{d} = \frac{2\pi}{\omega_\mathrm{d}} = \frac{2\pi}{\omega_0\sqrt{1-\zeta^2}} \tag{14-15}$$

T_d 比相应的无阻尼自由振动周期 T 大,即 $T_\mathrm{d} > T$。

(2) 临界阻尼情况($\zeta = 1$)

这种情况下特征方程有两个相等的负实根,方程的通解为

$$x = (C_1 + C_2 t)\mathrm{e}^{-\omega_0 t} \tag{14-16}$$

其运动是非周期性,如图 14-10 所示。此时阻尼的大小正好是系统在衰减过程中振动与不振动的分界线,称为临界阻尼 C_c。

值得注意:$\zeta = 1$,即 $\delta = \omega_0$,又

$$\delta = \frac{C_\mathrm{c}}{2m},\quad \omega_0 = \sqrt{\frac{k}{m}}$$

故得临界阻尼

$$C_\mathrm{c} = 2\sqrt{mk}$$

则此情况下 $\zeta = \dfrac{c}{C_\mathrm{c}}$,$\zeta$ 即为阻尼比。

图 14-10

(3) 过阻尼情况($\zeta > 1$)

在这种情况下,特征方程有两个实根,方程的通解为

$$x = C_1\mathrm{e}^{-r_1 t} + C_2\mathrm{e}^{-r_2 t} \tag{14-17}$$

所对应的曲线如图 14-10 所示。可以看出,由于存在较大的黏性阻尼,此时系统已不能振动,缓慢回到平衡状态。

14.3 单自由度系统的受迫振动

系统在外界激励作用下的振动称为受迫振动。例如,柴油机、汽轮机、汽车及机床等在运行时,除恢复力作用外,还受到持续不断的外激励作用。

外激励作用力的形式很多,其对振动系统的作用取决于外激励作用力的大小及其随时间的变化规律。一般可分为简谐激励、周期激励、非周期激励和随机激励。

本节讨论简谐激励力引起的受迫振动。

如图 14-11 所示,设单自由度有阻尼振动系统受到一简谐激振力 $F(t) = F_0 \mathrm{sim}\omega t$ 的作用。

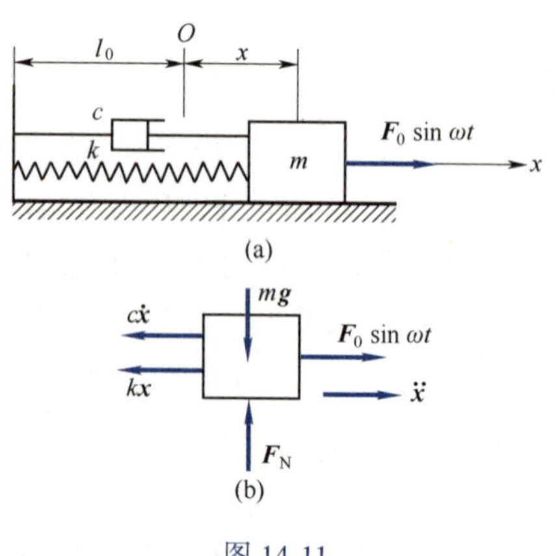

图 14-11

取振体的平衡位置 O 为 Ox 轴的坐标原点,则振动的运动微分方程为

$$m\ddot{x} + c\dot{x} + kx = F_0\sin \omega t \tag{4-18}$$

此时系统的运动微分方程成为非齐次方程。引入无阻尼固有角频率 ω_0、阻尼系数 δ 及静力偏移 B_0，即

$$\omega_0 = \frac{k}{m}, \quad \delta = \frac{c}{2m}, \quad B_0 = \frac{F_o}{k}$$

式中 B_0 称为静力偏移，表示激励力的最大值 F_0 静止地作用在弹簧上所引起的弹簧静变形。方程(14-18) 可改写为

$$\ddot{x} + 2\delta\dot{x} + \omega_0^2 x = B_0\omega_0^2\sin \omega t \tag{14-19}$$

上述二阶非齐次线性常微分方程的解由两部分组成，即齐次方程的通解 x_1 和非齐次方程的特解 x_2，有

$$x = x_1 + x_2$$

通解 x_1 对应于有阻尼自由振动。由于它在振动开始后的短暂时间内有意义，随后即逐渐衰减，称为瞬态响应。因此，系统受迫振动时主要考虑在简谐激励力作用下系统的响应，即考虑微分方程的特解 x_2，称此时系统的响应为稳态响应。

设特解 x_2 为

$$x_2 = B\sin(\omega t - \psi) \tag{14-20}$$

将特解代入式(14-19)，引入频率比 $\lambda = \dfrac{\omega}{\omega_0}$，整理后解得

$$B = \frac{B_0}{\sqrt{(1 - \lambda^2)^2 + (2\zeta\lambda)^2}} \tag{14-21}$$

$$\psi = \arctan\frac{2\zeta\lambda}{1 - \lambda^2} \tag{14-22}$$

由此可知，简谐激励作用力的受迫振动具有以下特点：(1) 响应与激励力具有相同的频率；(2) 振幅 B 和相位差 ψ 均与初始条件无关，而取决于系统本身的参数及激励力的物理性质；(3) 振幅 B 的大小取决于 B_0、λ 和 ζ，即取决于激励力的幅值 B_0、激励频率 ω 和系统的阻尼系数 δ。

引入振幅放大因子 β，即 $\beta = B/B_0$，则式(14-21) 可改写为

$$\beta = \frac{1}{\sqrt{(1 - \lambda^2)^2 + (2\zeta\lambda)^2}} \tag{14-23}$$

对于不同的阻尼比 ζ 值，得到一系列 $\beta - \lambda$ 曲线，称为幅频特性曲线，如图 14-12 所示。

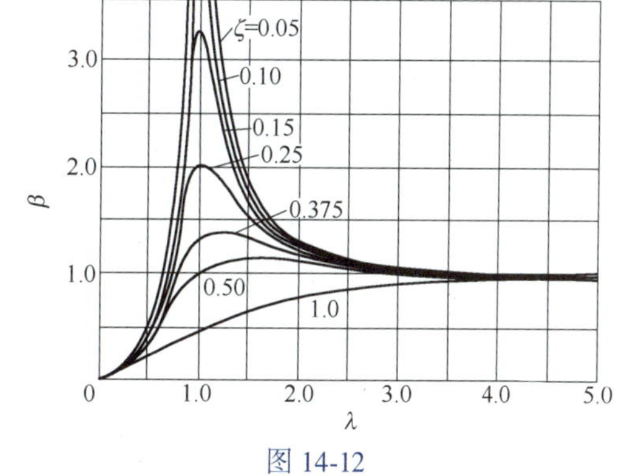

图 14-12

由幅频特性曲线知，$\lambda \approx 1$时，即 ω_0 接近 ω 时，振幅大小与阻尼情况有关。在 $\zeta \to 0$ 的情况下，振幅 B 为无穷大，这种现象称为共振。

共振是受迫振动中常见的现象。共振时，振幅随时间的增加不断增大，有时会引起系统的破坏，应设法避免。利用共振也可制造各种仪器设备，如超声波发生器、核磁共振仪等。而在实际问题中，由于阻尼的存在，振幅不会无限增大。

【例 14-4】 图 14-13 所示振动系统中,弹簧刚度系数 $k=4.38\ \mathrm{N/mm}$,振体质量 $m=18.2\ \mathrm{kg}$,黏阻系数 $c=0.149\ \mathrm{N\cdot s/mm}$,干扰力幅值 $F_0=44.5\ \mathrm{N}$,外激励力频率 $\omega=15\ \mathrm{rad/s}$。求振体受迫振动的运动方程。

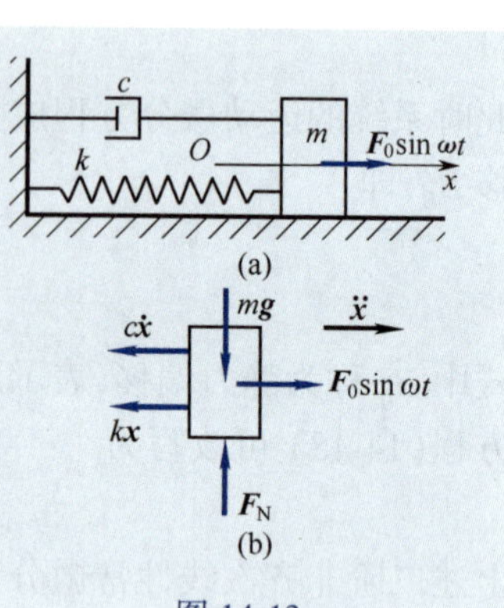

图 14-13

【解】 由已知条件可求得系统的无阻尼固有频率 ω_0 为

$$\omega_0=\sqrt{\frac{k}{m}}=\sqrt{\frac{4380}{18.2}}=15.5(\mathrm{rad/s})$$

静力偏移

$$B_0=\frac{F_0}{k}=\frac{44.5}{4.38}=10.16(\mathrm{mm})$$

则阻尼比、频率比、振幅放大因子、受迫振动振幅及相位差分别为

$$\zeta=\frac{c}{2m\omega_0}=\frac{0.149\times1\,000}{2\times18.2\times15.5}=0.264$$

$$\lambda=\frac{\omega}{\omega_0}=\frac{15}{15.5}=0.967$$

$$\beta=\frac{B}{B_0}=\frac{1}{\sqrt{(1-\lambda^2)^2+(2\zeta\lambda)^2}}=1.94$$

$$B=\beta B_0=1.94\times10.16=19.7(\mathrm{mm})$$

$$\psi=\arctan\frac{2\zeta\lambda}{1-\lambda^2}=1.44(\mathrm{rad})$$

故振体受迫振动的运动方程为

$$x_2=B\sin(\omega t-\psi)=19.7\sin(15t-1.44)$$

式中,x_2 的单位为 mm;t 的单位为 s。

【例 14-5】 图 14-14 所示为一无重刚杆。其一端铰支,距铰支端 l 处有一质量为 m 的质点;距 $2l$ 处有一阻尼器,其阻尼系数为 c;距 $3l$ 处有一刚度系数为 k 的弹簧,并作用有一简谐激振力 $F=F_0\sin\omega t$。刚杆在水平位置平衡,试写出系统的振动微分方程,并求系统的固有角频率 ω_0 以及当激振力频率 ω 等于 ω_0 时质点的振幅。

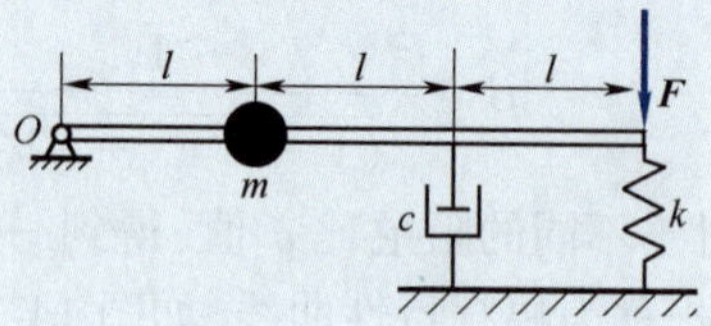

图 14-14

【解】 设刚性杆在振动时的摆角为 θ,则由刚体定轴转动微分方程得

$$ml^2\ddot{\theta}=-4cl^2\dot{\theta}-9kl^2\theta+3F_0l\sin\omega t$$

整理后,有

$$\ddot{\theta}+\frac{4c}{m}\dot{\theta}+\frac{9k}{m}\theta=\frac{3F_0}{ml}\sin\omega t$$

上式即为系统的振动微分方程。

令

$$\omega_0=\sqrt{\frac{9k}{m}},\quad \delta=\frac{2c}{m}$$

ω_0 即为系统的固有频率。当 $\omega=\omega_0$ 时，其摆角 θ 的振幅可由式(14-21)求出

$$B_1=\frac{3F_0}{4c\omega_0 l}=\frac{F_0}{4cl}\sqrt{\frac{m}{k}}$$

这时质点的振幅

$$B_2=lB_1=\frac{F_0}{4c}\sqrt{\frac{m}{k}}$$

14.4 减振与隔振

振动既有积极的一面，也有消极的一面。有利的一面，如将振动用于生产工艺，包括振动传输、振动筛选、振动抛光、振动沉桩、振动消除内应力等。此外，电系统的振动也是通信、广播、电视、雷达等工作的基础。但在许多情况下，机械振动被认为是消极因素。例如，振动会影响精密仪器的性能，降低加工精度和光洁度，加剧构件疲劳和磨损，缩短机器和结构物的使用寿命；甚至引起结构的破坏。汽车和飞机的振动即使不引起破坏，也会劣化乘载条件，强烈的振动噪声会形成公害。

对工程中不可避免的有害振动只能采用各种方法进行减振和隔振。使振动物体的振动减弱的措施称为**减振**。将振源与需要防振的物体之间的弹性元件和阻尼元件进行隔离，这种措施称为**隔振**。

1. 减　振

减振是减少或消除振源的振动。减振的基本原则是设法减小或消除干扰力，借以达到减小或消除受迫振动的振幅。

对于高速旋转部件和往复运动的部件，则对部件进行静平衡与动平衡试验，借以调整质量分布，消除不平衡惯性力或使其降至最小。对于公路和铁路，则可减少道路的不平顺度，以减小车辆行驶中由于道路不平顺所产生的干扰力。

另外，通过调整工作转速或改变机器的固有频率，使其远离共振区。当无法通过改变工作转速和固有频率使之远离共振区时，则可适当采用阻尼装置或动力消振器以吸收系统振动的能量，以减少共振振幅。

2. 隔　振

隔振的基本方法是在机器与地基之间放置一些弹性物体或者把机器直接固定在一块基础上，再在基础与地基之间适当地放置一些弹性物体，或用弹性绳索把设备悬挂起来。

按照振动干扰来源的不同，可分为主振隔振和被动隔振两类。

(1) 主动隔振

主动隔振是将振源与支持振源的基础隔离开来，以减弱乃至完全切断振动向周围的传播。例如，图 14-15 所示电动机为一振源，在电动机与基础之间用橡胶块隔离开来，以减弱通过基础传到周围物体去的振动。

图 14-16 所示为主动隔振的简化模型。由振源产生的激振力 $F(t)=F_0\sin\omega t$ 作用在质量

为 m 的物块上,使物块 m 与基础之间用刚性系数 k 的弹簧和黏阻系数 c 的阻尼进行隔离。

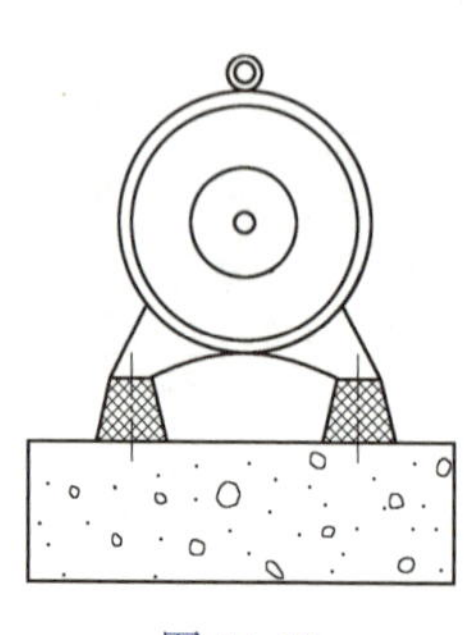

图 14-15

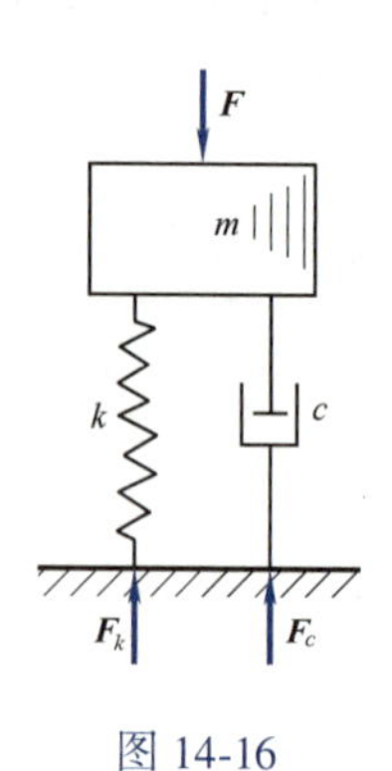

图 14-16

根据有阻尼受迫振动的理论,物块的稳态振动方程及振幅分别为

$$x = B\sin(\omega t - \varphi)$$

$$B = \frac{B_0}{\sqrt{(1-\lambda^2)^2 + (2\zeta\lambda)^2}}$$

此时隔振器作用于地基上的动荷载为

$$F_N = kx + c\dot{x} = kB\sin(\omega t - \varphi) + cB\omega\cos(\omega t - \varphi)$$

这两部分力相位相差 90°,而频率相同,由振动合成知识知,它们可以合成为一个同频率的合力,合力的最大值为

$$F_{\mathrm{Nmax}} = \sqrt{F_{k\max}^2 + F_{c\max}^2} = kB\sqrt{1 + (2\zeta\lambda)^2}$$

F_{Nmax} 是振动时传递给基础的力的最大值,它与激振力的力幅 F_0 之比为

$$\eta_1 = \frac{F_{\mathrm{Nmax}}}{F_0} = \frac{\sqrt{1 + (2\zeta\lambda)^2}}{\sqrt{(1-\lambda^2)^2 + (2\zeta\lambda)^2}} \tag{14-24}$$

η_1 称为隔振系数。图 14-17 是在不同阻尼情况下隔振系数 η_1 与频率比 λ 之间的关系曲线。

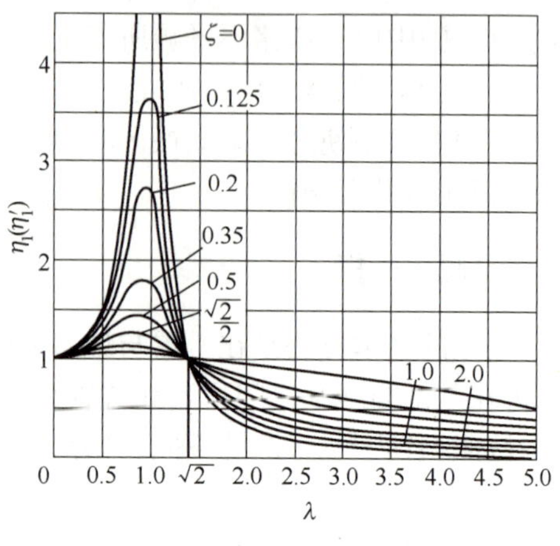

图 14-17

由隔振系数 η_1 的定义知,只有当 $\eta_1 < 1$ 时,隔振才有意义。从图 14-17 可见,只有当频率比 $\lambda > \sqrt{2}$,即 $\omega > \sqrt{2}\omega_0$ 时,有 $\eta_1 < 1$,才能达到隔振的目的。为了达到较好的隔振效果,要求系统的固有频率 ω_0 越小越好,为此,需选用刚度小的弹簧作为隔振弹簧。

同时,应该看到,当 $\lambda > \sqrt{2}$ 时,加大阻尼反而使振幅增大,降低隔振效果。但是若阻尼太小,机器在越过共振区时又会产生很大的振动,因此在采取隔振措施时,要选择恰当的阻尼值。

(2) 被动隔振

被动隔振是指将需要保护的仪器设备隔离起来,使其不受或少受周围振源对它的影响。

例如,在精密仪器的底下垫上橡皮或泡沫塑料,将放置在汽车上的测量仪器用橡皮绳吊起来等。

图 14-18 为被动隔振的简化模型。物块表示被隔振的物体,其质量为 m;弹簧和阻尼器表示隔振元件,弹簧的刚性系数为 k,阻尼器的阻尼系数为 c。设地基振动为简谐振动,即

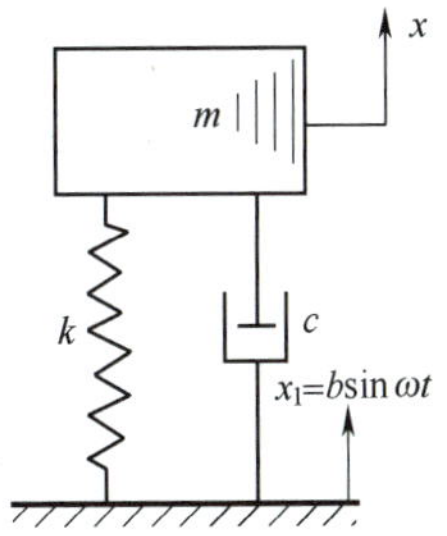

$$x_1 = b\sin \omega t$$

图 14-18

设物块的振动位移为 x,则其运动微分方程为

$$m\ddot{x} = -k(x - x_1) - c(\dot{x} - \dot{x}_1)$$

或表示为

$$\ddot{x} + 2\zeta\omega_0\dot{x} + \omega_0^2 x = A_1\sin(\omega t + \theta)$$

其中 $$A_1 = b\sqrt{\lambda^2 + (2\zeta\lambda)^2}, \quad \tan\theta = 2\zeta\lambda$$

相应地,受迫振动的振幅为

$$B = \frac{b\sqrt{1 + (2\zeta\lambda)^2}}{\sqrt{(1 - \lambda^2)^2 + (2\zeta\lambda)^2}} \tag{14-25}$$

而隔振系数 $$\eta_1' = \frac{B}{b} = \frac{\sqrt{1 + (2\zeta\lambda)^2}}{\sqrt{(1 - \lambda^2)^2 + (2\zeta\lambda)^2}} \tag{14-26}$$

上式与(14-24)一致,其位移传递率曲线与力的传递率曲线相同。因此,在被动隔振问题中,对隔振元件的要求与主动隔振是一样的。

思　考　题

14-1　下列说法是否正确?

(1) 欲改变弹簧 - 质量系统的固有频率,只要改变系统的质量或弹簧的刚度;

(2) 自由振动是指初位移和初速度为零的振动。

14-2　如图 14-19 所示,用三根相同的弹簧支承物块 A,设弹性系数均为 k,物块 A 的质量为 m,则物块 A 自由振动的固有频率是多少?

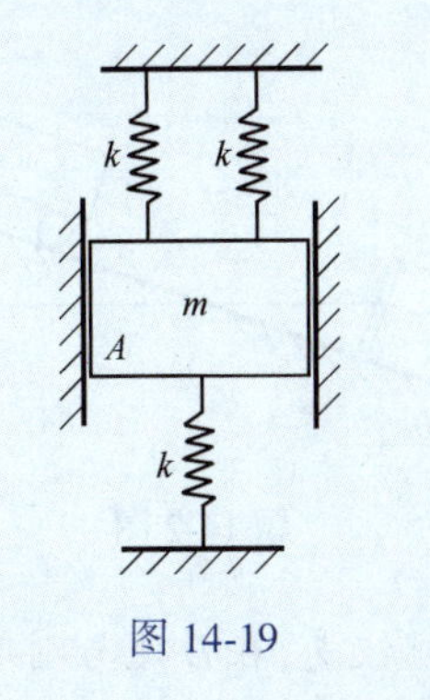

图 14-19

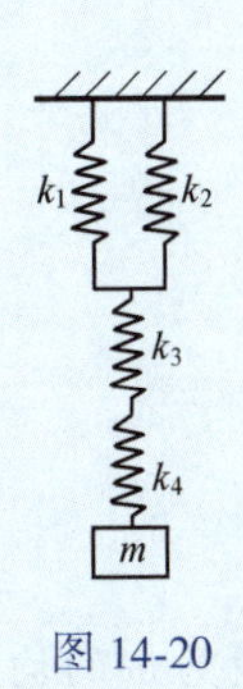

图 14-20

14-3　如图 14-20 所示,将刚度系数分别为 k_1、k_2、k_3、k_4 的四根弹簧与质量为 m 的物块连接成弹簧 - 质量系统,则 4 根弹簧的等效刚度是多少? 系统的固有频率是多少?

14-4　在图 14-21 所示各振动系统中,质量均为 m,刚度系数均为 k,试问所示各振动系统的自由振动微分方程和固有频率是否相同?

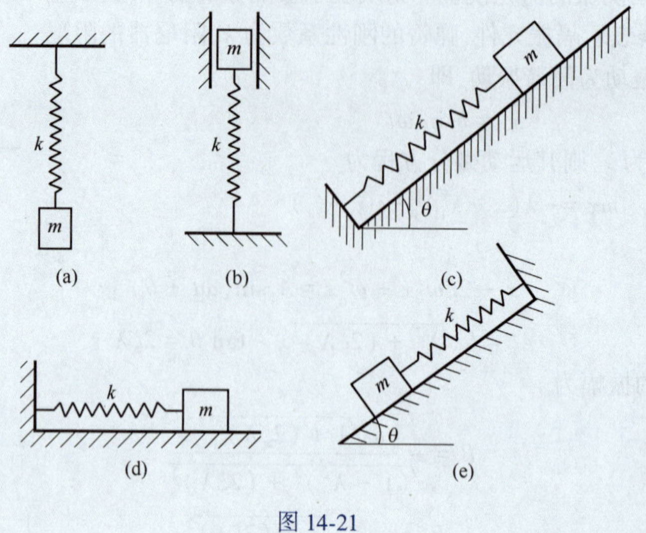

图 14-21

习　题

14-1　弹簧悬吊如图所示,当盘上放一质量为 m_1 的物块时,测得其微幅振动的周期为 T_1;如将物块更换,其质量为 m_2,测得其微振动周期为 T_2。求弹簧的刚度系数。$\left[k=\dfrac{4\pi^2(m_1-m_2)}{T_1^2-T_2^2}\right]$

14-2　质量为 m 的小车在倾角为 θ 的光滑斜面上高 h 处无初速下滑而与缓冲器相碰。缓冲弹簧的刚度系数为 k。求小车与缓冲器相碰后作自由振动的周期与振幅。$\left[T=2\pi\sqrt{m/k}, A=\sqrt{\dfrac{mg}{k}\left(\dfrac{mg\sin^2\theta}{k}+2h\right)}\right]$

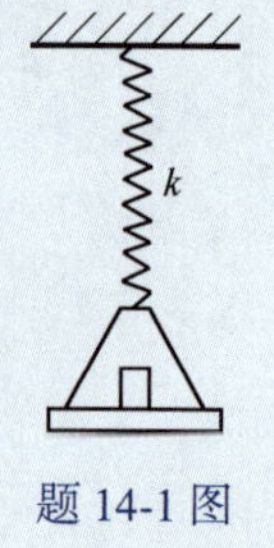

题 14-1 图

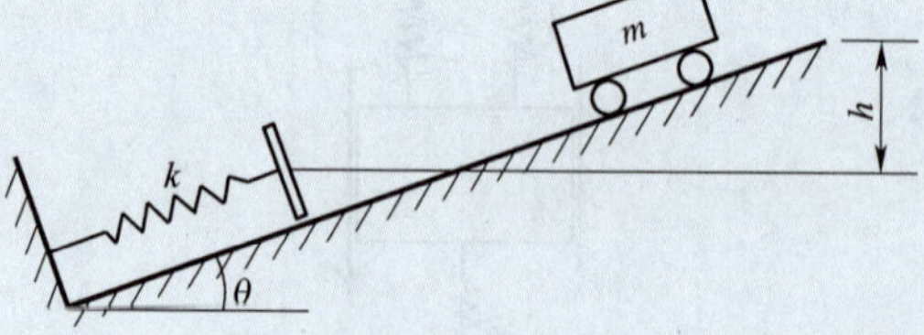

题 14-2 图

14-3　长为 l、质量为 m 的均质细长杆 AB,其 A 端铰支,在 D 处与刚度系数为 k 的弹簧相连。如杆在铅垂面内作微小振动,不计阻尼,求系统的固有圆频率。$\left(\omega_0=\sqrt{\dfrac{3ka^2}{ml^2}}\right)$

14-4 质量为 m、半径为 r 的均质圆盘可绕其中心 O 光滑水平轴转动，其上跨过不可伸长的细绳，绳的一端悬吊一质量为 m 的物体，另一端与刚度系数为 k 的弹簧相连。求此系统的自由振动周期。$\left(T = 2\pi\sqrt{\dfrac{3m}{2k}}\right)$

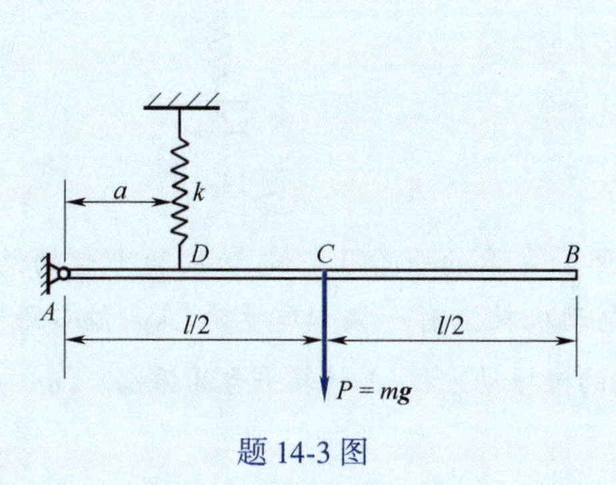

题 14-3 图

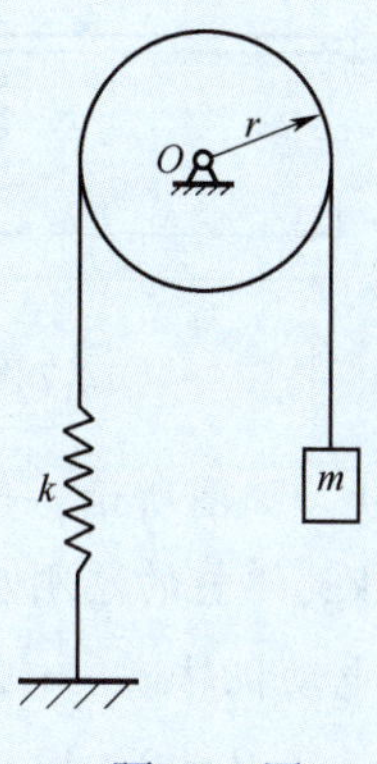

题 14-4 图

14-5 图示匀质圆盘直径为 D，质量为 m，可在水平面上作纯滚动，两个刚度系数为 k 的弹簧水平安置在距圆盘圆心为 O 上方 A 处，$OA = a$。试求圆盘微振动的固有频率。$\left[\omega = \left(1 + \dfrac{2a}{D}\right)\sqrt{\dfrac{4k}{3m}}\right]$

14-6 图示匀质摇杆 OA 质量为 m_1，长为 l，匀质圆盘质量为 m_2，当系统平衡时摇杆处在水平位置，而弹簧 BD 处于铅垂位置，且静伸长为 δ_{st}，设 $DB = a$，圆盘在滑道中作纯滚动。试求系统微振动固有频率。$\left[\omega_0 = \sqrt{\dfrac{3ag(m_1 + 2m_2)}{l\delta_{st}(2m_1 + 9m_2)}}\right]$

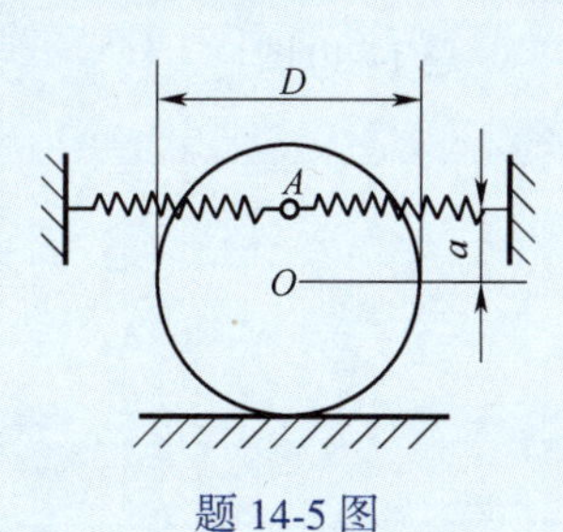

题 14-5 图

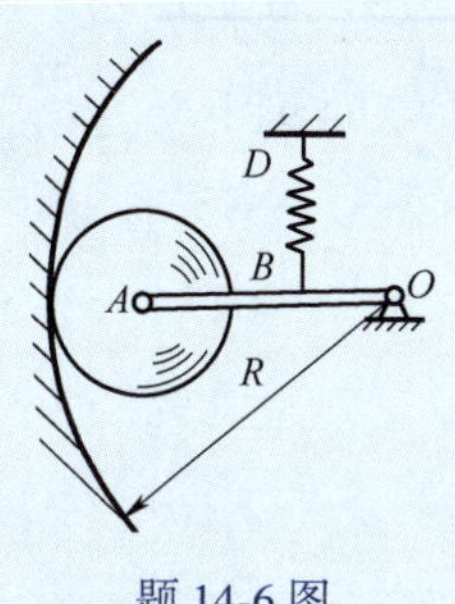

题 14-6 图

14-7 图示电动机重 P，安置在梁 OA 的 A 端，梁长为 l，O 端以固定铰链连接在墙上，B 处为一弹性支座。若支座 B 的刚性系数为 k，不考虑梁的重量和变形及其他阻力，试求电动机自由振动频率和支座 B 的位置 x 之间的关系。$\left(\omega_0 = \dfrac{x}{l}\sqrt{kg/P}\right)$

14-8 质量为 m 的物体悬挂如图，设杆 AB 质量不计，两个弹簧的弹簧刚度系数分别为 k_1 和 k_2，又 $AC = a$ 和 $AB = b$。求物体自由振动的频率。$\left[f = \dfrac{b}{2\pi}\sqrt{\dfrac{k_1k_2}{(k_1a^2 + k_2b^2)m}}\right]$

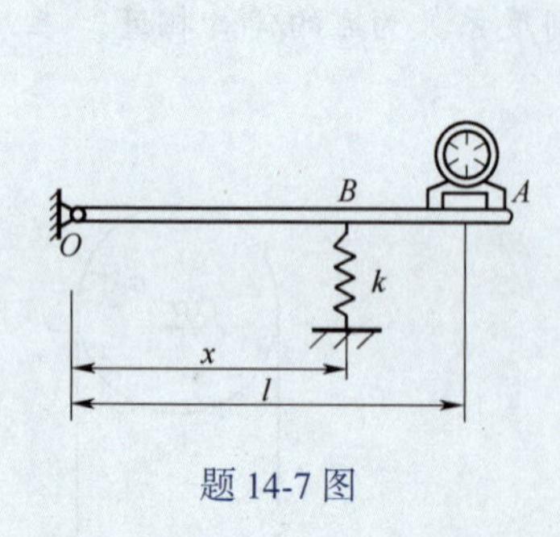

题 14-7 图

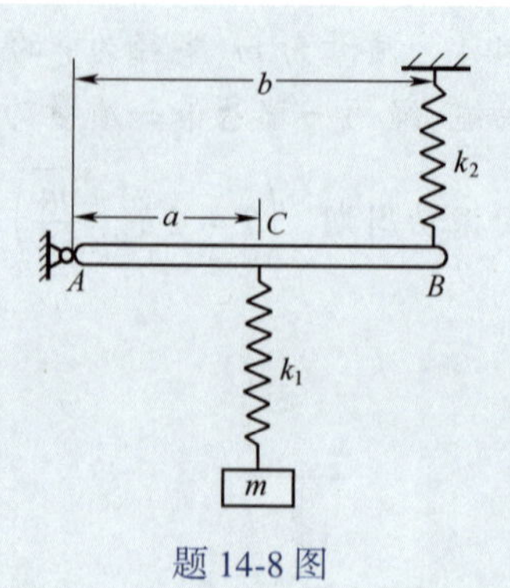

题 14-8 图

14-9　如图所示,一电动机安装在由螺旋弹簧支承的平台上。电动机和平台的总质量 $m=100$ kg,弹簧的总刚度系数 $k=70$ kN/m。电动机轴上有一偏心质量为 1 kg,偏心距离 $e=10$ cm。电动机转速 $n=2\ 000$ r/min。试求系统的微振动方程,并计算平台的振幅。($m\ddot{x}+kx=m_1l\omega^2\sin\omega t$, $B=0.042$ m)

14-10　试写出图示系统的振动微分方程,并求其稳态振动的解。[(a)$m\ddot{x}+c\dot{x}+kx=ka\sin\omega t$, $x=B_1\sin(\omega t-\varphi_1)$;(b)$\ddot{x}+c\dot{x}+kx=ca\omega\cos\omega t$, $x=B_2\cos(\omega t-\varphi_2)$]

题 14-9 图

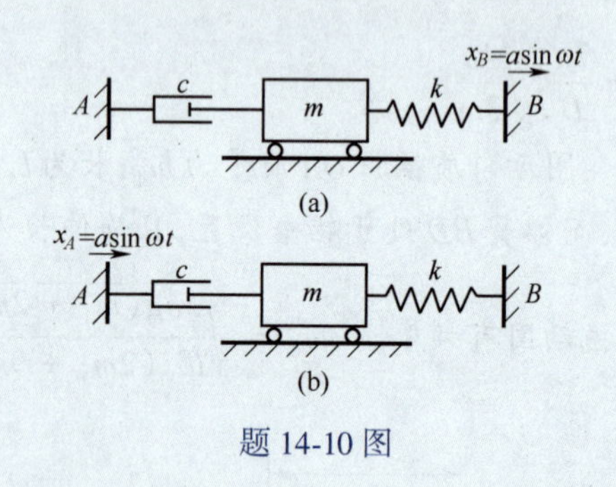

题 14-10 图

附录 英文索引

公理 axiom
功率 power
固定端 fixed ends
固定参考系 fixed reference system
固有频率 natural frequency
惯性 inertia
惯性力 inertial force, reversed effective force
惯性参考系 inertial coordinate system
滚动摩阻 rolling resistance

H

桁架 truss
合力 resultant
合力矩定理 theorem of the moment of a resultant
弧坐标 arc coordinate of a directed curve
滑动摩擦 sliding friction
回转半径 radius of gyration
汇交力系 concurrent force system

J

基点法 method of basic point
加速度 acceleration
几何约束 geometrical constraint
简化中心 center of reduction
角加速度 angular acceleration
角速度 angular velocity
角位移 angular displacement
静不定 statically indeterminate
静定 statically determinate
静力学 statics
静摩擦因数 static friction factor
矩心 center of moment
绝对加速度 absolute acceleration
绝对速度 absolute velocity
绝对位移 absolute displacement
绝对运动 absolute motion

K

科氏加速度 coriolis acceleration
空间力系 forces in space
库仑摩擦定律 Coulomb law of friction

L

理论力学 theoretical mechanics
力对点的矩 moment of force about a point
力对轴的矩 moment of force about an axis
力多边形 force polygon
力偶 couple
力偶矩 moment of a couple
力系 force system
力系的简化 reduction of force system
力系等效定理
theorem of equivalent of force system
力系向一点的简化
reduction about a point of a force system
力的平移 translation of a force
理想约束 ideal constraint
临界频率 critical frequency
临界阻尼系数 coefficient of critical damping

M

摩擦角 angle of static friction
摩擦力 friction force

N

内力 internal force
牛顿定律 Newton law
黏性阻尼系数 coefficient of viscous damping

重力加速度 acceleration due to gravity
重心 center of gravity
振幅 amplitude
振幅比 amplitude ratio
周期 period
主动力 applied force
主动隔振 active vibration isloation
主矩 principal moment
主矢 principal vector
转角 angle of rotation
转动方程 equations of rotation
转动惯量 moment of inertia
自由度 degree of freedom
自由体 free body
作用与反作用 action and reaction

参考文献

[1] 黄安基,沈火明,鲁丽. 理论力学:上册,下册[M]. 3版. 北京:高等教育出版社,2022.
[2] 奚绍中,邱秉权,沈火明. 工程力学教程[M]. 4版. 北京:高等教育出版社,2019.
[3] 哈尔滨工业大学理论力学教研室. 理论力学:Ⅰ册,Ⅱ册[M]. 8版. 北京:高等教育出版社,2016.
[4] 谢传锋,王琪. 理论力学[M]. 2版. 北京:高等教育出版社,2015.
[5] 郝桐生. 理论力学[M]. 4版. 北京:高等教育出版社,2017.